Siegwart
Raas

CIM-orientiertes Rechnungswesen

Technik
und
Wirtschaft
—
Integriertes
Management

Prof. Dr. Hans Siegwart
Dr. Fredy Raas

CIM-orientiertes Rechnungswesen

Bausteine zu einem
System Controlling

VDI-Verlag GmbH Düsseldorf
Schäffer Verlag für Wirtschaft und Steuern GmbH Stuttgart | 1991

Die Deutsche Bibliothek – CIP-Einheitsaufnahme

Siegwart, Hans:
CIM-orientiertes Rechnungswesen :
Bausteine zu einem System-Controlling /
Hans Siegwart ; Fredy Raas. –
Düsseldorf : VDI-Verl. ;
Stuttgart : Schäffer, Verl. für Wirtschaft und Steuern, 1991
(Technik und Wirtschaft)

ISBN-13: 978-3-540-62319-9   e-ISBN-13: 978-3-642-95806-9
DOI: 10.1007/978-3-642-95806-9

    für Wirtschaft und Steuern)
NE: Raas, Fredy

softcover reprint of the hardcover 1st edition 1991

   VDI-Verlag GmbH, Düsseldorf

Satz: SCS Schwarz Satz & Bild digital, L.-Echterdingen
Schrift: 10/12 Punkt Candida

Freiburger Graphische Betriebe, Freiburg i. Br.

Durch den Einsatz von Mikroelektronik haben sich in den letzten Jahren die industriellen Produkte und Prozesse grundsätzlich gewandelt. Der Führungsverantwortliche im Industriebetrieb sieht sich heute einem völlig veränderten Entscheidungsfeld gegenüber, in welchem traditionelle Sichtweisen und Methoden sehr oft nicht mehr genügen. Der Fertigungssektor steht im Zeichen der flexiblen Automatisierung, mit dem Ziel, losgrößenunabhängig eine Vielzahl von Produktvarianten auf den gleichen Produktionsanlagen herzustellen. Dem Menschen kommen im wesentlichen nur noch Steuerungs- und Überwachungsaufgaben zu, während die eigentlichen Bearbeitungs- und Handhabungstätigkeiten weitgehend von computergesteuerten Systemen und Automaten übernommen werden.

In der Fertigung und den ihr vor- und nachgelagerten Bereichen, wie Entwicklung, Konstruktion und Qualitätssicherung, gelangen zunehmend rechnergestützte Systeme zum Einsatz, was zur Entwicklung einer ganzen Reihe sogenannter CAX-Anwendungen geführt hat: CAE, CAD, CAP, CAM und CAQ, aber auch PPS und BDE sind heute Begriffe, die zur täglichen Umgangssprache in einem modernen Produktionsbetrieb gehören. Diese Entwicklung hat in den letzten Jahren eine zusätzliche Dimension erhalten, indem es nicht mehr darum geht, automatisierte Systeme als Insellösungen einzusetzen, sondern sie in ein funktionsübergreifendes Gesamtkonzept einzubinden. Das angestrebte Ziel ist ein Computer Integrated Manufacturing (CIM) im Sinne einer Integration sämtlicher Teilbereiche der industriellen Unternehmung.

Während sich die technische Fachliteratur sehr früh mit dem Einsatz „neuer Technologien" auseinandergesetzt hat, entwickelte sich erst später ein ähnlich großes Interesse an den betriebswirtschaftlich-sozialen Aspekten dieser Technologien. Im Vordergrund standen aber vorerst Fragen der Produktionsplanung und -steuerung, der Mitarbeiterqualifikation und strategische Überlegungen. Ökonomische Aspekte wurden am ehesten noch in bezug auf Probleme der Investitionsrechnung behandelt. Wenig Beachtung hat dagegen die Tatsache gefunden, daß die Einführung neuer Technologien auch einschneidende Veränderungen der Kostenstruktur, der Ablauforganisation und des Informationsbedarfs mit sich bringt.

Erst in jüngerer Zeit hat sich ein gewisses Bewußtsein herausgebildet, daß speziell die Kosten- und Leistungsrechnung von diesen Veränderungen in starkem Maße berührt wird. Gleichzeitig wird auch immer deutlicher, daß die konventionellen Instrumente des betrieblichen Rechnungswesens ihre Aufgaben als Führungsinstrumente in einer CIM-orientierten Unternehmung nur noch ungenügend erfüllen.

Seit etwa 1986 ist daher ein stetig wachsendes wissenschaftliches Interesse für die Probleme des betrieblichen Rechnungswesens festzustellen, die sich aus der technologischen Entwicklung des Produktionsbereiches ergeben. Die intensivsten Bemühungen laufen in den USA, wo die Forschung zum Thema „Cost Management for the Factory of the Future" hauptsächlich von der Association of Accountants und der Harvard Business School vorangetrieben wird. Auf internationaler Ebene hat sich auf diesem Gebiete vor allem CAM-I hervorgetan, eine Forschungsorganisation, an der eine Vielzahl von Industrieunternehmen und wissenschaftlichen Instituten beteiligt sind.

Während die amerikanische Forschung einen ganzheitlichen Problemlösungsansatz anstrebt und auf unternehmungs- und institutsübergreifender Arbeit beruht, ist im deutschsprachigen Raum noch sehr oft eine thematische Spezialisierung in Form von Einzelprojekten festzustellen.

Das Ziel dieses Buches ist daher, einen Beitrag zu den Forschungsbemühungen für eine ganzheitliche Behandlung des Problemkomplexes „CIM und betriebliches Rechnungswesen" zu leisten. Dazu wird angestrebt, in einer umfassenden Sichtweise die veränderten Grundbedingungen im Produktionsbereich industrieller Unternehmungen zu analysieren und ihre Wirkungen, insbesondere auf die Kosten- und Leistungsrechnung, zu untersuchen. Vor allem werden Schwachstellen und Defizite des heutigen betrieblichen Rechnungswesens herausgearbeitet und mögliche Lösungssätze zu einer Weiterentwicklung und Verbesserung aufgezeigt. Dabei wird immer von Unternehmungen ausgegangen, die bereits neue Produktionstechnologien einsetzen und ein umfassendes CIM-Konzept verfolgen. Im Zentrum der Untersuchung steht also nicht mehr die Investitionsentscheidung, sondern die Betriebsphase solcher Systeme. Aus der Vielzahl von Wirkungen, die vom Einsatz neuer Technologien in der industriellen Produktion ausgehen, interessieren diejenigen, die das innerbetriebliche Rechnungswesen betreffen.

Das Untersuchungsfeld des Buches ist die industrielle Produktion als ein System, das neben den eigentlichen Bearbeitungssystemen auch die dazugehörigen Materialfluß- und Informationssysteme umfaßt. Miteinbezogen sind somit die Konstruktion, die innerbetriebliche Logistik einschließlich der Produktionsplanungs- und Steuerungssysteme sowie die operativen Führungssysteme. Bezogen auf heutige Strukturen industrieller Unternehmungen ist das Untersuchungsobjekt einem Werk oder einer Fabrik gleichzusetzen beziehungsweise aus kostenrechnerischer

Sicht den Herstellkosten bis und mit Werksablieferung an den Kunden oder an die Vertriebsorganisation. Ausgeklammert bleiben demnach die Verwaltungskosten (im Sinne der Zentralverwaltung oder ähnlichem) sowie die Vertriebskosten und die nicht auftragsgebundenen Forschungs- und Entwicklungskosten. Im Mittelpunkt stehen die Auswirkungen einer rechnergestützten Produktion auf das betriebliche Rechnungswesen und die damit verbundenen neuen Herausforderungen an die Führung des Produktionsbereiches. Zur Bewältigung dieser Aufgabe entwickeln die Autoren ein Grundmodell für ein integriertes Kosten-Leistungs-Management. Grundlage dazu ist ein modulares System-Controlling, das Gestaltungsregeln für ein CIM-orientiertes Rechnungswesen enthält.

Das vorliegende Buch ist das Ergebnis einer intensiven Forschungstätigkeit der beiden Autoren. Als besonders wertvoll erwies sich dabei die enge Zusammenarbeit mit ausgewählten Fachleuten und Industriebetrieben. Namentlich zu erwähnen sind die Siemens AG, München (D), Hilti Aktiengesellschaft, Schaan (FL) und Asea Brown Boveri AG, Baden (CH). Ihnen sei an dieser Stelle für die gewährte Unterstützung gedankt. Vorarbeiten zu diesem Buch wurden im Jahre 1989 von Dr. F. Raas in Form einer Dissertation an der Hochschule St. Gallen eingereicht.

Inhaltsübersicht

X

Inhaltsverzeichnis

3 CIM-orientiertes Kosten-Leistungs-Management

4 Prozeß-Controlling

5 Produkt-Controlling

AWF	Ausschuß für Wirtschaftliche Fertigung e. V., Eschborn
BDE	Betriebsdatenerfassung
CAD	Computer Aided Design
CAE	Computer Aided Engineering
CAI	Computer Aided Industry
CAM	Computer Aided Manufacturing
CAO	Computer Aided Office
CAP	Computer Aided Planning
CAQ	Computer Aided Quality Assurance
CIM	Computer Integrated Manufacturing
CNC	Computerized Numerical Control
DLZ	Durchlaufzeit
DNC	Direct Numerical Control
DSS	Decision Support-System
EUS	Entscheidungsunterstützungssystem
FB/IE	Fortschrittliche Betriebsführung und Industrial Engineering (Zeitschrift)
FFS	Flexibles Fertigungssystem
FFZ	Flexible Fertigungszelle
FTS	Fahrerloses Transportsystem
GK	Gemeinkosten
IO	Industrielle Organisation (Verlag)
ISO	International Standards Organization
IR	Industrieroboter
JIT	Just-in-time
KER	Kurzfristige Erfolgsrechnung
KLM	Kosten-Leistungs-Management
KLR	Kosten- und Leistungsrechnung
LAN	Local Area Network
MAP	Manufacturing Protocol
MIS	Management Informations-System
MSR	Maschinenstundensatzrechnung
NC	Numerical Control
OSI	Open Systems Interconnection
PPS	Produktionsplanung und -steuerung
QS	Qualitätssicherung
REFA	Reichsausschuß für Arbeitszeitstudien
RW	Rechnungswesen
VDI	Verein Deutscher Ingenieure für Maschinenbau und Metallbearbeitung

VDI-Z   Zeitschrift des Vereins Deutscher Ingenieure für Maschinenbau
         und Metallbearbeitung
ZfB   Zeitschrift für Betriebswirtschaft
ZFO   Zeitschrift Führung und Organisation
ZfbF   Zeitschrift für betriebswirtschaftliche Forschung
ZwF   Zeitschrift für wirtschaftliche Fertigung und Automatisierung

Um die Auswirkungen neuer Produktionstechnologien auf das betriebliche Rechnungswesen beurteilen zu können, ist es notwendig, sich die tiefgreifenden Veränderungen im produktiven Bereich industrieller Unternehmungen zu vergegenwärtigen. Auf diesem Gebiet ist zur Zeit ein Entwicklungsschub im Gange, der nicht mehr nur eine kontinuierliche Verbesserung von Fertigungstechniken und -anlagen darstellt, sondern zu einem eigentlichen Umbruch in Gestaltung und strategischer Ausrichtung der industriellen Produktion führt. Der in Kapitel 1 dargestellte Überblick über diese Entwicklungen bildet die Grundlage für die anschließende kritische Beurteilung der Leistungsfähigkeit des betrieblichen Rechnungswesens in einem CIM-Umfeld. Da sich das Buch sowohl an Kaufleute als auch an technisch ausgerichtete Führungskräfte wendet, ist Kapitel 1 primär als Kurzeinführung für Leser zu sehen, die mit den Gebieten CIM und Logistik weniger vertraut sind. Für Fachleute auf diesen Gebieten ist somit ohne weiteres auch ein direkter Einstieg in Kapitel 2 möglich.

Charakteristik einer rechnergestützten Produktion 1.1

Die modernen Produktionsstrukturen industrieller Unternehmungen lassen sich grundsätzlich durch drei wesentliche Eigenschaften charakterisieren:
Automatisierung – Flexibilität – Integration.

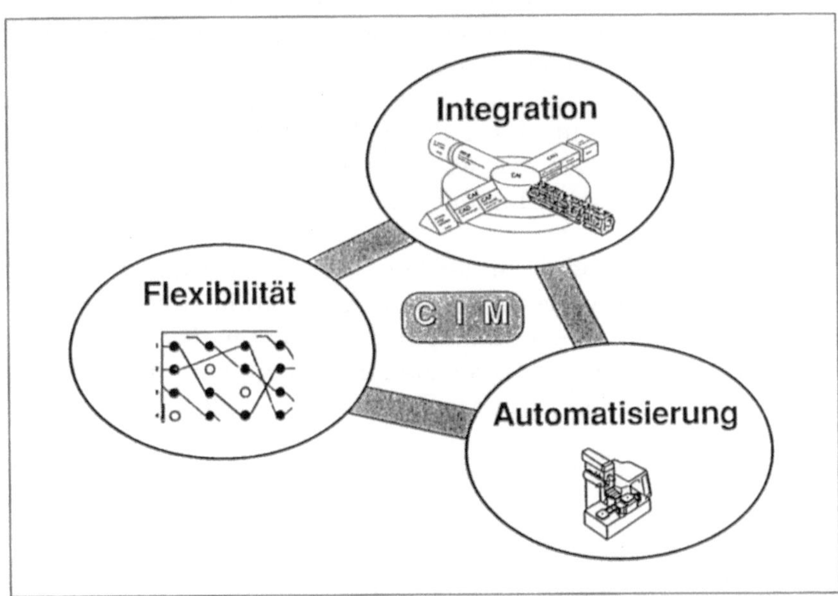

Abbildung 1.1
Haupteigenschaften einer rechnergestützten Produktion

Je nach konkreter Fertigungsaufgabe und produktionsstrategischer Ausrichtung der Unternehmung sind verschiedene Automatisierungsgrade, Flexibilitätsstufen und Integrationsgrade denkbar. Eine Unternehmung weist unter Umständen einen sehr hohen Flexibilitätsgrad auf, den sie aber vorwiegend durch manuelle Verrichtungen im Sinne einer Werkstattfertigung sicherstellt, womit sie gleichzeitig nur über einen geringen Automatisierungsgrad verfügt.

Wie in Kapitel 2 gezeigt wird, können die in bezug auf das Rechnungswesen auftretenden Auswirkungen neuer Produktionstechnologien weitgehend den genannten drei Grundmerkmalen zugeordnet werden, nämlich in Wirkungen, die vor allem auf Automatisierung zurückzuführen sind, und in solche, die schwergewichtig durch Flexibilität beziehungsweise durch Integration induziert werden. Die drei Wesensmerkmale sind daher im folgenden genauer zu erläutern.

1.1.1 Automatisierung der Produktion

Bereits vor der Entwicklung der Mikroelektronik wurde die Mechanisierung der industriellen Produktion, d. h. der Ersatz der menschlichen Arbeit durch Maschinen, stark vorangetrieben. Entscheidend blieb dabei aber, daß die Steuerungs- und Überwachungsfunktionen immer noch durch den Menschen vorgenommen werden mußten und die menschliche Arbeitsleistung an den Zeitrhythmus der Maschine gebunden war. Der eigentliche Übergang von der reinen Mechanisierung zur Automatisierung erfolgte erst durch die Entwicklung der numerischen Steuerung, der sogenannten NC-Maschinen. Nach MELLEROWICZ handelt es sich bei der Automatisierung um eine „... selbsttätige Fertigung und Förderung der Erzeugnisse in einem durch Regelkreise automatisch überwachten Prozeß, der den Menschen von jeder fertigenden Tätigkeit befreit und sein Eingreifen auf die Beseitigung von Störungen beschränkt".[1]

Besonders verwirrend ist in der Literatur die Verwendung der beiden Begriffe „Automatisierung" und „Automation", welche sich sehr oft in synonymer Verwendung finden. „Automatisierung" bezeichnet den Prozeß einer tendenziellen Entkopplung des Menschen von der Maschine mit dem Ziel einer Umstellung auf voll-

2   1 MELLEROWICZ (Betriebswirtschaftslehre II), S. 382.

automatische Fertigung. „Automation" dagegen bezeichnet den durch Automatisierung erreichten Zustand praktisch bedienerfreier Produktionssysteme.[2] Da dieser Zustand in der Praxis nur in bestimmten Bereichen oder bei einzelnen Anlagen erreicht wird, wollen wir im folgenden einheitlich von „Automatisierung" sprechen, um damit auch immer anzuzeigen, daß es sich um einen evolutiven, nicht abgeschlossenen Prozeß handelt.

Während somit Automation eine Bezeichnung für die höchste zu erreichende Stufe ist, gilt dies für Flexibilität und Integration nicht. Hier ist z. B. geringere oder höhere Flexibilität zu unterscheiden, weshalb bei diesen Komponenten nicht der der „Automatisierung" ähnliche Begriff der „Flexibilisierung" verwendet wird.

Die Automatisierung kann in verschiedenen Unternehmen oder auch in verschiedenen Produktionsbereichen desselben Unternehmens unterschiedlich stark ausgeprägt sein, was man als Automatisierungsgrad oder -stufe bezeichnet. Der Automatisierungsgrad wird oft als Verhältnis der Anzahl automatisierter Funktionen zur Gesamtzahl an Funktionen definiert. Differenziertere Verfahren erlauben die Bestimmung unterschiedlicher Automatisierungsstufen für Teilsysteme von flexiblen Fertigungssystemen.[3]

In aller Regel ist der Automatisierungsgrad in der Teilefertigung wesentlich höher als beispielsweise in der Montage, so daß innerhalb eines materialflußmäßig verketteten Systems voll automatisierte und relativ schwach automatisierte Bereiche nebeneinander auftreten. Vollautomatische, mannlose Produktionsstätten sind heute noch kaum zu finden und wenn, dann nur als recht begrenzte Teilbereiche mit eigentlichem Modell- und Vorzeigecharakter. Auch in der Automobilindustrie, der bezüglich Automatisierung bislang eine eigentliche Vorreiterrolle zukam, sind weitgehend vollautomatische Fertigungen nur in einzelnen Bereichen anzutreffen, beispielsweise bei der mechanischen Bearbeitung von Motorenteilen oder im Karosserierohbau. Im BMW-Werk Regensburg werden im Karosseriebau bereits 96 % der 5000 Schweißpunkte automatisch gesetzt, und zwar von flexiblen, nicht typengebundenen Robotern, während die Montage noch einen relativ geringen Automatisierungsgrad aufweist.[4] Ein gleiches Bild zeigen die Automatisierungsgrade bei Volkswagen:

2 Vgl. DOLEZALEK (Automatisierung), S. 563 f.; DUDEN, Fremdwörterbuch, S. 97 f.; BULLINGER/TRAUT (Fabrik), S. 4.
3 Vgl. z. B. das Bewertungsraster für Automatisierungs- und Flexibilitätsstufen des KfK, in: KERNFORSCHUNGSZENTRUM (Einsatz), S. 99 ff.
4 Vgl. PISCHETSRIEDER (Fabrik), S. 63 f.

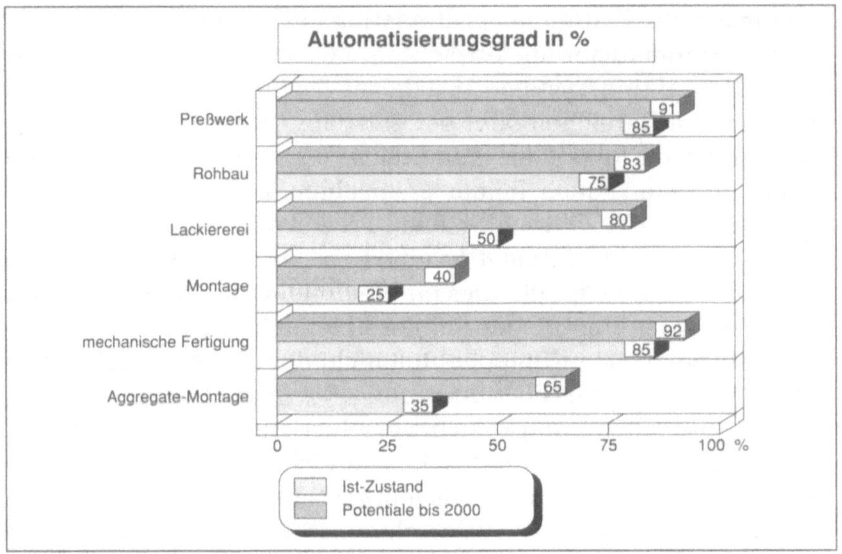

Gegen Vollautomatisierung sprechen nicht nur technische Probleme, sondern vor allem auch wirtschaftliche. Die Grenzkapitalkosten für den Ersatz einer Arbeitskraft unterliegen einem exponentiellen Verlauf, während der damit erzielte Abbau von Lohnkosten nur linear abnimmt. Damit wird das Freisetzen von Arbeitskräften ab einem gewissen Automatisierungsgrad unwirtschaftlich.

1.1.2 Flexibilität des Produktionssystems

Der Vorteil der Automatisierung, die Rationalisierung des industriellen Prozesses und damit die kostengünstige Herstellung von hohen Stückzahlen gleichartiger Produkte, wurde stark beeinträchtigt durch den Nachteil einer zunehmenden Starrheit des Produktionssystems. Bei traditioneller Fertigung – ohne Einsatz von Mikroelektronik – besteht ein grundsätzlicher Gegensatz zwischen Produktivität und Flexibilität. Dies wird deutlich durch die klassische Unterscheidung dreier verschiedener Organisationstypen der Fertigung:[6]
Werkstattfertigung – Reihenfertigung – Fließfertigung.
Die Werkstattfertigung ist gekennzeichnet durch den Einsatz von Universalmaschinen, wobei die Teile die Fertigung auf unterschiedlichen Wegen durchlaufen. Sie weist zwar eine hohe Flexibilität, aber nur eine relativ geringe Produktivität auf. Dagegen ist für

4

5 Aus HARTWICH (Automobilfertigung), S. 94.
6 Vgl. HEINEN (Industriebetriebslehre), S. 296 ff.

die Fließfertigung eine materialflußorientierte Anordnung verketteter Einzweckmaschinen typisch, die durch Automatisierung eine hohe Produktivität aufweisen kann, jedoch möglichst hohe Stückzahlen erfordert und auf bestimmte Fertigungsaufgaben beschränkt ist. Die Produktivität ging dabei erfahrungsgemäß klar zu Lasten der Flexibilität.

Nach dem Prozeßtyp bzw. Fertigungstyp kann die industrielle Produktion ebenfalls in drei Kategorien eingeteilt werden:[7]
Einzelfertigung – Serienfertigung – Massenfertigung.
Kundenspezifische Auftragsfertigung und auftragsanonyme Serienfertigung waren bisher völlig gegensätzliche Aufgaben und erforderten ein grundsätzlich verschiedenes Equipment. Das Aufkommen elektronischer Steuerungen erlaubt jedoch zunehmend, hochautomatisierte Anlagen mit einer recht großen Flexibilität auszustatten und damit die Antinomie zwischen Produktivität und Flexibilität weitgehend aufzuheben.

Als Definition für Flexibilität soll diejenige von REFA herangezogen werden: „Die Flexibilität beschreibt die Fähigkeit eines Produktionssystems, innerhalb einer bestimmten Zeit für verschiedene Aufgaben einsatzfähig zu sein. Je größer die Verschiedenartigkeit dieser Aufgabe und je geringer der Umstellungsaufwand (Zeit und Kosten) bei Aufgabenwechsel sind, um so höher ist die Flexibilität."[8] Die Anpassungsfähigkeit eines Systems kann also daran gemessen werden, in welchem Umfang es sich auf veränderte Anforderungen ausrichten kann und wie lange es dazu braucht. Nachstehendes Bild verdeutlicht dies: Je kleiner die schraffierte Fläche ist, desto größer ist der Flexibilitätsgrad des Systems.

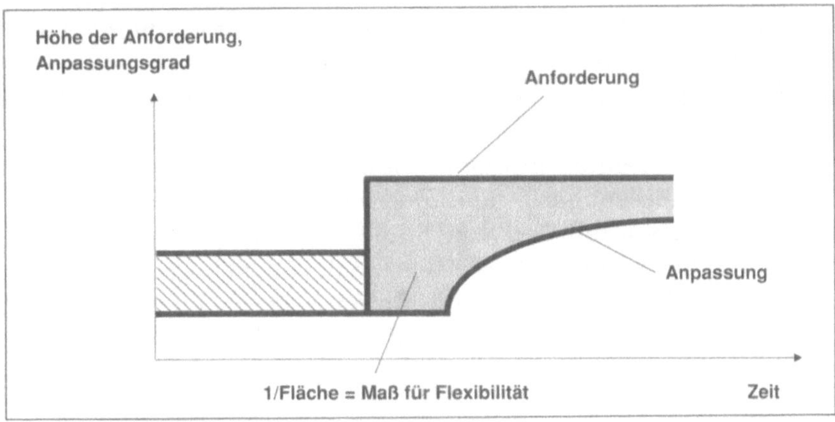

Abbildung 1.3
Flexibilitätsgrad eines Produktionssystems[9]

7 Vgl. HEINEN (Industriebetriebslehre), S. 296 ff.
8 REFA (Produktionssysteme), S. 45.
9 Vgl. HELBERG (PPS), S. 40.

Sowohl Flexibilitäts- als auch Automatisierungsgrad einer Produktionseinrichtung sind auf die jeweilige Aufgabenstellung auszurichten. Für die eine Produktionsaufgabe kann daher ein relativ einfaches Bearbeitungszentrum genügen, während für eine andere ein hochintegriertes FFS wirtschaftlicher ist. Idealerweise sollten sich alle Fertigungseinrichtungen bei sich verändernden Aufgabenstellungen stufenweise auf höhere Automatisierungs- und Flexibilitätsgrade „tunen" lassen. Dabei sind aber auch verschiedene Flexibilitätsarten zu unterscheiden, die in ihrer Kombination eine „maßgeschneiderte" Flexibilität erlauben:[10]

Einsatzflexibilität:	Anzahl und Spektrum der Fertigungsaufgaben, die ein System bewältigen kann.
Anpaßflexibilität:	Anpassungsfähigkeit an neue Teile bzw. Verfahren (Rüstaufwand).
Mengenflexibilität:	Anpassungsfähigkeit an Auslastungsschwankungen.
Erweiterungsflexibilität:	Aufwand für nachträgliche Erweiterung des Systems.
Durchlauffreizügigkeit:	Maß für die Freiheiten bezüglich Arbeitsfolgen.
Fertigungsredundanz:	Anzahl der für eine Fertigungsaufgabe gleichzeitig und unabhängig voneinander einsetzbaren Fertigungsmittel (Vorteile bei Störungen und Engpaßproblemen).

1.1.3 Integration der Teilsysteme

Während einiger Zeit beschränkten sich viele Unternehmen darauf, in gewissen Teilbereichen automatisierte Systeme einzuführen und damit sogenannte „Automatisierungsinseln" zu schaffen. Für sich allein sind solche Inseln aber stets suboptimal und erbringen kaum den gewünschten Erfolg, wenn nicht auch das Umfeld entsprechende Anpassungen erfährt. Zudem stehen durch den Einsatz von Mikroprozessoren und von Steuerungsrechnern zahlreiche Daten und Informationen zur Verfügung, die über eine solche Insel hinausgehend von Nutzen sein könnten. Diese beiden Erkenntnisse haben letztlich dazu geführt, daß immer stärker eine Integration dieser Inseln im Sinne einer ganzheitlichen Systemlösung gefordert wird.

---

10 Basierend auf einer Auswertung von 5 Systematiken: vgl. MERTINS (Steuerung), S. 18 f.; REFA (Produktionssysteme), S. 46 f.; HELBERG (PPS), S. 41; SEVERIN (Planung), S. 17 ff. und KERNFORSCHUNGSZENTRUM (Einsatz), S. 106.

Die Tendenz zur Integration aller Systeme und schließlich der ganzen Unternehmung drückt sich heute im Bestreben aus, ein Konzept des „Computer Integrated Manufacturing (CIM)" zu realisieren, das später noch eingehend erläutert wird.

Erfahrungsgemäß werden durch integrative Kopplung verschiedener neuer Produktionstechnologien, wie z. B. CAD mit einem FFS, Kostensenkungs- und Leistungssteigerungspotentiale realisiert, die weit größer sind als die Summe der Nutzenpotentiale der Einzelsysteme. Voraussetzung dafür ist allerdings eine vorausgehende Neugestaltung der Ablauforganisation auf der Basis einer Materialfluß- und Informationsflußoptimierung mit in etwa gleichem Automatisierungsniveau beider Elemente.

Durch die Integration können gegenüber einer getrennten Datenverwaltung wesentliche Synergieeffekte erzielt werden. Die Einmalerfassung von Daten und ihre gleichzeitige Verwendung in verschiedenen Programmsystemen bringt eine wesentliche Beschleunigung des Informationsflusses – besonders bei komplexen Abläufen – und damit einen Durchlaufzeitgewinn sowie höhere Informationsaktualität. Gleichzeitig werden potentielle Fehlerquellen durch manuelle Eingaben vermindert, was die Datenkonsistenz erhöht und eine Informationskostenreduktion ermöglicht. Das Problem der Sicherstellung der Datenzuverlässigkeit wird damit vereinfacht, und Kommunikationsprobleme und Mißverständnisse zwischen Abteilungen werden abgebaut.

Die Hauptschwierigkeiten der Integration sind in der Regel systembedingt, da es darum geht, unterschiedlichste Hardware und Betriebssysteme miteinander zu koppeln. Für die Verarbeitung von Geometrie- und Technologiedaten in CAD/CAM-Systemen stehen meist völlig anders aufgebaute und von anderen Herstellern gelieferte DV-Systeme zur Verfügung als für PPS-Systeme, die Auftrags- und Betriebsdaten verarbeiten. Noch wesentlich komplexer wird die Aufgabe allerdings dann, wenn auch administrative Systeme, wie zum Beispiel das betriebliche Rechnungswesen, integriert werden sollen. Die Verkettung von Systemen erhöht zudem die Gefahr einer schlechteren Verfügbarkeit des Gesamtsystems durch Ausfall eines Teilsystems. Wenn eine einzelne Werkzeugmaschine, die beispielsweise mit 90 % Verfügbarkeit arbeitet, durch zwei ebenfalls je zu 90 % verfügbare Handhabungs- und Sensorsysteme zu einer flexiblen Fertigungszelle ausgebaut wird, so sinkt die rechnerische Gesamtverfügbarkeit des Systems auf nur noch $0{,}90^3 = 0{,}73$, also 73 %.[11]

---

11 Vgl. MILBERG (Entwicklungstendenzen), S. 47.

Schließlich nimmt der Nutzen einer Integration ab einem gewissen Vernetzungsgrad nur noch degressiv zu, wobei die Kosten der Integration gleichzeitig überproportional steigen. Dies können z. B. Kosten aufgrund der Komplexität des Informationssystems oder Kosten für die Erhaltung der Systemsicherheit, der Systempflege oder der notwendigerweise höheren Personalqualifikation sein.[12] Genauso wie es unternehmensspezifisch ideale Automatisierungs- und Flexibilitätsgrade gibt, muß sich jede Unternehmung an den für sie sinnvollen Grad der Integration „herantasten". Die totale Integration kann nicht auf einen Schlag herbeigeführt werden, vielmehr muß sie durch schrittweise Verknüpfung von Insellösungen zu sogenannten Teilketten (z. B. CAD/CAM-Lösung) angestrebt werden. Dabei unterscheidet SCHEER fünf Stufen der Integration von CIM-Komponenten, beginnend mit einer rein organisatorischen Verbindung von EDV-mäßig noch völlig unverbundenen Systemen und endend mit einer direkten Kommunikation verschiedener CIM-Komponenten und unter Zugriff auf gemeinsam geführte Datenbanken (Abb. 1.4). Während die Stufen 1 bis 4 heute in vielen Unternehmen Realität sind, stellt Stufe 5 im Moment noch eher eine Zukunftsvision dar.

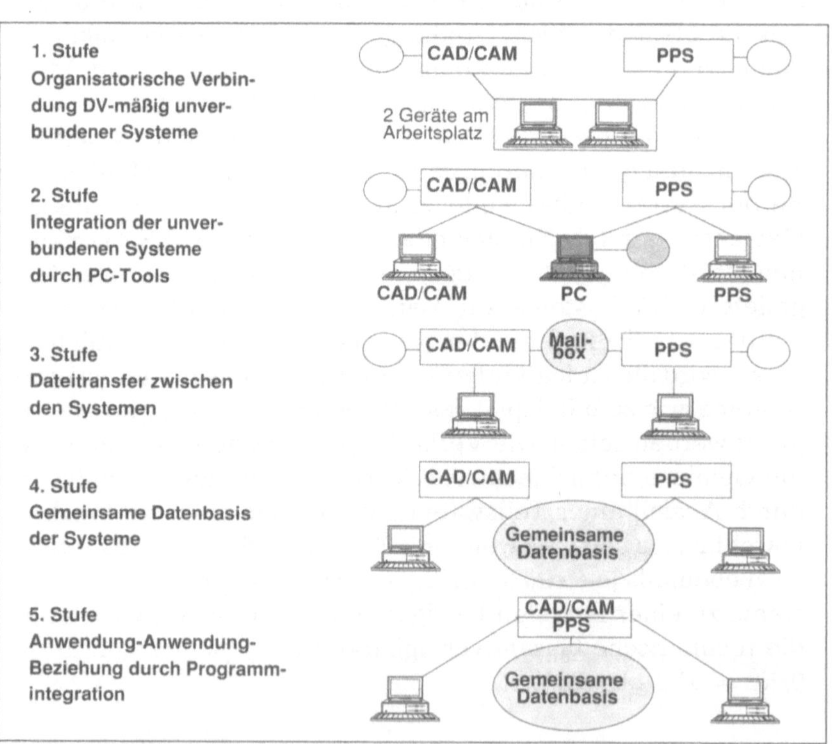

12 Vgl. SCHEER (EDV-orientierte), S. 28 f.
13 Vgl. SCHEER (Strategie), S. 53.

Bevor von CIM als Gesamtlösung gesprochen werden kann, sind die einzelnen Systemkomponenten einer rechnerintegrierten, flexibel automatisierten Produktion zu erläutern. Die späteren Ausführungen zu den Auswirkungen neuer Technologien auf das Rechnungswesen werden sich immer wieder auf bestimmte Typen von Produktionssystemen beziehen, weshalb es zweckmäßig ist, deren Funktionsweise und Einsatzgebiete hier überblickartig darzustellen.

Rechnerunterstützung in Entwicklung und Konstruktion   1.2.1

CAD – Computer Aided Design   1.2.1.1

Der Begriff CAD hat sich international als Bezeichnung für das „rechnerunterstützte Konstruieren" durchgesetzt. „CAD (Computer Aided Design) ist ein Sammelbegriff für alle Aktivitäten, bei denen die EDV direkt oder indirekt im Rahmen von Entwicklungs- und Konstruktionstätigkeiten eingesetzt wird."[14] Der Konstrukteur wird dadurch bei seiner zeichnenden, berechnenden und dokumentierenden Aufgabe unterstützt.

Die CAD-Technologie hat in der industriellen Praxis bereits starke Verbreitung gefunden, was damit zu erklären ist, daß die Konstruktion in den letzten Jahren zu einem eigentlichen Schlüsselbereich der industriellen Unternehmung geworden ist. Insbesondere bei der Festlegung der Produktkosten hat sie heute eine entscheidende Funktion. Die Notwendigkeit einer Rechnerunterstützung im Konstruktionsbereich belegen folgende Einflußfaktoren:[15]

1. Die verkürzten Lebenszyklen von Produkten, speziell von solchen mit mikroelektronischen Bauteilen, führen zu einer stark erhöhten Innovationsrate und damit hohem Entwicklungs- und Konstruktionsbedarf.
2. Die steigenden Marktforderungen nach kundenspezifischen Produkten und Varianten erfordern ebenfalls einen erhöhten konstruktiven Aufwand.
3. Die Durchlaufzeit von Aufträgen beträgt in der Konstruktion bis zu 30 % der gesamten Auftragsdurchlaufzeit.

---

14 Vgl. REFA (Produktionssysteme), S. 256.
15 Vgl. zu den Punkten 3, 4 und 5 GRABOWSKI (CAD/CAM), S. 224.

4. Im Konstruktionsbereich werden bis zu 75% der späteren Produktkosten festgelegt.[16]
5. Die Produktivität ist von 1900 bis 1965 in der Fertigung um rund 1000% gestiegen, im Konstruktionsbereich um nur 20%.

Die heute verfügbaren CAD-Systeme unterstützen unter anderem Funktionen wie die Erstellung von Zeichnungen komplexer Körper, automatische Bemaßung und Beschriftung und Generierung von Schnitten und Ansichten.[17] Mit Hilfe von dreidimensionalen CAD-Systemen (3D-Systeme) lassen sich nicht nur Zeichnungen erstellen, sondern auch wesentlich weitergehende Funktionen ausführen wie die Ermittlung von Spannungsverteilungen oder Schwingungsverhalten, Festigkeits- und Verformungsberechnungen, Kollisionsprüfungen und Überprüfung der Montierbarkeit von Teilen.[18]

1.2.1.2 Nutzen von CAD-Systemen

Die Anwendung von CAD ist wirtschaftlich gesehen besonders dann sinnvoll, wenn einmal erstellte Einzelteilzeichnungen in nachfolgende Darstellungen zu übernehmen sind, wenn Variantenzeichnungen gefordert sind oder wenn bei Folgeprojekten nur eine Anpassung bereits bestehender Konstruktionen notwendig ist. Um die Produktivität von CAD-Systemen wirklich zum Tragen zu bringen, ist es aber gleichzeitig notwendig, das Teilespektrum zu standardisieren und neue Produkte möglichst unter Verwendung von Standardteilen und -baugruppen zu konstruieren.[19] Gegenüber einer konventionellen Zeichnungserstellung konnte bei Konstruktionstätigkeiten durch CAD-Einsatz im Durchschnitt ein Beschleunigungsfaktor von 3 bis 5 erreicht werden.[20] Abb. 1.5 zeigt, welche Tätigkeiten durch CAD erheblich beschleunigt werden können. Weitere Vorteile von CAD sind:[21]

– Kürzere Entwicklungszeiten und Zeitgewinn des Konstrukteurs für die Optimierung seiner Lösungen.
– Reduktion der Fehler in Konstruktionsunterlagen.
– Zuverlässigere Ergebnisse durch Anwendung von Methoden, die manuell kaum einsetzbar sind (z. B. Simulation).

---

16 Vgl. z. B. KREISFELD (Kostenbestimmung), S. 5; BERNHARDT (CAD-Einsatz), S. 253.
17 Vgl. HUTTAR (CAD/CAE-System), S. 671.
18 Vgl. GRABOWSKI (CAD/CAM), S. 229.
19 Vgl. REICHL (Wann einsteigen), S. 187 f.
20 Vgl. PAUL (CAD/CAM), S. 252; MAIER-ROTHE (Wettbewerbsvorteile), S. 135.
21 Vgl. GRABOWSKI (CAD/CAM), S. 224 f.; HARTWICH (CAD/CAM-Technologie), S. 62.

– Kostengünstigeres Ausarbeiten von Alternativen.
– Automatische Schnittoptimierung und damit Kostenreduktion durch Abfallminimierung.

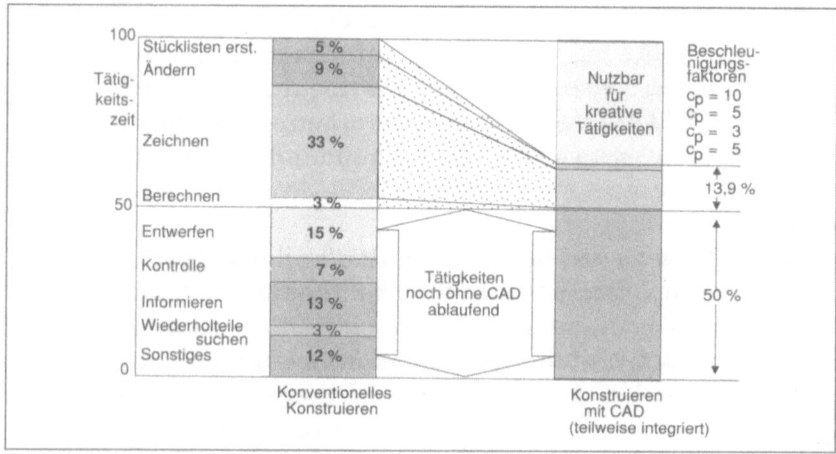

Flexibel automatisierte Fertigungsanlagen 1.2.2

Computer Aided Manufacturing im Überblick 1.2.2.1

Der Computereinsatz in der Fertigung, das sogenannte Computer Aided Manufacturing (CAM), umfaßt die Funktionen „Fertigen, Handhaben, Transportieren, Lagern" und damit folgende Systeme:
– NC-(CNC-, DNC-) Werkzeugmaschinen
– Werkstück- und Werkzeug-Handhabungseinrichtungen (inkl. Roboter)
– Flexible Fertigungszellen, -linien und -systeme
– Flexible Montagezellen, -linien und -systeme
– Automatisierte Transportsysteme
– Automatisierte Lagersysteme.

NC- und CNC-Maschinen sind nicht nur als Einzellösungen Bestandteile eines Automatisierungskonzeptes, sondern bilden auch die Basis für komplexe flexibel automatisierte Systeme wie FFZ oder FFS. Es ist daher notwendig, diese Begriffe zu definieren: „Numerische Steuerung (Numerical Control = NC) ist dadurch gekennzeichnet, daß die Eingangsgrößen dieser Steuerung binär-digitale Signale sind. Die Eingangsgrößen werden in Form eines Steuerungsprogramms in die Steuerung eingegeben."[23] Durch die fortschreitende Entwicklung der Miktroelektronik haben sich seit

22 Aus NEIPP (Einführungsstrategien), S. 143.
23 SAUTTER (Steuerungen), S. 11.

den 70er Jahren vor allem die sogenannten CNC-Maschinen durchgesetzt, da sie einen wesentlich erweiterten Funktionsumfang aufweisen und eine direkte Programmierung an der Maschine erlauben.[24] Eine Weiterentwicklung bilden die DNC-Systeme (Direct Numerical Control), bei denen mehrere CNC-Maschinen über eine Datenverbindung von einem Leitrechner aus gesteuert und mit Programmen versorgt werden. Da heute die reinen NC-Maschinen ihre Bedeutung weitgehend verloren haben und die CNC- oder DNC-Lösungen vorherrschen, soll im folgenden stellvertretend für alle Konzepte nur noch von „CNC-Maschinen" gesprochen werden.

Bezüglich einer systematischen Einteilung flexibel automatisierter Fertigungsanlagen herrscht in der Literatur Unklarheit. Sinnvoll erscheint die Unterscheidung zwischen Einmaschinenkonzepten und verketteten Mehrmaschinenkonzepten mit übergeordneter Steuerung sowie einer verfeinerten Differenzierung innerhalb dieser zwei Kategorien. Dieser Systematik zufolge sind mit aufsteigender Komplexität die nachstehenden Systemtypen zu unterscheiden:[25]

Einmaschinenkonzepte
1 Einzelne CNC-Maschine
   Nur ein Verfahren (z. B. Bohren), manuelle Werkstückbeschickung
2 Bearbeitungszentrum
   Werkzeugmagazin mit automatischem Werkzeug- und Werkstückwechsel, Mehrseiten- und/oder Mehrverfahrenbearbeitung, automatische Prozeßüberwachung
3 Flexible Fertigungszelle (FFZ)
   wie Bearbeitungszentrum, aber zusätzlich Werkstückspeicher sowie automatische Werkzeugvoreinstellung und -korrektur

Verkettete Einheiten
4 Flexible Fertigungslinie (Fertigungsstraße)
   Lineare Verkettung mehrerer CNC-Maschinen oder Bearbeitungszentren für mehrstufige, oft getaktete Bearbeitung
5 Flexibles Fertigungssystem (FFS)
   Werkstück- und Werkzeuglogistik, oft auf der Basis fahrerloser Transportsysteme, wahlfreie Ansteuerung aller Bearbeitungsstationen

Alle Systeme sind sowohl für die Fertigung i.e.S. als auch für die Montage einsetzbar, was dann als „Computer Aided Assembly" bezeichnet wird. Wenn im folgenden nur noch von Fertigungs-

---

24 Vgl. HELBERG (PPS), S. 21; SAUTTER (Steuerungen), S. 14.
25 Vgl. ERKES/SCHÖNHEIT/WIEGERSHAUS (Fertigung), S. 63; REFA (Produktionssysteme), S. 43 ff.

systemen gesprochen wird, so sind implizit auch immer entsprechende Montagesysteme gemeint. Entscheidend für die späteren Ausführungen über die Wirkungen im Rechnungswesen ist nämlich nicht in erster Linie das Anwendungsgebiet, sondern die Art der Steuerung und die Gestaltung des Material- und Informationsflusses.

Unabhängig von Anwendungszweck und Hersteller setzen sich in der computerintegrierten Fabrik die einzelnen Fertigungssysteme grundsätzlich aus drei Basissystemen zusammen, dem Bearbeitungssystem, dem Materialflußsystem und dem Informationssystem.

Basisysteme	Funktionen	Hauptkomponenten
Bearbeitungs- system	* Bearbeiten * Spannen * Werkzeugwechsel * Messen * Prüfen	- Werkzeugmasch.(WZM) - WZM-Steuerungen - Werkzeuge - Werkzeugwechsel- einrichtungen - Vorrichtungen - Meß- und Prüfmittel
Materialfluß- system	* Transportieren * Handhaben * Lagern	- Fördermittel - Fahrzeuge - Roboter/Handhabungsgeräte - Lagereinrichtungen - Lager-/Transport und Handhabungssteuerung
Informations- system	* Steuern * Überwachen durch: - Datenerfassung - Datenübertragung - Datenverarbeitung - Datenspeicherung	- Betriebsrechner - Fertigungsrechner - BDE-Systeme - Terminals - Übertragungsnetze - Software (Programme, Datenbanken etc.)

Abbildung 1.6
Basissysteme flexibler Fertigungsanlagen[26]

Im folgenden sind ausschließlich flexible Fertigungszellen, -linien und -systeme von Interesse, die unter den Oberbegriffen „flexibel automatisierte Produktionssysteme" bzw. „flexibel automatisierte Fertigungsanlagen" zusammengefaßt werden sollen. Nicht nur die FFS, sondern auch die flexiblen Zellen und Linien sind im Prinzip als Systeme zu betrachten, da sie alle durch ein Zusammenwirken unterschiedlicher Bearbeitungsmaschinen und eine Verkettung von Bearbeitungs- und Transportanlagen gekennzeichnet sind. Schließlich ist mit der Bezeichnung „flexibel automatisiert" in Zukunft implizit auch immer die Möglichkeit einer Integration mit

---

26 Vgl. MERTINS (Steuerung), S. 11; MILBERG (Entwicklungstendenzen), S. 48; REFA (Produktionssysteme), S. 41.

anderen Systemen oder die Einbindung in ein umfassendes CIM-Konzept gemeint.

Die drei Systeme sind aufgrund ihrer charakteristischen Auslegung aber nicht für alle Fertigungsaufgaben gleich gut geeignet. Abb. 1.7 zeigt die wichtigsten Kriterien, nach denen die Einsatzeignung der drei Systeme beurteilt werden kann.

Ausführungsform / Einsatzkriterium	Flexible Fertigungszelle	Flexibles Fertigungssystem	Flexible Fertigungslinie
Werkstückvielfalt	hoch	mittel	gering
Seriengröße/ Kapazitätsbedarf	gering	mittel	hoch
Arbeitsinhalt je Station	hoch	mittel	gering
Bearbeitungsgenauigkeit	hoch	mittel	hoch
Wiederholhäufigkeit der Aufträge	gering	mittel	hoch

hoch · mittel · gering

Abbildung 1.7
Eignung flexibel automatisierter Systeme[27]

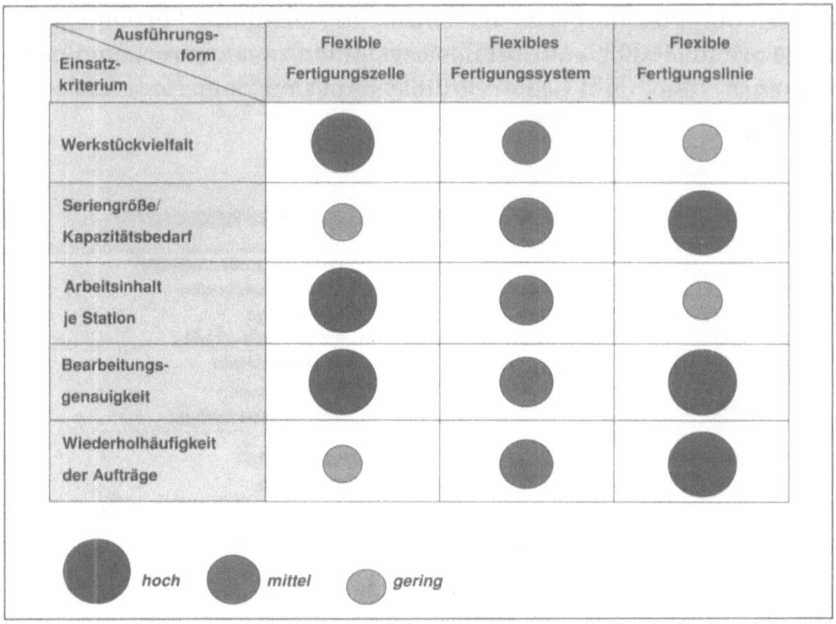

1.2.2.2 Flexible Fertigungszellen (FFZ)

Flexible Fertigungszellen bestehen typischerweise aus einer oder zwei Werkzeugmaschinen und erlauben die Bearbeitung unterschiedlicher Werkstücke in beliebiger Reihenfolge. Insbesondere für mannarme Schichten sind folgende Komponenten zu automatisieren:[28]

– Werkstückspeicher   – Werkzeugwechsel
– Werkstückwechsel   – Werkzeugüberwachung
– Werkzeugspeicher   – Werkstückmessung.

Fertigungszellen gelangen vor allem für die Fertigung kleiner und mittlerer Losgrößen zum Einsatz, wobei FFZ für die Bearbeitung von rotationssymmetrischen Teilen und von prismatischen Werkstücken zu unterscheiden sind. Im Bereich der Montage gelangen flexible Montagezellen zum Einsatz, die in der Regel aus

27 In Anlehnung an REFA (Produktionssysteme), S. 54.
28 Vgl. MERTINS (Steuerung), S. 27.

einem Industrieroboter und den ihm zugeordneten peripheren Geräten (z. B. Zuführeinrichtungen) bestehen. Eine FFZ wird von einem übergeordneten Rechner, dem Zellenrechner, gesteuert, der sich in einen Organisationsrechner und den eigentlichen Maschinenrechner gliedert. Der Organisationsrechner übernimmt dabei übergreifende Funktionen, wie z. B.:[29]
– Bestandsführung der Werkzeuge und Werkstücke
– NC-Programmverwaltung und DNC-Betrieb
– Betriebsdatenerfassung
– Auftragsverwaltung und -disposition.
Der Maschinenrechner dagegen führt die aktuellen, zeitkritischen Steuerungs- und Regelfunktionen aus:
– Zuordnung aktueller Steuerungsinformationen für das Handhabungsgerät und die Bearbeitungszentren
– Lagerortführung der Werkzeuge und Werkstücke
– Systemdiagnose usw.
Im folgenden soll nun unabhängig von konkreten Lösungen und Herstellerspezifikationen der Aufbau und das Funktionsprinzip von FFZ, FFS und Fertigungslinie mit Hilfe der drei Basissysteme dargestellt werden. Das Prinzipbild einer flexiblen Fertigungszelle verdeutlicht den relativ einfachen Aufbau eines solchen Einmaschinenkonzepts:

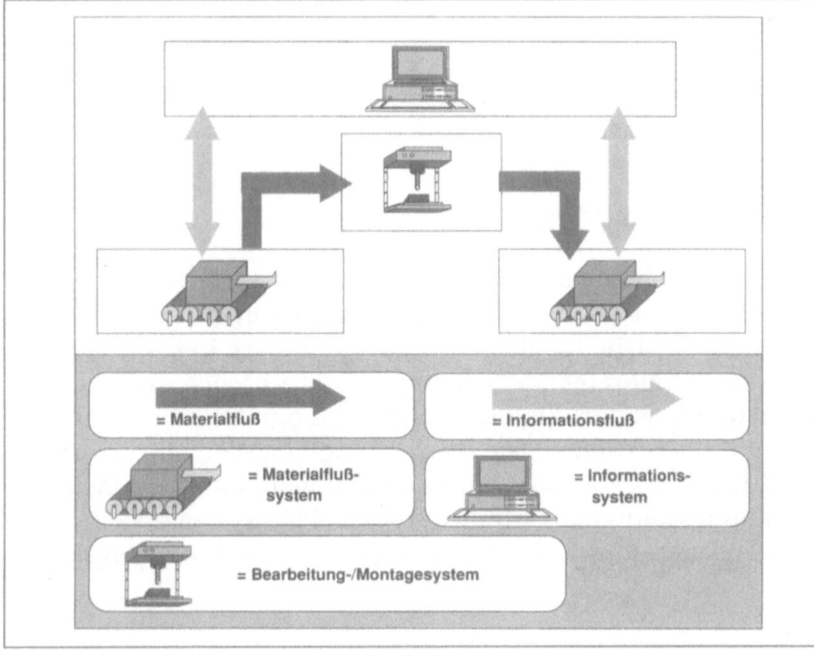

Abbildung 1.8
Prinzip einer flexiblen Fertigungszelle[30]

29 Vgl. HAMMER (Lösungen), S. 114.
30 Aus REFA (Produktionssysteme), S. 9.

1.2.2.3 Flexible Fertigungssysteme (FFS)

„Unter einem flexiblen Fertigungssystem soll hier ein System verstanden werden, das im Idealfall sämtliche Operationen umfaßt, die an einem Rohteil ausgeführt werden müssen, bis es für die Verwendung in der Montage geeignet ist. In das System sind deshalb neben den Bearbeitungsfunktionen Lager-, Handhabungs-, Transport- und Prüffunktionen integriert. Das Transportsystem ermöglicht das wahlfreie Ansteuern jeder Station, jede Station wiederum die Abarbeitung der Werkstücke in wahlfreier Folge."[31] Die Charakteristik eines FFS kann wie folgt umrissen werden:[32]
– Automatisches Werkstückflußsystem
– CNC-Maschinen sowie Roboter
– Rechnerkontrolle des Systems durch DNC-Steuerung
– Werkstücke mit ähnlicher Struktur (Gruppentechnologie)

Die gleichzeitige, synchronisierte Steuerung mehrerer Werkzeugmaschinen setzt zwangsläufig DNC-gesteuerte Maschinen voraus.

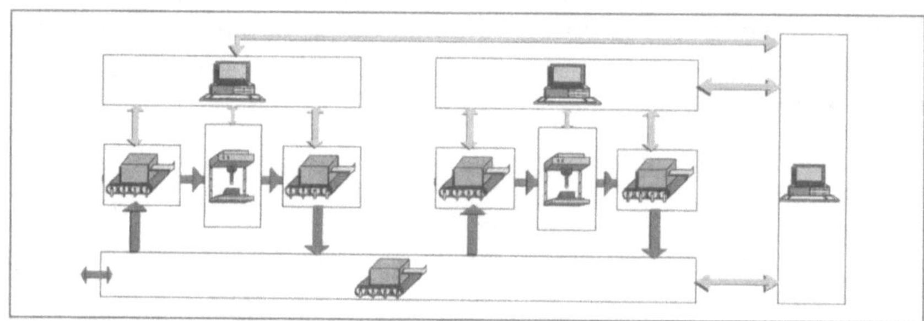

Abbildung 1.9
Prinzip eines flexiblen Fertigungssystems[33]

1.2.2.4 Flexible Fertigungslinien[34]

Wenn innerhalb eines relativ engen Teilespektrums größere Serien zu fertigen sind, bietet sich der Aufbau einer flexiblen Fertigungslinie an. Die flexible Fertigungslinie ist gekennzeichnet durch eine Hintereinanderschaltung mehrerer sich ergänzender Werkzeugmaschinen, die durch Umrüstung unterschiedliche Varianten fertigen können. Die Bearbeitung der Werkstücke erfolgt also mehrstufig, indem die einzelnen Teiloperationen auf mehrere Bearbeitungsstationen verteilt werden. Diese Systeme weisen Innenverkettung auf, d. h. die Werkstücke durchqueren zwangsläufig

---

31 HELBERG (PPS), S. 62.
32 Vgl. FOTILAS (Mikroelektronik), S. 115.
33 Vgl. REFA (Produktionssysteme), S. 50.
34 Vgl. zu nachstehenden Ausführungen MERTINS (Steuerung), S. 37 f.

den Arbeitsraum jeder Maschine ohne Umgehungsmöglichkeiten. Somit ist eine Linie durch einen gerichteten Materialfluß gekennzeichnet, der in aller Regel getaktet ist und zur Überbrückung von Störungen zwischen den einzelnen Arbeitsstationen Puffer vorsieht. Die Vorteile flexibler Fertigungslinien liegen in einer relativ hohen Produktivität und einer – im Gegensatz zu einem FFS mit wahlfreier Ansteuerung der Arbeitsstationen – geringeren Steuerungskomplexität. Linien sind aber nur für beschränkte Teilespektren mit relativ hohem Ähnlichkeitsgrad der verschiedenen Teile geeignet (Großserien).

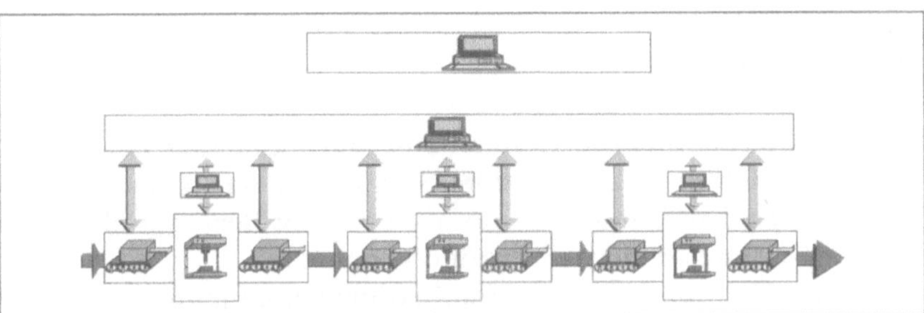

Abbildung 1.10
Prinzip einer flexiblen Fertigungslinie[35]

CAQ – Computer Aided Quality Assurance   **1.2.2.5**

Die Qualität ist zu einem entscheidenden Wettbewerbsvorteil geworden, was die Unternehmungen zwingt, ihre Bestrebungen zur Qualitätssicherung (QS) in allen Bereichen zu verstärken. Die QS umfaßt drei Hauptfunktionen: In der Qualitätsplanung werden die Qualitätsniveaus und die Spezifikationen festgelegt. Die Qualitätsprüfung umfaßt im wesentlichen die Wareneingangsprüfung, die in die Fertigung integrierte Prüfung und die Endtests. Sie hat festzustellen, inwieweit Waren und Produkte die gesetzten Q-Anforderungen erfüllen. In der Qualitätslenkung geht es darum, die Korrekturen zu steuern und zu überwachen, beispielsweise durch Kostenanalysen und durch Rückkopplung von Q-Daten an Lieferanten.[36]

Die gestiegene Bedeutung der Qualität und die Komplexität der QS-Systeme verlangen einen intensiven Rechnereinsatz für Planung und Durchführung der Qualitätssicherung, was mit CAQ bezeichnet wird. CAQ unterstützt Funktionen wie die Sicherstellung geforderter Toleranzen durch intelligente Meßgeräte, die Diagnose von Werkzeugmaschinen, die Prozeßüberwachung im

---

35 Vgl. REFA (Produktionssysteme), S. 51.
36 Vgl. WARGIN (Qualitätswesen), S. 108; BLANCK (Entwicklung), S. 196 ff.

Hinblick auf Grenzwertüberschreitungen oder die automatische Erstellung von Testdokumentationen und Fehlerprotokollen.[37]

Ein modernes CAQ-System hat als Kernstück einen Leitrechner für die Qualitätssicherung, der die Prüfsysteme auf der Prozeßebene führt und deren Ergebnisse verwertet. Damit sind unter anderem folgende Vorteile verbunden:[38]

- Klar geplante Abläufe mit beschleunigtem Materialfluß
- Verfügbarkeit aktueller Qualitätsdaten und damit rasches Eingreifen bei Q-Problemen
- Verbesserte Qualität der Produkte mit geringeren Fehlerkosten.

1.2.2.6 Industrieroboter

Den Industrierobotern (IR) kommt innerhalb der flexibel automatisierten Produktion eine besondere Stellung zu, da sie sowohl als eigenständige Fertigungssysteme als auch als Bestandteil eines größeren Systems eingesetzt werden können.

Nach der Richtlinie 2860 des Vereins deutscher Ingenieure (VDI) sind Industrieroboter „... universell einsetzbare Bewegungsautomaten mit mehreren Achsen, deren Bewegungen hinsichtlich Bewegungsfolge und Wegen bzw. Winkeln freiprogrammierbar und gegebenenfalls sensorgeführt sind. Sie sind mit Greifern, Werkzeugen oder anderen Fertigungsmitteln ausrüstbar und können Handhabungs- und Fertigungsaufgaben ausführen."[39]

Industrieroboter sind bezüglich ihrer Anwendung grundsätzlich bivalent: Sie können entweder als Bearbeitungsgeräte, z. B. als Schweißroboter oder Montageroboter, oder aber als Handlinggeräte für Anlagenbeschickung und -entsorgung, Be- und Entladen von Transportfahrzeugen, Kommissionieren etc. eingesetzt werden. Im ersten Fall sind sie als eigenständiges Fertigungssystem oder als Bestandteil eines solchen zu betrachten, im zweiten Fall sind sie Bestandteil des Logistiksystems. Bezüglich Anwendung ist somit grundsätzlich zu unterscheiden, ob ein Industrieroboter für

- Werkzeughandhabung oder für
- Werkstückhandhabung

eingesetzt wird.[40] Etwas differenzierter betrachtet sind die Hauptanwendungsbereiche von IR in vier Kategorien einzuteilen:

---

37 Vgl. dazu und zum folgenden HELBERG (PPS), S. 24; FOTILAS (Mikroelektronik), S. 122 f.
38 Vgl. VOGELEY (CAQ), S. 177.
39 VDI-Richtlinie 2860, Blatt 1.
40 Vgl. RAAB (Industrieroboter), S. 138.

Handhabung	Bearbeitung	Montage	Kontrolle
• Beladen	• Trennen	• Stecken	• Messen
• Entladen	• Umformen	• Kleben	• Prüfen
• Palettieren	• Beschichten	• Schweißen	

Der Robotereinsatz konzentriert sich heute vor allem auf vier Anwendungsfelder, nämlich:

– Schweißtechnik   – Handhabungstechnik
– Beschichtungstechnik   – Montage.

Der Einsatz von IR wird in den nächsten Jahren erheblich zunehmen. Diese Entwicklung wird einerseits durch den Preisverfall der elektronischen Bauteile gefördert und andererseits durch die beachtliche Steigerung der Leistungsfähigkeit von IR, insbesondere durch die Entwicklung hochwertiger Sensoren.

Produktionsplanung und -steuerung (PPS)   1.2.3

Aufgabe und Aufbau von PPS-Systemen   1.2.3.1

Während der letzten Jahre dominierte in der Produktion die Rationalisierung durch technische Maßnahmen im Sinne der Automatisierung. In letzter Zeit trat aber immer stärker die Bedeutung der effizienteren Gestaltung von Abläufen durch entsprechende Planung und Steuerung in den Vordergrund. Eine flexibel automatisierte Produktion ist heute ohne DV-gestütztes PPS-System nicht mehr denkbar. In der Produktionsplanung und -steuerung spielen Kosten als Entscheidungsgrundlage eine wichtige Rolle – speziell im Zusammenhang mit einer produktionsbegleitenden Kostenrechnung, weshalb kurz auf die Grundlagen der PPS einzugehen ist. „Aufgabe der Produktionsplanung und -steuerung ist die Planung der Produktionsabläufe und die Durchsetzung von Maßnahmen, deren Durchführung zum Erreichen vorgegebener Ziele erforderlich ist... Die Produktionssteuerung soll hier mit der Phase der Durchsetzung gleichgesetzt werden, wobei diese mit der Freigabe von Fertigungs-, Montage- und Bestellaufträgen beginnt."[42] Ziele können beispielsweise sein:[43] Minimierung der Fertigungskosten, höchstmögliche Flexibilität der Produktionsanlagen oder hohe Liefertermintreue. Die meisten Autoren unterscheiden die folgenden Hauptfunktionen der PPS:

41 Vgl. FELSING (Planungssystematik), S. 7.
42 HELBERG (PPS), S. 26.
43 Vgl. HEINEN (Industriebetriebslehre), S. 285.

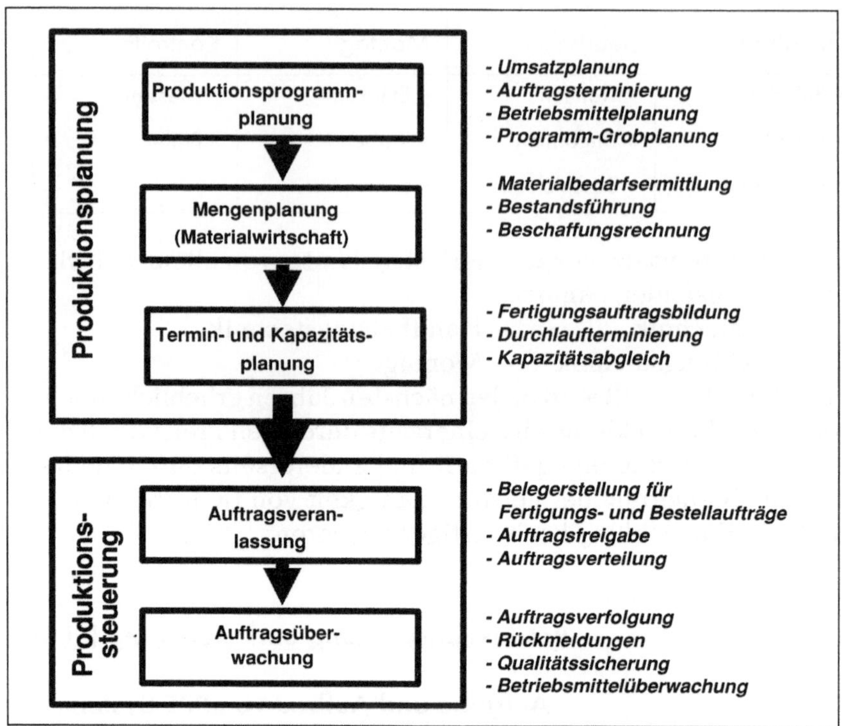

Da sowohl die Planungs- als auch die Steuerungsfunktionen oft auf die gleichen Grunddaten zugreifen müssen, ist die Datenverwaltung zweckmäßigerweise möglichst zentral und funktionsübergreifend bereitzustellen. Im Bereiche der PPS wurde denn auch relativ früh mit dem Einsatz von EDV begonnen, wobei aber vorerst nur batch-orientierte Programme zur Verfügung standen, die sich zudem noch auf kundenanonyme Großserienfertigungen bezogen. Das Aufkommen von Dialogsystemen auf der Basis von Datenbanken erweiterte den Komfort und den Funktionsumfang der angebotenen PPS-Systeme, insbesondere für die Unterstützung der mit den technischen Funktionen verbundenen administrativen Aufgaben. Viele PPS-Systeme enthalten beispielsweise Module zur Vorkalkulation, Bedarfsvorhersagemodelle zur Unterstützung des Einkaufs sowie Programme zur Angebots- und Kundenauftragsbearbeitung. Damit erhält die PPS die Funktion eines wichtigen Bindeglieds zwischen dem technischen und dem administrativen Bereich.

44 In Anlehnung an: HELBERG (PPS), S. 26; MERTINS (Steuerung), S. 65; MIESSEN u. a. (Marktstudie), S. 53.

Der PPS kommt im Prinzip die Aufgabe zu, das kybernetische System Produktion zu regeln und im Gleichgewicht zu halten. Dies kann nur dann erfolgreich gelingen, wenn die tatsächlichen Vorgänge und Ergebnisse im Sinne von Rückkopplungen an die PPS bzw. an übergeordnete Führungssysteme gemeldet werden. Dazu braucht es ein System für automatische Betriebsdatenerfassung. Unter Betriebsdatenerfassung (BDE) versteht man „... alle Maßnahmen, die notwendig sind, um die Ergebnisdaten der Produktion in maschinell verarbeitungsfähiger Form bereitzustellen".[45]

Die Zielsetzungen der BDE sind im wesentlichen:
1. Verbesserung der Fertigungssteuerung
2. Unterstützung der Lager- und Materialfluß-Steuerung
3. Optimierung der Qualitätssicherung
4. Unterstützung des Rechnungswesens
5. Erzielung besserer Wirtschaftlichkeit der Produktion.

Die Vorteile eines leistungsfähigen BDE-Systems liegen damit vor allem in einer größeren Transparenz und in verbesserten Entscheidungsgrundlagen. An sich ist aber Betriebsdatenerfassung in der Produktionswirtschaft keine neue Forderung. Ihre Notwendigkeit wurde schon sehr früh erkannt, aber der dafür erforderliche Aufwand war bisher zu groß. Weil die erforderlichen Erfassungssysteme entweder noch nicht vorhanden oder aber zu teuer waren, erfolgte die Erfassung meist manuell, womit der Erfassungsaufwand in aller Regel höher war als der aus den Daten gewonnene Nutzen. Erst dank stark verbilligter und sehr viel leistungsfähigerer Mikroelektronik zeigt sich die Situation heute grundlegend anders:
1. Rein technisch gesehen sind PPS-Systeme bzw. Systemsteuerungen für FFS oder FFZ ohne Rückkopplungsmechanismen nicht denkbar. BDE-Funktionen sind daher meist schon integraler Bestandteil neuer Produktionstechnologien und somit grundsätzlich auch für andere Zwecke, wie beispielsweise die Kostenrechnung, nutzbar.
2. Die Entwicklung von Barcodes, maschinenlesbarer Schrift und entsprechenden Laserscannern eröffnet heute zuverlässige und wirtschaftliche Möglichkeiten der Erfassung.
3. Die technische Entwicklung wird die Erfassung weiter erleichtern. Zu erwähnen sind beispielsweise die Fortschritte bei Sensoren zur gezielten Produktverfolgung und die Entwicklung einer „protokollierten Fertigung (MAP)".

---

45 WILDEMANN (Auftragsabwicklung), S. 18.

1.3 Computer Integrated Manufacturing – CIM

1.3.1 CIM als neue Produktions-Philosophie

Die in Kapitel 1.2 überblicksmäßig beschriebenen Systeme werden oft als Insellösungen mit dem Ziel einer partiellen Produktivitätssteigerung oder Flexibilitätserhöhung eingesetzt. Flexibel automatisierte Fertigungsanlagen sind aber nur suboptimal eingesetzt, wenn die der Fertigung vor- und nachgelagerten Bereiche, wie Konstruktion, Arbeitsplanung, Qualitätssicherung und insbesondere die PPS, nicht miteinbezogen werden. Erst der Verbund aller Teilsysteme erbringt wirtschaftliche Lösungen, da sonst wertvolle Synergieeffekte, beispielsweise durch Einmalerfassung der Daten oder Abstimmung von Prozessen, verlorengehen. Ein Produktionskonzept, das auf der Integration verschiedenster flexibel automatisierter Komponenten beruht, bezeichnet man als Konzept des „Computer Integrated Manufacturing" (CIM).

1.3.1.1 Grundzüge eines CIM-Konzeptes

„Die computerintegrierte Produktion ist als ein Globalkonzept für den Rechnereinsatz in allen produktbezogenen Unternehmensbereichen anzusehen, um den Forderungen nach höherer Produktivität, größerer Flexibilität und besserer Qualität zu genügen."[46] Vordergründig und rein technisch gesehen, stellt CIM somit die informationstechnologische Verknüpfung aller computerunterstützten Einzelfunktionen dar. Tatsächlich ist CIM aber Teil der Unternehmensstrategie und verlangt völlig neue Produktionsstrukturen und -prinzipien, die oft tiefgreifende Reorganisationen erfordern. Wie noch gezeigt wird, zielen neuere Ansätze auf eine Integration aller Unternehmensbereiche ab im Sinne eines Computer Integrated Management von Entwicklung, Produktion, Logistik, Vertrieb, Finanzen und aller dazugehörenden Führungssysteme.

Funktional gesehen gliedert sich die CIM-Struktur in die geometrisch/technologisch orientierten Funktionen CAD, CAP, CAM und CAQ und in die betriebswirtschaftlich orientierten PPS-Funktionen, die sich auf Mengen, Termine und Kapazitäten beziehen.[47] Beide Bereiche sind unterschiedlich stark organisatorisch miteinander verbunden, wobei sich eine Verbindung immer über die Nutzung einer gemeinsamen Datenbasis erreichen läßt. Aus

---

46 HELBERG (PPS), S. 34.
47 Vgl. SCHEER (EDV-orientierte), S. 156; MILBERG (Entwicklungstendenzen), S. 43.

der Vielzahl unterschiedlicher CIM-Darstellungen setzt sich in jüngerer Zeit vor allem diejenige aus der AWF-Empfehlung durch, die in Zusammenarbeit mit namhaften Instituten und Organisationen entstanden ist. Sie besticht – im Gegensatz zu den meisten anderen Darstellungen – durch eine formal sehr einfache Gestaltung, beinhaltet aber alle wesentlichen Komponenten und soll zusammen mit den nachfolgenden Abb. 1.14 (CAI) und 1.18 (CIM und Logistik) als Orientierungsraster für dieses Buch dienen.

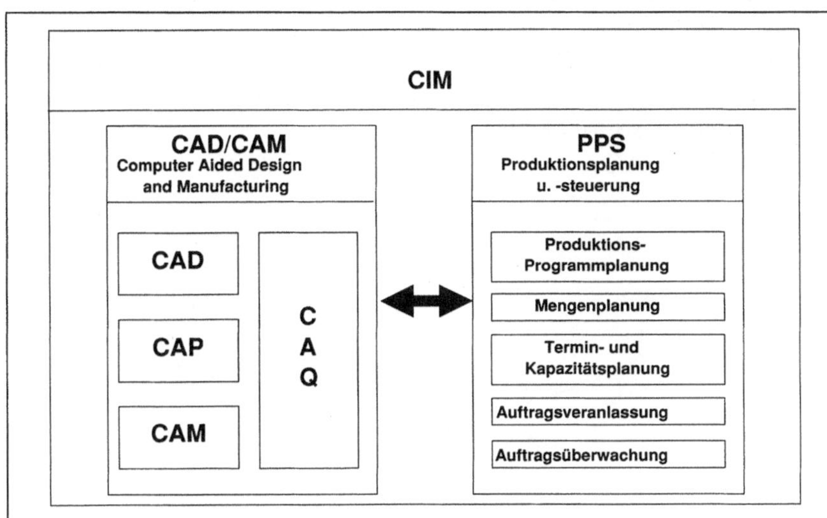

Abbildung 1.13
CIM nach AWF-Empfehlung[48]

Integration betriebswirtschaftlicher Systeme 1.3.1.2

In den letzten Jahren gingen die entscheidenden Entwicklungsimpulse für CIM vorwiegend von technischer Seite aus, vor allem aus dem Bereich CAD/CAM. Viele CIM-Anbieter haben denn auch bis vor kurzem in ihren CIM-Konzepten die administrative Seite entweder nur sehr pauschal oder gar nicht berücksichtigt. Nachdem aber in vielen Fertigungsbereichen die rein technische Integration recht weit fortgeschritten ist, die betriebswirtschaftlichen Führungssysteme jedoch noch weitgehend davon losgelöst arbeiten, wird heute verstärkt der Miteinbezug betriebswirtschaftlicher Systeme in das CIM-Konzept gefordert. Führende Anbieter von CIM-Lösungen haben diese Gedanken aufgenommen und verfolgen sie mit hoher Intensität. Stellvertretend für diese Entwicklung sei das inzwischen recht bekannte Konzept des Hauses Siemens ange-

48 Vgl. AWF-Empfehlung (CIM), S. 10.

führt, das den Miteinbezug des betriebswirtschaftlichen Astes so stark betont, daß sogar ein neuer Begriff geschaffen wurde. Die Gewichtung des „manufacturing" im Terminus CIM veranlaßt die Siemens AG, von „Computer Assisted Industry (CAI)" zu sprechen, um damit ihre deutlich weiterführende Auffassung einer Computerintegration zum Ausdruck zu bringen.[49] Computer Assisted Industry besteht aus vier Hauptkomponenten: Die rechnergestützte Produktionsplanung und -steuerung (PPS), die Fertigung bzw. Werkstattsteuerung/-überwachung (CAM), die Entwicklung (CAE) mit ihren Teilsystemen CAD und CAP sowie das computergestützte Büro CAO (Computer Aided Office). Die Philosophie einer Erweiterung des CIM-Ansatzes läßt sich somit durch folgende einfache Formel ausdrücken:

CAI = CIM + CAO.

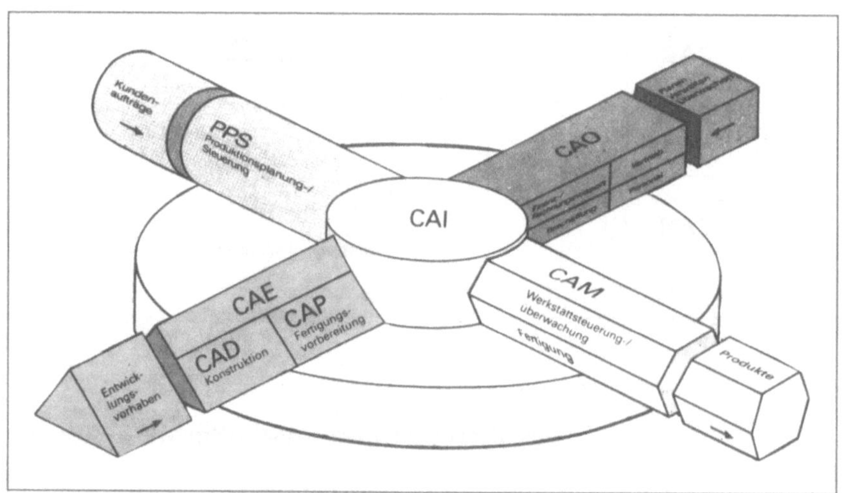

Einige Autoren erachten den expliziten Miteinbezug der administrativen Funktionen im Sinne einer Verdeutlichung zwar für sinnvoll, im Prinzip aber als Redundanz. Sie weisen jeweils darauf hin, daß in einem Industriebetrieb hinter jeder technischen Funktion ohnehin entsprechende administrative Tätigkeiten ständen, die bei einer CIM-Ausrichtung automatisch mitberücksichtigt werden müßten.[51] Um den Miteinbezug der Führungssysteme aber voranzutreiben, scheint es zweckmäßig, die Einbindung der administrativen Systeme, ähnlich dem CAI-Konzept, klar hervorzuheben und ihnen im Vergleich zum CAM- oder CAE-Ast gleichwertige Bedeutung einzuräumen. Denn eines steht fest: Ein CIM-

---

49 Vgl. KRUSE (Antrieb), S. 20 ff.
50 Quelle: Siemens AG, München.
51 Vgl. SCHEER (CIM/Industriebetrieb), S. 15.

Konzept weist eine hohe Komplexität auf, die ohne entsprechend
ausgebaute und in ein Gesamtsystem miteinbezogene Führungssysteme nicht mehr zu bewältigen ist. CIM braucht ein „Computer
Integrated Controlling", zu dem auch das Rechnungswesen gehört.
Die hohe Innovationsrate und Flexibilität im technischen Bereich
muß von den Führungssystemen übernommen werden. Will man
den CIM-technischen Bereich regeln und lenken, so braucht man
dazu ebenso rasche, flexible und produktionsnahe Führungssysteme.

Ansätze wie das CAI-Konzept sind daher sehr vielversprechend
und müssen weiterverfolgt werden. Auch dieses Buch hat unter
anderem zum Ziel, einen Beitrag zur Integration des Rechnungswesens in eine CIM/CAI-Lösung zu leisten. Um bei der allgemeingül-
tigen Terminologie zu bleiben und sich nicht auf herstellerspezifi-
sche Bezeichnungen einzulassen, wird im folgenden konsequent
nur von CIM-Konzepten gesprochen. Gemeint ist damit aber immer ein modernes, umfassendes CIM-Verständnis, das die Integration aller Führungssysteme und aller Bereiche der Unternehmung
anstrebt und sich nicht einseitig auf den reinen Produktionsbereich
beschränkt.

Stand der Technik und Zukunftsperspektiven 1.3.1.3

Eine internationale Studie über den „state of the art" der CIM-Tech-
nologie beweist eindrücklich deren weltweit starke Bedeutung im
industriellen Sektor.[52] In der Bundesrepublik Deutschland gaben
53 % der befragten Unternehmen an, bereits ein CIM-Konzept zu
entwickeln, und weitere 25 % hatten die CIM-Entwicklung für die
nächsten drei Jahre geplant. Dennoch sind in der Praxis bislang
kaum umfassende CIM-Lösungen zu finden. Bei den in der Literatur häufig anzutreffenden Beschreibungen „realisierter CIM-Lösungen" handelt es sich in aller Regel um die Implementierung von
Integrationslösungen in abgegrenzten Bereichen, beispielsweise in
produktorientierten, organisatorisch selbständigen Produktionszentren. Sehr oft sind es aber auch nur Integrationen von Teilstrek-
ken der Produktionskette, beispielsweise durchgängige CAD/
CAM-Kopplungen, oder es wird der Einsatz eines größeren FFS als
CIM bezeichnet. Diese Situation belegt auch die Übersicht über
den Durchdringungsgrad von CAX-Systemen in deutschen Unternehmungen. Nur die PPS-Systeme werden zum überwiegenden
Teil als Gesamtlösung eingesetzt.

---

52 Vgl. HEROLD (Stand), S. 283 ff.

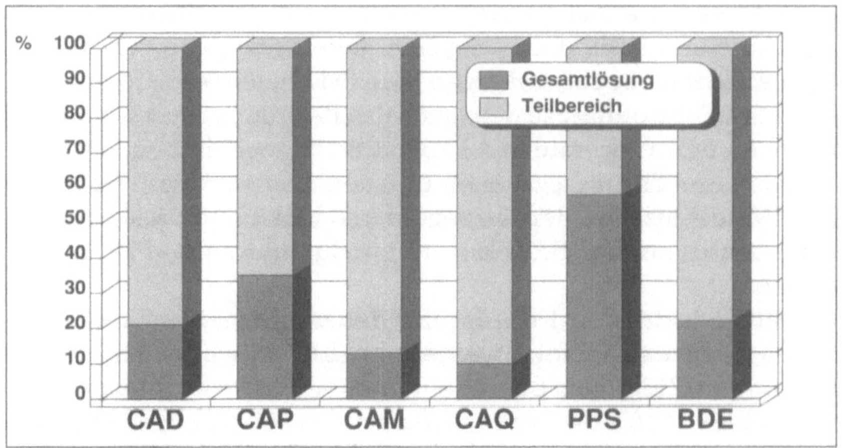

Abbildung 1.15
Gesamtlösungen bei CAX-Einsatz [53]

Dabei muß betont werden, daß die deutsche Industrie beim Einsatz neuer Technologien eine führende Position einnimmt und bei einigen Technologien sogar einen höheren Durchdringungsgrad als Japan aufweist. Bei der Ermittlung eines durchschnittlichen Integrationsgrades, bei dem die Integrationen zwischen CAD und CAM oder PPS und CAM etc. bewertet wurden, ergab sich bei einer jeweiligen Bewertung von 0 bis 4 (volle Integration) ein relativ bescheidener Gesamtwert von 1,53.[54] Es ist offensichtlich, daß zwar das Bestreben, CIM zu realisieren, weit verbreitet ist und CIM als strategischer Erfolgsfaktor relativ hoch eingeschätzt wird, daß aber die konkrete Umsetzung noch in den Anfängen steht. Wenn bereits die Integration vorwiegend technischer Teilsysteme nur beschränkt realisiert ist, gilt dies erst recht für die in dieser Arbeit geforderte Verknüpfung zum administrativen Bereich im Sinne einer CAI-Lösung.

Bezüglich der voraussichtlichen Zukunftsentwicklung im Bereich neuer Produktionstechnologien und CIM seien einige wichtige Entwicklungstendenzen zusammengefaßt, die sich heute deutlich abzeichnen:[55]

1. Dank leistungsfähigen Kommunikationstechniken sowie der Entwicklung normierter Schnittstellen und weltweiter Standards (OSI) wird die Vernetzung der Rechnersysteme zu einer fabrikeinheitlichen Informationsstruktur ermöglicht. Damit wird auch die räumliche Entkopplung von Produktionsverantwortlichen und Fertigungssystemen erleichtert. Die zentrale Steuerung verschiedener Produktionsstandorte oder „das Büro zu Hause" werden bald zu ernsthaften Alternativen.

---

53 Werte für die Bundesrepublik Deutschland von 1988 aus: HEROLD (Stand), S. 290.
54 Vgl. dazu und zu den folgenden Werten HEROLD (Stand), S. 300 ff.
55 Vgl. MAIER (Information), S. IV-6 ff.; EVERSHEIM/WECK (Computer), S. 15; SPUR (Technologie), S. 13.

2. Fehlertolerante und fehlerkorrigierende Systeme in der Fertigung – für die Steuerung von zentralen Fertigungseinrichtungen
wie Lager oder Fertigungszellen – werden den hohen Verfügbarkeitsansprüchen gerecht.
3. In Zukunft wird die maschinelle Sprachverarbeitung, insbesondere die direkte Spracheingabe an Maschinen, einen wesentlichen Entwicklungsschub initiieren. Bereits heute werden
Spracheingabe-Systeme von erstaunlicher Leistung angeboten.
Die Worterkennung für einen Wortschatz bis zu 500 Wörtern,
z. B. Steuerungsbefehlen, ist dabei allerdings noch sprecherabhängig. Solche Systeme sind vor allem denkbar für die Steuerung flexibler Fertigungssysteme, für die Programmierung von
Robotern, für Qualitätskontrolle oder in automatischen Lagern.[56]
4. Simulationsmethoden, beispielsweise für die Gestaltung und
Dimensionierung von Materialfluß-Systemen mit Simulation
von Fahrkursen der Transportmittel, Verweilzeiten, Puffergrößen usw., dürften in naher Zukunft erhebliche Bedeutung erhalten. Die Anwendung von Simulationen muß aber verstärkt vom
rein technischen Bereich auf den betriebswirtschaftlichen ausgedehnt werden. Das Controlling ist ein Gebiet, auf dem mit
Hilfe von Simulationswerkzeugen die Verläßlichkeit von Plandaten erheblich gesteigert und das Aufzeigen von Wirkungen
bestimmter Maßnahmen verbessert werden könnte.
5. Die Leistungsfähigkeit von Workstations und PCs wird weiterhin enorm steigen, was den gegenwärtigen Trend zur Dezentralisierung und zur Vernetzung in der Datenverarbeitung verstärkt.
6. Mit der Entwicklung von Computern der fünften Generation
wird der Einsatz wissensbasierter Systeme im Produktionsmanagement erheblich an Bedeutung gewinnen. Mit Hilfe solcher
Expertensysteme können Entscheidungen unterstützt werden,
die nur schwer algorithmierbar und daher für die traditionelle
DV ungeeignet sind. Typische Einsatzgebiete für Vorgänge im
eigentlichen Fertigungsbereich, die ein Know-how, das Wissen
„wie man's macht", voraussetzen, sind etwa Vorhersagen für die
präventive Maschineninstandhaltung, die Interpretation von
Meßdatenauswertungen, Diagnosen von Maschinenschadensanalysen oder die Prozeßüberwachung.[57]

---

56 Vgl. SPUR (Aufschwung), S. 20; FÄHNRICH u. a. (Sprachverarbeitung), S. 109 f. und
die dort angeführten Realisierungs-Beispiele.
57 Vgl. MAIER (Information), S. IV-9.

1.3.2. Zentrale Bedeutung der Logistik

1.3.2.1 Logistik-Pipeline als Basisidee

Die verkürzten Lieferzeiten zwingen die Unternehmen, eine hohe Lieferbereitschaft sicherzustellen. Dies kann erreicht werden durch Aufbau von Fertigfabrikatebeständen oder durch sehr kurze Durchlaufzeiten (DLZ), die ein rasches Reagieren auf Marktveränderungen und Kundenwünsche erlauben. Der Kostendruck und die Tendenz zu Variantenvielfalt und kundenspezifischen Produkten erschweren aber eine Bestandsstrategie, womit als einzige Lösung eine DLZ-Verkürzung durch Einsatz flexibler Produktionssysteme bleibt. Es geht heute nicht mehr darum, einen einzelnen Arbeitsgang, beispielsweise einen Fertigungsvorgang, möglichst rasch zu erledigen, sondern darum, die Gesamtdurchlaufzeit eines Auftrages vom Auftragseingang bis zum Versand zu minimieren.

Die hohe Bedeutung der DLZ wird klar, wenn man sich vergegenwärtigt, daß in der europäischen Industrie 85 bis 90 % der Durchlaufzeit in der Fertigung durch sogenannte Leer- oder Liegezeiten beansprucht wird, während die eigentliche Bearbeitungszeit in der Regel nur eine Größenordnung von ca. 10 bis 15 % erreicht. Die der Fertigung vorgelagerten Bereiche Konstruktion, Beschaffung und Arbeitsplanung nehmen aber einen Anteil von bis zu 60 % der Auftragsgesamtdurchlaufzeit ein.

Abbildung 1.16
Durchlaufzeiten im
Maschinenbau[58]

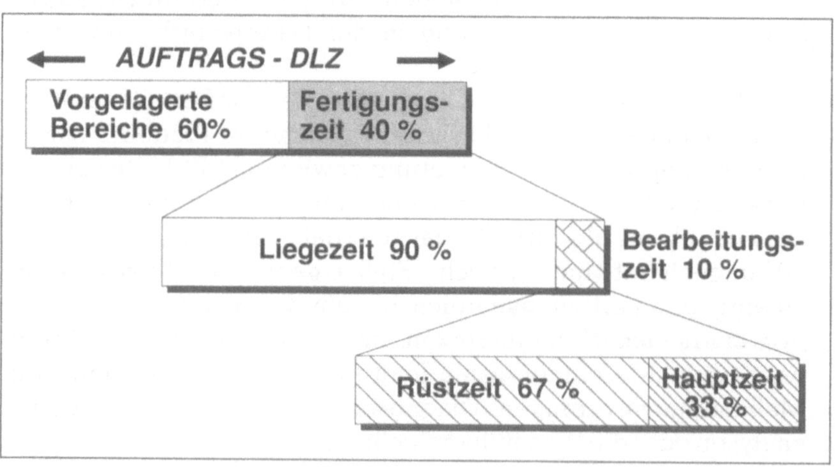

Um Durchlaufverkürzungen zu erreichen, muß die industrielle Unternehmung ein durchgängiges Logistikkonzept entwickeln. Dies bedeutet eine konsequente Umsetzung des Prinzips des Flie-

58 Werte des VDMA, aus BRÖDNER (Personalentwicklung), S. 560.

ßens, d. h. einer material- und informationsflußorientierten Gestaltung aller Bereiche der Unternehmung.[59] Die Flußorientierung hat zum Ziel, den Durchlauf von Aufträgen über die gesamte logistische Kette und nicht nur in Teilbereichen zu optimieren, um damit eine hohe Lieferbereitschaft bei gleichzeitig hoher Flexibilität und niedrigen Kosten zu erreichen.[60]

Aus der Vielzahl an Logistikdefinitionen ist diejenige des Council of Logistics Management für diese Arbeit sehr geeignet:

„Logistik ist der Prozeß der Planung, Realisierung und Kontrolle des effizienten, kosteneffektiven Fließens und Lagerns von Rohstoffen, Halbfabrikaten und Fertigfabrikaten und der damit zusammenhängenden Informationen vom Liefer- zum Empfangspunkt entsprechend der Anforderungen der Kunden."[61]

Entscheidend sind dabei das Prinzip des Fließens, die gleichzeitige Betrachtung von Material- und Informationsfluß und die Forderung nach Effizienz. Anzustreben ist die Bildung einer „logistischen Kette" oder „Logistik-Pipeline" vom Lieferanten bis zum Kunden, die sowohl die Kundenauftragsabwicklung in Form von Planungs- und Steuerungsaktivitäten als auch die physische Wertschöpfung (Materialfluß) umfaßt. Zusätzlich wird zwischen den drei großen Abschnitten der Beschaffungslogistik, der Produktionslogistik und der Distributionslogistik unterschieden.

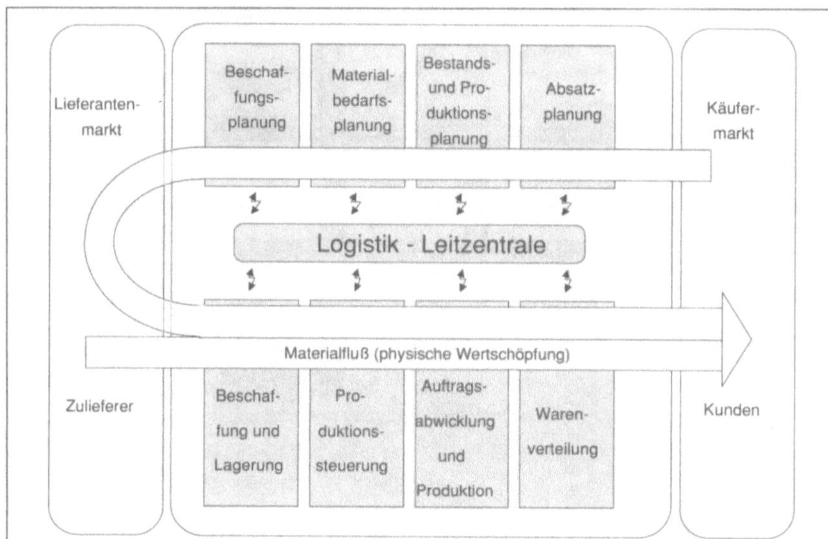

Abbildung 1.17
Logistik-Kette mit
Informations- und
Materialfluß[62]

59 Vgl. PAWELLEK (Logistiktrends), S. 7; EIDENMÜLLER (Auftragsabwicklung), S. 214.
60 Vgl. PFOHL (Logistik), S. 151.
61 Council of Logistics Management, zit. nach der Übersetzung von PFOHL (Logistik), S. 142.
62 In Anlehnung an JÜNEMANN (Unternehmenslogistik), S. E 7.

1.3.2.2 CIM und Logistik

CIM und Logistik sind voneinander nicht zu trennen, sondern
ergänzen beziehungsweise durchdringen einander gegenseitig.[63]
Die Trennung der beiden Begriffe wird im Zuge der Integration
aller Funktionen praktisch unmöglich. In einem FFS beispielsweise
sind typische logistische Funktionen wie Werkstückhandling oder
Transportaufgaben bereits integraler Bestandteil des Fertigungssystems und werden zusammen mit den Bearbeitungsanlagen von
einem Leitstand aus gesteuert. Umgekehrt wird ein CIM-Konzept
nie wirtschaftlich sein, wenn ihm nicht eine saubere Logistikpla-
nung vorausgegangen ist und wenn es nicht auf der Basis der
Pipeline-Philosophie konzipiert wurde.

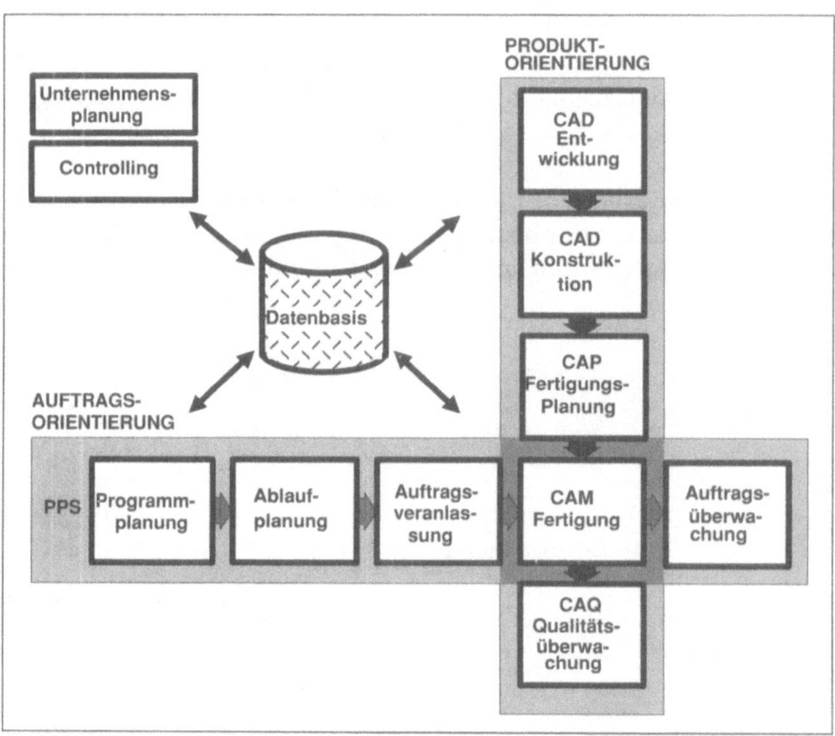

Abbildung 1.18
CIM und Logistik im
Zusammenhang[64]

63 Vgl. zum Verhältnis von Logistik und CIM auch KRALLMANN (CIM), S. 3; TREUT-
   LEIN/LOHMANN (CIM-Konzepte), S. 13 ff.; EIDENMÜLLER (Widerspruch), S. 15 ff.;
   STENZEL (Widerspruch), S. 74 ff.
64 Diese Darstellung stammt ursprünglich vom CADCAM-Labor des Kernforschungszentrums Karlsruhe, ist inzwischen aber von vielen Autoren übernommen worden. Vgl. z. B. SCHRÜDER (Fabrik), S. 3; V. D. HEIDE (Einbindung), S. 527;
   KÜLLE (Möglichkeiten), S. 264.

CIM i.e.S. (Manufacturing) weist somit eine starke Produktorientierung auf, während sich der Logistikast auf den Kundenauftrag ausrichtet. Der Schnittpunkt der beiden Integrationslinien liegt in der Fertigung. Oft spricht man auch von der Linie der horizontalen Integration und derjenigen der vertikalen Integration.[65] Entscheidend ist in einer CIM-Landschaft, daß beide Integrationslinien auf dieselbe Datenbasis zugreifen.

Traditionelle Produktion und CIM im Vergleich 1.3.3

Die gegenwärtige Entwicklung auf den Gebieten CIM und Logistik lassen erkennen, daß es sich hier um eine dauerhafte Veränderung der industriellen Produktion handelt, deren einschneidende Wirkungen sich in Zukunft noch verschärfen dürften. Es stellt sich abschließend die Frage, wo denn nun die grundlegenden Unterschiede zwischen einer klassischen, verrichtungsorientierten und einer modernen, CIM-orientierten Produktion liegen.

Veränderung der Produktionsprinzipien 1.3.3.1

Bei der Beurteilung der durch den technologischen Wandel induzierten Veränderungen ist folgende Wirkungskette zu betrachten:
- Die Rahmenbedingungen des Umfeldes industrieller Unternehmungen haben sich verändert. Die Unternehmen passen ihr produktionswirtschaftliches Zielsystem und die darauf ausgerichteten Strategien an diese Entwicklungen an.
- Veränderte Rahmenbedingungen und daran angepaßte Ziele und Strategien erfordern eine Anpassung der Produktionsstrukturen und -abläufe. Traditionelle Grundprinzipien der Produktion werden durchbrochen und durch neue Systeme und neue Konzepte ersetzt.
- Solche Veränderungen wirken sich auf die Erfolgsfaktoren der Unternehmung aus, z. B. in Form veränderter Kostenstrukturen, kürzerer Durchlaufzeiten oder höherer Qualitätsniveaus.

Abb. 1.19 beinhaltet eine Gegenüberstellung der traditionellen und der CIM-orientierten Produktionsstruktur und zeigt die wesentlichen Unterschiede. Mit traditioneller Produktion ist dabei ein klassisches Mensch-Maschinen-System gemeint, das zwar einen gewissen Mechanisierungsgrad, jedoch noch keine Automatisierung aufweist. Die Produktion zeichnet sich durch starr verbundene Anlagen aus, die auf die klassische TAYLORsche Arbeitstei-

---

65 Vgl. HACKSTEIN (Einsatz), S. 12 f.

lung ausgerichtet und damit auch nur beschränkt flexibel sind. Die betriebswirtschaftlichen Wirkungen neuer Technologien werden hier vorerst ohne detaillierte Erläuterung angeführt, weil die für das Rechnungswesen relevanten Veränderungen in Kapitel 2 eingehend diskutiert werden. Die Gegenüberstellung ist daher als Orientierungsraster für die spätere Diskussion der Leistungsfähigkeit des heutigen Rechnungswesens zu verstehen.

Traditionelle Produktion	CIM-orientierte Produktion
1 Verrichtungsorientierter Aufbau mit hoher Arbeitsteilung.	1 Prozeßorientierter Aufbau nach dem Fließprinzip.
2 Relativ starre und einfache Abläufe; klare Trennung von dispositiven und operativen Abläufen.	2 Variable und sehr komplexe Abläufe; bereichsübergreifende Integration von Aufgaben.
3 Produktion von standardisierten Produkten, die auf Lager gelegt werden.	3 Dank Flexibilität vermehrt kundenauftragsbezogene Fertigung anstelle von Lagerfertigung.
4 Zum voraus bekannte und stabile Einsatzmöglichkeiten der Produktionsanlagen.	4 Zum voraus nicht abschließend bekannte Einsatzmöglichkeiten.
5 Wirtschaftliche Wirkungen im einzelnen relativ gut bestimmbar.	5 Beurteilung einzelner Anlagen führt zu Fehlschlüssen; Wirtschaftlichkeit des Gesamtsystems relevant.
6 Produktivität und Flexibilität bilden antinomische Ziele; Ausrichtung auf hohe Stückzahlen (economies of scale).	6 Antinomie weitgehend aufgehoben; Variantenvielfalt mit kleinen Losgrößen (economies of scope).
7 Stückkostensenkung bei Erhöhung der Ausbringungsmenge (Erfahrungskurve).	7 Stückkostenvorteile durch Dauer und Breite der Anwendungserfahrung mit neuen Technologien.
8 Produktwechsel und Kundenanpassungen führen zu Stillstandszeiten und Umrüstkosten.	8 Produktvariationen und Kundenanpassungen verursachen vertretbaren Aufwand und eröffnen Marktchancen.
9 Zahlreiche Hierarchiestufen und Entscheidungsstellen mit vielen Schnittstellen im Informationsfluß.	9 Flachere Hierarchie mit erweiterten Verantwortungsbereichen und durchgängigem Informationsfluß.
10 Große Fertigungstiefe mit hoher Bedeutung der Vorfertigung.	10 Reduzierte Fertigungstiefe mit Schwergewicht auf auftragsspezifischer Montage.

Der Übergang von einer klassischen, verrichtungsorientierten Produktion auf flexibel automatisierte und integrierte Systeme verändert nicht nur die Struktur der Produktion, sondern erbringt auch zahlreiche positive und negative Wirkungen in bezug auf zentrale Zielgrößen der Produktion.

Nach Studien von MC KINSEY lassen sich durch CIM folgende Leistungssteigerungen erreichen:[66]

Produktionskosten: — 35 %

Durchlaufzeit: — 60 %

Qualitätskosten: — 50 %.

Eine Untersuchung von MC KINSEY in den USA erbrachte ein Kostensenkungspotential von 20 bis 30 % der Gesamtkosten.[67] Voraussetzung dafür ist eine flexibel automatisierte Produktion mit hoher Integration, die nach dem Fließprinzip organisiert ist und auch in der QS Rechnerunterstützung einsetzt. Nach Erfahrung des AWK wurden beim CIM-Einsatz im Werkzeugmaschinenbau 25 bis 50 % und beim Einsatz eines FFS für die Herstellung von Schmiede- und Druckgußwerkzeugen sogar 70 % Durchlaufzeitverkürzung erreicht.[68] Hervorzuheben ist, daß das Hauptpotential flexibler, integrierter Produktion nicht bei den Großserienfertigern liegt, sondern bei den Herstellern von Klein- und Mittelserien zu erwarten ist. Hier könnten nach einer Untersuchung des Instituts für Spanende Technologie und Werkzeugmaschinen (IWT) der TH Darmstadt und MC KINSEY[69] durch CAD bis zu 50 % der funktionalen Kosten gesenkt werden, bei der Arbeitsplanung und -steuerung bis zu 40 % durch PPS-Systeme und im reinen Fertigungs- und Montagebereich durch Industrieroboter und FFS bis zu 80 %. Eine Gegenüberstellung positiver und negativer Wirkungen eines CIM-Einsatzes zeigt Abb. 1.20. Die dadurch induzierten Veränderungen in der Kostenstruktur werden Gegenstand des Kapitels 2 sein.

---

66 Studie von MC KINSEY, im Auftrage des VDMA, zit. nach WALLER (Entwicklungstendenzen), S. 22; gleiche Ergebnisse brachte das Forschungsprojekt „Leistungssteigerung durch rechnergestützte Fabrikautomatisierung" der TH Darmstadt und MC KINSEY, vgl. dazu SCHULZ (Nutzung), S. 566; EISFELDER (Nutzenpotential), S. 58 f.
67 Vgl. EISFELDER (Nutzenpotential), S. 58.
68 Vgl. AWK (Produktionstechnik), S. 37.
69 Vgl. SCHOSSLEITNER (Pioniere), S. 18.

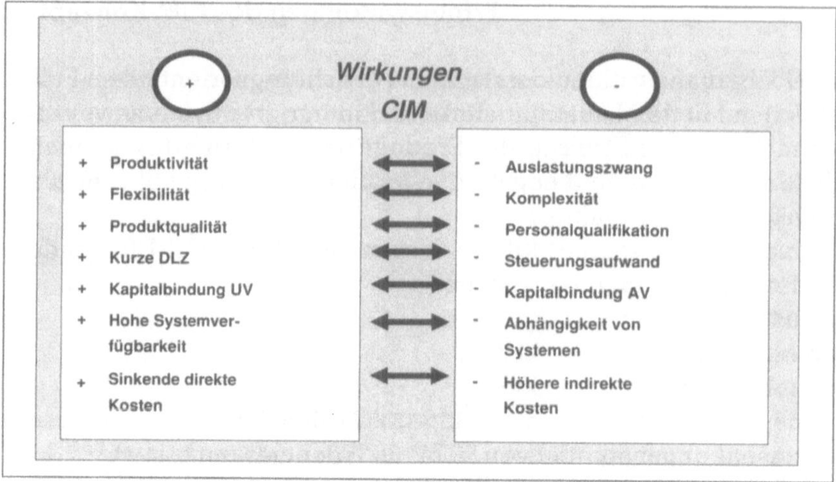

Diese Aufzählung einiger wichtiger Erfolgsfaktoren eines CIM-Einsatzes zeigt, daß die Wirkungen sich unter Umständen gegenseitig kompensieren können und der Gesamtnutzen daher nur unternehmungsindividuell zu ermitteln ist. Um dennoch eine Vorstellung von der Größenordnung erzielbarer Effekte zu bekommen, seien abschließend zwei Beispiele erfolgreicher Realisierungen von CIM-Teilkonzepten angeführt. Abb. 1.21 zeigt die auf mehreren Jahren Einsatzerfahrung beruhenden Ergebnisse eines FFS bei Kawasaki.

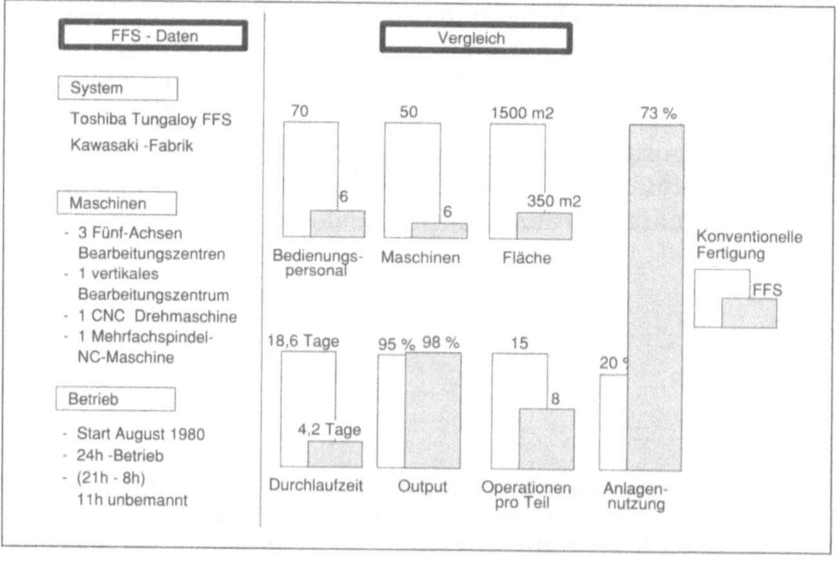

70 Vgl. STEINHILPER (Recommendations), S. 96.

Das System umfaßt 6 Werkzeugmaschinen, wovon 3 mit fünf Achsen, und läuft im Dreischichtbetrieb mit insgesamt 11 Stunden unbemannter Zeit. Damit konnten 50 Einzelmaschinen ersetzt und die Zahl der Maschinenbediener um fast 80 %, der Raumbedarf um rund 75 % reduziert werden. Gleichzeitig gelang es, die DLZ und die Maschinennutzung erheblich zu verbessern.

Ein weiteres Beispiel ist dasjenige eines Automobilzulieferers, der im Rahmen eines umfassenden CIM-Konzepts eine durchgängige CAD/CAM-Kopplung und ein FFS realisierte:[71]
- Senkung der Konstruktionskosten eines Werkzeugs:
  - bei Neukonstruktion   — 20 %
  - bei Variantenkonstruktion   — 50 %
- Reduktion der Stückkosten (FFS):
  - bei 6 Lauftagen pro Woche   — 40 %
  - bei 7 Lauftagen pro Woche   — 50 %

Zwei wesentliche Voraussetzungen führten zu diesem Erfolg:
1. Eine Straffung des Materialflusses mit einer Reduktion der anzulaufenden Arbeitsstationen von 31 auf 8.
2. Die hohe Nutzung der Anlage im Dreischichtbetrieb während 6 beziehungsweise 7 Wochentagen.

Solche Ergebnisse sind zwar sehr eindrücklich, müssen aber auch relativiert werden: In beiden Fällen handelt es sich um die Realisierung einzelner Systeme und noch nicht um eine vollintegrierte Lösung. Den Beispielen liegt jeweils eine übergeordnete CIM-Strategie zugrunde, so daß davon auszugehen ist, daß der Systemeinführung eine sorgfältige und strategisch fundierte Planung vorausging.

Zum Schluß dieses Überblicks zur Thematik „Computer Integrated Manufacturing" seien aufgrund der bisherigen Überlegungen drei wesentliche Erkenntnisse noch einmal hervorgehoben:
1. „CIM um jeden Preis" ist eine falsche Strategie. Jede Unternehmung muß unter Berücksichtigung ihrer spezifischen Verhältnisse den für sie optimalen Mix von Automatisierungs-, Flexibilitäts- und Integrationsgrad suchen.
2. CIM muß nicht unbedingt flächendeckend sein. Es ist besonders in einer Anfangsphase absolut sinnvoll, vorerst in einzelnen Bereichen neue Technologien einzuführen, in denen die höchsten Potentiale zu erwarten sind. In einer zweiten Phase kann dann schrittweise integriert werden.
3. CIM allein nach seinem Kostensenkungspotential beurteilen zu wollen, ist zu einseitig und wird den effektiven Vorteilen dieser Technologie nicht gerecht. Neben den Kostensenkungspoten-

tialen ist die schwer quantifizierbare Steigerung der Wettbewerbsfähigkeit durch verbesserte Reaktionszeiten, verkürzte
Lieferzeiten und höhere Qualität mindestens ebenso entscheidend, wenn nicht sogar von weitaus größerem Nutzen.

1.3.3.3 Schlußfolgerungen

Die Ausführungen über Einsatz und Weiterentwicklung neuer
Produktionstechnologien und -strategien lassen keinen Zweifel
daran, daß diese Entwicklung irreversibel ist. Im Gegenteil: Der
Einsatz neuer Technologien wird in den kommenden zwei Jahr-
zehnten eine überproportionale Steigerung erfahren und auch bisher schwach automatisierte oder noch nicht integrierte Bereiche
der industriellen Produktion erschließen. Es wäre falsch anzunehmen, daß sich der Einsatz von CIM-Konzepten auf Großunternehmungen beschränkt. Viel eher bildet nach Auffassung vieler Anbieter von CIM-Komponenten gerade die Vielzahl an Klein- und
Mittelbetrieben in Europa – trotz begrenzter finanzieller Investi-
tionskraft – ein enormes Einsatzpotential für rechnerintegrierte
Produktion. Die eingangs gestellte Frage, ob es sich beim technologischen Wandel um einen tiefgreifenden und einen die Struktur
der industriellen Produktion grundlegend verändernden Prozeß
handelt, muß eindeutig bejaht werden. Es kann nun als Grundlage
für Kapitel 2 folgende These formuliert werden:
*Der technologische Wandel in der Produktion erfordert auch eine
Anpassung des betrieblichen Rechnungswesens.*
Damit ist folgendes gemeint: Der technologische Wandel verändert Strukturen, Abläufe und Systeme der industriellen Produktion
so nachhaltig, daß auch das Rechnungswesen in seiner Funktion als
Führungsinstrument mehrfach davon betroffen ist:
1. Das Rechnungswesen ist die wertmäßige Abbildung des Produktionsbereichs und hat daher Veränderungen des Realsystems Produktion in Form von Kosten- und Leistungswirkun-
   gen oder mittels anders gearteter Informationsgrößen widerzu-
   spiegeln.
2. Das Rechnungswesen wird selber zum Objekt des technologischen Wandels, indem es in ein CIM-Konzept eingebunden
   wird.
3. Diese Faktoren bewirken, daß sich das Rechnungswesen auf
   neue Zielsysteme und auf ein verändertes Entscheidungsfeld
   auszurichten hat. Will das Rechnungswesen seine Bedeutung
   als wichtiges Führungsinstrumentarium behalten, so hat es
   seine Zwecksetzung und Struktur auf diese Veränderungen
   auszurichten.

Um diese These der Notwendigkeit eines Wandels des Rechnungswesens zu verifizieren, werden in Kapitel 2 die für das Rechnungswesen relevanten Veränderungen untersucht, die durch den Einsatz neuer Technologien induziert werden. Dabei geht es darum, ihre Wirkungen in bezug auf eine mögliche Beeinträchtigung der Leistungsfähigkeit des Rechnungswesens zu überprüfen. Wenn das Rechnungswesen seiner Zwecksetzung und Zielrichtung uneingeschränkt nachkommen kann, so ist die These widerlegt; treten aber da und dort Schwächen der bisherigen Prinzipien eines betrieblichen Rechnungswesens zutage, so ist in den nachfolgenden Kapiteln nach entsprechenden Verbesserungsansätzen und Möglichkeiten zur Weiterentwicklung zu suchen.

2 Die Auswirkungen auf das betriebliche Rechnungswesen

Diente das erste Kapitel dazu, die Entwicklung im Produktionsbereich industrieller Unternehmungen darzustellen, so gilt es nun, die Auswirkungen der Automatisierung zu untersuchen. Es zeigt sich dabei ein facettenreiches Bündel von Auswirkungen auf die Gesamtführung, die Strategien, Finanzen, Investitionen, Vertriebsmaßnahmen, Produktgestaltung, Ablauforganisation, Mitarbeiter, Kostenwirtschaftlichkeit und Kostenrechnung. In der jüngeren Geschichte industrieller Unternehmen gibt es wahrscheinlich keinen anderen Vorgang, der ebenso umfassende und derart tiefgreifende Auswirkungen zur Folge hatte, wie die hier zur Diskussion stehende Form der Automatisierung.

Unserem Thema entsprechend wollen wir den kostenwirtschaftlichen und kostenrechnerischen Auswirkungen nachgehen. Im Vordergrund steht dabei die Frage, ob und inwieweit die Anwendung neuer Technologien die heute in der Praxis benutzten konventionellen Formen des betrieblichen Rechnungswesens, namentlich die flexible Plankostenrechnung, berührt oder nicht. Diese Frage kann aber nicht beantwortet werden, wenn nicht zuvor die kostenwirtschaftlichen Auswirkungen der Automatisierung erkannt werden.

2.1 Wirkungen der Automatisierung

Bei den tiefgreifenden Veränderungen in der Kostenstruktur, die die Automatisierung verursacht, lassen sich grundsätzlich vier Entwicklungstendenzen erkennen. Sie sollen thesenartig formuliert und im Anschluß daran im einzelnen untersucht werden:

1. Die Kostenstruktur ist gekennzeichnet durch eine zunehmende Starrheit: Der Anteil der Fixkosten an den Gesamtkosten steigt deutlich an, und die Kosten sind in der Fertigung durch die Mitarbeiter immer weniger beeinflußbar (Kapitel 2.1.1).
2. Der überwiegende Teil der Kosten ist den einzelnen Kostenträgern nicht mehr direkt zurechenbar und hat daher Gemeinkostencharakter. Besondere Verrechnungsprobleme ergeben sich durch den größeren Block sogenannter „Vorleistungskosten", d. h. Kosten, die bereits während der Planungs- und Realisierungsphase eines Fertigungssystems anfallen (2.1.2).
3. Die Relationen der einzelnen Kostenarten zueinander verändern sich. Traditionell im Vordergrund stehende Kostenarten – wie zum Beispiel die Lohnkosten – verlieren stark an Bedeutung, während andere, z. B. die Kapitalkosten, eine dominierende Rolle einnehmen (2.1.3). Gleichzeitig erhalten bisher kaum be-

achtete Kostenarten wie die Logistik- und die Qualitätskosten
großes Gewicht.
4. Die Kosten sind zu Beginn des eigentlichen Fertigungsprozesses weitgehend festgelegt, weil die Kostenstruktur bereits in den
der Fertigung vorgelagerten Bereichen determiniert wird. Der
Fertigungsbereich verliert damit als Rationalisierungspotential
an Bedeutung zugunsten von kostenbestimmenden Bereichen
wie Konstruktion, Beschaffung oder Produktionsplanung (2.1.4).

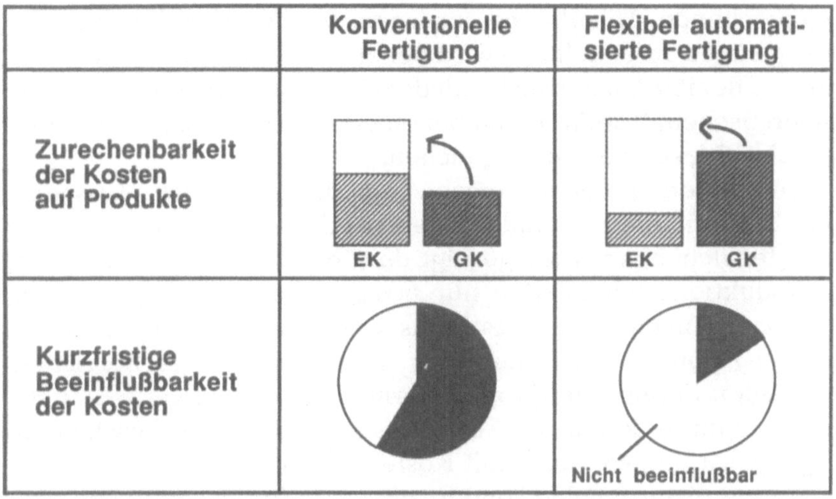

	Konventionelle Fertigung	Flexibel automatisierte Fertigung
Zurechenbarkeit der Kosten auf Produkte	EK GK	EK GK
Kurzfristige Beeinflußbarkeit der Kosten		Nicht beeinflußbar

Abbildung 2.1
Kostenstruktur-
verschiebung bei
Automatisierung

Da im folgenden mehrfach von Kostenveränderungen die Rede
sein wird, ist an dieser Stelle auf die Problematik von Kostenstrukturanalysen hinzuweisen. Die Kostenwirkungen neuer Produktionstechnologien können empirisch nur sehr schwer und mit hohem Aufwand ermittelt werden. Damit erklärt sich auch das bereits
in der Einführung erwähnte Forschungsdefizit bezüglich Kostenwirkungen neuer Produktionstechnologien.

Selbst die in der Literatur vorhandenen Erfahrungswerte sind
nicht unproblematisch, da die Angaben auf unterschiedlichen Ver-
gleichssystemen beruhen. Ein Vergleichssystem ist das Bezugsob-
jekt, anhand dessen die Kostenstrukturwirkungen von CIM-orientierten Produktionssystemen beurteilt werden. Folgende Ver-
gleichssysteme können herangezogen werden.[1]
a) Ist-Zustand der bestehenden Produktionsstruktur
b) Alternatives Konzept automatisierter Fertigung
c) Katalog definierter Anforderungen
d) Vergleich mit Fremdfertigung
Der Ist-Zustand ist als Vergleichssystem besonders problematisch,
weil er organisatorisch gesehen selber sehr oft suboptimal gestaltet

---

1 Vgl. GRIESE u. a. (Wirtschaftlichkeit), S. 35 ff.; PLATT (Kostenanalyse), S. 92 f.

ist. Bei der notwendigen systematischen Planung automatisierter Produktionssysteme wird die Produktionsgestaltung grundsätzlich überprüft. Dadurch können unabhängig vom System durch ablauforganisatorische und logistikorientierte Maßnahmen erhebliche Durchlaufzeitverbesserungen und Rationalisierungen erzielt werden, die dann fälschlicherweise als Nutzen des eingesetzten Fertigungssystems ausgewiesen werden. Diese Problematik stellt sich weit weniger, wenn statt dessen von einer theoretischen Alternative einer automatisierten Fertigung ausgegangen wird, die bereits entsprechende Ablaufverbesserungen des bestehenden Produktionsgefüges unterstellt. So wird bei einem FFS meist vorgeschlagen, das flexible System nicht mit dem Ist-Zustand, sondern mit den (theoretischen) Verhältnissen bei einem Konzept von unverketteten CNC-Maschinen zu vergleichen.

Drei weitere Probleme erschweren die generellen Aussagen über Kostenstrukturveränderungen bei CIM-Vorhaben:

1. Untersuchungen haben gezeigt, daß über den Einsatz von neuen Produktionstechnologien nur etwa 15 bis 25 % des erzielten Nutzens im engeren Investitionsbereich wirksam werden, während 75 bis 85 % als indirekter Nutzen in anderen Bereichen anfallen, deren Ermittlung sich erheblich schwieriger gestaltet.[2] Die Einführung eines CAD-Systems hat nicht nur Beschleunigungswirkungen und damit Kosteneinsparungen im Konstruktionsbereich zur Folge, sondern ebenso indirekte, unter Umständen bedeutendere Kostensenkungen in den nachfolgenden CAP- und CAM-Bereichen. Dazu gehören beispielsweise Ausschußminderung durch fehlerfreie Konstruktionsunterlagen oder Kosteneinsparungen durch eine Reduktion der Teilevielfalt.[3]

2. Kostenstrukturelle Vorteile sind ein wettbewerbsstrategisches Hauptziel bei der Einführung neuer Technologien, womit die Preisgabe effektiv erzielter Erfolge von geringem Interesse ist. Den trotzdem veröffentlichten Resultaten von CIM-Einführungen kommt daher oft eine Public-Relations-Funktion zu, weshalb die positiven Kosteneffekte zweifellos an der oberen Grenze der Bandbreite angesiedelt sind.

3. Viele Unternehmungen sind aufgrund eines zu wenig flexiblen Rechnungswesens gar nicht in der Lage, isolierte Informationen über die Kostenwirkungen neuer Technologien zu ermitteln.

---

2 Diese Zahlen wurden belegt durch eine Untersuchung von MC KINSEY und der TH Darmstadt: vgl. SCHULZ (Nutzung), S. 567. Den hohen Anteil des indirekten Nutzens in anderen Bereichen betont auch MAIER-ROTHE (Wettbewerbsvorteile), S. 146.

3 Vgl. SCHULZ (Nutzung), S. 567; WILDEMANN (Technologieplanung), S. 101 f.

Die geschilderte Problematik läßt allgemeingültige Aussagen zu den technologieinduzierten Kostenstrukturverschiebungen nur bedingt zu. Ist man sich der genannten Schwierigkeiten und den daraus resultierenden Unsicherheiten aber bewußt, so geben die Ergebnisse praktischer Erfahrungen doch wertvolle Anhaltspunkte, um die Tendenzen und die Größenordnungen dieser Strukturveränderungen zu beurteilen. Einen Überblick über das Ausmaß CIM-induzierter Kostenstrukturverschiebungen vermitteln die breit abgestützten Erfahrungsauswertungen von WILDEMANN:

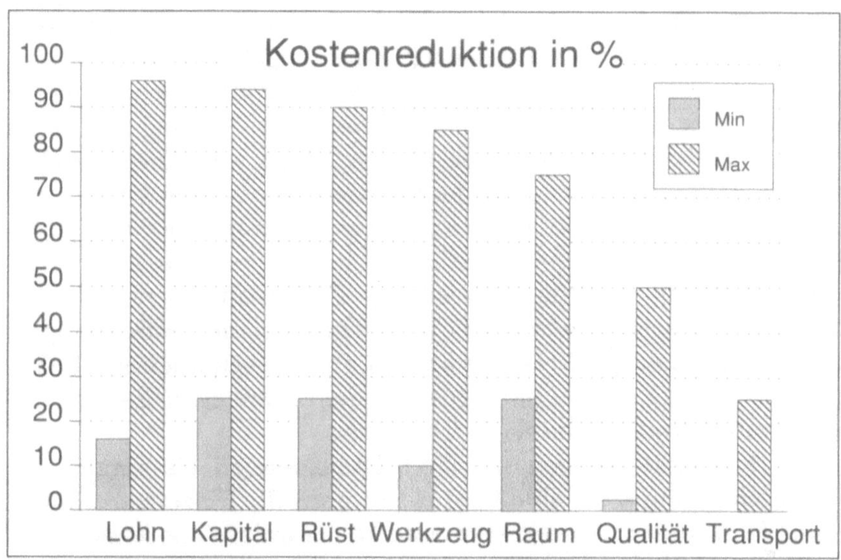

Abbildung 2.2
Kostensenkungs-
potentiale für FFS[4]

Diese Werte zeigen zum einen die recht unterschiedlichen Erfolge, die je nach spezifischer Unternehmungssituation mit der Einführung neuer Technologien verbunden sind; zum andern sind sie aber auch ein Indiz für die oben erläuterte Problematik von Kostenstrukturanalysen. Es ist sicher davon auszugehen, daß die Unternehmungen mit ausgewiesenen Kostensenkungen von über 90 % als Vergleichssystem materialflußmäßig völlig ungenügende Ist-Zustände herangezogen haben. Immerhin zeigt bereits dieser erste Überblick, daß der Einsatz neuer Technologien einschneidende Kostenstrukturveränderungen nach sich zieht. Es ist im Detail zu untersuchen, ob dadurch die Grundprinzipien und die Schwerpunkte im traditionellen betrieblichen Rechnungswesen in Frage gestellt werden.

---

4 Daten aus: WILDEMANN (Investitionsplanung), S. 32.

2.1.1 Starrheit und Beeinflußbarkeit der Kosten

2.1.1.1 Fixkostendominanz bei hoher Automatisierung

CIM-Technologien sind mit einem extrem hohen Investment verbunden, das bei einer traditionellen Produktion in dieser Größenordnung kaum zu verzeichnen war. Mit zunehmendem Integrationsgrad steigen die Investitionen sogar überproportional an, was eine starke Erhöhung der damit verbundenen Kapitalkosten zur Folge hat.[5] Die Zunahme an Abschreibungs-, Zins- und Anlagenwagniskosten, aber auch der fixen Unterhaltskosten führt dazu, daß sich der Anteil der Fixkosten an den Fertigungskosten stark erhöht und Größenordnungen bis zu 75 % erreichen kann.[6] Diese Tendenzen sind aber nicht nur auf einen absoluten Anstieg der fixen Kosten zurückzuführen, sondern gleichzeitig auf einen parallel dazu verlaufenden Rückgang der direkten Lohnkosten. Diese klassisch variable Kostenart büßt in einer hochautomatisierten Umgebung ihre Bedeutung fast vollständig ein. Der verbleibende Anteil direkter Arbeit wird durch neuartige Entlohnungssysteme, steigende Soziallasten sowie tarifliche und gesetzliche Bestimmungen zunehmend rigider und ist nur noch bedingt beschäftigungsabhängig. Zumindest kurz- bis mittelfristig haben damit auch die Lohnkosten bereits weitgehend fixen Charakter.

Im Extremfall bleiben im Produktionsbereich als einzige im klassischen Sinne variable Kosten nur noch die Einzelmaterialkosten, Teile der Energiekosten und die Sondereinzelkosten der Fertigung. Alle andern Kosten sind kurz- bis mittelfristig gesehen fix, d. h. von der Ausbringungsmenge unabhängig. Ihre Höhe wird einzig und allein durch Entscheidungen – namentlich Investitions-, Entwicklungs- und Planungsentscheidungen – festgelegt. Abgesehen von den eben angeführten Einschränkungen bei den scheinbar variablen Lohnkosten ist auch bei den Materialkosten eine gegenläufige Tendenz auszumachen: Im Zuge des Übergangs zu JIT-Fertigung mit einer engen Lieferantenbindung werden oft langfristige Abnahmeverträge eingegangen, die zwar die Umlaufbestände senken, dafür aber mit Abnahmeverpflichtungen verbunden sein können, die zu kurzfristig starren Materialkosten führen. Im Elektroniksektor, in welchem bei gewissen Komponenten auf dem Weltmarkt immer wieder Engpässe herrschen, sind für Bezüge aus Fernost sogenannte „letter of intents" mit weitgehender Zahlungs-

---

5 Vgl. zur Problematik des hohen Investments neuer Technologien 2.3.3.
6 Vgl. Abb. 2.6 und 2.12.

verpflichtung bei Nichtabnahme der vorausgesagten Bezugsmenge durchaus handelsüblich.[7]

Eine weitere Ursache für die verminderte Reagibilität der Kosten bei flexibel automatisierten Anlagen ist eine erhöhte Kostenremanenz. Die Personalkapazität kann in automatisierten Systemen nicht mehr kontinuierlich, sondern meistens nur noch schichtweise angepaßt werden. KAPLAN betrachtet die Personalkosten in einer hochautomatisierten Fertigung daher als sprungfixe Kosten.[8] Anhand des konkreten Beispiels eines flexiblen Fertigungssystems läßt sich die Problematik der Kostenremanenz von Personalkosten darstellen:[9]

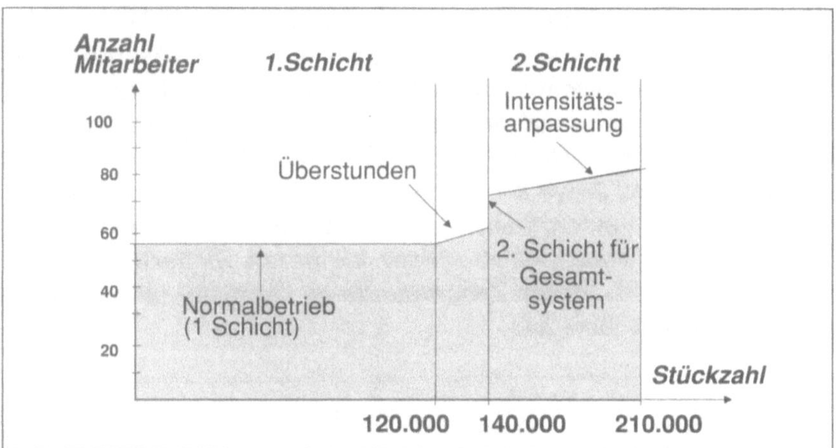

Abbildung 2.3
Anpassung der Personalkapazität bei einem FFS

Mit einem zweischichtigen Betrieb des Systems ist eine maximale Kapazität von 210 000 Stück pro Tag möglich (2. Schicht mannarm). Bei einem Auftragsrückgang kann die Mitarbeiterzahl durch Intensitätsanpassung leicht reduziert werden, was vor allem bei der Gruppe der zeitlich recht flexiblen teilzeitbeschäftigten Hilfskräfte möglich ist. Diese Beschäftigten werden vorwiegend für die Aufspannung der Werkstücke auf Werkstückträger, für Handlingtätigkeiten oder Anlagenver- und -entsorgung eingesetzt. Bei 140 000 Stück pro Tag ist der Übergang auf einschichtigen Betrieb

---

7 Solche Verpflichtungen hängen immer von der Marktmacht des Nachfragers und der Struktur des betreffenden Beschaffungsmarktes ab. Ein Hersteller elektronischer Geräte sah sich beispielsweise bezüglich gewisser Spezialbildschirme einer oligopolistischen Anbieterstruktur von nur zwei fernöstlichen Anbietern gegenüber. Diese verlangen von ihren kleineren Kunden bis zu 9 Monate zum voraus verbindliche Abnahmeprognosen, die bei Nichteinhaltung die Bezahlung der Hälfte des Kaufpreises zur Folge haben.
8 Vgl. KAPLAN (Measuring), S. 701.
9 Die Abbildung zeigt ein reales Beispiel. Die absoluten Zahlen wurden zwar mit Faktoren multipliziert, entsprechen in ihren Relationen aber den tatsächlichen Verhältnissen. Damit ist der hier interessierende Anpassungsverlauf der Personalkapazität unbeeinflußt geblieben.

mit Überstunden technisch möglich und wirtschaftlich erforderlich. Von solchen Überstundenaktionen ist stets die Mehrheit einer Schicht betroffen, weil das System von einer ganzen Mannschaft betreut werden muß. Bis 120 000 Stück ist damit eine gewisse Anpassung noch möglich. Überstunden sind als Flexibilitätsreserve sinnvoll, aber nur über relativ kurze Zeit aufrechtzuerhalten. Fällt die Auslastung aber unter 120 000 Stück pro Tag, so ist keine weitere Anpassung mehr möglich, denn es sind minimal 56 Personen erforderlich, um den Systembetrieb voll aufrechtzuerhalten.

Selbst bei lang andauernden Unterauslastungen eines flexiblen Systems wird eine Unternehmung die betroffenen Systembetreuer kaum entlassen, da deren Beschaffung am Arbeitsmarkt äußerst schwierig und ihre Schulung enorm kostenintensiv ist. Das spezialisierte Personal eines solchen Systems bzw. dessen Gesamtheit an Know-how hat also schon eher den Charakter eines Potentialfaktors.[10] Das Beispiel zeigt deutlich, wie starr sogar die Personalkosten bei flexibel automatisierten Systemen sind.

Insgesamt wird damit die Reagibilität der Kosten bei Automatisierung stark eingeschränkt, was sich in einer Verschiebung des Break-Even-Punktes und in einem kleineren Sicherheitskoeffizienten ausdrückt. Diesen Zusammenhang illustriert ein rechnerisches Beispiel in Abb. 2.4:

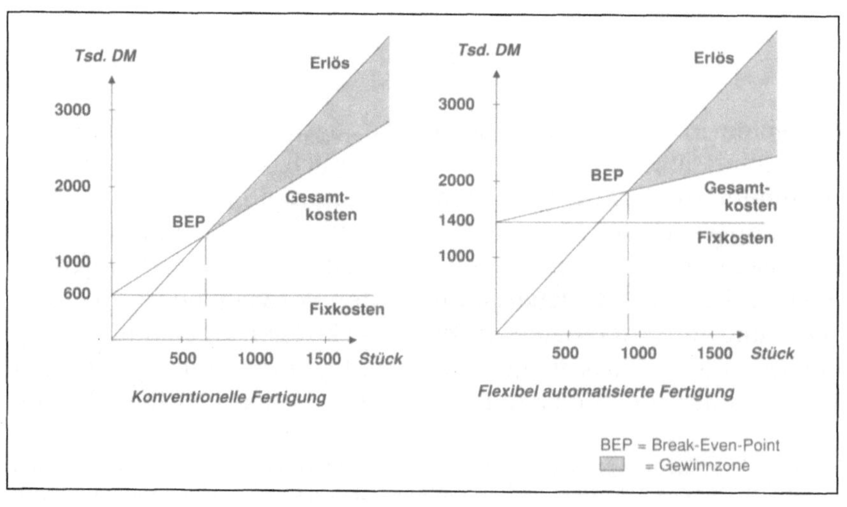

---

10 Potentialfaktoren sind Produktionsfaktoren, die während des Produktionsprozesses nicht verbraucht, sondern nur genutzt werden (vgl. HEINEN, Kostenlehre, S. 274 ff.). Dieser Begriff wurde bisher nur für Anlagen verwendet und ist daher im hier erwähnten Zusammenhang ungewöhnlich. Der Aufbau von technologischem Know-how bei den Mitarbeitern hat aber zweifellos gewissen Investitionscharakter und damit den Charakter eines Nutzungspotentials.

11 Vgl. auch SPUR (Aufschwung), S. 23.

Während bei konventioneller Fertigung der Break-Even-Point bereits bei 700 Stück erreicht wurde, liegt er bei gleicher Erlöskurve in einer flexibel automatisierten Fertigung bei 950 Stück. Sowohl die Verluste als auch die Gewinne (schraffierte Fläche) fallen bei Über- bzw. Unterschreiten des BEP bei Automatisierung jeweils höher aus als dies bei traditioneller Fertigung der Fall ist. Dies bedeutet, daß hochautomatisierte Systeme bei Auftragsrückgängen ergebnismäßig weit empfindlicher reagieren als traditionelle Produktionssysteme. Zwangsläufig muß damit bei flexibel automatisierter Produktion ein hoher Auslastungsgrad angestrebt werden, um diese „Fixkostenfalle" zu umgehen.

Im Gegensatz zu diesem Prinzipbild ist in der Praxis festzustellen, daß die Kosten bei flexibel automatisierten Systemen sehr oft nicht mehr linear, sondern sprungfix verlaufen. Zum einen ist dies auf das bereits beschriebene Phänomen zurückzuführen, daß bei flexibel automatisierten Systemen eine Anpassung der Personalkapazität fast nur noch durch Schichtänderungen erfolgen kann. Zum anderen muß bei Überschreiten einer Kapazitätsgrenze des Systems eine kapazitative Erweiterungsinvestition oder die Bereitstellung von Reservekapazitäten erfolgen, was zu einem sprunghaften Anstieg der Kapitalkosten des Gesamtsystems führt. Ein Beispiel einer Elektronik-Fertigung eignet sich sehr gut, um diese Zusammenhänge zu untersuchen. In einer Phase der stufenweisen technologischen Entwicklung in diesem Fertigungsbereich stehen drei verschiedene Technologien nebeneinander im Einsatz: Die konventionelle, personalintensive Fertigungsanlage und ein neues System, das aus einer hochautomatisierten, aber starren Fertigungslinie und einem flexiblen Fertigungssystem besteht. Mit dieser Kombination kann die neue Anlage den unterschiedlichen Stückzahlen der einzelnen Produkttypen besser gerecht werden. Typen mit hohen Stückzahlen werden auf der Linie gefahren (sogenannte „Rennerlinie"), während bei kleinen Losgrößen die hohe Flexibilität des FFS genutzt wird. Da sehr viele Produkttypen aber rein technisch gesehen auf allen drei Systemen gefertigt werden könnten, sind die drei Kostenverläufe vergleichbar. Das Gesamtsystem ist bereits in eingefahrenem Zustand, so daß Anlaufschwierigkeiten bei der Betrachtung ausgeschaltet bleiben. Eine detaillierte Studie der Kostenverläufe durch empirische Erhebungen und Expertenbefragungen ergab folgende Resultate:[12]

---

12 Aus Vertraulichkeitsgründen wurden die Stückzahlen mit einem Faktor multipliziert und bei Kosten so indiziert, daß mit 100 % immer die Gesamtkosten bei einem zweischichtigen Betrieb bezeichnet werden. Von entscheidender Bedeutung für die hier gemachten Aussagen sind ohnehin nicht absolute Kostenwerte, sondern deren Verlaufscharakteristik.

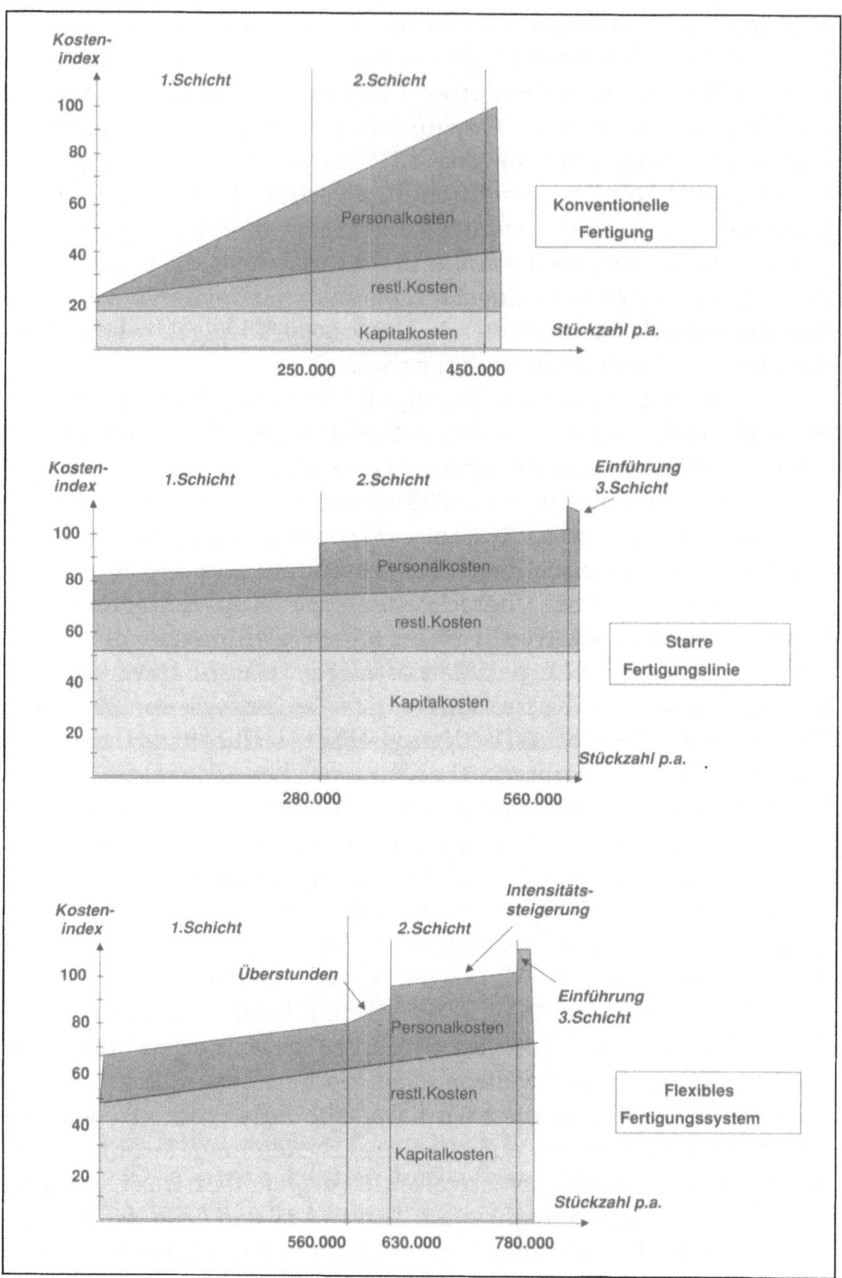

2.1.1.2 Das Problem der Kostenspaltung

Die hohe Fixkostenintensität automatisierter Anlagen wirft ein
weiteres Problem auf, nämlich jenes einer sinnvollen Kostenspaltung. Die Kostenspaltung in der flexiblen Plankostenrechnung ist
eine systembedingte Voraussetzung.

Konkrete Versuche, in einer CIM-orientierten Fabrik eine Kostenspaltung vorzunehmen, können an der Innovationsdynamik des technologischen Wandels scheitern, was das Beispiel eines europäischen Computerherstellers zeigt: In einer seiner Fabriken ist in der beinahe vollautomatisierten Gehäusebearbeitung mit Stanz- und Nibbelzentren, Kunststoffspritzgußanlagen und Montagerobotern die Innovationsrate derart hoch, daß kaum eine Kostenstelle ihr physisches Layout während mehr als eineinhalb Jahren beibehält. Die Anlagenstruktur, ihre Verknüpfung und ihr Materialfluß ist einem permanenten Wandel unterworfen. Die mathematischen und statistisch-analytischen Verfahren versagen in diesem Falle, weil sie auf der Beobachtung von Ausbringungsmenge und Kostenhöhe einer Kostenstelle über längere Zeit (mindestens zwei Perioden) beruhen. Ein Vergleich über Jahre war in der beschriebenen Gehäusefertigung aufgrund der hohen Veränderungsrate der Kostenstelle nicht mehr sinnvoll. Da infolge des enormen Investments zwangsweise eine hohe und gleichmäßige Auslastung angestrebt wurde, hatte aber auch der Versuch, Monatsvergleiche anzustellen, wenig Erfolg: Die Unterschiede zwischen den einzelnen Monaten waren bezüglich Ausbringungsmenge und Kosten so gering, daß eine Streupunktballung resultierte, die für die Ermittlung einer eigentlichen Kostenfunktion ungeeignet ist.

Eine derartige permanente Veränderung ist in CIM-orientierten Unternehmungen durchaus normal, weil keine Unternehmung neue Produktionstechnologien in einem Schub einführt, sondern in 90 % der Fälle eine stufenweise und in 10 % eine kontinuierliche Anpassung des Produktionssystems erfolgt.[13] Die einzige Methode der Kostenspaltung ist in einem solchen Falle nur noch die planmäßige Auflösung durch hochqualifizierte Betriebsingenieure, die während Jahren ein Gefühl für die Kostenreagibilität in diesen Bereichen entwickelt haben und sich über sehr profunde Kenntnisse des betreffenden Produktionssystems ausweisen. Sie entscheiden stellenbezogen für jede Kostenart, ob es sich um variable, fixe oder gemischte Kosten handelt und wie deren Verlauf sich darstellt (z. B. sprungfix).

Während in der Literatur bislang nur über die richtige Methodik zur Kostenspaltung diskutiert wurde,[14] so muß angesichts der Verhältnisse bei hochautomatisierter Produktion in erster Linie die Zweckmäßigkeit der Kostenspaltung an sich diskutiert werden. Das Rechnungswesen hat sich auf die Fixkostendominanz einer

---

13 Ergebnisse einer Befragung zur Einführungsstrategie; vgl. WILDEMANN (Wirtschaftlichkeitsrechnung), S. 196 f.
14 Vgl. ausführlich: MICHEL (Kostenspaltung), S. 132 ff. und die dort angeführte Literatur.

CIM-orientierten Produktion einzustellen, indem für folgende
Themen Lösungen zu suchen sind:
– Behandlung der Abschreibungskosten in der Kostenrechnung
– Höhere Transparenz in der Kostenstruktur mit detailliertem
  Ausweis der Fixkostenschichten und ihres Verhaltens über die
  gesamte Lebensdauer der Anlage
– Miteinbezug neuer Führungsgrößen wie beispielsweise Ausla-
  stung oder Stillstandskosten
– Engere Verbindung von Investitionsrechnung und Kostenrech-
  nung
Überlegungen und Ansätze zur Lösung dieser Problematik sind
Gegenstand des konzeptionellen Teils.

2.1.1.3 Probleme der Wirtschaftlichkeitskontrolle

Die Wirtschaftlichkeitskontrolle ist eine der Hauptaufgaben der
flexiblen Plankostenrechnung. Im Zentrum steht dabei die Verbrauchsabweichung als Differenz zwischen den Ist- und Sollkosten.
Sie ist ein Ausdruck für den mengenmäßigen Mehr- oder Minder-
verbrauch an Gütern und damit ein Maß für allfällige Unwirtschaftlichkeiten im Leistungserstellungsprozeß. Die Verbrauchsabweichung ist erst dann aussagefähig, wenn sie weiter analysiert und um
sogenannte Spezialabweichungen eines außerplanmäßigen Produktionsvollzugs bereinigt wird. Solche Abweichungen können
sein: Seriengrößenabweichungen, Maschinenbelegungsabweichungen, Intensitätsabweichungen, Verfahrensabweichungen, Lei-
stungs-/Ausbeuteabweichungen und Abweichungen im Bedienungsverhältnis.[15] Seriengrößenabweichungen dürften in einem
hochflexiblen System mit Losgröße 1 kaum mehr eine Rolle spielen, was auch für die Abweichungen im Bedienungsverhältnis
zutreffen muß, wenn das FFS von einem Team betreut wird. Dagegen könnten Aspekte wie die Intensitätsabweichung, beispielsweise durch Taktzeitveränderungen bei Fertigungsstraßen, oder
Maschinenbelegungsabweichungen (Maschinenstillstände) in Zukunft von größerer Bedeutung sein.[16]
   Die um die Spezialabweichungen bereinigten Verbrauchsabweichungen sind die Unwirtschaftlichkeit i.e.S., die der Kostenstellenleiter bzw. seine Mitarbeiter zu verantworten haben. Diese Verant-

---

15 Vgl. KILGER (Plankostenrechnung), S. 539 f.; SCHERRER (Kostenrechnung), S. 261 ff.;
   FUCHS/NEUMANN (Kostenrechnung), S. 144; REICHMANN (Controlling), S. 261.
16 Auch KUNZ empfiehlt den Ausweis von Intensitätsabweichungen dort, wo der
   Leistungsrhythmus „... von der Maschinenarbeit diktiert wird..." und Intensi-
   tätsanpassungen durch Führungsentscheide erfolgen (vgl. KUNZ, Kostenplanung,
   S. 127).

wortung für entstandene Abweichungen bedingt aber, daß der Abteilungs- bzw. Kostenstellenleiter die Kostenverursachung auch tatsächlich verändern kann. Von entscheidender Bedeutung in der Wirtschaftlichkeitskontrolle ist somit der Aspekt der Kostenbeeinflußbarkeit. Die fixen Kosten sind in ihrer Höhe lediglich durch langfristige Entscheidungen beeinflußbar und liegen selbst dann in aller Regel nicht in der Kompetenz eines Kostenstellenleiters. Bei hohem Automatisierungsgrad reduziert sich daher der Anteil beeinflußbarer Kosten allein schon als Folge der Fixkostenintensität beträchtlich.

In bezug auf den verbleibenden Teil der Kosten stellt sich in automatisierten Systemen die Schwierigkeit der Entkopplung des Menschen von der direkten Prozeßführung. Als Folge davon kann der Systembediener den eigentlichen Fertigungsprozeß und die Fertigungsqualität kaum mehr direkt beeinflussen.[17] „Zwischen der menschlichen Arbeitsleistung und der Sachleistung besteht kein direkt proportionaler Zusammenhang mehr."[18] Der ehemalige Meister wird zum Werkstattmanager, der vor allem für die Fertigungsfeinsteuerung, die Systemüberwachung, das Störungsmanagement, die vorbeugende Instandhaltung des Systems sowie die Personalführung der Systemmannschaft zuständig ist. Er wird demnach mit organisatorischen Aufgaben betraut und hat, zusammen mit seiner Mannschaft, die Leistung und Qualität seines Bereiches sicherzustellen sowie eine höchstmögliche Verfügbarkeit des flexibel automatisierten Systems anzustreben.

Der Ausweis von Verbrauchsabweichungen ist bei automatisierten Systemen daher grundsätzlich zu überdenken. Während der Kostenstellenleiter in der traditionellen Fertigung sowohl für Materialverbrauchsabweichungen als auch für Fertigungszeitabweichungen verantwortlich gemacht werden konnte, ist er heute zusammen mit seiner Systemmannschaft nur noch bis zu einem gewissen Grade für die Verfügbarkeit des Systems und für einen Teil der Fertigungsqualität zuständig. Dies hat seinen Niederschlag auch in entsprechend angepaßten Entlohnungssystemen gefunden. Der Ausweis klassischer Verbrauchsabweichungen in der Kostenrechnung erfüllt somit ihren Zweck kaum mehr, weil keine direkte Verantwortlichkeit mehr für diese Abweichungen besteht.[19] Vielmehr müssen neue Meßgrößen für die Wirtschaftlichkeit gefunden werden, und die Kostenstelleneinteilung hat verstärkt das Kriterium der Kostenbeeinflußbarkeit zu berücksichtigen.

---

17 Vgl. AWK (Produktionstechnik), S. 112 f.; BÜHNER (Arbeitsbewertung), S. 435; WILDEMANN (Technologieplanung), S. 102.
18 BÜHNER (Arbeitsbewertung), S. 435.
19 Vgl. SIEGWART/RAAS (Anpassung), S. 11.

Unabhängig von der Frage der Beeinflußbarkeit ist eine zweite Entwicklung festzustellen: In einem hochautomatisierten System treten wohl noch Abweichungen im Sinne des oben beschriebenen außerplanmäßigen Produktionsvollzugs auf, aber kaum mehr „klassische" Verbrauchsabweichungen im Sinne einer Unwirtschaftlichkeit. Voll computergesteuerte Prozesse sind vom Leistungsgrad und Fehlverhalten der menschlichen Arbeitskraft entkoppelt. Bei eingefahrenen und weitgehend fehlerfreien Steuerungsprogrammen sind vereinfacht gesehen nur noch zwei Systemzustände möglich: Das System produziert programm- bzw. planmäßig, d. h. ohne Produktionszeit- und Mengenabweichungen, oder es steht still, weil irgendeine Störung aufgetreten ist bzw. keine Aufträge mehr vorhanden sind.

Bei der Wirtschaftlichkeitskontrolle ist in Zukunft zu unterscheiden zwischen der persönlichen Verantwortlichkeit eines Kostenstellenleiters und der Wirtschaftlichkeit der Fertigung an sich. Für die persönlich zu verantwortende Wirtschaftlichkeit ist eine klare Trennung in beeinflußbare und nicht beeinflußbare Kosten unbedingt erforderlich. Für die Wirtschaftlichkeitskontrolle des Gesamtsystems sind hingegen neue Meßgrößen und Kennzahlen zu definieren, wobei auch technische Größen miteinbezogen werden müssen. Solche Größen sind z. B. die Systemverfügbarkeit, Systemauslastung, Qualität und Produktivität. Dieses neue Verständnis von Wirtschaftlichkeit wird in späteren Kapiteln noch eingehend erläutert.

Es muß grundsätzlich ein Ziel sein, Kosten wieder den Stellen und Verantwortungsträgern zuzuweisen, die sie tatsächlich verursacht oder ihre Höhe zumindest determiniert haben. Durch Ausnutzung von Datenerfassungssystemen kann versucht werden, eine eindeutigere Kostenzuordnung zu ermöglichen, z. B. Stillstandskosten nach verursachenden Faktoren und deren Urhebern auszuweisen. Abweichungen, die ermittelt werden, für die aber konkret niemand verantwortlich gemacht werden kann, führen nur zu einer Aufblähung des Controllingaufwandes. Wo sich niemand für Kosten und Planabweichungen verantwortlich fühlt, erfolgt keine Reaktion in Form von Gegenmaßnahmen. Ein Rechnungswesen, das so arbeitet, ist ein Abrechnungs- und kein Führungsinstrument und entspricht nicht dem hier geforderten regelkreisorientierten Controlling.

Ein Wesensmerkmal der traditionellen Kostenrechnung ist die Unterscheidung der Kosten in Einzel- und Gemeinkosten. Diese Abgrenzung steht im Zusammenhang mit der Verrechnung der Kosten auf die Kostenträger.

Zu den Einzelkosten zählen bekanntlich die Materialkosten, die Fertigungslohn-Einzelkosten und bestimmte Sonderfertigungs-Einzelkosten. Während die Materialkosten und die Sonderfertigungskosten unbestritten nach wie vor Einzelkosten sind, gilt diese Aussage nicht mehr für Fertigungslohnkosten.

Der Einsatz von neuen Produktionstechnologien führt zu einer deutlichen Verschiebung der Lohneinzelkosten zu Kostenträger-Gemeinkosten. Automatisierte Systeme übernehmen in erster Linie produktive Arbeiten wie Drehen, Fräsen, Schweißen, Montieren oder Lackieren. Damit findet beim Menschen eine Verlagerung des Tätigkeitsspektrums von bearbeitenden, also am Werkstück direkt vollzogenen Arbeiten, zu indirekten statt. Letztere sind vor allem Tätigkeiten der
- Planung und Steuerung
- Systembedienung und -überwachung
- Störungsbehebung
- Instandhaltung
- Organisation.

Gerade solche Funktionen sind dem einzelnen Kostenträger aber nur schwer oder allenfalls über indirekte Größen zurechenbar und erhalten deshalb typischen Gemeinkostencharakter. Als weitere Faktoren, die den Anteil der Gemeinkosten erhöhen, sind zu nennen:
- Die starke Zunahme der Vorleistungskosten (vgl. 2.1.2.2) für flexibel automatisierte Anlagen. Da auf diesen Anlagen verschiedenste Produkte hergestellt werden, bei denen man nicht zum voraus weiß, ob, wann und in welcher Spezifikation sie hergestellt werden, sind anlagenbedingte Vorleistungen den einzelnen Produkten praktisch nicht zurechenbar.
- Die Leistung in vorgelagerten Bereichen wie Produktionsplanung und -steuerung oder Konstruktionsbüro, steigt beständig und wird immer stärker DV-unterstützt (CAD, PPS etc.). Dies führt zu einer Erhöhung der (fixen) Personalkosten und der Kapitalkosten für Informationssysteme.

Wie später noch erläutert wird, hängen Gemeinkosten stark von der Komplexität eines Systems ab. Da CIM-Strukturen eine sehr hohe Komplexität aufweisen, wird der Anteil der Gemeinkosten auch in Zukunft weiter ansteigen. Eine Fabrik, die sich in der stufenweisen Realisierung eines umfassenden CIM-Konzepts befindet und elektronische Geräte herstellt, weist über alle Kostenarten gesehen folgende Kostenstruktur auf:

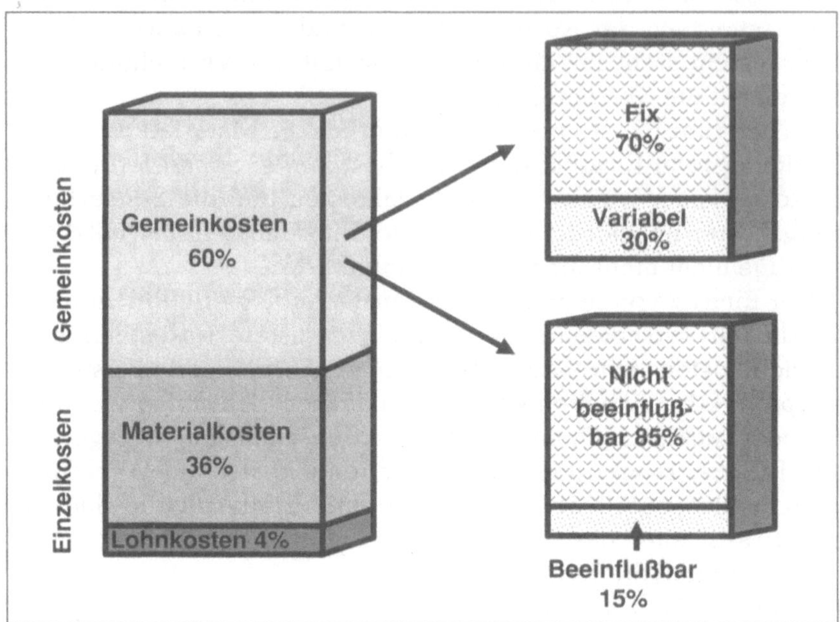

Abbildung 2.6
Struktur der Herstellkosten einer CIM-Fabrik

Abgesehen vom Materialanteil waren also lediglich 22 % der Gesamtkosten noch variabel (4 % Löhne und $0{,}3 \times 0{,}6 = 18\%$ variable Gemeinkosten). Eine Spezialuntersuchung bezüglich kurzfristiger Beeinflußbarkeit der Gemeinkosten ergab, daß tatsächlich nur noch 15 % der Gemeinkosten innerhalb eines Jahres beeinflußbar und die restlichen 85 % unterjährig nicht oder nur sehr schwer zu beeinflussen waren. Diese Werte werden durch die Untersuchungen von MILLER/VOLLMANN in amerikanischen Unternehmungen bestätigt, die in der Elektronikindustrie durchschnittlich 35 %, im Maschinenbau durchschnittlich 75 % Gemeinkostenanteil ermittelt haben.[20]

Als Folge der stark gestiegenen Gemeinkostenanteile treten immer größere Schwierigkeiten mit den klassischen Kalkulationsverfahren auf, die im traditionellen betrieblichen Rechnungswesen Anwendung finden:
– Divisionskalkulation (Äquivalenzziffernkalkulation),
– Zuschlagskalkulation,
– Bezugsgrößenkalkulation (Kombination von Divisions- und Zuschlagskalkulation)

20 Vgl. MILLER/VOLLMANN (Fabrik), S. 119.

Sehr verbreitet sind immer noch Zuschlagskalkulationen, die die Gemeinkosten in Form prozentualer Zuschläge auf eine Einzelkostenbasis zurechnen. So werden die Fertigungsgemeinkosten beispielsweise als Zuschlag auf die Einzellohnkosten berechnet. In Anbetracht des minimalen Anteils der Einzellohnkosten bei automatisierter Fertigung führt die Verwendung dieser Basis zu völlig fehlleitenden Resultaten. Absolut unrealistische Zuschlagssätze von mehreren 100 % oder gar über 1000 % sind bei Anwendung dieser Methode keine Seltenheit, weshalb sie für CIM-Strukturen völlig unbrauchbar ist.[21] Eine gewisse Verbesserung bringt die Bezugsgrößenkalkulation, die eine differenziertere Bezugsgrößenwahl ermöglicht. Hier werden die Fertigungsgemeinkosten sehr oft zu den Fertigungsstunden in Beziehung gesetzt. Es ist aber auch bei dieser Lösung zu bemängeln, daß bei der für neue Technologien typischen Entkopplung des Menschen vom eigentlichen Arbeitsprozeß zwischen den Gemeinkosten und den Fertigungsstunden kein ursächlicher Zusammenhang mehr besteht. Der Arbeiter übernimmt hautptsächlich Überwachungs- und allgemeine Handlingfunktionen und ist damit nicht mehr direkt produktiv. Weder direkte Fertigungslöhne noch Fertigungsstunden der Arbeitskräfte sind als Basis für die Kalkulation flexibel automatisierter Systeme geeignet.[22]

MILLER/VOLLMANN, die sich bei ihren Forschungsbemühungen mit dieser Problematik auseinandergesetzt haben, betonen, daß die „treibende Kraft" der Gemeinkosten nicht die Leistungseinheiten (Fertigungsstunden, Maschinenstunden etc.) sind, sondern Transaktionen. Darunter verstehen sie material- und informationsflußbezogene Betriebsvorgänge, die für den Ablauf der Produktion erforderlich sind.[23] Gesucht sind also Stückkalkulationsverfahren, die der Dominanz der Maschine Rechnung tragen und eine verursachungsgerechtere Zurechnung von Gemeinkosten gestatten. Dabei bringt der Weg einer Maschinenstundensatzrechnung zwar eine Verbesserung, kann aber auch nicht voll befriedigen, weshalb in 5.1 neuartige Ansätze für eine Kalkulation bei flexibel automatisierten Systemen diskutiert und Lösungsvorschläge erarbeitet werden.

Inadäquate Gemeinkosten-Verrechnungen können zu Fehlinterpretationen und Fehlentscheidungen führen. Bei dem in Abb. 2.5 angeführten Praxisbeispiel eines FFS war während der

---

21 Vgl. MILLER/VOLLMANN (Fabrik), S. 118; SEILER (Wandel), S. 6-2; SCHALLER (Weg), S. 150; HUMMEL/MÄNNEL (Kostenrechnung/1), S. 301.
22 Gleiche Meinungen vertreten z. B.: LASSMANN (Serienfertigung), S. 972 f.; PFOHL (Logistik), S. 159; PLATT (Kostenanalyse), S. 242; KAPLAN (Yesterday), S. 96; SEILER (Wandel), S. 6-2; WARNECKE/BULLINGER/HICHERT (Kostenrechnung), S. 68.
23 Vgl. MILLER/VOLLMANN (Fabrik), S. 119 ff.; dieser Ansatz wird in Kapitel 5.2 eingehend behandelt.

Anlaufphase des Systems festzustellen, daß die Tendenz der Produktionsverantwortlichen dahin ging, gewisse für das FFS geeignete Aufträge über die konventionelle Anlage zu steuern. Der Anstoß für dieses Verhalten waren die geringeren Gemeinkostensätze der konventionellen Fertigung, die dadurch scheinbar billiger produzierte. Dies war eine Folge der damals noch schlechten Auslastung des FFS bei einschichtigem Betrieb. Bei der angewandten Zuschlagskalkulation auf der Basis einer Vollkostenrechnung resultierten aufgrund der hohen Kapitalintensität des FFS enorme System-Stundensätze. Ein solches Verhalten des Produktionsmanagements erscheint objektiv betrachtet irreal. Es ist aber zu betonen, daß unangepaßte Kostenrechnungssysteme ein solches Verhalten geradezu provozieren, weil die Stückkosten in der Kalkulation anhand dieser GK-Zuschläge ermittelt werden. Solche Fehlleistungen bestehender Rechnungssysteme beschreiben viele Autoren, beispielsweise auch JOHNSON/KAPLAN: „We have even seen instances where managers attempt to have workers in ‚low-burden‘ rate departments perform work that is supposed to be done in machining departments because these relatively ‚unburdened‘ workers are much cheaper top to use."[24]

Der Stückkalkulation kommt eine wichtige Funktion als Entscheidungsgrundlage zu. In Anbetracht der komplexeren Produktionsstrukturen und der steigenden Variantenzahl muß sie die Zusammensetzung des Mengen- und Wertegerüstes differenziert aufzeigen, um so Hinweise auf Kostensenkungsmaßnahmen zu geben. Gleichzeitig muß sie auch ermöglichen, die Auswirkungen verschiedener Rationalisierungsmaßnahmen oder unterschiedlicher Verfahren auf die Stückkosten der davon betroffenen Produkte zu beurteilen. Dazu muß ein flexibles Kalkulationsverfahren, wenn möglich auf Basis einer Simulation, aufgebaut werden. Bei falschen Stückkalkulationswerten als Ergebnis einer unbefriedigenden Gemeinkosten-Zurechnung besteht die Gefahr von folgenreichen Fehlentscheidungen wie ungenügende Programmplanung, falsche Sortimentsgestaltung, unrealistische Preisfestlegungen oder suboptimaler Produkt-Mix bei Engpaßsituationen in der Fertigung.

Bei CIM-Strukturen stehen die sachlichen Produktionsmittel und damit die Maschinenkosten im Vordergrund. Es müssen Bezugsgrößen gefunden werden, die es erlauben, den zunehmend größeren Block von Gemeinkosten verursachungsgerechter zuzurechnen. In Kapitel 5.1 wird ein Ansatz für eine verbesserte Kalkulation für flexible Fertigungssysteme erarbeitet.

 24 JOHNSON/KAPLAN (Relevance), S. 188.

Summarische und wenig differenzierte Zuschlagskalkulationen waren bisher mit der Wirtschaftlichkeit des Rechnungswesens selbst zu rechtfertigen. Diese Entschuldigung ist aber heute dank des enormen informationstechnologischen Fortschritts mit billigen Massenspeichern und leistungsfähigen Zentraleinheiten nicht mehr zutreffend. Zudem wirken sich angesichts des steigenden GK-Anteils die Mängel einer willkürlichen Zuordnung sehr viel gravierender aus. Die immer leistungsfähigeren BDE-Systeme und die Verbilligung der informationstechnologischen Verarbeitung von Massendaten sind eine Chance, die Problematik der Gemeinkosten etwas zu entschärfen. Durch eine enge Kopplung der Kostenrechnung mit der PPS und dem BDE-System wäre die Erfassung unechter Gemeinkosten, d. h. Kostenarten, deren produktspezifische Erfassung sich bisher infolge zu hohen Aufwands nicht lohnte, wieder möglich.

Die steigenden Gemeinkosten erfordern aber nicht nur eine Neuorientierung in der Produktkalkulation, sondern auch im Prozeß-Controlling. Der verschärfte Preisdruck in allen Branchen und die weltweiten Überkapazitäten in vielen Industriezweigen gestatten eine Abwälzung zu hoher Overhead-Kosten über den Preis immer weniger. Die Folge dieser Situation sind für overheadlastige Unternehmen eine schlechte Rentabilität (ungenügende Kostendeckung) oder eine verminderte Wettbewerbsfähigkeit (zu hohe Preise). Das Rechnungswesen muß sich verstärkt auf die erhöhten Overhead-Kosten konzentrieren und die sogenannten indirekten Bereiche untersuchen. Dies ist nur möglich durch eine Abkehr von der einseitigen Konzentration auf den Fertigungsbereich hin zu einer Orientierung am gesamten Wertschöpfungs- und Leistungsprozeß. Dazu bedarf es aber auch der Entwicklung neuer Methoden der Kosten- und Leistungserfassung für indirekte Tätigkeiten, wie sie beispielsweise der Ansatz einer Prozeßkostenrechnung darstellt (vgl. 5.2.3.).

Verrechnung von Vorleistungskosten 2.1.2.2

Neue Technologien erfordern eine systematische und aufwendige Planung. Diese verursacht einen hohen Engineeringaufwand und beträchtliche Anpassungskosten, die für die notwendige Anpassung der Aufbau- und Ablauforganisation im Investitions-Kernbereich und in den ihm vor- und nachgelagerten Bereichen entstehen. Da bislang und auch in naher Zukunft keine schlüsselfertigen CIM-Systeme am Markt verfügbar sein werden, ist besonders bei stark integrierten Systemen ein hoher Eigenleistungsanteil des einführenden Unternehmens erforderlich. Bei einem FFS beläuft

sich der Eigenleistungsanteil auf mindestens 20% des Planungs- und Entwicklungsaufwandes, im Mittel sogar auf 50 bis 60%.[25] Abgesehen vom beträchtlichen Investment in die flexibel automatisierten Anlagen selber, fallen damit vor Beginn der eigentlichen Betriebsphase von CIM-Komponenten zusätzlich hohe Kosten an, die den Charakter von Einmalkosten haben. KILGER verwendet den Begriff „Vorleistungskosten", während andere von „Vorlaufkosten" sprechen.[26] Hier soll der KILGERsche Begriff übernommen werden, der wie folgt definiert ist: „Vorleistungskosten sind Kosten, die dazu dienen, zeitgebundene Nutzungspotentiale zu schaffen, welche die Voraussetzungen dafür bilden, daß in zukünftigen Perioden die Stellung einer Unternehmung im Markt verbessert wird oder sich zumindest nicht verschlechtert."[27] Zu den Vorleistungskosten gehören in etwa die folgenden Kostenkategorien:
- Planungs- und Engineeringkosten
- Softwareerstellung
- Probefertigungen und Tests
- Personalschulungskosten
- Kosten für organisatorische Verbesserungen
- Forschungs- und Entwicklungskosten
- Spezialwerkzeuge und -betriebsmittel
- Modelle und Prototypen

Mit dem Übergang auf neue Produktionstechnologien nimmt der Anteil dieser Vorleistungskosten stark zu. Sie haben den Charakter von „sunk costs", d. h. sie sind im nachhinein nicht mehr beeinflußbar. Am Beispiel der Aus- und Weiterbildungskosten wird deutlich, wie durch die Einführung neuer Technologien bisher weniger beachtete Kosten plötzlich zu wesentlichen Faktoren werden. Die in Kapitel 1 dargestellte Erhöhung der Anforderungen an die Mitarbeiter in einer CIM-Fabrik schlägt sich in stark gestiegenen Aus- und Weiterbildungskosten nieder, die bei der Einführung neuer Produktionstechnologien ganz besonders konzentriert anfallen. Auch während des Betriebs der Anlagen ist eine permanente Schulung der Mitarbeiter unabdingbar, wenn eine professionelle und effiziente Systembedienung sichergestellt werden soll.

Als Folge der verkürzten Innovationszyklen (vgl. 2.2.2) ist ein permanenter An- und Auslauf gewisser Produkttypen zu verzeichnen. Unter Produktanlaufkosten versteht man die Kosten, die bis zum Beginn der Serienfertigung anfallen. Dazu gehören insbeson-

<hr>

25 Vgl. WILDEMANN (Wirtschaftlichkeitsrechnung), S. 198.
26 Vgl. HORVATH (Probleme), S. 77; LASSMANN (Serienfertigung), S. 967; INGERSOLL ENGINEERS (Fertigungssysteme), S. 34.
27 KILGER (Plankostenrechnung), S. 287.

dere die entsprechenden Lohn- und anteiligen Gemeinkosten sowie die einmaligen Kosten für Produktionsanlagenumstellung (Ausschuß, Nacharbeit etc.), was bei Daimler-Benz als Anlaufkosten im engeren Sinne bezeichnet wird. Die Anlaufkosten im weiteren Sinne umfassen zusätzlich die anlaufbedingt nicht gedeckten Fixkosten.[28] Dieser letzte Kostenfaktor ist sehr wesentlich und muß unbedingt mitberücksichtigt werden. Jeder Anlauf blockiert die entsprechenden Produktionsmittel, und zwar so lange, bis die Anlaufschwierigkeiten überwunden sind und die erste normale Serie gefahren werden kann. Je größer die Probleme während des Anlaufs, desto länger ist die Anlage blockiert und desto höher müssen die Anlaufkosten veranschlagt werden. Bei einer Kostenbetrachtung über den gesamten Lebenszyklus des betreffenden Produktes müssen die erhöhten Anlaufkosten später durch höhere Ausbringungsmengen wieder kompensiert werden.

Das betriebliche Rechnungswesen wird der Bedeutung dieser Vorleistungskosten noch kaum gerecht, denn nach wie vor wird ein sehr hoher Anteil dieser Kosten nicht projektbezogen erfaßt, sondern als Periodengemeinkosten verrechnet. Dies gilt ganz besonders auch für die Softwarekosten, denen beim Einsatz rechnerintegrierter Produktionssysteme erhebliche Bedeutung zukommt. Die Softwarekosten übersteigen heute sehr oft die Kosten für die Hardware, wobei als Vorleistungskosten die Kosten für die Softwareerstellung zu betrachten sind, denen dann während der Betriebsphase die laufenden Softwarepflege- und -anpassungskosten folgen. Die Softwareerstellung für automatisierte Produktionssysteme erfolgt meistens in der zentralen DV-Abteilung, weshalb diese Kosten noch sehr oft als normale Periodengemeinkosten verrechnet werden. Durch projektorientierte Aufschreibung ist die Ermittlung solcher anlagenspezifischer Vorleistungskosten durchaus möglich und würde eine verursachungsgerechtere Kostenzuordnung erlauben. Ein Miteinbezug dieser Kosten in die Investitionssumme des Systems und damit in die Abschreibungskosten bringt bereits wesentlich mehr Transparenz und Realitätsbezug. Während die Vorleistungskosten systembezogen durch investitionsprojektorientierte Aufschreibung relativ gut zu erfassen sind, ist ihre Verrechnung auf die auf dem entsprechenden System gefertigten Produkte ein weitaus größeres Problem. Eine mögliche Lösung bietet sich hier in Form einer Aufgliederung in anlagenbezogene und produkt(gruppen)bezogene Kosten an, wie sie in 4.2.1.2 analog für die Abschreibungskosten angewendet wird.

---

28 Vgl. KURZ (Aspekte), S. 319 ff.

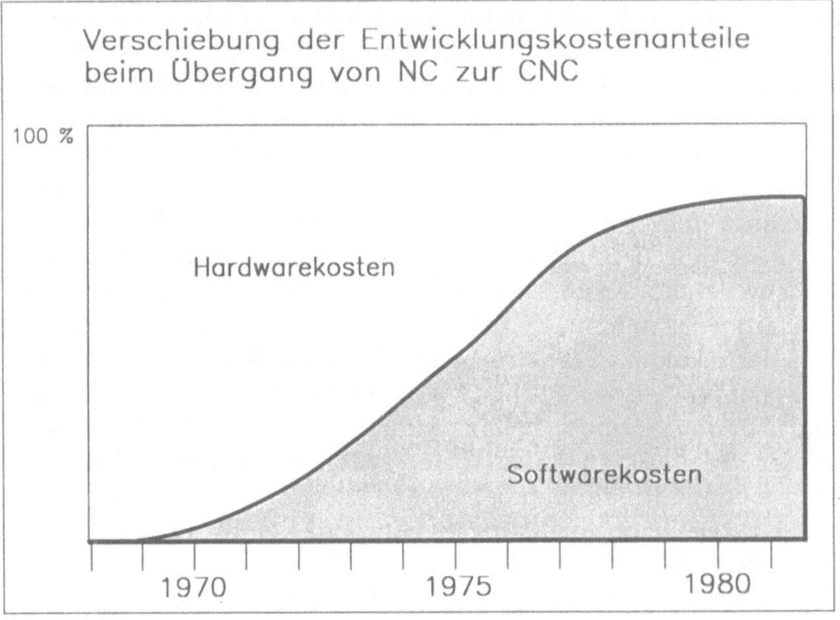

Bisher wurde nur von Vorleistungskosten bei der Einführung neuer Anlagen gesprochen. Genauso wie alle vor Inbetriebnahme eines Fertigungssystems anfallenden Kosten als Vorleistungskosten bezeichnet werden, kann man auch alle Kosten als Vorleistungen sehen, die anfallen, bevor ein Produkt in Serie gefertigt werden kann. Diese Art von Vorleistungskosten umfaßt als Hauptblöcke die Kosten der Produktentwicklung und der Produkteinführung inklusive des Produktanlaufs in der Fertigung. Der Trend zu höheren Produkt-Vorleistungskosten zeigt sich besonders in der stark gestiegenen Bedeutung von Produktplanung und -entwicklung, die zu einem weit überproportionalen Anstieg des Entwicklungsaufwandes führt. Verstärkt wird dieser Effekt noch durch die in den letzten Jahren erzielte Reduktion des Fertigungsaufwandes. Der Vergleich der Kostenstruktur eines elektro-mechanischen Systems für Fernsprechvermittlung von 1965 mit einem elektronischen von 1985 unterstreicht diese Entwicklung:

29 Aus HARTWICH (Automobilfertigung), S. 92; ähnlich SOLARO (Technologietrends), S. 46 und NOLL/FLOTTAU (Leitfaden), S. 514.

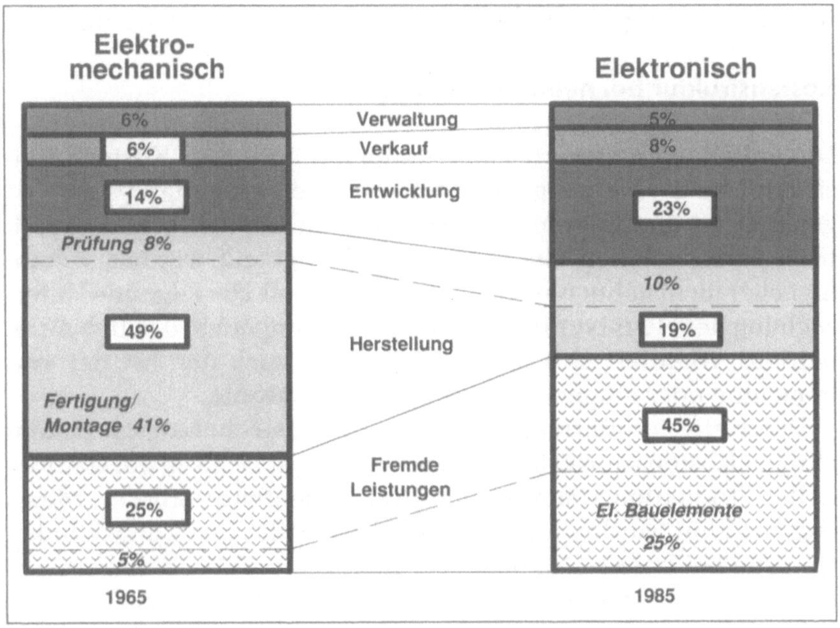

Abbildung 2.8
Kostenstruktur eines Telefonvermittlungs-systems[30]

Besonders deutlich wird die Problematik der Vorleistungskosten durch den Anstieg der Entwicklungskosten von 14% auf 23%. Diese typischen Vorleistungskosten haben in allen Branchen durch die beschleunigte Innovationsrate der letzten Jahre stark zugenommen. Zusätzlich wirkt sich bei vielen Produkten eine anspruchsvollere Produkttechnologie aus. Dies gilt auch für das hier angeführte Beispiel, denn für ein digitales Vermittlungssystem ist heute mit einem Entwicklungsaufwand von rund 2 Mrd. DM zu rechnen. Dazu kommt noch einmal derselbe Betrag für Anpassungsentwicklungen in den verschiedenen Ländern und für neue Dienste, wie z. B. ISDN, insgesamt also rund 4 Mrd. DM.[31] Damit haben sich die Entwicklungsaufwendungen gegenüber elektrotechnischen Produktgenerationen etwa verzehnfacht, während gleichzeitig die Fertigungsstunden um 50% bis 70% reduziert werden konnten.[32]

Solche Veränderungen in den Grundbedingungen blieben vom Rechnungswesen bisher wenig beachtet. Das Schwergewicht des operativen Controlling liegt nach wie vor auf dem besser kontrollierbaren Fertigungsbereich, während das Entwicklungscontrolling meist zuwenig konsequent angewendet wird.[33]

---

30 Daten aus EIDENMÜLLER (Auswirkungen), S. 144 und SEILER (Bausteine), S. 10.
31 Vgl. BAUR (Trends), S. 95.
32 Vgl. EIDENMÜLLER (Strukturwandel), S. 12.
33 Die unbefriedigende Behandlung der F + E-Kosten im Rechnungswesen ist auch auf einen Mangel an entsprechender Literatur zurückzuführen [vgl. SIEGWART/ KLOSS (Erfassung), S. 11]. Zur Planung, Abrechnung und Kontrolle der F + E-Kosten vgl. ebenda, S. 29 ff.

2.1.3 Die Veränderung der Relationen in der Kostenartenstruktur

2.1.3.1 Kostenstruktur bei neuen Technologien

Die einleitend angesprochene Veränderung in der Kostenartenstruktur beim Übergang auf automatisierte Fertigungssysteme ist genauer zu analysieren. Die Kostenarten können grundsätzlich nach verschiedenen Gesichtspunkten eingeteilt werden, worauf hier aber nicht näher eingegangen werden soll. Die folgende Untersuchung der Hauptveränderungen im Kostengefüge des Industriebetriebs orientiert sich an der Einteilung nach der Art der verbrauchten oder eingesetzten Produktionsfaktoren.

Durch die Einführung neuer Produktionstechnologien kommt einigen Kostenarten erheblich mehr Gewicht zu als in der traditionellen Produktion, während andere an Bedeutung verlieren. Mehrfach erwähnt wurden diesbezüglich bereits die Fertigungslohnkosten, die bei hohem Automatisierungsgrad praktisch zu vernachlässigen sind. Dagegen kommt den Abschreibungs- und Instandhaltungskosten wesentlich größere Bedeutung zu. Gleichzeitig treten verstärkt auch neue Kostenarten auf, die bisher in dieser Form überhaupt nicht bekannt waren oder aber zuwenig ausgeprägte Berücksichtigung fanden. Da diese Kostenarten stark mit dem veränderten Zielsystem einer CIM-orientierten Produktion zusammenhängen, werden sie später noch eingehend diskutiert. Abb. 2.9 zeigt, daß fast jede wichtige Kostenart in ihrer Höhe durch den Einsatz neuer Technologien beeinflußt wird.[34]

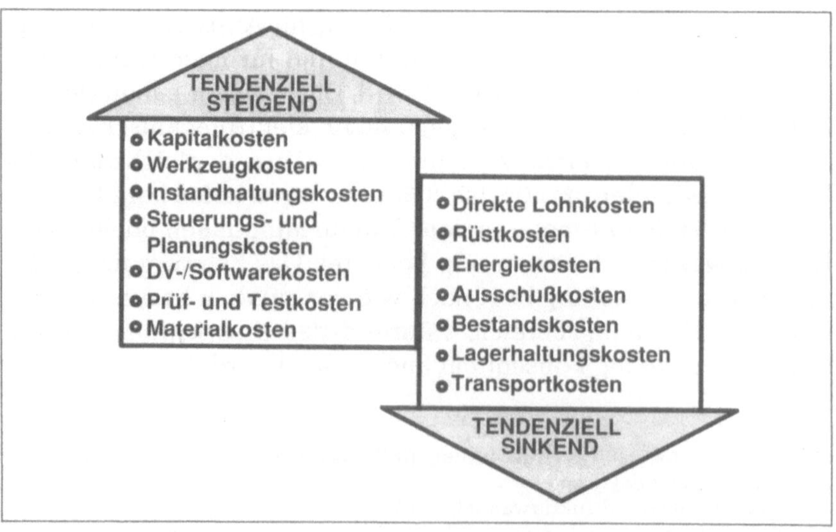

Abbildung 2.9
Kostenveränderungen durch neue Technologien

34 Vgl. PLATT (Kostenanalyse), S. 117 f.

Da nicht auf jede Kostenveränderung im einzelnen eingegangen werden kann, werden im folgenden nur die technologieinduzierten Strukturverschiebungen der nachstehenden Kostengruppen untersucht:

Fertigungskosten – Kapitalkosten – Werkzeug- und Vorrichtungskosten – Instandhaltungskosten – Raumkosten.

Alle anderen Kostenarten sollen unter der Rubrik „Sonstige Kosten" zusammengefaßt werden, um die Abdeckung von 100% der Gesamtkosten zu erreichen.[35] Bezogen auf die hier interessierenden Kostenkategorien konnten aus den umfangreichen empirischen Erhebungen von PLATT die in Abb. 2.10 dargestellten Kosteneffekte neuer Produktionstechnologien eruiert werden.

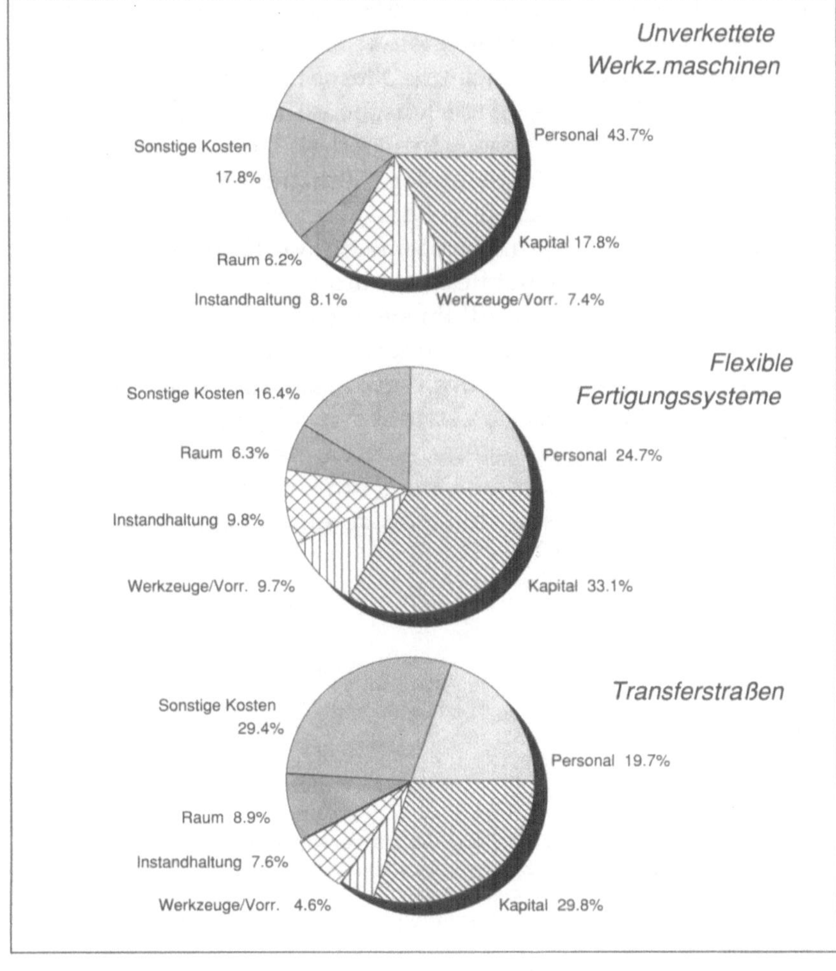

Abbildung 2.10
Kostenstrukturen unterschiedlicher Fertigungskonzepte[36]

---

35 Die sonstigen Kosten umfassen im wesentlichen Ausschuß, Energie, Hilfsstoffe, Büromaterial, Steuern, Versicherungen etc.
36 Vgl. PLATT (Kostenanalyse), S. 120 und 148.

2.1.3.2 Personalkosten[37]

a) *Fertigungslohnkosten*

Auf die direkten Lohnkosten wurde bereits im Zusammenhang mit der Diskussion der Gemeinkostenproblematik eingegangen. Dieser Aspekt kann deshalb kurz zusammengefaßt werden:

1. Die direkten Löhne haben in einer CIM-orientierten Produktion nur noch geringe Bedeutung und betragen in vielen Industriezweigen noch etwa 5 bis 10 % der Herstellkosten, in der elektrotechnischen Industrie oft weniger als 5 % (vgl. auch Abb. 2.16).[38]
2. Bei flexibel automatisierten Systemen ist beim Personaleinsatz ein starker Abbau von Handarbeit und von handwerklichen Tätigkeiten festzustellen, womit sich das Schwergewicht der menschlichen Arbeit auf übergeordnete und vorgelagerte Funktionen verschiebt und Gemeinkostencharakter erhält.

Die Entkopplung von Mensch und Maschine, die Zunahme rein überwachender Tätigkeiten des Menschen und die damit verbundene Abnahme an direkt produktiver Arbeit stellen die Akkordfähigkeit menschlicher Arbeit in der industriellen Produktion in Frage. Die Bedienungsmannschaft kann bei einem FFS durch geeignete Maßnahmen die Nutzungszeit und die Verfügbarkeit der Anlage positiv beeinflussen. Bei flexibel automatisierten Anlagen ist daher vom klassischen Akkordlohnsystem auf eine gruppenbezogene Prämienentlohnung überzugehen. Diese ist in Abhängigkeit der Ausbringungsqualität und des Nutzungsgrades der Anlage zu bezahlen. Unter Nutzungsgrad versteht man folgendes:[39]

Nutzungsgrad = Summe der erarbeiteten Prämien-Ziel-Minuten zu Gesamtarbeitszeit in Stunden

Die Prämie verläuft linear zum erreichten Nutzungsgrad nach folgendem Muster:

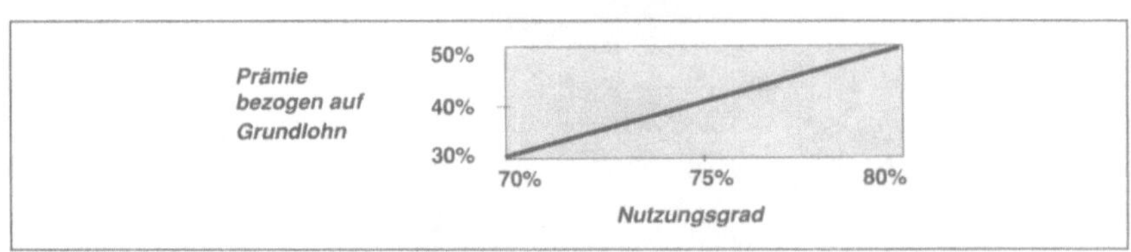

Abbildung 2.11
Prämienlohn in Abhängigkeit des Nutzungsgrades[40]

---

37 Personalkosten werden hier im Sinne des oft verwendeten Begriffs Arbeitskosten verstanden [vgl. zu Arbeitskosten KLOOK/SIEBEN/SCHILDBACH (Kostenrechnung), S. 73 ff.] Der Begriff Personalkosten soll die Unterscheidung von menschlicher Arbeit im Gegensatz zu maschineller Arbeit von Automaten deutlich machen.
38 Vgl. MEEHAN (Regeln), S. 638; SEILER (Wandel), S. 6-1; INGERSOLL (Fertigungssysteme), S. 20; STOKERT (Produktion), S. 58.
39 Vgl. ERKES/SCHÖNHEIT/WIEGERSHAUS (Fertigung), S. 78; vgl. auch die Beschreibung von Prämienlohnsystemen in SCHIELE (Techniken), S. 775 ff.
40 Vgl. BÜHNER (Arbeitsbewertung), S. 437.

In der Praxis ist festzustellen, daß immer mehr Unternehmen mit hochautomatisierter Fertigung bereits zu festen Entgeltsystemen übergegangen sind. Damit erhalten aber auch die verbleibenden Lohnkosten den Charakter von Fixkosten.

b) *Übrige Personalkosten*
Die gesamten Personalkosten betragen auch bei hochautomatisierter Produktion rund 20 % der Herstellungskosten, wie dies aus den Abbildungen 2.10 und 2.12 hervorgeht. Dies ist auf den erhöhten Anteil von planenden, steuernden und überwachenden Aufgaben mit hochqualifiziertem Personal zurückzuführen. Kostensteigend wirken in bezug auf die Personalkosten vor allem auch die bereits angesprochenen Aus- und Weiterbildungskosten. Damit zeigt sich, daß beim Übergang auf CIM-orientierte Produktion der Kostenfaktor „Personalkosten" nicht etwa auf eine unbedeutende Höhe zurückfällt, sondern daß er eine qualitative Veränderung der Kostenzusammensetzung erfährt, indem er fast ausschließlich fixen Gemeinkostencharakter erhält.

Kapitalkosten   2.1.3.3

Die Kapitalintensität von CIM-Systemen führt zu einer starken Erhöhung der Abschreibungs-, Zins- und Wagniskosten für Anlagen, die im wesentlichen auch die Fixkostenlastigkeit einer modernen Produktion verursachen. „In den Wagniskosten werden ungewöhnliche, regellose und nicht voraussehbare Aufwendungen kalkulatorisch berücksichtigt."[41] Die wichtigsten Wagnisarten sind: *Beständewagnis, Fertigungswagnis, Entwicklungswagnis, Anlagenwagnis, Vertriebswagnis.*[42]
Das Fertigungswagnis für Ausschuß, Nacharbeiten und Gewährleistungsansprüche erhöht sich durch die meist größeren Anlaufschwierigkeiten rechnerintegrierter Systeme, vermindert sich dann aber beim regulären Betrieb durch die höhere Qualität. Das Anlagenwagnis ist aufgrund des hohen Anlagenwerts und größerer Unsicherheiten bezüglich Nutzungsdauer und zukünftiger Einsatzmöglichkeiten höher einzustufen, weshalb industrielle Unternehmen bei komplexen Produktionsanlagen auch höhere Wagniskosten ansetzen.[43] Etwas kompensiert wird dieser Zuwachs durch die Flexibilität der Anlagen und durch ein vermindertes Beständewagnis, falls es gelingt, die Bestände durch Logistikmaßnahmen zu

---

41 MOEWS (Kostenrechnung), S. 81.
42 Vgl. HUMMEL/MÄNNEL (Kostenrechnung/1), S. 180; MOEWS (Kostenrechnung), S. 82.
43 Vgl. BRÖLL (Rechnerunterstützung), S. 12.

senken. Die hohe Innovationsrate erhöht aber auch das Entwicklungswagnis sowohl bei der Produktentwicklung als auch beim Eigenanteil an der Entwicklung von Produktionsanlagen.

Deutlich wird der steigende Anteil an Kapitalkosten in der Elektronikindustrie beim Übergang von einer konventionellen auf eine flexibel automatisierte Flachbaugruppenfertigung (reales Beispiel):

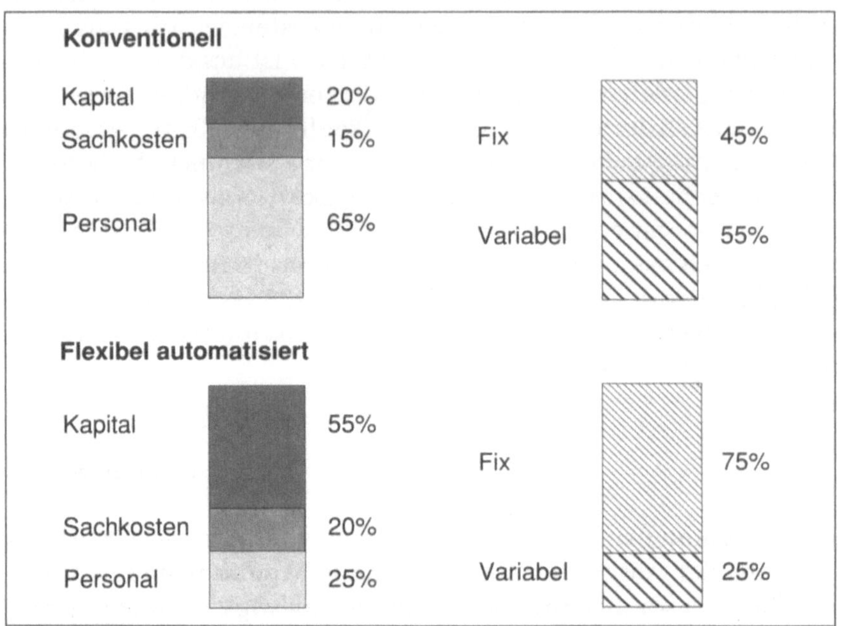

Die Ergebnisse zeigen ähnliche Relationen wie die Werte von PLATT in Abb. 2.10. Dabei ist hervorzuheben, daß PLATT bei seiner Kapitalkostendefinition die kalkulatorischen Zinsen nicht berücksichtigt hat,[44] womit die effektiven Kapitalkosten der von ihm untersuchten FFS noch höher liegen und ungefähr die Größenordnung unseres Beispiels erreichen.

Mit dem Entscheid, in neue Produktionstechnologien zu investieren, ist die Kostenstruktur und damit die Höhe der Herstellkosten der auf diesem System gefertigten Produkte weitgehend festgelegt. Die wirtschaftliche Nutzungsdauer flexibler Produktionssysteme wird von Anwendern auf 6 bis 10 Jahre geschätzt, im Mittel 8 Jahre.[45] Dabei ist bereits berücksichtigt, daß diese Anlagen Produktgenerationen überdauern und auf neue Aufgaben umgestellt werden können, was letztlich die Problematik der Kapitalintensität dieser Anlagen etwas vermindert. Dank Flexibilität werden die Nutzungsdauer verlängert und damit die Abschreibungen pro Peri-

44 Vgl. PLATT (Kostenanalyse), S. 137.
45 Vgl. KERNFORSCHUNGSZENTRUM (Einsatz), S. 275 und PLATT (Kostenanalyse), S. 139 f.

ode etwas vermindert. Der Erhöhung der Kapitalkosten durch den Einsatz flexibel automatisierter Systeme sollte schließlich auch durch eine entsprechende Reduktion des Umlaufvermögens in Form von niedrigeren Beständen an Material, Halb- und Fertigfabrikaten begegnet werden. Die Kapitalkosten bleiben aber nach wie vor der bestimmende Kostenfaktor in einer automatisierten Produktion, weshalb dem Problem der Behandlung von Abschreibungskosten verstärkte Beachtung zu schenken ist. Darauf wird im konzeptionellen Teil noch näher eingegangen. Die Art der Verrechnung derart hoher Abschreibungskosten hat nicht nur entscheidenden Einfluß auf die Höhe der Herstellkosten, sondern wirkt sich in der flexiblen Plankostenrechnung als Folge der bekannten Nachteile einer Fixkostenproportionalisierung in verschärfter Form aus.

Werkzeug- und Vorrichtungskosten 2.1.3.4

a) *Werkzeugkosten*
Den Werkzeugen und den Vorrichtungen kommt bei flexibel automatisierten Systemen aus folgenden Gründen erhöhte Bedeutung zu:
- Ein FFS erfordert eine spezielle Werkzeuglogistik mit entsprechender Infrastruktur an Lager-, Transport- und Zuführsystemen und eine konkrete Werkzeugeinsatzplanung und -optimierung.
- Die Zahl an Werkzeugen in automatisierten Anlagen ist sehr hoch; es gibt Bearbeitungszentren, die bis zu 200 Werkzeuge pro Maschine aufweisen.[46]
- Automatisierte Werkzeugmaschinen erfordern eine hohe Werkzeugqualität, um ungeplanten Stillständen oder werkzeugbedingten Minderungen der Fertigungsqualität vorzubeugen. Es werden verstärkt hochwertige Werkzeuge eingesetzt, die entweder mit verschleißfesten Beschichtungen versehen sind oder aus nichtmetallischen, beispielsweise keramischen Schneidstoffen bestehen. Bei den nichtmetallischen Schneidstoffen sind auch hochharte Materialien wie Diamant oder kubisches Bornitrid zu finden. Solche Schneidkanten haben den 20- bis 50fachen Preis herkömmlicher Schneidkanten.
- Die höheren Anforderungen an die Werkzeuge bedingen eine vorsorgliche Instandhaltung und eine permanente Werkzeugüberwachung.

---

46 Vgl. ERKES/SCHÖNHEIT/WIEGERSHAUS (Fertigung), S. 66; Sie beschreiben ein FFS, das aus zwei sich ersetzenden Bearbeitungszentren besteht, die je 182 Werkzeugplätze umfassen.

65

Deutlich wird die oft unterschätzte Bedeutung der Werkzeuge, wenn man sich vergegenwärtigt, daß der Inlandsverbrauch der Bundesrepublik Deutschland im Jahre 1985 für Werkzeugmaschinen 6,4 Milliarden DM, für Werkzeuge aber nicht viel weniger, nämlich 5,0 Milliarden betrug.[47] In der Automobilindustrie kostet ein Preßwerkzeug in der Rohkarosseriefertigung bis zu 400 000 DM. In einem großen Werk für Personenwagen stehen allein rund 8000 Preßwerkzeuge zur Verfügung, woraus eine Kapitalbindung in Milliardenhöhe resultiert. Bei der Fertigung von Flugzeugtriebwerken, wo enorme Qualitätsanforderungen bestehen und bei automatisierten Systemen nur hochwertige Werkzeuge zum Einsatz gelangen, beträgt der Anteil der Werkzeugkosten bei einigen Anlagen bis zu einem Drittel des Gesamtstundensatzes.

Neuere FFZ und FFS verfügen über eine automatische Standzeitüberwachung der Werkzeuge, so daß rechtzeitig ein vorsorglicher, meist automatischer Austausch erfolgen kann. Eine rein standzeitorientierte Überwachung führt aber nicht zu einer optimalen Nutzung der Werkzeuge. Im Zuge der Entwicklung von Sensorsystemen versucht man daher auf die Erfassung des tatsächlichen Werkzeugverschleißes überzugehen, um dann den Werkzeugwechsel bei Erreichen einer kritischen Abnutzung vorzunehmen. Damit ist auch die Basis für ein System zur automatischen Werkzeugbruchüberwachung gelegt.[48] Ein solches System mißt mit Hilfe eines Sensors die Werkstückverformung und schaltet bei Werkzeugbruch in Millisekunden den Vorschubantrieb ab. Dadurch können erhebliche Schäden an der Anlage selber oder am bearbeiteten Werkstück vermieden werden. Eine Untersuchung der TU München belegt den wirtschaftlichen Vorteil solcher Systeme: Sie ergab, daß die mittlere Schadenshöhe bei einer Kollision, ohne die meist noch erheblichen Folgeschäden, rund 18 000 DM beträgt.[49] In einem anderen Fall ergab der Einsatz eines neuartigen Werkzeugschnellwechselverfahrens dank höherer Personaleffizienz, Nutzung der Reststandzeiten der Werkzeuge und Verfügbarkeitsgewinn totale Einsparungen in den Stückkosten von rund 28 %.[50] Schließlich wurde in einer weiteren Untersuchung an einer FFZ festgestellt, daß 35 % der Maschinenstillstandszeiten auf eine nicht funktionierende Werkzeugverwaltung und Werkzeugüberwachung zurückzuführen waren.[51]

47 Vgl. HENKEL/JORISSEN/SCHULTE (Werkstoffe), S. 570 oder auch TÖNSHOFF (Werkzeuge), S. 119.
48 Vgl. HELBERG (PPS), S. 60.
49 Vgl. PEGELS (Reaktion), S. 19.
50 Vgl. ERKES/SCHÖNHEIT/WIEGERSHAUS (Fertigung), S. 78.
51 Vgl. PFEIFFER (Einsatzplanung), S. 226.

Werkzeuge sind aus Sicht der Kostenrechnung somit in zweifacher Beziehung von Interesse:

1. Kapitalbindungskosten:
   Durch die beim Einsatz automatisierter Systeme große Anzahl erforderlicher Werkzeuge (Werkzeugmagazine) und durch die notwendige Höherwertigkeit der Werkzeuge entstehen erhebliche Kapitalbindungskosten.

2. Prozeßkosten:
   Werkzeuge beeinflussen mehrere Durchlaufzeit-Anteile, nämlich die Bearbeitungszeit (Schnittgeschwindigkeit), die Rüstzeit (schneller und sicherer Werkzeugwechsel) und die Stillstandszeit (Vermeidung von ungeplanten Stillständen). Ungenügend überwachte und instandgehaltene Werkzeuge führen zu Mehrkosten in Form von Stillstandskosten und zu Ausschuß- und Nacharbeitskosten infolge schlechter Fertigungsqualität.

Diesen negativen Kostenwirkungen kann mit verschiedenen Maßnahmen begegnet werden:

- Die indirekten Folgekosten können durch Einsatz der erwähnten Überwachungssysteme weitgehend gemindert werden.
- Die Kapitalbindungskosten können reduziert werden, indem beispielsweise zentrale Werkzeuglagersysteme gebaut werden, die mehrere Maschinen gleichzeitig versorgen.
- Durch automatische Werkzeugvoreinstellung kann die Bereitstellung und Erneuerung der Werkzeuge direkt am System erfolgen, was die Nutzung der vollen Standzeit erlaubt und eine Reduktion der Werkzeugkosten um etwa 25 % bewirkt.[52]

Durch solche Maßnahmen gelingt es, den werkzeugbedingten Kostenanstieg beim Übergang auf flexibel automatisierte Systeme zu mindern. Dadurch ist es zu erklären, daß von 12 FFS-Anwendern im Vergleich zur konventionellen Fertigung die eine Hälfte eine Werkzeugkostensteigerung und die andere Hälfte eine Werkzeugkostensenkung ermittelt hat.[53]

Kostenrechnungsmäßig muß den Werkzeugkosten in Zukunft wesentlich mehr Beachtung geschenkt werden. Dabei stellen sich zwei Probleme: Das eine ist das Problem der Zurechnung von Werkzeugkosten auf die Produkte und das andere das Problem des Werkzeugkostencontrollings. Bei teuren Werkzeugen müssen genau gleich wie bei Anlagen die voraussichtliche Nutzungsdauer und die Abschreibungskosten exakt ermittelt und über die Kostenstellenrechnung verrechnet werden. Angesichts der stark unterschiedlichen Wertigkeit und der Zunahme produktspezifisch konstruierter Werkzeuge darf dies aber nicht über eine Pauschal-

52 Vgl. HAMMER (Lösungen), S. 116.
53 Vgl. PLATT (Kostenanalyse), S. 156 f.

schlüsselung erfolgen. Mit Hilfe der heutigen BDE-Systeme ist es in einem FFS bereits möglich, die Nutzung von Werkzeugen durch Werkstücke oder Aufträge einzeln zu erfassen. Durch eine Kopplung des Rechnungswesens mit diesen ohnehin vorhandenen Daten wäre eine verursachungsgerechte Zurechnung der Werkzeugkosten im Sinne von Werkzeugsonderkosten (Sondereinzelkosten) in der Kalkulation möglich.

b) *Vorrichtungskosten*

Die Kostenproblematik stellt sich bei den Vorrichtungen analog zu derjenigen der Werkzeuge. In FFS werden die Werkstücke an bestimmten Spannplätzen auf meist normierte Vorrichtungen aufgespannt und so von den fahrerlosen Transportsystemen transportiert. In umfangreichen Systemen ist damit auch eine große Anzahl an Vorrichtungen erforderlich. Diese sind sehr oft produktgruppenspezifisch konstruiert und stehen nur in begrenzter Zahl zur Verfügung. Damit besteht eine Zielantinomie zwischen der Zielsetzung einer Verringerung des Vorrichtungsbestandes (Kapitalbindung) und dem Ziel einer raschen Verfügbarkeit der Vorrichtungen. WERNTZE nennt bei Bearbeitungszentren einen Kapitaleinsatz von 10 000 bis 20 000 DM je Vorrichtung.[54] Um die Zielantinomie bei Vorrichtungen zu umgehen, lassen sich prinzipiell zwei Wege beschreiten:
1. Standardisierung der Spannpunkte an den Werkstücken
2. Standardisierung der Vorrichtungselemente, z. B. durch ein Baukastensystem.

Die erste Methode ist bezüglich Vorrichtungskosten der günstigere Weg, bedingt aber eine konstruktive Anpassung der Werkstücke, was nur durch eine enge Zusammenarbeit zwischen Konstruktion und Fertigung erreicht werden kann. Damit sind aber erhebliche Fertigungskosteneinsparungen möglich, was später noch eingehender diskutiert werden soll. Das Baukastenprinzip ist zwar teurer, erlaubt aber in bezug auf die Werkstücke ein breiteres Anwendungsspektrum und etwas mehr Flexibilität. In der Tendenz steigen die Vorrichtungskosten beim Einsatz flexibel automatisierter Systeme an, können aber durch die genannten Standardisierungsbemühungen weitgehend wieder ausgeglichen werden.[55] Abb. 2.13 verdeutlicht, welche Kosteneffekte durch eine rationelle Vorrichtungsbewirtschaftung erzielt werden können.

---

54 Vgl. WERNTZE (Bearbeitungszentrum), S. 21.
55 Vgl. PLATT (Kostenanalyse), S. 166 ff., der aus seinen empirischen Untersuchungen keine eindeutige Aussage bezüglich Veränderung der Vorrichtungskosten ableiten konnte.

Alternative \ Wirkungen	Vorrichtungs-/ Systemwert	Anzahl Vorricht./ Systeme	Anteil Vorrichtungs- kosten an den Herstellkosten
Konventionelle Vorrichtungen	DM 1.000.000	100	30 %
Einzel- Vorrichtung	DM 24.000	2	2 %
Baukasten- system	DM 5.460.000	910	23 %
Standardisierte Spannpunkte	DM 1.300.000	3	6 %

Instandhaltungskosten 2.1.3.5

Bei hohem Automatisierungsgrad und/oder Integrationsgrad ist eine möglichst ununterbrochene Verfügbarkeit der Fertigungsanlagen infolge ihrer Kapitalintensität oberstes Gebot. Der Instandhaltung kommt daher bei CIM eine sehr große Bedeutung zu. „Unter Instandhaltung sollen jene betrieblichen Maßnahmen verstanden werden, die der Erhaltung und Wiederherstellung der ursprünglichen bzw. für kommende Produktionszwecke erforderlichen technischen Leistungsfähigkeit von Fertigungsanlagen dienen..."[57] Nach den Arbeitsinhalten kann unterschieden werden zwischen:[58]

— Inspektionen (regelmäßige Zustandsüberprüfung)
— Wartung (verschleißhemmende Maßnahmen)
— Instandsetzung (Reparaturen)

Die Bedeutung der Instandhaltung wird besonders deutlich, wenn man sich vergegenwärtigt, daß allein in der Bundesrepublik Deutschland ca. 200 Mrd. DM pro Jahr für Instandhaltung aufgewendet werden, was 10 % des Bruttosozialprodukts entspricht. Davon entfällt ungefähr ein Drittel auf die Industrie.[59] Die Praxis zeigt, daß die Instandhaltungskosten bei flexibel automatisierten Systemen größer sind als in konventionellen Fertigungsanlagen. Folgende Zusammenstellung verdeutlicht die hohe Bedeutung der Instandhaltungskosten:

— Bei flexiblen Fertigungssystemen und Transferstraßen erreichen die Instandhaltungskosten einen Gesamtkostenanteil von 8 bis 10 % (vgl. Abb. 2.10) und liegen damit schon über dem Fertigungslohnkostenanteil.

---

56 Werte aus WECK (Produktionseinrichtungen), S. 92.
57 KROESEN (Instandhaltungsplanung), S. 28.
58 Vgl. KROESEN (Instandhaltungsplanung), S. 28.
59 Vgl. SCHULTE (Instandhaltungsmanagement), S. 70 und JÄGERSBERG (Milliarden), S. 6.

– Während einer 10jährigen Nutzungsdauer erreichen die Instandhaltungskosten bei konventionellen Drehmaschinen insgesamt noch einmal 30 % der Basis-Anschaffungskosten, bei einem modernen Bearbeitungszentrum sind es bereits 50 %.[60]

– Bei Volkswagen erfordert ein Industrieroboter eine Investition von durchschnittlich 180 000 DM und verursacht im Jahr 10 000 bis 15 000 DM Instandhaltungskosten.[61] Davon ist der größte Teil planmäßige Instandhaltung in Form von Inspektionen und Wartung. Dies sind fixe Instandhaltungskosten, die zu den bereits beträchtlichen Kapitalkosten noch dazukommen.

– Etwa 60 bis 80 % der Instandhaltungskosten sind Personalkosten und 20 bis 40 % Materialkosten.[62]

– Computergesteuerte Produktionsanlagen, aber auch DV-Systeme im administrativen Bereich, werden meistens durch Wartungsverträge mit dem Hersteller abgesichert. Solche Wartungsverträge können bei CAD/CAM-Systemen Jahreskosten von 10 bis 15 % der Anschaffungskosten ausmachen.[63]

Derart hohe Kosten für die Instandhaltung machen sich aber durch eine deutlich verbesserte Verfügbarkeit der Anlagen sehr rasch bezahlt. Bei einem großen deutschen Automobilhersteller rollt beispielsweise alle 40 Sekunden ein Auto vom Band. Als Konsequenz daraus kostet in der Endmontage – bei höchster Wertschöpfungsstufe – eine Stillstandsminute rund 15 000 bis 20 000 DM. Jede Stunde, um die die Jahresnutzungszeit durch systematische Instandhaltung erhöht wird, bringt somit eine Reduktion der Stillstandskosten um rund 1 Mio. DM. Viele Unternehmungen setzen deshalb zur Instandhaltung und sofortigen Störungsbeseitigung Sonderteams mit hochbezahlten Spezialisten ein. Nicht nur die hohen Kosten von Stillstandszeiten kapitalintensiver Anlagen lassen dies rechtfertigen, sondern auch das Problem der Nutzungsgradmultiplikation durch Verkettung.

Folgendes rechnerische Beispiel illustriert diesen Effekt:

<hr>

60 Vgl. JÄGERSBERG (Milliarden), S. 6.
61 Vgl. RUMINSKI (Roboter), S. 73.
62 Vgl. zu diesen Werten JÄGERSBERG (Milliarden), S. 6. Ausführlich zu den einzelnen Kostenbestandteilen der Instandhaltungskosten: KROESEN (Instandhaltungsplanung), S. 210 ff.
63 Vgl. BRÖLL (Rechnerunterstützung), S. 6.

Verfügbarkeitsgrade eines FFS

	ohne systematische Instandhaltung	mit systematischer Instandhaltung
Bearbeitungssysteme	85%	92%
Systemsteuerung	86%	95%
Periphere Systeme	95%	97%

Isoliert betrachtet sind die Verfügbarkeiten der Teilsysteme auch ohne systematische Instandhaltung akzeptabel, durch die Verkettung ergibt sich aber eine theoretische Verfügbarkeit des Gesamtsystems von nur

$0,85 \times 0,86 \times 0,95 = 0,69$, d. h. 69%.

Mit systematischer Instandhaltung wird eine deutlich erhöhte Verfügbarkeit erzielt, nämlich:

$0,92 \times 0,95 \times 0,97 = 85\%$.

Bei planmäßiger Instandhaltung mit qualifiziertem Personal und Unterstützung durch automatische Diagnosegeräte konnten bei 12 FFS-Anwendern im Durchschnitt Gesamtsystem-Verfügbarkeiten nach dem ersten Betriebsjahr von 92% erreicht werden.[64]

Raumkosten 2.1.3.6

Die gleiche Untersuchung ergab bezüglich Veränderung der Raumkosten keine eindeutige Aussage. Je etwa ein Drittel der untersuchten Unternehmungen konnte eine Erhöhung, eine Senkung bzw. keine Reaktion der Kostenart Raumkosten feststellen. Abb. 2.10 zeigt bei FFS und Transferstraßen gegenüber unverketteten Anlagen leicht erhöhte Raumkosten-Anteile.

Gerade die uneinheitliche Reaktion dieser Kostenarten ist von Interesse, denn anhand der Raumkosten kann ein wichtiges Problem aufgezeigt werden, nämlich dasjenige einer Diskrepanz zwischen Kostensenkungspotential und Kostensenkungsrealisierung. Durch die Einführung neuer Technologien könnten zwar theoretisch erhebliche Raumkosten eingespart werden, nicht aber in der Praxis. Wenn herkömmliche Drehbänke und Bohranlagen durch ein FFS ersetzt werden, so kann in größerem Maße Raum eingespart werden. Dies ist darauf zurückzuführen, daß die Maschinen bei einem automatisierten System viel näher zusammengestellt werden können, weil kein Platz mehr für den arbeitenden Menschen notwendig ist. Die Reduktion der Lagerbestände bei kürzeren Durchlaufzeiten und JIT-Konzepten vermindert den Raumbedarf zusätzlich. Die verbleibenden Lager beanspruchen bei Automatisierung durch bessere Ausnutzung der Hallenhöhe und engere Lagergassen ebenfalls weniger Grundfläche. Sehr oft wird als Folge dieser verschiedenen Wirkungen insgesamt eine beachtliche Gesamtfläche frei, die sich aber aus mehreren nicht zusammenhängenden Teilen in verschiedenen Bereichen einer Halle oder sogar in unterschiedlichen Hallen zusammensetzt. Damit ist die Zuführung dieses theoretisch eingesparten Raumes zu einem neuen Zweck nur bedingt möglich, womit die in der Investitionsrechnung ausgewiesenen Raumkostensenkungen kaum realisiert werden können. Eine genauere Analyse zeigte denn auch, daß Raumkostenreduktionen nur in jenen Unternehmen erzielt wurden, die nicht nur ihre Produktion automatisierten, sondern auch den Materialfluß optimierten.[65]

2.1.4 Kostenrelationen in der Logistikkette

2.1.4.1 Abnehmende Bedeutung des Fertigungsbereichs

Weil in der klassischen Produktion dem Fertigungsbereich in bezug auf Herstellkosten und Wirtschaftlichkeit zentrale Bedeutung zukommt, konzentriert sich die traditionelle Kostenrechnung sehr stark auf den engeren Fertigungsbereich; das gilt insbesondere für die flexible Plankostenrechnung. Der überwiegende Teil der Rationalisierungsanstrengungen in industriellen Unternehmungen hat sich denn auch lange auf die Fertigung und Montage beschränkt. Wie bereits angesprochen, haben sich nun aber in der CIM-orientierten Produktion die aus Kostensicht kritischen Bereiche ins Vorfeld der Fertigung und in die Prüfung verlagert.

Der intensive Einsatz von Mikroelektronik in Produkten und Prozessen hat sehr stark zu dieser Entwicklung beigetragen. Besonders drastisch ist der Rückgang des Fertigungsanteils bei Produkten zu sehen, die bei praktisch unveränderter Funktion und prinzipiellem Aufbau heute unter Einsatz mikroelektronischer Bauteile und weitgehend automatisiert hergestellt werden. Dies wurde bereits in Abb. 2.8 gezeigt, wo bei der Kostenstruktur von Telefonvermittlungssystemen die Kosten für die Herstellung beim Übergang von der Elektrotechnik auf die Elektronik von fast 50 % der Gesamtkosten auf rund 20 % zurückgingen. Davon waren die Hälfte Kosten für die Prüfung.

Die sinkende Bedeutung des Fertigungsbereiches wurde auch anhand der im Einführungskapitel dargestellten Durchlaufzeit-

65 Vgl. PLATT (Kostenanalyse), S. 162.

anteile sichtbar (vgl. Abb. 1.16). Von der gesamten Durchlaufzeit (DLZ) eines Produktes wird mehr als die Hälfte von den vorgelagerten Funktionen Konstruktion, Beschaffung und Arbeitsvorbereitung beansprucht. Diese Kosten- und DLZ-Betrachtungen sind klare Hinweise dafür, daß sich die großen Rationalisierungspotentiale vom Fertigungskernbereich hin zu den vorgelagerten Funktionen verschoben haben.

Ein weiteres Problem tritt durch den Einsatz neuer Technologien verstärkt in Erscheinung: Das Phänomen einer frühzeitigen Kostendeterminierung. In der Konstruktion werden bis zu 75 % der späteren Produktkosten festgelegt.[66]

Diese Festlegung erfolgt durch die Wahl des physikalischen Arbeitsprinzips, der Bauteilgestalt und der Werkstoffe. Ebenfalls sehr hohen Anteil an der Kostenfestlegung haben die Beschaffung und die Fertigungsplanung. Sowohl Fertigungsplanung als auch Konstruktion „... wirken direkt auf Produktwert, Herstellbarkeit, Material- und Energieverbrauch, Lohnkosten und Kapitalbedarf sowie auf die für den Betrieb des Unternehmens notwendige Informationsmenge".[67] Da der Werteverzehr erst bei Beginn des eigentlichen Fertigungsprozesses durch Materialverbrauch, Inanspruchnahme von Kapazitäten etc. einsetzt, fallen erst da die Kosten an.

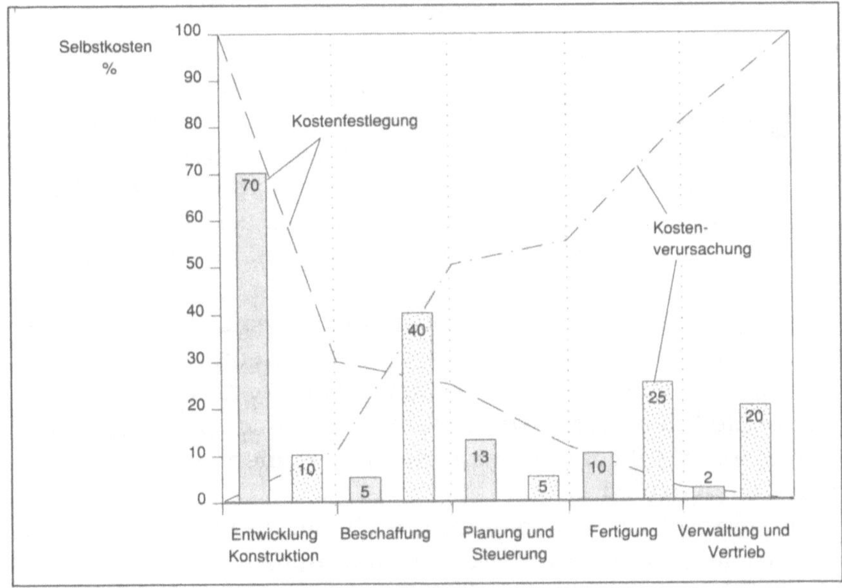

Abbildung 2.14
Kostenfestlegung
und Kostenanfall[68]

66 Vgl. zum folgenden: KREISFELD (Kostenbestimmung), S. 5; BERNHARDT (CAD-Einsatz), S. 253; GRABOWSKI (CAD/CAM), S. 224.
67 NEIPP (Einführungsstrategien), S. 142.
68 Darstellung nach WARNECKE aus REITZLE (Abkehr), S. 171; ähnliche Darstellungen und Ergebnisse finden sich u. a. bei: BULLINGER (Vorgehensweise), S. 173; KOCH (Automobilwerke), S. 51; BÄCK (Logistik), S. 70.

Deren Höhe ist aber durch die konstruktive Bestimmung der Materialarten, der Fertigungsvorgänge und durch die Beschaffung bestimmter Fertigungsanlagen weitgehend determiniert. Dieser Zusammenhang wird durch diverse Untersuchungen untermauert und gilt heute in der Praxis als allgemein anerkannt.

Entscheidende Kostensenkungspotentiale eröffnen sich somit erst dann, wenn der technische Bereich die Produkte fertigungsgerecht und montagegerecht entwickelt. Ein Mangel an fertigungs- und montagegerechter Konstruktion kann einen Teil des Nutzens einer flexibel automatisierten Anlage zunichte machen, weil deren Kosten- und DLZ-Vorteile nicht zum Tragen kommen. Ein Musterbeispiel dafür ist das Problem nicht automatengerechter Flachbaugruppen-Konstruktionen in der Elektronikindustrie: Als Folge sogenannter Bestückschatten, d. h. elektronischer Bauelemente, die zu nahe an andere Bauteile zu liegen kommen und daher von Automatengreifern nicht mehr eingesetzt werden können, ist weiterhin eine teilweise manuelle Bestückung gewisser Bauelemente notwendig. Damit wird eine hochautomatisierte Anlage nur suboptimal genutzt und kann insgesamt sogar zu einer schlechteren Produktivität führen als traditionelle Systeme. Eine nachträgliche Anpassung der Produkte an eine flexibel automatisierte Fertigung oder Montage erfordert aber einen enormen Mehraufwand und läßt sich aus wirtschaftlichen Gründen meistens gar nicht rechtfertigen. Der Konstruktion und Entwicklung kommt somit der Charakter eines eigentlichen Kosten-Bestimmungszentrums zu: „Hier werden die Materialien festgelegt, es wird die Entscheidung zwischen Eigenfertigung oder Fremdbezug beeinflußt und, wegen der engeren Bindung zwischen Konstruktion und Fertigung durch die höhere Automatisierung, auch das Fertigungsverfahren bestimmt."[69]

Aus diesem Dilemma führt nur der Weg einer sehr engen Zusammenarbeit aller am Produktionsprozeß Beteiligten und die Schaffung geeigneter Informationssysteme, welche interdependente Wirkungen aufzeigen und deren Konsequenzen sichtbar machen. Ein solches System ist beispielsweise eine konstruktionsbegleitende Kalkulation (vgl. 5.3.3), die im Rahmen der gegebenen technischen Möglichkeiten eine Kostenoptimierung in der Konstruktion unterstützt.

Zeitlich gesehen können die Kosten in nur drei Phasen in wirklich entscheidendem Maße beeinflußt werden:
1. Investitionsentscheidungsphase
2. Konstruktionsphase
3. Ablaufplanungsphase (PPS)

  69 SCHEER (CIM/Industriebetrieb), S. 10 f.

Trotzdem sind die entsprechenden Konsequenzen im Controlling noch kaum gezogen worden. Die traditionelle Kostenrechnung sieht ihre Hauptaufgabe in der Planung und Kontrolle des laufenden Betriebsprozesses und konzentriert darauf den Hauptteil ihres Aufwands, um damit noch 20 % der Kosten zu beeinflussen. Daraus ergibt sich die Gefahr, daß sich die Entscheidungsträger an kurzsichtigen Führungsgrößen orientieren, die letztlich nur einen sehr kleinen Teil der gesamten Kostenkette beeinflussen. Wie bereits weiter oben gefordert, hat das Rechnungswesen sein Controlling-Schwergewicht zu verlagern, indem es von der traditionell im Vordergrund stehenden Abweichungsermittlung im Bereich der Fertigungsdurchführung abkommen muß. In Zukunft ist das Hauptaugenmerk vielmehr neu auf die kostentreibenden Bereiche Investitionsplanung, Konstruktion, Fertigungsplanung und schließlich auch auf die Beschaffung zu richten.

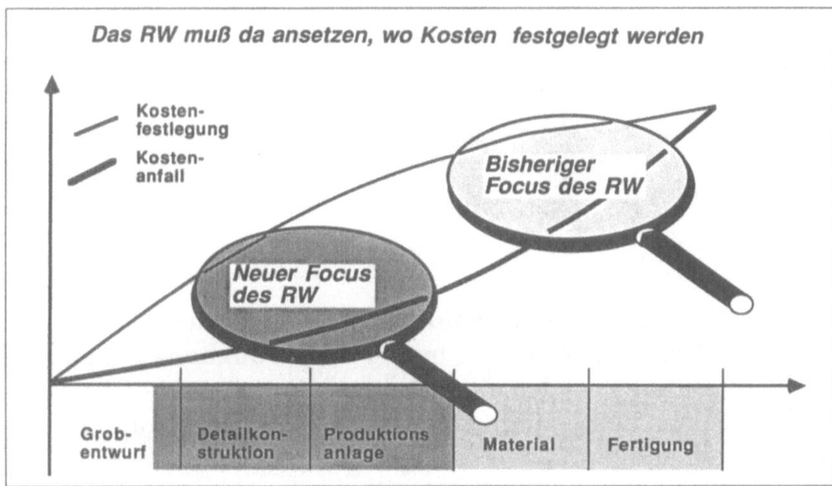

Abbildung 2.15
Focussierung des betrieblichen Rechnungswesens

Steigender Materialkostenanteil 2.1.4.2

In der modernen Produktion ist ein sehr hoher und tendenziell weiter steigender Anteil an Materialkosten zu verzeichnen, was zur Hauptsache auf verminderte Fertigungstiefen zurückzuführen ist. Die Tendenz geht in vielen Unternehmungen dahin, sich auf die kundenspezifische Montage zugekaufter Baugruppen und Teile zu konzentrieren und die Vorfertigung derselben den dafür spezialisierten Zulieferern zu überlassen. Der verstärkte Einsatz von Mikroelektronik aus Produkttechnologie erhöht die Komplexität von Produkten, weshalb bereits für die Fertigung von Teilkomponenten ein sehr hohes Know-how und ein spezifisches Fertigungs- und Prüfequipment notwendig ist, was eine Hürde für die Eigenfertigung bildet. Zudem lassen auch Just-in-time-Konzepte mit Lieferantenanbindung Zulieferungen wesentlich wirtschaftlicher werden, weil sowohl die Lagerverpflichtung als auch der Zwang zu Nullfehler-Anlieferungen auf den Lieferanten übertragen werden können. Im Gegenzug sind dafür natürlich höhere Einstandspreise in Kauf zu nehmen.

Als Folge solcher Entwicklungstendenzen wird z. B. in der Elektronikbranche ein sehr beachtlicher Materialanteil an den Gesamtkosten ausgewiesen. Produkte der elektronischen Nachrichtentechnik können heute über 70 % Materialanteil beinhalten.[70] Die Werte von SEL Stuttgart bezüglich vier Produktegenerationen belegen dies sehr deutlich:

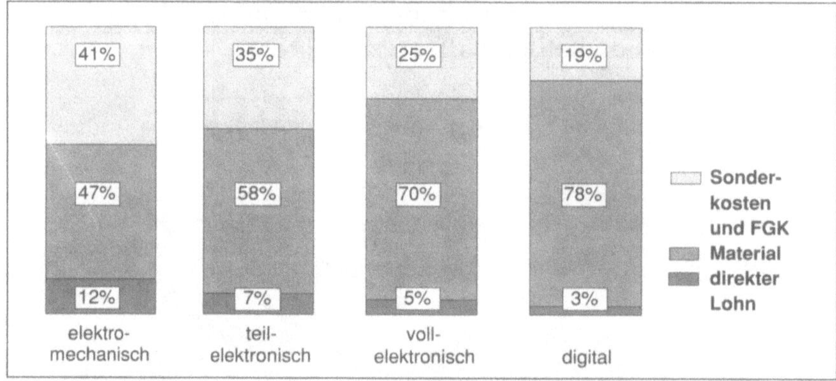

Der Materialanteil ist hier besonders hoch, weil es der mikroelektronischen Entwicklung gelingt, immer mehr Funktionen in einen Chip zu integrieren, so daß die Hauptfunktionen eines elektronischen Produktes heute durch eine oder wenige Flachbaugruppen mit mehreren hundert Bauelementen wahrgenommen werden.

Darüber hinaus erfordern auch die automatisierten Anlagen eine hohe und stets gleichbleibende Materialqualität, was sowohl die Einstandspreise erhöht als auch durch steigende Qualitätsanforderungen zur verstärkten Auswärtsvergabe an Spezialisten führt. Die verbesserte Materialausnutzung durch verminderten Ausschuß und optimierte Konstruktion und Produktionsplanung kann die Materialkostensteigerungen nur zum Teil kompensieren.[72]

Die abnehmende Fertigungstiefe durch verstärkten Zukauf von Teilen statt Eigenfertigung führt zu einer verminderten Wertschöpfung und erhöht die Bedeutung von Make-or-buy-Entschei-

---

70 Vgl. z. B. EIDENMÜLLER (Auftragsabwicklung), S. 215 f.; STOCKERT (Produktion), S. 58.
71 Daten aus BAUER (Datenbanken), S. 163.
72 Vgl. BRÖLL (Rechnerunterstützung), S. 11 f.

den, aber auch die kostenmäßige Bedeutung der Funktionen Beschaffung und Einkauf. Diese Überlegungen werden im Zusammenhang mit der Komplexitätsthematik (2.3.1) noch eingehender behandelt. Derart hohe Materialanteile lassen auch darauf schließen, daß sich hier ein enormes Kostensenkungspotential verbirgt, das weit größer ist als dasjenige der eigentlichen Fertigungsprozesse. MIT-Forschungen bestätigen diese Auffassung: „Da bei zahlreichen Produkten die Materialkosten 50 bis 75 % der gesamten Herstellkosten ausmachen, kann die Produktivität mühelos um 10 bis 15 % gesteigert werden, wenn der Materialverbrauch um 10 bis 20 % gesenkt werden kann. Diese Form der Produktivitätssteigerung entspricht derjenigen, die durch die Eliminierung sämtlicher direkter Lohnkosten erreicht werden könnte."[73]

Um solche Ergebnisse zu erzielen, müssen aber mehrere Maßnahmen gleichzeitig eingeleitet werden:
- Ein ausgebautes und durch Informationssysteme unterstütztes, bereichsübergreifendes Materialmanagement
- Ein strategisches Beschaffungsmanagement, das konsequente Lieferantenbeurteilung und -auswahl betreibt und auf eine enge Lieferantenanbindung ausgerichtet ist
- Entscheidungsunterstützungssysteme in der Konstruktion, die eine optimale Materialwahl und -ausnutzung ermöglichen

und schließlich:
- Ein betriebliches Rechnungswesen, das dem Materialkosten-Controlling einen deutlich höheren Stellenwert einräumt.

Wirkungen der Flexibilität 2.2

Produkte- und Teilevielfalt 2.2.1

Produktvarianten als Kalkulationsproblem 2.2.1.1

Kaum eine industrielle Unternehmung kann sich heute dem Zwang zu höherer Produktionsflexibilität entziehen, weil die Flexibilität zu einem entscheidenden Erfolgsfaktor geworden ist. Käufermärkte induzieren eine erhöhte Nachfragedifferenzierung, womit die Anbieter bestrebt sind, möglichst alle Kundenwünsche zu befriedigen. Eine derartige Produktdifferenzierung kann wirtschaftlich nur über eine flexible Automatisierung erreicht werden. Nicht nur bei Konsumgütern, auch in der Investitionsgüterindustrie ist festzustellen, daß die Produktprogramme breiter werden und der Anteil kundenspezifischer Anpassungen oder kundenspezifischer Kombinationen von Basiskomponenten zunimmt. Obwohl die meisten Branchen bereits ein hohes Niveau bezüglich Typen- und Variantenvielfalt erreicht haben, ergab eine branchenübergreifende Befragung in 300 Unternehmen, daß zwei Drittel der Industriebetriebe in Zukunft mit einem weiteren Zuwachs an Varianten rechnen.[74]

Damit steigt aber auch die Zahl der für das Rechnungswesen relevanten Kostenträger. Das Rechnungswesen muß in der Lage sein, die Herstellkosten der einzelnen Produktvarianten zu ermitteln, um damit eine Grundlage für Sortimentssteuerungen und Preisentscheidungen zu schaffen. Kundenspezifische Anpassungen erfordern einen entsprechenden Zusatzaufwand in Form von konstruktiven Arbeiten und von Stücklisten- und Arbeitsplanänderungen, die kalkulationsmäßig zu erfassen sind. Dies bedingt aber eine differenzierte Kostenerfassung und einen flexiblen Aufbau der Stückkalkulation. Dieser Forderung nach differenzierter Kalkulation der einzelnen Produktvarianten steht der ständige GK-Anstieg aber klar entgegen. Wie Abschnitt 2.1.2 gezeigt hat, können bei den herkömmlichen Kostenzurechnungsprinzipien immer weniger Kosten den Produkten direkt zugeordnet werden, noch weniger somit den einzelnen Produktvarianten.

Die hohe Variantenzahl ergibt sich aus der binomischen Verknüpfung einer Vielzahl verschiedener Typen von Baugruppen und einer noch größeren Zahl an unterschiedlichen Teilen. Diese Typen- und Teileproblematik ist eine wichtige Ursache für überhöhte Gemeinkosten, vor allem in Form von Bestands- und Steuerungskosten. Damit handelt es sich hier nicht nur um ein Problem der verursachungsgerechten Kostenzurechnung auf Produkte(varianten), sondern ebenso stark um ein zentrales Controllingproblem in bezug auf das Wirtschaftlichkeitsziel. Die zunehmende Differenzierung im Produktangebot verdeutlicht nachstehende Graphik, die die Entwicklung der Anzahl unterschiedlicher Typen von Getriebewellen bei Volkswagen wiedergibt:

---

74 Vgl. AWK (Produktionstechnik), S. 45, die sich dabei auf folgende Untersuchung stützen: Autorenkollektiv: Einsatzmöglichkeiten von flexibel automatisierten Montagesystemen in der industriellen Produktion, Schriftenreihe Humanisierung des Arbeitslebens, Bd. 61, Düsseldorf: VDI-Verlag, 1984.

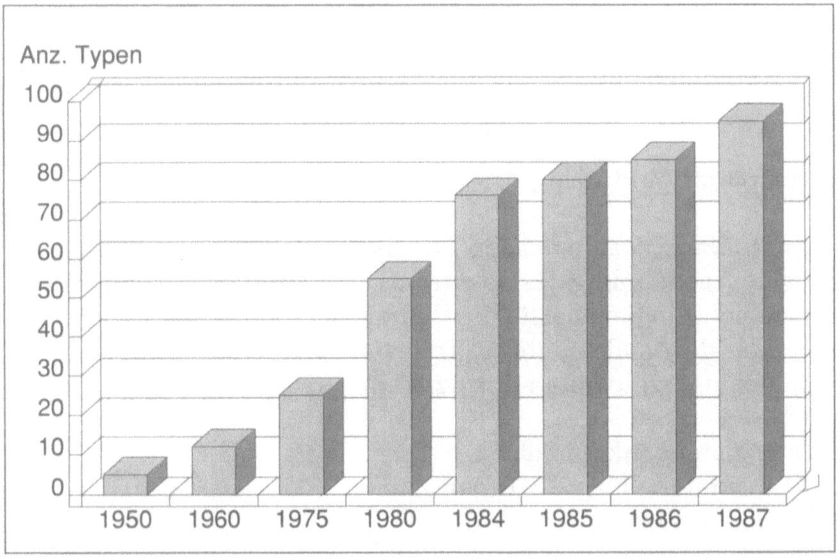

Abbildung 2.17
Typenvielfalt von
Getriebewellen
bei VW[75]

CIM-orientierte Unternehmungen neigen heute dazu, die vorhandenen CAD/CAM-Systeme intensiv für kundenindividuelle Fertigungen zu nutzen, ohne dabei eine differenzierte Preisgestaltung vorzunehmen. Die heutigen Stückkalkulationssysteme sind auch kaum in der Lage, genaue Kosteninformationen für Sonderanfertigungen oder kundenspezifische Anpassungen eines Standardprodukts zur Verfügung zu stellen.[76] Dies gilt ganz besonders für die Zuschlagskalkulation, bei der Standard- und Spezialprodukte lediglich in Abhängigkeit ihrer Hauptfertigungszeiten mit prinzipiell gleichen GK-Zuschlägen oder -stundensätzen belastet werden. Damit stellt sich aber das Problem, daß Standard- und Serienprodukte relativ gesehen einen zu hohen Anteil an GK tragen und im Verhältnis zu Spezialprodukten zu teuer angeboten werden. In dieser rechnerischen Gleichbehandlung von Normal- und Sonderaufträgen, die im Auftragsabwicklungsprozeß einen ganz unterschiedlichen administrativen Aufwand auslösen, liegt unter anderem eine Ursache für den Erfolg japanischer Anbieter von Serienprodukten. Viele europäische Unternehmen haben mit ihren undifferenzierten GK-Zuschlägen die Serienprodukte indirekt mit den bei aufwendigen Spezialanfertigungen zusätzlich entstehenden Gemeinkosten belastet und sich so geradezu aus dem Markt kalkuliert. Das Konzept der prozeßorientierten Kostenrechnung, das sogenannte „activity accounting"[77], bietet hier die Chance

---

75 Vgl. HARTWICH (Automobilfertigung), S. 101.
76 Vgl. SIEGWART/RAAS (Anpassung), S. 11.
77 Vgl. dazu die Beschreibung der Prozeßkostenrechnung in Kapitel 5.2.

einer deutlichen Verbesserung der Kalkulation und liefert damit wesentlich differenziertere Stückkosteninformationen als Basis für die Entscheidungsfindung im Produkt- und Auftragscontrolling.

2.2.1.2 Teilevielfalt als Controlling-Aufgabe

Die Variantenexplosion bei den Produkten zieht eine oft überproportionale Ausdehnung des Spektrums an Bauteilen und Baugruppen nach sich. Ein Beispiel für die Vielfalt an Produkttypen, -varianten und der davon abgeleiteten Teilevielfalt sind die nachstehenden Zahlen der weltweiten (Ersatz-)Teileversorgung von Daimler-Benz:[78]
Die Teile-Datenbank umfaßt:
545 251 Einzelteile für: 243 Typen
  11 745 Baumuster
   3 000 Aggregate
  15 935 Sonderausführungen
  95 605 Sonderausführungs-Varianten
Nicht zuletzt damit ist auch der weiter oben bereits angesprochene Anstieg des Materialkostenanteils zu erklären. Die Komplexität eines derart breiten Teilespektrums zwingt die Unternehmung zum verstärkten Zukauf von Teilen und Baugruppen. Dieser Trend ist aber nicht – wie vielfach angenommen – eine Erscheinung der letzten Jahre, sondern hat seinen Anfang bereits Mitte der 70er Jahre genommen. Abb. 2.18 belegt dies am Beispiel eines BMW-Werkes, wo sich innerhalb eines knappen Jahrzehnts die Eigenfer-

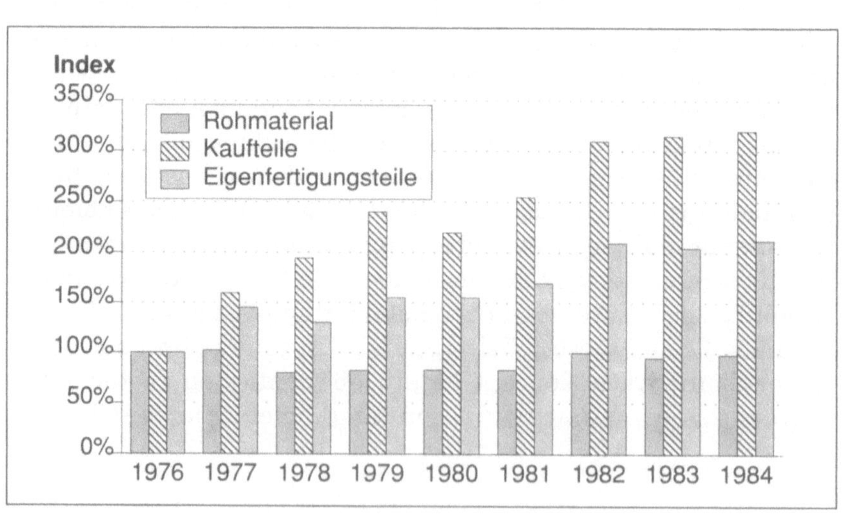

Abbildung 2.18
Entwicklung der Teilevielfalt in einem BMW-Werk[79]

78 Vgl. GÖCKELMANN (Leistungen), S. 85.
79 Datenbasis: ROSENKÖTTER (Logistik), S. 19.

tigungsteile rund verdoppelt, die Kaufteile aber verdreifacht
haben.

Die Typen- und Teileproblematik schlägt sich in folgenden Wirkungen nieder:

– Höherer Steuerungsaufwand und damit höhere Gemeinkosten
  infolge größerer Komplexität[80]
– Höhere Bestandskosten
– Hohe Zahl an Arbeitsplänen und Stücklisten, die einen entsprechenden Erstellungs-, Verwaltungs- und Pflegeaufwand auslösen und hohe DV-Investitionen erfordern.

Den letzten Punkt belegen die Zahlen der Firma Claas, einer
der führenden europäischen Landmaschinenhersteller, der sich
einer stark steigenden Variantenvielfalt gegenübersieht. Bei rund
1 Mrd. DM Umsatz sind zu verwalten:[81]

 75 000 Arbeitspläne

420 000 Struktursätze

350 000 Arbeitsgangfolgen

All diese Wirkungen betreffen den Material- und den Informationsfluß und können unter dem Aspekt „Höhere Anforderungen
an die Logistik" zusammengefaßt werden. Die Typen- und Teileproblematik ist somit eng verknüpft mit der Forderung nach einem
Logistik-Controlling, das Entscheidungsinformationen bereitstellt,
um die Anzahl an Typen und Teilen durch geeignete Maßnahmen
reduzieren zu können. Eine Möglichkeit dazu ist die Standardisierung und der Übergang zu Baukastensystemen mit wenigen,
gleichartigen Basiskomponenten, aus denen die Produkte kundenspezifisch montiert werden können. Weitere Verbesserungen
bringt das Konzept der Gruppentechnologie, das über eine Senkung der Teilevielfalt und der notwendigen Arbeitsplätze eine
Kostenreduktion bei der Produkteinführung und bis zu 40 % geringere Rüstkosten bringt.[82] Untersuchungen zu diesen Aspekten
haben ergeben, daß von scheinbar neuen Teilen bereits etwa 40 % in
anderen Produkten existieren, was aber den Konstrukteuren ohne
entsprechende Informationssysteme gar nicht bewußt ist. Weitere
40 % können durch geringfügige Änderungen aus bestehenden
Teilen abgeleitet werden, womit also tatsächlich nur noch etwa
20 % neu zu konstruieren wären.

Das heutige Rechnungswesen zwingt den Konstrukteur oder
den Entwickler auch kaum zu einem Denken in Standardisierung
und Gleichteileverwendung, weil es deren Kostenvorteile ohne

---

80 Vgl. zum Zusammenhang zwischen Komplexität und Gemeinkosten Abschnitt 2.3.1.
81 Vgl. BECKERS (Voraussetzungen), S. 98.
82 Vgl. dazu und zu den folgenden Werten MAIER-ROTHE (Wettbewerbsvorteile),
   S. 136.

Sondererhebung nicht nachweisen kann. In Zukunft muß das Rechnungswesen die beschriebenen Zusammenhänge kostenmäßig abbilden und die Maßnahmeplanung durch rasch verfügbare, situationsbezogene Informationen unterstützen. Der Ansatz einer konstruktionsbegleitenden Kalkulation ist diesbezüglich zu prüfen, welcher aber auch nur erfolgreich sein kann, wenn die Stückkalkulation so transparent und flexibel aufgebaut ist, daß sie im Sinne des „gläsernen Produkts" dessen innere Kostenstruktur wiedergibt und allfällige Kostenveränderungen durch Produktvariation erkennen läßt. Eine Kostenrechnung, die sich an den durch Teilevielfalt ausgelösten Transaktionen einer Auftragsabwicklung orientiert, kann Wirkungen von Teilereduktionen und Prozeßvereinfachungen sichtbar machen.[83] Zusätzlich muß ein permanentes Controlling die Überwachung der Typen- und Teileentwicklung, aber auch der Beständeentwicklung, sicherstellen und drohende Soll-Ist-Abweichungen frühzeitig anzeigen.

2.2.2 Hohe Innovationsrate von Produkten und Prozessen

Die Veränderungen in der industriellen Produktion und in ihrem Umfeld sind nicht nur in ihren Auswirkungen sehr tiefgreifend, sie vollziehen sich auch in einem immer rascheren Tempo. Die Innovationsgeschwindigkeit hat sich sowohl bei den Produkten als auch bei den Produktionsverfahren und -anlagen erhöht. Da durch den Einsatz flexibler Systeme eine Umstellung relativ einfach und kostengünstig zu erreichen ist, werden kürzere Produktlebenszyklen möglich und individuelle Anpassungen von den Kunden verstärkt erwartet. Darüber hinaus führen bei CIM-orientierter Produktion kürzere Durchlaufzeiten, verbesserte Planungen und eine höhere Systemverfügbarkeit zu insgesamt höheren Prozeßgeschwindigkeiten. Die damit einhergehende Unstetigkeit und Kurzfristigkeit im Produktionsbereich wird durch die hohe Innovationsrate bei den Fertigungstechnologien selber noch verstärkt. Diese Zunahme der Veränderungsrate und die gleichzeitig steigende Produkt- und Verfahrenskomplexität lassen die Reaktionszeit für die industrielle Unternehmung zum kritischen Faktor werden.[84] Die Industriebetriebe sind darauf angewiesen, ihre Reaktionszeit durch leistungsfähige Frühwarn- und Controllingsysteme zu verkürzen.

---

83 Vgl. MILLER/VOLLMANN (Fabrik), S. 121 und die Ausführungen zur Prozeßkostenrechnung in 5.2.

  84 Vgl. PFEIFFER u. a. (Portfolio), S. 253; WILDEMANN (Investitionsplanung), S. 2.

Sowohl bei Konsum- als auch bei Investitionsgütern ist festzustellen, daß die Lebenszeit der Produkte stark verkürzt wird, d. h. immer schneller Nachfolgeprodukte angeboten werden. Bei Produkten, die mikroelektronische Bauelemente enthalten, beträgt der Produktlebenszyklus heute oft drei Jahre und weniger.[85] Deutlich werden die immer kürzeren Produktlebenszyklen anhand der Altersstruktur industrieller Produkte. Die Produkte im Bereich Kommunikationstechnik der Siemens AG waren 1985 noch zu 27 % älter als 5 Jahre, im Jahre 1988 betrugt dieser Anteil nur noch 6 %.[86] Von den Produkten des Werkzeugmaschinenherstellers Trumpf waren 1986 insgesamt 59 % der Produkte jünger als 3 Jahre, 20 % 3 bis 5 Jahre alt und nur noch 21 % älter als 5 Jahre.[87] SHUNK bescheibt das Beispiel eines Herstellers von Telefonanlagen, der früher mit einer mittleren Produktlebensdauer von 15 Jahren rechnen konnte. Heute beträgt die Lebensdauer noch 7 Jahre, und es ist mit einer Verkürzung auf 3 Jahre zu rechnen. In dieser Zeit müssen aber die Entwicklungskosten amortisiert und ein neues System entwickelt worden sein.[88] Der gleiche Trend zeigt sich auch in vielen anderen Industriezweigen, beispielsweise in der Automobilindustrie, wo sich Produkt-Modifikationen und Produkt-Neueinführungen in immer kürzeren Abständen folgen.

Die Zeitkomponente erhält deshalb einen sehr hohen Stellenwert. „Bei Produkten mit einer Lebensdauer von fünf Jahren kann eine Verzögerung des Markteintritts um 6 Monate bereits eine Ergebniseinbuße von 33 % verursachen."[89] Bekannt sind solche Effekte insbesondere im Markt für Mikro-Chips, der von einem rapiden Preiszerfall gekennzeichnet ist.[90] Aufgrund solcher Verhältnisse genügt es nicht mehr, nur die Entwicklungskosten zu betrachten, sondern ebenso wichtig ist die Entwicklungszeit, die entscheidenden Einfluß auf den Zeitpunkt des Markteintritts hat.

Insgesamt ergeben sich aus der geschilderten Problematik drei Anforderungen an ein führungsorientiertes Rechnungswesen:

1. Im Vergleich zu solchen Zeit-Gewinn-Effekten sind die Wirtschaftlichkeitsverbesserungen, die durch ein Rechnungswesen erzielt werden, das sich hauptsächlich auf Unwirtschaftlichkeiten im fixkostenintensiven Fertigungsbereich konzentriert, nur

---

85 Vgl. BECKURTS (Chancen), S. 167; JOHNSON/KAPLAN (Relevance), S. 217.
86 Vgl. EIDENMÜLLER (Auftragsabwicklung), S. 215.
87 Vgl. LEIBINGER (Entwicklungstendenzen), S. 105.
88 Vgl. SHUNK (CIM), S. 23.
89 EIDENMÜLLER (Auftragsabwicklung), S. 215.
90 Vgl. BECKURTS (Chancen), S. 160; BAUER (Datenbanken), S. 164.

noch marginal. Der Faktor Zeit (Durchlaufzeit) muß in der heutigen industriellen Produktion als gleichwertiger Faktor neben den Kosten betrachtet werden. Diese Forderung gilt nicht nur für den Entwicklungsbereich, sondern in gleichem Maße auch für den Fertigungsbereich. Technische und kaufmännische Führungsgrößen können nicht mehr voneinander getrennt werden, sondern bilden nur als Ganzes eine adäquate Entscheidungsgrundlage für den Produktionsmanager.

2. Die verkürzten Lebenszyklen verschärfen auch die Problematik der Produktanläufe. Die kurzen Innovationszyklen lassen die Zeit des „Normallaufs" einer Produkteherstellung so kurz werden, daß, etwas überspitzt formuliert, die Änderung und Neueinführung zum „Normalgeschäft" wird. Damit ist aber ein sehr flexibles Rechnungswesen gefordert, das sich situativ auf neue Entscheidungsprobleme einstellen und die dazu relevanten Informationen sehr rasch und benutzerfreundlich liefern kann.

3. Das Rechnungswesen muß eine verstärkte Lebenszyklusorientierung aufweisen. Falsch prognostizierte Absatzzahlen oder eine zu lang geschätzte Produktlebensdauer als Kalkulationsgrundlage können fatale Folgen nach sich ziehen.

2.2.2.2 Diskontinuitätserhöhung im Produktionsprozeß

Die technologischen Innovationszyklen verkürzen sich nicht nur bei den Produkten, sondern im gleichen Maße auch bei den Produktionsanlagen. Bei NC-Maschinen dauerte es über zwei Jahrzehnte von der Vorstellung des MIT-Prototyps bis die NC-Technik in Europa zum Standard geworden war. Bereits bei CAD dauerte der Prozeß nur noch halb so lange, und es ist abzusehen, daß sich diese Diffusionszeiten in Zukunft weiter verkürzen werden. Dazu trägt vor allem die Fortschrittsdynamik im Elektroniksektor bei und die bei neuen Technologien zunehmenden Diskontinuitäten in Form von Strukturbrüchen (Richtungsänderungen) oder Unstetigkeiten (Niveauänderungen) in der Technologieentwicklung. Die diskontinuierliche Entwicklung tritt „... besonders stark durch die flexible Automatisierung des Informations- und Materialflusses in CIM-Konzepten hervor, wobei sich diese Diskontinuitäten nicht nur auf die Leistungssteigerungen der Fertigungstechniken, sondern auch in den Produktionskosten niederschlagen".[91] Diskontinuitäten erfordern stets zusätzlichen Planungs-, Steuerungs- und Störungsbeseitigungsaufwand, was sich in entsprechend erhöhten Gemeinkosten auswirkt (vgl. 2.3.1).

 91 Geleitwort von H. WILDEMANN in: LEBENS (Diskontinuitäten).

Als Folge dieser innovationsbedingten Diskontinuitäten ist die laufende Produktion beim Einsatz neuer Technologien durch permanente technische Änderungen von Produkten oder Prozessen gekennzeichnet. Diese entwicklungs- und technologiebedingten Änderungen werden verstärkt durch kundenauftragsbedingte Änderungen.

Wenn eine Unternehmung sich nicht als Kostenführer mit klar standardisierten, dafür aber billigen Produkten profilieren kann, sondern eine Differenzierungsstrategie fährt, so wird von ihr auch erwartet, daß sie differenzierte Kundenwünsche befriedigt. In vielen Fällen wird der Kunde daher Sonderwünsche anbringen, die zu kundenspezifischen, technischen Anpassungen führen. Noch gravierender sind die Auswirkungen von kurzfristigen, erst nachträglich eingebrachten Kundenwunschänderungen in bezug auf die Produktspezifikation, die Auftragsmenge oder den Liefertermin. Wenn solche Änderungen Eingriffe in bereits laufende Fertigungsaufträge erfordern, kann dies bei der heutigen Kurzfristigkeit der Prozesse zu erheblichen Störungen in der Auftragsabwicklung führen. Die Folge davon sind ungeplanter Steuerungs- und Störungsbehebungsaufwand und damit Mehrkosten.

Der Trend zu kleineren Losgrößen bis hin zu Losgröße 1 erhöht die Diskontinuität im Tagesgeschäft eines Produktionsbetriebs zusätzlich. Gab es in der traditionellen Fertigung noch Phasen, in denen ein größerer Auftrag mit einer sehr hohen Stückzahl relativ „ruhig" abgearbeitet werden konnte, so ist heute ein ständiger Wechsel von Aufträgen und Werkstücken festzustellen. Eigene Untersuchungen in einer Fabrik, die Steuerungen für automatisierte Produktionssysteme herstellt, bestätigte diese Aussagen: Die Art der Produkte erfordert dort in den meisten Fällen kundenspezifische Adaptionen, die der Kunde während der Planungsphase seines Produktionssystems selber noch nicht genau kennt. Im Verlaufe der Installation des Systems werden dann Modifikationen und Zusatzwünsche an die Konfiguration der vorgesehenen Systemsteuerung gestellt, was zu einer entsprechenden Auftragsänderung führt. Die Steuerungen sind aber durch ihren hohen Anteil an Mikroelektronik selber schon einer starken Innovationsdynamik unterworfen. Schließlich ist es angesichts der Produktpalette naheliegend, daß diese Fabrik in ihrer eigenen Produktion CIM-Technologien intensiv zur Anwendung bringt. In diesem Praxisbeispiel kommen somit alle erwähnten Faktoren zusammen:
– Hohe Produktinnovation
– Hohe Prozeßinnovation
– Hohe Änderungsrate durch Kundenwünsche
– Hohe Änderungsrate bei laufenden Aufträgen

Aus dem Zusammentreffen dieser Diskontinuitätsfaktoren resultiert in dieser Fabrik ein Durchschnitt von 120 größeren Änderungen pro Woche, die eine Anpassung von Stücklisten, Arbeitsplänen oder Fertigungsaufträgen während der laufenden Produktion bedingen. Dadurch entstehen erhebliche Diskontinuitäten in der Auftragsabwicklung und im Produktionsfluß, was sich in erhöhten Gemeinkosten niederschlägt.

Auf solche Verhältnisse hat sich das Rechnungswesen auszurichten. Es müßte beispielsweise in der Lage sein, die Frage zu beantworten, welche Zusatzkosten eine kundenspezifische Anpassung verursacht oder welche Folgekosten durch eine nachträglich vom Kunden eingebrachte Änderung seiner ursprünglichen Auftragsdaten ausgelöst werden. Es ist nicht zu bestreiten, daß die heutigen Kostenrechnungssysteme aufgrund ihrer Periodisierung und formalen Konstruktion nur sehr bedingt in der Lage sind, solche Informationen ohne Sondererhebungen bereitzustellen. Eine Chance bietet hier zum einen die Nutzung moderner Informationstechnologien, zum anderen aber vor allem das Konzept einer prozeßorientierten Kostenrechnung.

2.2.3 Verändertes Zielsystem – veränderter Informationsbedarf

2.2.3.1 Das Zieldreieck der Produktion

Während lange Zeit die Zielausrichtung des Produktionsmanagements ausschließlich in der Wirtschaftlichkeit gesehen wurde, gilt heute ein Dreieck mit drei gleichwertigen Zielsetzungen als Aktionsfeld, in dem sich die marktorientierte Industrieunternehmung zu bewegen hat. Dieses Zieldreieck besteht aus den folgenden, teilweise antinomischen Zielsetzungen: gute Produktequalität, hohe Logistikleistung und hohe Wirtschaftlichkeit, d. h. geringe Herstellkosten (Abb. 2.19).[92] Grundbedingung dieses Zielsystems ist in jedem Falle ein auf die Markterfordernisse ausgerichtetes Produktangebot, das die Kundenbedürfnisse bezüglich Funktionserfüllung und Differenzierung des Produktes zu befriedigen vermag.

In einer bestimmten Branche und in einem bestimmten Marktsegment sind gewisse Minimalanforderungen bezüglich Kosten/Preise, Qualität und Logistikleistung zu erfüllen, ohne die eine

---

92 Die Gleichstellung dieser drei Ziele ist in der Literatur praktisch unbestritten. Vgl. z. B. SIEBENHORN (CIM), S. 127; SKINNER (Lücke), S. 21; GOPAL (Guidelines), S. 29 f.; WEGEHINGEL (CIM), S. 320.

Unternehmung nicht konkurrenzfähig ist. Darüber hinaus gibt es aber eine Bandbreite, innerhalb der das Unternehmen in Abhängigkeit seiner strategischen Stoßrichtung eine individuelle Ziel-Kombination anstreben kann. Dabei kommt einer oder zwei Zielrichtungen höchste Priorität zu: Die Strategie der Kostenführerschaft verlangt zweifellos eine starke Gewichtung des Faktors Wirtschaftlichkeit, während sich eine Differenzierungsstrategie durch Produkdifferenzierung in Form hoher Qualität oder durch Marktleistungsdifferenzierung in Form von hoher Lieferbereitschaft ausdrücken kann. Die im ersten Kapitel dieser Arbeit beschriebenen Veränderungen des Marktumfeldes zwingen aber jede Unternehmung, mindestens in einem minimalen Maße auch den übrigen, für sie strategisch weniger relevanten Zielsetzungen gerecht zu werden. Unternehmen mit einer ausgeprägten Differenzierungsstrategie, wie zum Beispiel Hersteller von Personenwagen mit hohem Imagewert, können sich durchaus längere Lieferfristen und höhere Kosten erlauben, aber immer nur in einer bestimmten Bandbreite, innerhalb derer der Kunde zur Inkaufnahme solcher Nachteile als Gegenwert für ein Luxusfahrzeug bereit ist.

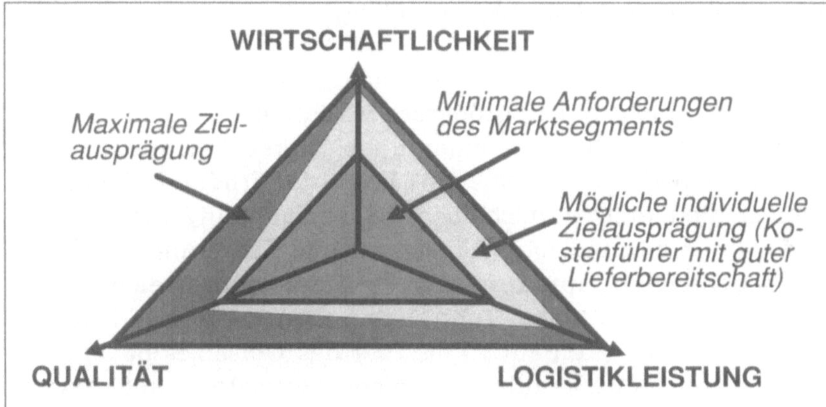

Abbildung 2.19
Zieldreieck der modernen industriellen Produktion

SKINNER ist ein vehementer Verfechter der Gleichstellung von Qualität, Lieferbereitschaft und Wirtschaftlichkeit und warnt vor einer einseitigen Wirtschaftlichkeitsorientierung: „Der … Fehler, niedrige Kosten und hohe Wirtschaftlichkeit als die wesentlichen Ziele der Fertigungspolitik zu betrachten, ist typisch für das übersimplifizierte Konzept eines guten Fertigungsbetriebs."[93]

Aus den übergeordneten Marktzielen können für den Produktionsbereich in etwa die folgenden operativen Teilziele abgeleitet werden:[94]

---

93 SKINNER (Lücke), S. 21.
94 Vgl. MÜLLER-BAKU (Optimierung), S. 110; HALDIMANN (Lösungen), S. 560.

- Hohe Termintreue
- Kurze Durchlaufzeit
- Hohe Flexibilität
- Minimale Bestände
- Effiziente Kapazitätsausnutzung
- Geringe Fertigungskosten
- Kleinere Losgrößen

Dem führungsorientierten Rechnungswesen kommt im Rahmen seiner Ziel- und Entscheidungsorientierung die Aufgabe zu, Informationen bereitzustellen, die die Erreichung aller drei Ziele unterstützen. Während für die Zielkomponente Wirtschaftlichkeit in klassischer Weise Informationen aus dem Rechnungswesen bereitgestellt werden, hat man sich bis anhin bezüglich Qualitäts- und Logistikinformationen im besten Falle mit reinen Leistungsdaten zu begnügen. Qualitätskosten und Logistikkosten lassen sich der traditionellen Kosten- und Leistungsrechnung nur durch aufwendige Sondererhebungen und durch Neugruppierungen von Kostenarten und -stellen entnehmen.[95]

2.2.3.2 Notwendigkeit eines Logistik-Controlling

Die Logistik ist heute einer der entscheidenden Wettbewerbsvorteile, der sich nicht nur in größerer Flexibilität und Lieferbereitschaft, sondern auch in geringeren Logistikkosten ausdrücken kann. Die Logistikkosten haben als Folge der erhöhten Anforderungen an die Lieferbereitschaft sowie der hohen Investitionen in Logistiksysteme (z. B. Lager-, Transport- und Steuerungssysteme) einen beachtlichen Anteil an den Gesamtkosten erreicht. Verschiedene Untersuchungen zum Thema „Logistikkosten" bestätigen, daß sich ihr Anteil auf 15 bis 20 % des Umsatzes beläuft, in einzelnen Branchen (Detailhandel beispielsweise) aber auch bis zu 30 % betragen kann.[96] Im Logistikbereich liegt damit ein weitaus größeres Rationalisierungspotential als im eigentlichen Fertigungsbereich, der bei Realisierung eines CIM-Konzeptes ratiomäßig weitgehend ausgeschöpft ist.

Empirische Erhebungen zum Thema Logistikkosten beschränken sich oft auf ein traditionelles Verständnis von Logistik im Sinne von Beständen, Lager- und Transportkosten. In 1.3.2 wurde diesem Buch aber ein moderneres und umfassenderes Verständnis von

---

95 Vgl. SIEGWART/RAAS (Anpassung), S. 12.
96 Vgl. die Ergebnisse verschiedener europäischer und amerikanischer Untersuchungen bei BÄCK (Logistik), S. 80 ff. sowie WEBER (Lösungen), S. 137.

Logistik zugrundegelegt, nämlich eine ganzheitliche Betrachtung von Material- und Informationsfluß. Dementsprechend sind auch die Auftragsabwicklungs- und Produktionssteuerungskosten als Logistikkosten zu sehen. A. T. KEARNEY hat nach dieser Auffassung folgende Werte ermittelt:[97]

Eingangstransporte	8,8 %
Ausgangs- und innerbetr. Transporte	16,2 %
Lagerung (ohne Verpackung)	19,8 %
Bestandsfinanzierung	15,7 %
Verpackung	10,3 %
Informatik (Auftragsabwicklung etc.)	17,8 %
Steuerung und Kontrolle	11,4 %
Total	100,0 %

Die wachsende Bedeutung der Logistik und die Philosophie einer ganzheitlichen Betrachtung der gesamten Prozeßkette vom Lieferanten bis zum Kunden erfordert auch eine entsprechende Ausrichtung der die Logistik unterstützenden Führungsinstrumente. Dazu gehört insbesondere ein Controlling von Logistikkosten und Logistikleistung, wozu im Rechnungswesen entsprechende Informationssysteme aufgebaut werden müssen.[98] Die Logistikleistung kann mit folgender Formel umschrieben werden:

Logistikleistung

= f (Lieferfähigkeit, Lieferzeit, Liefertreue, Flexibilität)

Eine Unternehmung, die sich durch eine hohe Logistikleistung auszeichnet, ist somit in der Lage, die vom Kunden gewünschten Produkte (Lieferfähigkeit) in Varianten bzw. kundenspezifisch angepaßt (Flexibilität) in relativ kurzer Lieferzeit anzubieten und sie dann auch genau zum vereinbarten Termin zu liefern (Liefertreue).

Das betriebliche Rechnungswesen hat die verstärkte Orientierung an anderen Führungsgrößen wie beispielsweise die Durchlaufzeit bisher noch nicht aufgenommen und kaum entsprechende Logistikkosteninformationen bereitgestellt. Zwar spielten schon in der Vergangenheit logistische Entscheidungen, die auch Gegenstand von Operations-Research-Methoden waren, eine wichtige Rolle. Zu nennen sind etwa optimale Bestellmenge und optimale Auslieferungstour.[99] All diese Entscheidungen waren aber gekennzeichnet durch eine Einzelaspektbetrachtung, die der geforderten ganzheitlichen Kettenlogik nicht gerecht wird. Das in 1.3.2 erläuterte moderne Verständnis von Logistik verleiht logistischen Ent-

---

97 Vgl. TÜRKS, M.; A. T. KEARNEY, Düsseldorf 1984, zit. nach BÄCK (Logistik), S. 79.
98 Gleicher Meinung sind z. B. PLATT (Kostenanalyse), S. 202; WEBER (Lösungen), S. 135 ff.; JAEGER (Logistik-Controlling), S. 281 ff.; FÖRDERKREIS BETRIEBSWIRTSCHAFT (Fertigungslogistik), S. 1.
99 PFOHL (Logistik), S. 160.

scheidungen sowohl hohe strategische als auch operative Bedeutung.[100] In gleicher Weise haben Logistikkosteninformationen strategische und operative Entscheide zu unterstützen (Abb. 2.20), woraus sich entsprechend hohe Anforderungen an die Ausgestaltung eines Logistik-Controlling ableiten.

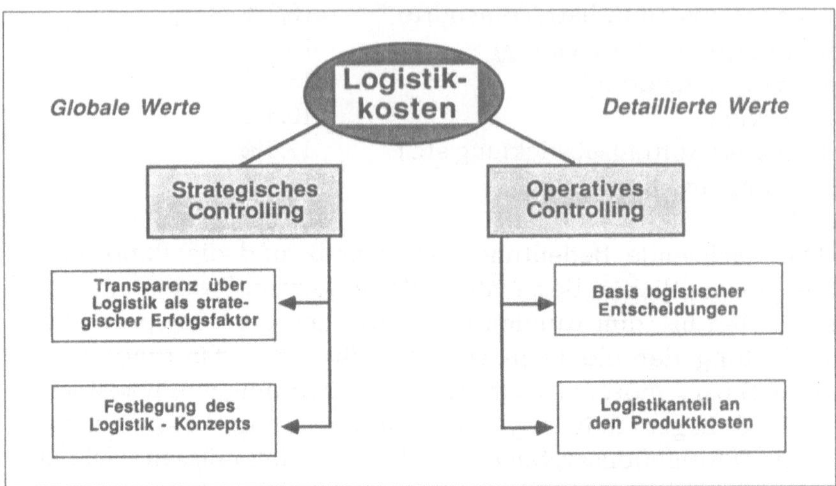

Für die Umsetzung logistischer Konzepte sind die beiden Größen „Bestände" und „Durchlaufzeit" von zentraler Bedeutung. Die verstärkte Logistikorientierung hat das Produktionsmanagement bereits für diese wichtigen Flußgrößen sensibilisiert, was auch zur Entwicklung verschiedener Werkzeuge für ein Bestände- oder Durchlaufzeitencontrolling geführt hat. Diese Werkzeuge werden in der Praxis aber noch in zu wenigen Fällen systematisch eingesetzt und bleiben selbst dann meistens nur Insellösungen, die mit anderen Führungssystemen nicht in Zusammenhang gebracht werden. Die Problematik der beiden Faktoren Bestände und Durchlaufzeiten wird im folgenden kurz umrissen.

a) *Bestände*

Das quantitative Ausmaß der gesamten Bestände in einer industriellen Unternehmung, d. h. sämtliche Rohmaterial-, Halbfabrikate und Fertigfabrikatebestände, wird sehr oft unterschätzt. In den meisten Branchen betragen die Bestände 20 % bis 40 % der bereinigten Bilanzsumme, was ihre Bedeutung als kapitalbindender Faktor unterstreicht (Abb. 2.21).[101]

---

100 Vgl. STENZEL (Widerspruch), S. 72.
101 Vgl. BÄCK (Logistik), S. 88.

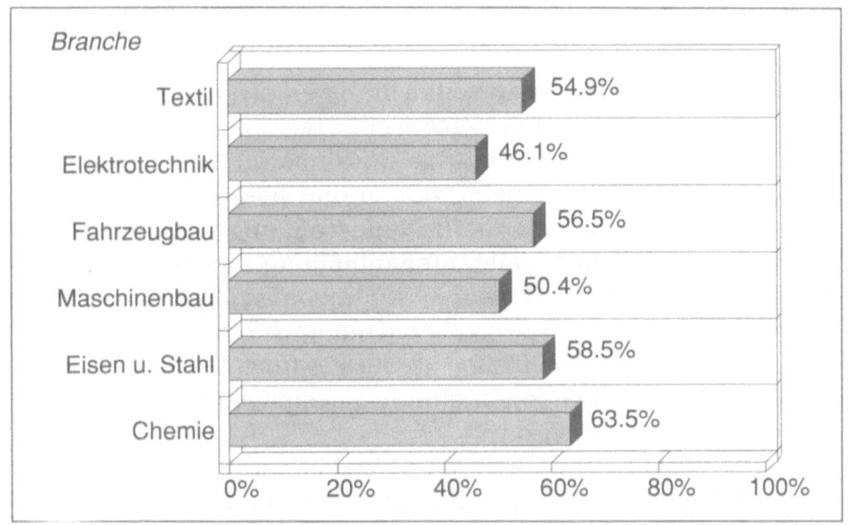

Hohe Bestände verhelfen oft zu einer scheinbar friktionslosen
Produktion mit guter Logistikleistung, überdecken aber tatsächlich
nur eine ganze Reihe von Problemen in der Unternehmung, wie
etwa die folgenden:
- Störanfällige Prozesse
- Unabgestimmte Kapazitäten
- Mangelnde Flexibilität
- Mangelnde Lieferbereitschaft
- Fehlende Bereichskoordination
- Unzuverlässige Lieferanten

Damit sind natürlich entsprechende Kosten verbunden, die in Form
von entgangenen Deckungsbeiträgen durch entgangene Aufträge,
Stillstandskosten (Störungen) oder in Form zusätzlichen Steue-
rungs- und Verwaltungsaufwandes anfallen. Die Vermeidung solcher Folgekosten unabgestimmter Prozesse „erkauft" man sich
durch den Vorhalt von überdimensionierten Sicherheitsbeständen.
In den letzten Jahren ist diese Problematik erkannt worden, und es
wird intensiv versucht, Bestände auf ein Minimum abzubauen.
Einige Ansatzpunkte für eine Bestandsenkung sind unter anderem
die folgenden:[102]
- Reduzierung der Typen- und Teilevielfalt
- Verbesserung der Planungssicherheit bei der Absatzplanung
- Differenzierte Bevorratung und Disposition nach ABC-Kriterien
- DV-Unterstützung bei Disposition und Einkauf

102 Vgl. BÄCK (Logistik), S. 340 ff.

– Lieferantenanbindung durch Rahmenverträge und JIT-Konzepte
– Reduzierung der Durchlaufzeiten für Eigenfertigungsteile
– Implementierung eines systematischen Bestandscontrolling
Welch hohen Stellenwert niedrige Bestände in einer CIM-orientierten Produktion einnehmen, zeigen die Beispiele dreier industrieller Unternehmen, die die Bestandssenkung vor allem durch JIT-Konzepte und enge Lieferantenanbindung suchen:
– Daimler-Benz hat die Lagerreichweite von Kaufteilen im PKW-Bereich von 1980 bis 1986 von 12 auf nur noch 7 Tage gesenkt.
– BMW definierte 3000 Teile als Just-in-time-Teile, davon die Hälfte Kaufteile, bei denen eine Lagerreichweite von unter einem Tag angestrebt wird.[103]
– Hewlett Packard konnte durch konsequenten Einsatz von DV-Systemen in der Materialwirtschaft und der Realisierung von JIT-Prinzipien die Bestände von 1978 bis 1987 um ein Drittel senken. Sie fielen von 21 % vom Umsatz auf 13,8 % vom Umsatz, was weltweit einer Liquiditätserhöhung um nicht weniger als 504 Mio. $ gleichkam.[104]
Das betriebliche Rechnungswesen hat dieser hohen Bedeutung eines Bestandsmanagements gerecht zu werden, indem es Führungsinformationen im Sinne eines permanenten Bestandscontrollings bereitstellt.

Die oben aufgeführten Ansatzpunkte nennen auch Aspekte der Disposition und des Einkaufs. Tatsächlich steht das Bestandscontrolling in engem Zusammenhang mit dem Material- und Beschaffungscontrolling. Ein Controlling ist um so erfolgreicher, je früher es im Materialfluß ansetzt. Die Materialkosten wurden bereits weiter oben als zentraler Kostenfaktor erkannt. Anhand des nachstehenden Vergleichs soll die Bedeutung eines Materialkostenmanagements verdeutlicht werden. Der Vergleich zeigt anhand modellhafter Überlegungen, daß bereits eine 10 %ige Materialkostenreduktion die sechsfache Gewinnwirkung einer 10 %igen Umsatzsteigerung erbringt. Dieser Vergleich ist genauer betrachtet recht vereinfacht, da ein entsprechender Umsatzaufbau bestimmt auch höhere Ressourcenbindung, auch in Form von Beständen, zur Folge hat. Trotzdem zeigt der Vergleich unter Annahme einer gleichbleibenden Kostenstruktur sehr illustrativ, daß sich das Controlling in Zukunft auf andere Bestimmungsfaktoren zu konzentrieren hat, in denen durch entsprechendes Ressourcenmanagement auch wesentliche Kostenanteile beeinflußt werden können.

103 Vgl. MEYER (Logistik), S. 414f.
104 Vgl. GRUND (Erfolgreich), S. 128.

| | Basisjahr | Umsatz | Materialkostenreduktion | | |
		+ 10 %	−10 %	−3 %	−2,25 %
Umsatz	220 000	242 000	220 000	220 000	220 000
Material	100 000	110 000	90 000	97 000	97 750
Lohn	50 000	55 000	50 000	50 000	50 000
Sonstige Kosten	55 000	60 500	55 000	55 000	55 000
Kosten	205 000	225 500	195 000	202 000	202 750
Gewinn	15 000	16 500	25 000	18 000	17 250
Δ Gewinn	−	+ 10 %	+ 67 %	+ 20 %	+ 15 %

Abbildung 2.22
Gewinneffekt einer Materialkostensenkung (Material inkl. Lagerhaltung[105])

b) *Durchlaufzeiten*

Das Rechnungswesen wird der hohen Bedeutung der DLZ noch kaum gerecht. In vielen Unternehmungen werden Durchlaufzeiten zwar ermittelt, basieren aber immer auf relativ aufwendigen Sondererhebungen und finden schon gar keinen Eingang in Bewertungs- oder Kostenrechnungen. „Durchlaufzeit (lead time) ist die Zeit, die für die Abwicklung eines Auftrages, also für die Herstellung eines Erzeugnisses, benötigt wird. Die Gesamtdurchlaufzeit beinhaltet alle administrativen und operativen Tätigkeiten bis zur Ablieferung des gewünschten Produktes beim Kunden."[106] Die DLZ ist ein Indikator für die Leistungsfähigkeit einer Organisationseinheit, indem sie die Kapitalbindung, die Flexibilität und die Lieferfähigkeit der Unternehmung zum Ausdruck bringt und dadurch ihre Schlagkraft am Markt repräsentiert. Grundsätzlich kann die DLZ in folgende vier Komponenten zerlegt werden:[107]
Bearbeitungszeit – Transportzeit – Kontrollzeit – Liegezeit.
Die Problematik des zu großen Liegezeitenanteils wurde bereits weiter oben gezeigt. Bei losweiser Fertigung gibt es nicht nur Liegezeiten der Lose zwischen Bearbeitungsstationen, sondern auch Loswartezeiten der einzelnen Werkstücke innerhalb des Loses, bis die anderen Werkstücke gefertigt sind. Nicht zuletzt deshalb wird von vielen Industriebetrieben die Losgröße 1 angestrebt. Darüber hinaus bringt Losgröße 1 aber auch einen größeren Dispositionsspielraum in der Fertigungssteuerung, da die Arbeitsplätze nicht über längere Zeit durch große Aufträge blockiert sind.[108]

105 Vgl. BÄCK (Logistik), S. 371.
106 BÄCK (Logistik), S. 348 f.
107 Vgl. HOITSCH (Produktionswirtschaft), S. 191 f.
108 Vgl. HELBERG (PPS), S. 55.

Im hohen Liege- und Transportzeitenanteil in der Fertigung von rund 90 % liegt eine enorme Chance zur Verbesserung der Logistikleistung, aber auch der Wirtschaftlichkeit der industriellen Produktion. Wenn es durch Anwendung geeigneter Logistikstrategien und -systeme gelingt, das ungenügende Verhältnis von 10 : 90 auf nur 20 : 80 zu verbessern, so ergeben sich daraus dank Hebelwirkung erstaunlich positive Resultate:[109]

- Die Gesamtdurchlaufzeit reduziert sich auf die Hälfte (z. B. reine Bearbeitungszeit 1 Stunde: Bei 10 : 90 ergibt das 10 Stunden, bei 20 : 80 nur noch 5 Stunden DLZ.) Die Forderung nach einer Halbierung der Durchlaufzeit ist also nichts anderes als die Forderung nach einer Erhöhung des Bearbeitungsanteils von 10 % auf lediglich 20 %.
- Die Bestände werden um rund 50 % reduziert, was zu einer entsprechenden Reduktion bei den Bestandskosten führt.
- Die Kosten der Produktionssteuerung und -überwachung werden drastisch reduziert, da die Zahl der Aufträge, die sich gleichzeitig im Produktionssystem befinden, wesentlich kleiner ist. Die Komplexität der Steuerung geht zurück und der Aufwand pro Auftrag vermindert sich.

Nach bisherigen Erfahrungen läßt sich die DLZ durch den Einsatz flexibler Fertigungsanlagen um bis zu 70 % reduzieren:

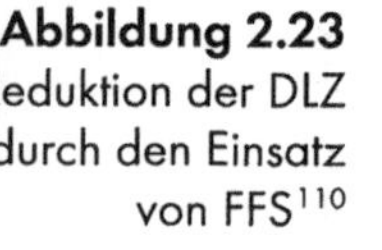

Abbildung 2.23
Reduktion der DLZ durch den Einsatz von FFS[110]

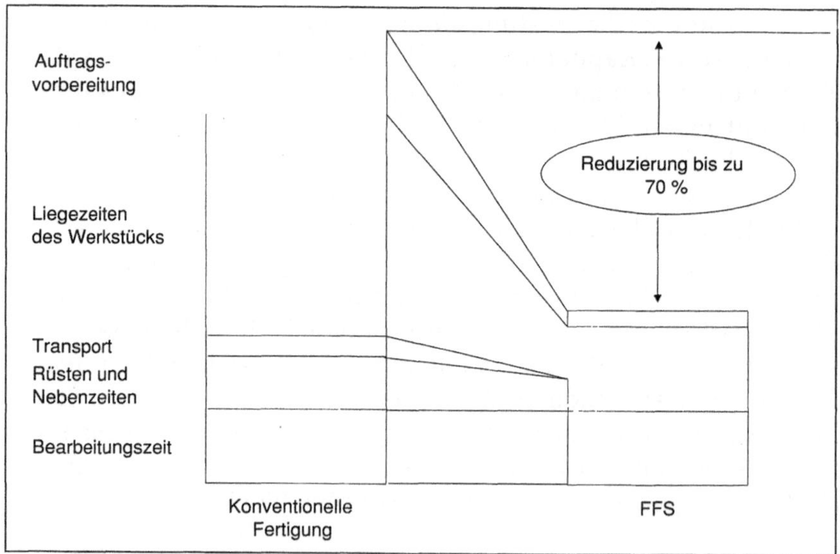

109 Vgl. WASSERMANN (Informationssysteme), S. 136 ff.
110 GÖHREN (Werkzeugmaschinen), S. 21.

Flexibel automatisierte Anlagen können Werkstücke komplett bearbeiten, wodurch die Zahl der notwendigen Arbeitsgänge reduziert wird. Dies führt zu geringerem Steuerungsaufwand und vermindert die Liegezeiten, was zu entsprechenden GK-Senkungen und zu Lieferzeitverkürzungen bis zu 50 % führt.[111]

Um die genannten Reduktionen aber zu erreichen, ist in aller Regel ein Bündel von Maßnahmen erforderlich, die erst in ihrer Gesamtwirkung greifen. Bei der DLZ-Verkürzung kann man sowohl im organisatorischen als auch im technologischen Bereich ansetzen:[112]

Organisatorisch:	Rüstzeitvorbereitung, Losgrößenreduktion, beleglose Steuerung, on-line-Rückmeldung, Transportsteuerung, Verfahren der Auftragsfreigabe, KANBAN-Steuerung, Verringerung der Variantenvielfalt, erzeugnisorientiertes Layout, Standardisierung von Teilen und Baugruppen, Modularisierung von Produkten.
Technologisch:	Flexibel automatisierte Fertigungssysteme, umrüstfreie Verfahren, flexible Verkettung der Anlagen, Verkürzung der Nebenzeiten, Handhabungsautomaten, EDV-gestützte Konstruktion.

Die Wirkungen von DLZ-Reduktionen sind vielfältig, in ihrer Summe aber von entscheidender wettbewerbsstrategischer Bedeutung:[113]

- Kürzere Prognosezeiträume und damit höhere Planungssicherheit.
- Stärkung der Marktposition durch höhere Logistikleistung.
- Senkung der Bestandskosten.
- Bei kürzeren Auftragsdurchlaufzeiten ist das Änderungsrisiko für den einzelnen Auftrag geringer. Technische Änderungen oder Änderungen in der Kundenwunschkonfiguration führen stets zu Störungen im Auftragsdurchlauf und zu erhöhten Gemeinkosten.
- Verminderter Steuerungs- und Überwachungsaufwand.
- Höhere Produktivität durch größeren Kapitalumschlag.

Die bisherigen Ausführungen zeigen eindeutig, daß der DLZ wie auch den Beständen aus wirtschaftlicher Sicht sehr hohe Bedeutung zukommt. Eine intensive Berücksichtigung dieser Faktoren durch das Rechnungswesen ist eine unabdingbare Grundvoraussetzung, wenn das Rechnungswesen seiner Führungsorientierung

---

111 Vgl. GÜHREN (Werkzeugmaschinen), S. 22.
112 Vgl. HELBERG (PPS), S. 56 und BÄCK (Logistik), S. 349.
113 Vgl. BÄCK (Logistik), S. 353.

gerecht werden soll. Im konzeptionellen Teil der Arbeit wird ein Modell einer Stückkalkulation vorgestellt, bei der die DLZ sogar eine mögliche Bezugsgröße darstellt und DLZ-Wirkungen sich in den Stückkosten niederschlagen (vgl. 5.1.2). Zum zweiten muß das operative Produktionscontrolling ein Bestände- und ein Durchlaufzeitcontrolling umfassen, um die in diesen Kostenfaktoren liegenden Potentiale auszuschöpfen (vgl. 6.3.2).

2.2.3.3 Qualität als Kostenfaktor

Die wettbewerbsstrategische Bedeutung der Qualität wurde mit derjenigen der Logistikleistung und der Wirtschaftlichkeit gleichgesetzt. Während diese Bedeutung sich ganz konkret in umfassenden Qualitätsstrategien, in der bewußten Förderung von Quality Circles und der Schaffung eines Qualitätsbewußtseins bei den Mitarbeitern niederschlägt, hat die höhere Gewichtung des Wettbewerbsfaktors Qualität im Rechnungswesen noch keine entsprechende Resonanz gefunden.

Nicht nur die gestiegenen Marktanforderungen bezüglich Produktqualität begründen die erhöhte Bedeutung der Qualität beim Einsatz neuer Technologien, sondern auch die flexibel automatisierten Fertigungsanlagen, die eine hohe und gleichbleibende Qualität der Ausgangsmaterialien erfordern. Bei einem schnell getakteten Stanzautomaten kann eine unterschiedliche Metallqualität rasch zu ungeplantem Maschinenstillstand oder zu Ausschuß führen.[114] JIT-Konzepte mit tagesgenauer Anlieferung können nur dann störungsfrei ablaufen, wenn die eingehenden Teile der Zulieferer eine hundertprozentige Qualität aufweisen, weil keine Zeit mehr für Nachlieferungen als Ersatz für fehlerhafte Teile zur Verfügung steht.[115] Die Forderung nach gleichbleibender, höherer Qualität führt entweder beim Lieferanten zu vermehrtem QS-Aufwand, was die Einstandspreise erhöht, oder der CAM-Anwender hat selber eine intensivere Wareneingangsprüfung zu betreiben. In jedem Fall entstehen ihm höhere Kosten der Qualitätssicherung in Form von Fehlerverhütungskosten.

Schließlich bringt es der hohe Anteil an Mikroelektronik in vielen Produkten mit sich, daß gewisse Prüffunktionen ohne Automatisierung technisch oder wirtschaftlich nicht mehr realisierbar sind. Für die Prüfung von chip-bestückten Leiterplatten im soge-

114 Vgl. GOLD (Maßstäbe), S. 95.
115 Vgl. PFOHL (Logistik), S. 145.

nannten Europa-Dreifach-Format sind etwa 5000–8000 Prüfeinstellungen erforderlich. Wenn die Leiterplatte zusätzliche Spei-
cherbausteine enthält, können es bis zu 20 000 Prüfeinstellungen
sein. Ohne Automatisierung sind diese Prüfungen undenkbar.
Gleichzeitig hat sich durch die Miniaturisierung die Komplexität
der auf einer Flachbaugruppe integrierten Funktionen stark erhöht, was die Fehlersuche und -behebung erschwert. Bei einer
manuellen Fehlerlokalisierung und -beseitigung ist mit einem
durchschnittlichen Aufwand von rund 8 Stunden zu rechnen, wogegen die entsprechenden Automaten die gleiche Arbeit in wenigen Minuten ausführen.[116]

Solche Prüfautomaten können bis zu 1 Mio. DM kosten, was
bereits deutlich macht, mit welchen Kapitalkosten die Sicherstellung eines hohen Qualitätsniveaus verbunden sein kann. Die industrielle Unternehmung bewegt sich demnach in einer Balance
zwischen Aufwendungen für QS zur Fehlerverhütung und Inkaufnahme von Fehlerfolgekosten in Form von Garantieansprüchen
oder Imageverlust.

Der Entscheid, welches das für die jeweilige Unternehmung
„optimale" Qualitätsniveau ist, kann nur dann gefällt werden, wenn
entsprechende Kosten- und Leistungsinformationen zur Verfügung stehen. Das CIM-orientierte Rechnungswesen hat daher aufzuzeigen, was die Erreichung eines bestimmten Qualitätsniveaus
kostet, welche Kostenwirkungen eine Veränderung von Qualitäts-
aktivitäten mit sich bringen und welcher Nutzen den Investitionskosten in neue QS-Anlagen oder in ein CAQ-Konzept gegenübersteht.

Das heutige Rechnungswesen ist dazu nur nach Sondererhebun-
gen in der Lage, indem es aus verschiedenen Kostenarten die
qualitätsrelevanten herausfiltert. „Zwischen dem grundsätzlichen
Informationsbedarf des Qualitätswesens und den derzeit aus der
Kostenrechnung erhältlichen Informationen klafft eine Lücke."[117]
Damit wird das Rechnungswesen der heutigen Bedeutung des
Faktors Qualität nicht mehr gerecht. Viele Kostenarten sind zwar
ohne weiteres noch als qualitätsrelevant erkennbar, wie z. B. der
Ausschuß oder die Kosten der Kostenstelle „Qualitätssicherung".
Wenn aber QS-Funktionen innerhalb einer Fertigungskostenstelle
im Sinne eines „In-line-Testing" wahrgenommen werden, so ist
deren nachträgliche Extraktion kaum mehr möglich. Gerade die
Rationalisierungswirkungen solcher Maßnahmen sind aber für den
Produktionsverantwortlichen bei seiner Entscheidungsfindung

---

116 Vgl. EIDENMÜLLER (Auswirkungen), S. 145.
117 PLATT (Kostenanalyse), S. 215.

von Interesse (vgl. Abb. 2.24). Wie bei der Logistik hat das Rechnungswesen daher ein permanentes Qualitätscontrolling durch Kostendaten und geeignete Kennzahlen zu unterstützen, wozu in 4.4. Ansätze beschrieben werden.

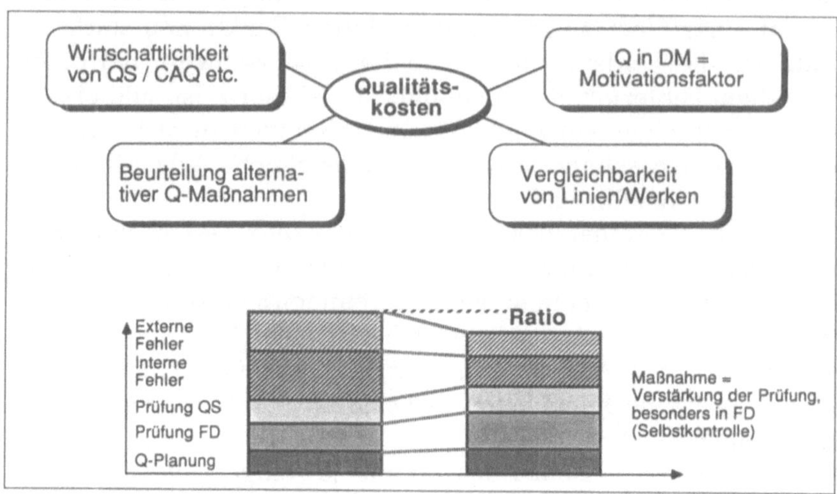

2.2.4 Entscheidungsflexibilität bei flexibler Produktion

Das heutige Rechnungswesen zeichnet sich aus durch eine relativ hohe inhaltlich-formale und zeitliche Inflexibilität. JOHNSON/KAPLAN sehen diesen Umstand als besondere Schwäche an und führen ihn vor allem auf die historische Entwicklung des innerbetrieblichen Rechnungswesens zurück.[118] Dasselbe habe sich ursprünglich aus dem externen Rechnungswesen herausgebildet, wobei es sich lange Zeit wirtschaftlich nicht gerechtfertigt habe, zwei völlig getrennte Systeme zu führen. Mithin orientierte sich das interne Rechnungswesen stark am externen und übernahm nicht nur dessen Periodizität, sondern in vielen Teilen auch dessen Grundsätze.

Es ist daher zu untersuchen, inwieweit die Anforderungen an ein führungsorientiertes Rechnungswesen in Anbetracht des technologischen Wandels noch erfüllt werden. Von besonderem Interesse sind in diesem Zusammenhang die Entscheidungsorientierung und die Flexibilität sowie Aktualität des Rechnungswesens.

---

118 Vgl. JOHNSON/KAPLAN (Relevance), S. 6–151, wo die Autoren anhand der Entwicklung des innerbetrieblichen Rechnungswesens vom 19. Jh. bis zur Neuzeit eine eigentliche Beweisführung darlegen, warum das interne Rechnungswesen heute seine Relevanz eingebüßt hat („Relevance Lost").

Die größeren Freiheitsgrade flexibler Systeme und die hohe Komplexität bei Integration verändern das Entscheidungsfeld des Produktionsmanagers. Diese Aussage ist genauer zu erklären:

Wie bereits aus dem Grundlagenkapitel hervorging,[119] übernimmt der Entscheidungsträger in einer CIM-Fabrik immer stärker die Funktion eines „Krisenmanagers", weil er durch Computer von den normalen und planmäßig ablaufenden Steuerungs- und Ausführungsaufgaben entlastet wird. In einer flexiblen Produktion sind daher die beim Systembetrieb auftretenden Fragestellungen im voraus nicht genau bekannt, und der dafür erforderliche Informationsbedarf kann nur bedingt vorherbestimmt werden. Diesen Zusammenhang betont Förster: „Wesentlich für die Werkstattsteuerung bei flexibler Automatisierung ist die bislang nur unzureichend berücksichtigte Tatsache, daß in einer komplexen Fertigung der Normalzustand nicht in dem planmäßigen Ablauf, sondern in dem durch stochastische Störungen von der Planung abweichenden Ablauf besteht."[120]

Zum zweiten erfordert der rasche technologische Fortschritt eine ständige Modernisierung des CIM-Systems und eine permanente Verbesserung seines Material- und Informationsflusses. Das Management sieht sich daher einem dynamischen und komplexen Realsystem gegenüber, das immer wieder anders geartete Problemstellungen aufwirft.[121] Diese Komplexität müssen die Führungssysteme in Zukunft bewältigen, denn bisher waren sie im wesentlichen auf eine Komplexitätsverminderung ausgerichtet.[122] Auch das herkömmliche Rechnungswesen betreibt eine gewisse Komplexitätsreduktion, indem es unterstellt, daß der Entscheidungsbedarf an Kosten- und Leistungsinformationen im voraus bekannt und stabil ist. Es geht von einem mindestens für ein Jahr festgesetzten Kostenartenkatalog, einer starren Kostenstelleneinteilung und Kostenspaltung aus und legt im voraus definierte Berichte und Auswertungen vor. Dazu gehört beispielsweise ein monatlich erstellter Soll-Ist-Vergleich in tabellarischer Form, der allen Abweichungen gleich hohe Bedeutung beimißt. Die Konzentration auf kritische Größen, wie sie für ein führungsorientiertes Rechnungswesen gefordert wurde, ist dem Informationsempfänger überlassen. „Den raschen und häufig überraschenden Veränderungen in den Ansprüchen an die Produktion können traditionelle Informationssysteme,

---

119 Vgl. den Vergleich von traditioneller und CIM-orientierter Produktion (Kap. 1.3.3).
120 FÖRSTER (PPS), S. 107.
121 Vgl. MAIER-ROTHE (Wettbewerbsvorteile), S. 157.
122 Vgl. dazu und zum folgenden SIEGWART (Anwendungsorientierung), S. 98.

die lediglich Standardberichte liefern, nicht gerecht werden. Gefragt sind hier Informationssysteme, die den gezielten und direkten Zugriff auf entscheidungsrelevante Daten erlauben."[123] Bei entscheidungsspezifischem Informationsbedarf muß der Produktionsmanager heute die relevanten Daten meistens aus Kostenberichten extrahieren oder eine Sonderauswertung verlangen, deren Ergebnisse nur mit hohem Aufwand und oft so spät und aggregiert geliefert werden, daß sie kaum mehr entscheidungsrelevant sein können.

Für die Forderung nach einer inhaltlichen Flexibilisierung des Rechnungswesens in Form eines situationsspezifischen Entscheidungsinstruments[124] sprechen noch zwei weitere Entwicklungen, die ein inhaltlich starres Reporting zunehmend in Frage stellen:

1. Durch Einsatz neuer Informationstechnologien werden die Organisationen immer dezentraler, weil eine Informationsverarbeitung vor Ort in Verbindung mit einer zentralen Koordination durch den Aufbau von Kommunikationsnetzen und Datenbanksystemen möglich wird. Dies wird positiv genutzt, indem flache, marktorientierte Organisationsstrukturen mit dezentralen Entscheidungsstrukturen aufgebaut werden.[125] Damit ist zwar eine hohe Marktnähe und ein flexibles Handeln des Unternehmens sichergestellt, aber nur dann, wenn die dazu installierten Führungssysteme selber eine entsprechende Flexibilität aufweisen und die Nutzung durch dezentrale Nicht-Spezialisten erlauben.

2. In den meisten Industriebetrieben ist heute ein Mix von traditioneller und CIM-orientierter Fertigung zu finden, weil es auch in absehbarer Zukunft noch nicht möglich sein wird, alle Produktionsbereiche in gleicher Weise zu automatisieren. Als Konsequenz daraus findet sich sogar in organisatorisch zusammengehörenden Bereichen ein Nebeneinander verschiedenster Automatisierungs-, Flexibilitäts- und Integrationsgrade. „Für die Organisation bedeutet dies, daß Informationssysteme sowohl für die automatische als auch für die manuelle Produktion parallel bestehen müssen."[126] Dies gilt in ganz besonderem Maße für das betriebliche Rechnungswesen, das nicht per se auf neue Technologien ausgerichtet werden kann.

Eine Hauptaufgabe des Rechnungswesens ist die Entscheidungsunterstützung bei der Produktionsplanung und Verfahrenswahl. Anhand dieser Fragestellungen kann verdeutlicht werden, wie vielfältig die Entscheidungsalternativen durch den technologischen Fortschritt heute sind. Allein für die Bearbeitungsaufgabe

123 ZAHN (Unternehmensstrategie), S. 20.
124 SEILER spricht von einem „situativen Rechnungswesen": vgl. SEILER (Wandel), S. 6–7.
125 Vgl. BÜHNER (Organisation), S. 10.
126 AWK (Produktionstechnik), S. 100.

„Entgraten von Werkstücken" stehen technisch gesehen rund zwei
Dutzend Verfahrensalternativen zur Verfügung.

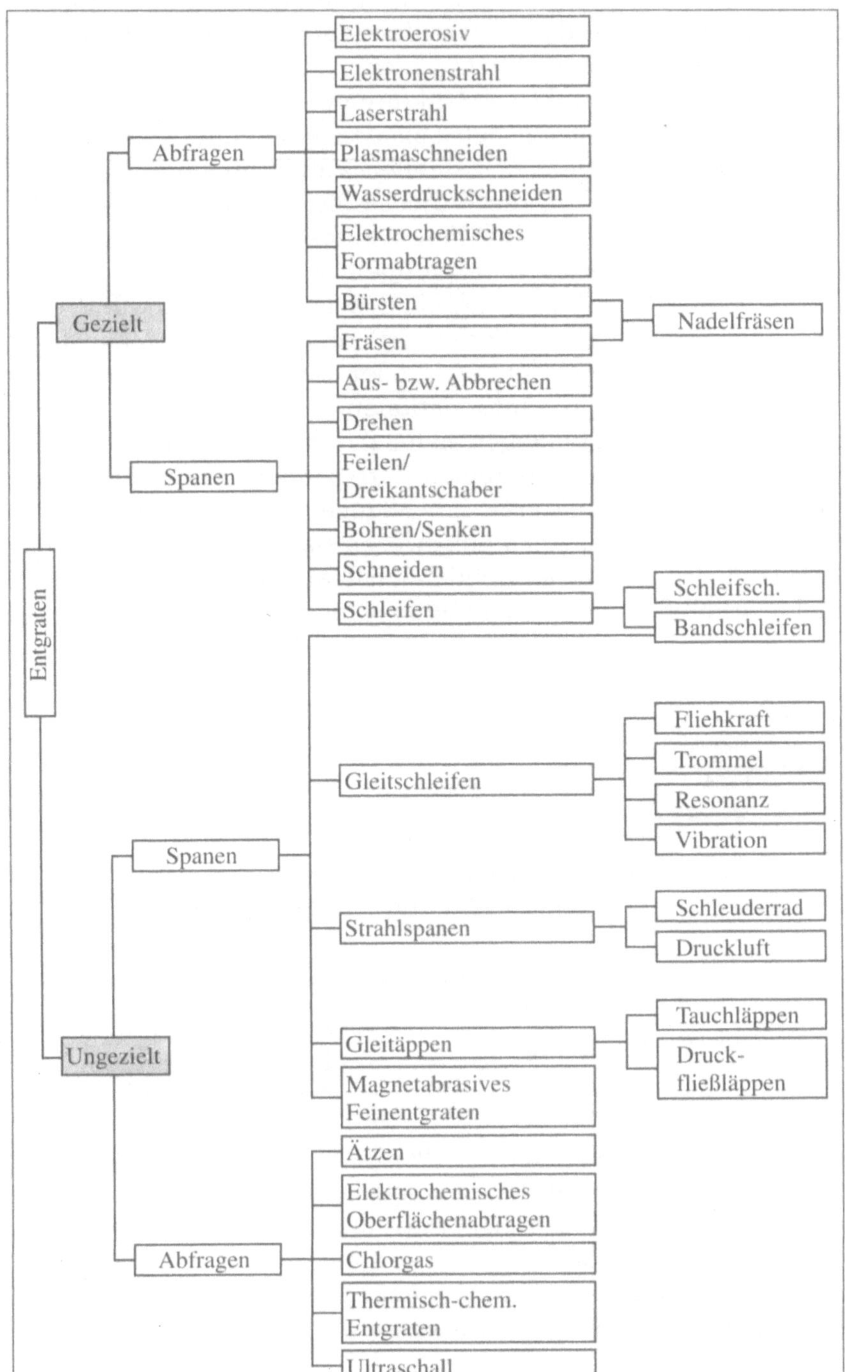

Abbildung 2.25
Verfahrensvielfalt
am Beispiel
Entgraten[127]

127 Aus: LÄNGLE (Industrieroboter), S. 39.

Die Verfahrenswahl bei der (strategischen) Investitionsentscheidung in eine Entgratungstechnologie oder bei der operativen Wahl mehrerer zur Verfügung stehender Entgratungsanlagen muß daher durch entsprechende Kosteninformationen und Wirtschaftlichkeitsrechnungen unterstützt werden.

In traditionellen Produktionsstrukturen wurde ein eindimensionales Rechnungssystem im betrieblichen Rechnungswesen den klareren und über längere Zeit stabilen Verhältnissen noch eher gerecht. Schließlich zwang die Wirtschaftlichkeit des Rechnungswesens selber dazu, ein wenig differenziertes und vereinfachendes System zu haben, das mit vernünftigem Erfassungsaufwand zu bedienen war. Diese Argumente sind heute aber überholt. Der informationstechnologische Fortschritt ermöglicht heutzutage die rasche und billige Verarbeitung großer Datenmengen und die flexible Bereitstellung von Informationen.

So wie eine Unternehmung in einem dynamischen Umfeld nicht nur Varietäts-Reduktion betreiben darf, sondern durch flexible, mehrdimensionale Strukturen ihre eigene Varietät zu erhöhen hat[128], so kann auch das Rechnungswesen als Führungssystem die Komplexität des von ihm abzubildenden Realsystems durch eigene Varietätserhöhung und Flexibilität bewältigen.

Abbildung 2.26
Wirkungskette der Flexibilitätsanforderungen

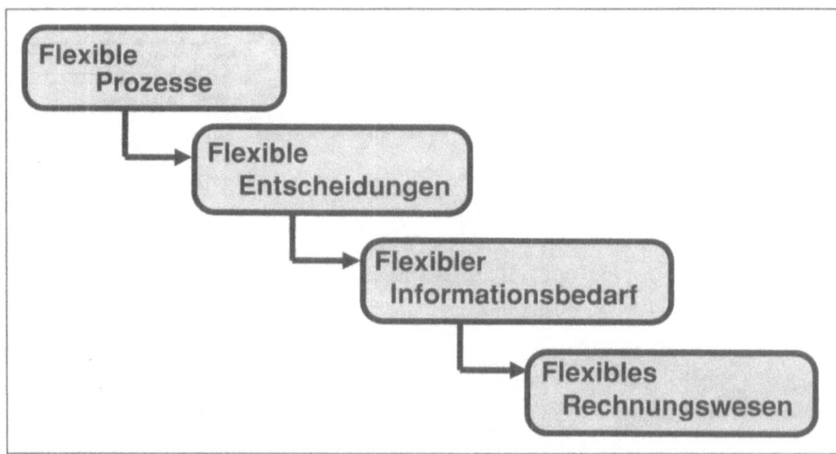

Eine Chance dazu bietet der Ansatz eines datenbankorientierten Rechnungswesens, das auf einer unverdichteten Grunddatenhaltung basiert und der Führungskraft eine individuelle, entscheidungsspezifische Informationsauswertung ermöglicht. Nur so kann das Rechnungswesen eine genügende Entscheidungsorientierung und relevante Informationen zur Entscheidungsunterstüt-

128 Vgl. SIEGWART (Anwendungsorientierung), S. 98.

zung liefern. „Auf diese Weise wird dem einzelnen Chef nicht nur ein individueller Gestaltungsraum, sondern auch die Möglichkeit geboten, bei konkreten Problemen rasch zu entscheiden und zu handeln."[129] Der Ansatz des datenbankorientierten Rechnungswesens auf der Basis einer logischen Grundrechnung und das Konzept eines integrierten Produktionscontrollings mit situationsspezifischen Kosten-Leistungs-Informationen werden Gegenstand des konzeptionellen Teils sein (vgl. 6.1.1 bzw. 6.3.2).

Periodizität des Rechnungswesens 2.2.4.2

Während soeben eine formale und inhaltliche Flexibilisierung des betrieblichen Rechnungswesens gefordert wurde, muß nun zusätzlich auch eine zeitliche Flexibilisierung verlangt werden. Das traditionelle Rechnungswesen zeichnet sich durch eine starre Periodisierung aus, in der Regel auf Monats-, Quartals- und Jahresbasis. Bisher waren kürzere Fristigkeiten als ein Monat infolge Unwirtschaftlichkeit der Erfassung und zu lang dauernder Auswertungen kaum möglich, eine tagesaktuelle Rechnung mußte schon rein aus DV-technischen Gründen Wunschtraum bleiben.

Durch den Einsatz neuer Technologien ist nun aber festzustellen, daß eine Polarisierung in der Fristigkeit produktionswirtschaftlicher Entscheidungen auftritt: Einerseits erhalten viele Entscheidungen im Produktionsbereich strategischen Charakter, andererseits erfordern die kurzen Reaktionszeiten einer flexibel automatisierten Produktion rasch verfügbare Informationen für kurzfristige, operative Entscheide.

Zu den Entscheidungen mit eher strategischem Charakter zählen beispielsweise Make-or-buy-Entscheide oder die Festlegung von Qualitätsstrategien. Die zunehmende Produktevielfalt und die verkürzten Lebenszyklen bringen es mit sich, daß sich verstärkt auch Fragen der Stillegung ganzer Produktlinien oder der Aufgabe eines Betriebsteiles stellen. Dazu gehören auch Entscheidungen über die Aufnahme oder Elimination von Produkten und Produktgruppen, die in ihrer wettbewerbsstrategischen Bedeutung weit über eine reine Make-or-buy-Entscheidung hinausgehen.[130] Schließlich beinhalten alle Produktionssystemplanungs- und -gestaltungsprozesse Entscheidungen mit produktionsstrategischem Charakter, da sie, wie bereits nachgewiesen wurde, die Kosten langfristig determinieren. Auch das bereits erläuterte Problem des ständig wachsenden Anteils an Vorleistungskosten erfordert eine

---

129 SIEGWART (Entwicklungstendenzen), S. 319.
130 Vgl. SEILER (Wandel), S. 6-2.

103

längerfristige Optik im Rechnungswesen. Alle diese Entscheidungen setzen aber voraus, daß das Rechnungswesen in der Lage ist, Transparenz in die Zusammenhänge des betrieblichen Geschehens zu bringen und die Wirkungen einzelner Alternativen aufzuzeigen. Eine rein kurzfristige und enge Betrachtung wird dem längerfristigen und breit angelegten Nutzen von CIM nicht gerecht.[131] Dazu gilt es, neue Kostenrechnungssysteme zu entwickeln, die periodenübergreifenden oder lebenszyklusorientierten Charakter haben.

Die erhöhte Innovationsrate bei Produkten und Prozessen, die hohe Nachfragedifferenzierung auf den Märkten und die Verkürzung von Informationswegen durch Einsatz neuer Informationstechnologien bringen auf der anderen Seite aber auch eine drastische Verkürzung der Reaktions- und Entscheidungszeiten im Produktionsmanagement. Erschwerend wirkt dabei der erhöhte Komplexitätsgrad der Fertigungssysteme.[132] Solche kurzfristigen Entscheidungen sind etwa:[133]

- Annahme eines Zusatzauftrages
- Auftragsspezifische Preisbestimmung
- Kostenoptimale Ablaufplanungen
- Auswärtsvergabe von Fertigungsaufträgen
- Kapazitätsanpassung oder Lagerproduktion bei Auftragsrückgang
- Störungsbeseitigungsstrategien.

Es ist ein Grundsatz des führungsorientierten Rechnungswesens, daß möglichst aktuelle Informationen in sehr kurzer Zeit zur Verfügung gestellt werden. Nur so kann das Management bei seiner Zielorientierung frühzeitig drohende Abweichungen und ihre Ursachen erkennen und korrigierende Maßnahmen einleiten[134] Zusätzlich erfordern ein schnelles Agieren auf dem Markt und rasches Entscheiden zur Auftragssicherung eine hohe Verfügbarkeit aktueller Produkt- und Produktionsinformationen. ADLER sagt es deutlich: „Eine schnelle Entscheidung ist besser als die allseitig abgesicherte Entscheidung."[135] JIT-Konzepte erhöhen die Dynamik und die Kurzfristigkeit produktionswirtschaftlicher Vorgänge zusätzlich. Diese Entwicklung ist besonders gut am Beispiel der Automobilindustrie aufzuzeigen, die bezüglich Lieferantenanbindung mit „ship-to-line"-Strategien eine Vorreiterrolle einnimmt. Vom Zulieferer wird heute eine hochflexible Fertigung mit sehr

---

131 Vgl. MAIER-ROTHE (Wettbewerbsvorteile), S. 145.
132 Vgl. SCHEER (CIM/Industriebetrieb), S. 147 ff.
133 Vgl. SEILER (Wandel), S. 6-2 f.
134 Vgl. KLOOCK/SIEBEN/SCHILDBACH (Kostenrechnung), S. 14; CZEGHUN/FRANZEN (Integration), S. 179.
135 ADLER (Erfolgsfaktor), S. 19.

hoher Lieferbereitschaft gefordert, die bis zu stunden- oder sequenzgenauer Anlieferung direkt an die Fertigungslinie des Automobilherstellers geht. Basis für solche Konzepte bilden on-line-Informationssysteme zwischen Abnehmer und Lieferant.[136] Der Zulieferer muß bei solchen Systemen sehr oft auf äußerst kurzfristige Lieferabrufe reagieren und erhält längere Zeit zum voraus lediglich Rahmendaten über die potentiellen Abnahmemengen. Ein Controlling, das sich bestenfalls auf Monatsauswertungen beschränkt, wird diesem hohen Planungs- und Steuerungsrhythmus nicht mehr gerecht.

Das Rechnungswesen könnte seine Aktualität erheblich verbessern, wenn es die in technischen Informationssystemen, beispielsweise in BDE-Systemen, on-line zur Verfügung stehenden Daten nutzen würde. Von technischer Seite wird daher immer stärker eine prozeßbegleitende, on-line aufgebaute Kostenrechnung gefordert. Solche Konzepte sind aber nur dann realisierbar, wenn das Rechnungswesen selber in die umfassende Integration eines CIM-Konzepts eingebunden wird. Die Auswirkungen derartiger Integrationstendenzen sind im folgenden Kapitel als dritter Hauptwirkungsfaktor zu untersuchen.

Wirkungen der Integration 2.3

Die Ausführungen über den gegenwärtigen Stand und die zu erwartenden Zukunftsentwicklungen von CIM-Konzepten (vgl. 1.3.1.3) haben bereits angedeutet, daß die Integration nicht einfach eine Zusammenführung von Teilsystemen ist, sondern viel eher eine völlig neue Denkhaltung verkörpert. CIM verändert die Produktion in einer Dimension, die nicht ohne Wirkung auf die produktionsorientierten Führungssysteme bleiben kann. In diesem Abschnitt steht die Frage im Mittelpunkt, inwieweit sich aus der Integration Veränderungen im Produktionsumfeld ergeben, die für das betriebliche Rechnungswesen relevant sind. Man wird feststellen, daß die Integration vor allem zu einer Veränderung der Produktionsstrukturen führt, aber auch zu einer Veränderung der gesamten Informationslandschaft und des Informationsbedarfs im Produktionsmanagement. Schließlich bietet dieses dritte Charakteristikum der neuen Technologien eine völlig neue Komponente von Problemen, indem sich das Rechnungswesen nicht mehr nur in seinem Aufbau und seiner Funktion den veränderten Gegebenheiten anzupassen hat, sondern indem es selber zum Objekt potentieller Integration in ein umfassendes CIM-Konzept wird.

2.3.1 Erhöhte Komplexität als kostentreibender Faktor

2.3.1.1 Komplexität von CIM-Strukturen

Ein CIM-orientiertes Produktionssystem zeichnet sich durch ein stark erhöhtes Maß an Komplexität aus, insbesondere dann, wenn ein relativ hoher Integrationsgrad vorliegt. Die Komplexität eines Systems wird ausgedrückt durch die Zahl der möglichen verschiedenen Systemzustände (Varietät), die im wesentlichen durch folgende Faktoren bestimmt werden:[137]
– Gesamtzahl der Elemente eines Systems
– Grad der Unterschiedlichkeit zwischen den Elementen
– Zahl und Intensität der Beziehungen zwischen den einzelnen Elementen eines Systems
– Zahl und Intensität der Beziehungen zwischen dem System und seiner Umwelt sowie mit anderen Systemen.

Flexibel automatisierte Fertigungsanlagen weisen aufgrund ihrer flexiblen Nutzung eine starke Systemvarietät auf und führen bei hohem Integrationsgrad zu umfangreichen wechselseitigen Beziehungen zwischen einer Vielzahl von Systemen in Form von Informations- und Materialaustausch. Damit sind CIM-Strukturen Systeme von sehr hoher Komplexität, wobei gleichzeitig auch die Produkte und die Produktionsverfahren selber immer komplexer werden. Der weiter oben beschriebene Anstieg der Variantenvielfalt und die Erhöhung der Innovationsraten bilden zusätzliche komplexitätsfördernde Faktoren. Eng mit dem Problem der Komplexität verbunden ist auch das Thema der Typen- und Teilevielfalt, die in einem geschlossenen Produktionssystem zum Einsatz gelangt: „Die Komplexität eines flexiblen Fertigungssystems steigt überproportional mit der Anzahl der unterschiedlichen Teile, die in dem System gefertigt werden sollen."[138] In gleichem Maße erhöhen sich natürlich auch die damit verursachten Gemeinkosten (Lager, Handling, PPS, Logistik etc.).

Weitere komplexitätsfördernde Aspekte sind:
– Abnehmende Vorhersagbarkeit von Ereignissen mit steigender Prognoseunsicherheit
– Stärkeres Gewicht auf Reaktionsbereitschaft und Flexibilität
– Steigende Anzahl von Alternativen, Kosten- u. Leistungszielen, Produkt- und Marktzielen
– Laufend sich ändernde und aggressivere Wettbewerbssituation.

---

137 Vgl. KRIEG (Grundlagen), S. 55 ff. und KIRSCH/MAYER (Handhabung), S. 142, sowie ULRICH (Unternehmungspolitik), S. 187.

138 MAIER-ROTHE (Wettbewerbsvorteile), S. 140.

Es ist zu unterscheiden zwischen der Produktkomplexität und der Produktionskomplexität. Erstere bestimmt im wesentlichen die Komplexität der Fertigungsaufgabe, während sich letztere aus dem Aufbau und dem Integrationsgrad des Produktionssystems ergibt.

Komplexität der Fertigungsaufgabe	Komplexität der Fertigungsanlage
– Umfang Teilespektrum – Werkstoffspektrum – Bearbeitungsumfang – Losgrößen und Stückzahlen im Planungszeitraum – Größe und Geometrie der Werkstücke – Zerspanungsvolumen – Qualitätsmaßstäbe	– Art und Größe der Werkzeugmaschinen – Art und Umfang der Maschinensteuerungseinrichtungen – Anzahl der Werkzeugmaschinen – Spindelanzahl je Werkzeugmaschine – Art und Anzahl der eingesetzten Werkzeuge

Als Folge der hohen Komplexität von CIM-Systemen stellen sich aus Sicht des betrieblichen Rechnungswesens mehrere Probleme:

1. Die Komplexität ist in bezug auf die Gemeinkosten ein wichtiger Kostentreiber (vgl. 2.3.1.2).
2. Je höher die Komplexität des Realsystems, um so höhere Ansprüche müssen an die Leistungsfähigkeit und die Gestaltung der zur Lenkung eingesetzten Führungssysteme gestellt werden. Daraus resultieren auch höhere Anforderungen an das Rechnungswesen (vgl. 2.3.2).
3. Die Anstrengungen in der Praxis, die Komplexität zu bewältigen, sind nur dann erfolgreich, wenn sie auf aussagefähigen Informationen und Entscheidungsgrundlagen des Rechnungswesens basieren.

Eine Komplexitätsbewältigung ist grundsätzlich mit zwei Strategien erreichbar (Abb. 2.28): Die Kostenwirkungen der Komplexität können durch Management in Form einer ständigen Verbesserung der Abläufe, der Systemgestaltung und der Organisation, oder durch Automatisierung gemindert werden. Die Komplexität kann aber auch reduziert werden durch eine Verminderung der Produktkomplexität, d. h. Reduktion der Fertigungstiefe, durch Abbau der Typen- und Teilevielfalt oder durch Standardisierung.

---

139 Vgl. MERTINS (Steuerung), S. 21.

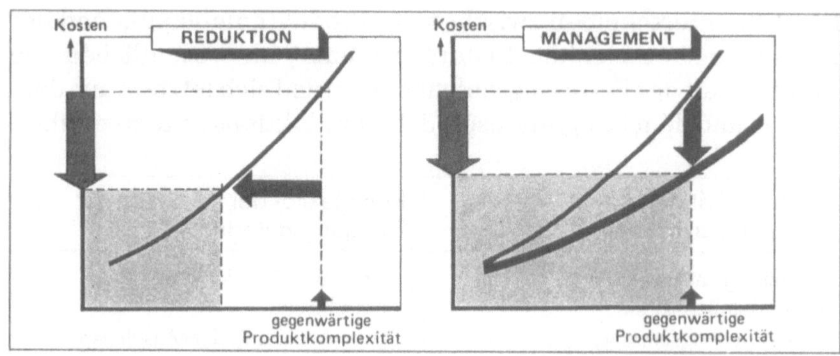

Abbildung 2.28 Maßnahmen zur Komplexitätsbewältigung[140]

Zur Zeit wird in der Praxis vor allem versucht, die Produktion zu segmentieren und/oder in kleine, autonome Einheiten zu zerlegen.[141] Bezogen auf die Fertigung bedeutet letzteres die Schaffung von produktorientierten, alle wesentlichen Funktionen umfassenden und entscheidungsmäßig weitgehend autonomen Produktionszentren. Die Segmentierung erlaubt, die Art der Produktionsanlagen auf die im jeweiligen Segment herrschenden spezifischen Markt-Erfordernisse auszurichten. Die zweite gegenwärtig zu beobachtende Tendenz geht in die Richtung einer Reduktion der Fertigungstiefe durch Zukauf statt Eigenfertigung. Voraussetzung für die erfolgreiche Durchführung solcher Maßnahmen ist eine differenzierte Komplexitätsanalyse und ein Gemeinkostenmanagement mit dem Ziel einer wirtschaftlichkeitsorientierten Komplexitätsbeeinflussung. Dazu bedarf es eines darauf ausgerichteten Rechnungswesens, das die geeigneten Informationen zur Verfügung stellt.

2.3.1.2 Komplexität als Ursache von Gemeinkosten

Die Zunahme der Komplexität in einer rechnerintegrierten Produktion wird unternehmungsendogen durch Aspekte der Automatisierung, der Flexiblität und der Integration bestimmt. Die höhere Dynamik der Märkte und die gestiegenen Anforderungen im Wettbewerb stellen zusätzliche exogene Bestimmungsfaktoren dar.

Zwischen der Komplexität eines Produktionssystems und den mit diesem System zusammenhängenden Gemeinkosten besteht in aller Regel eine hohe Korrelation. Beratererfahrungen zufolge steigen die Stückkosten mit Erhöhung der Komplexität, und zwar

140 Aus: FISCHER (Komplexität), S. 5.
141 Vgl. zum Konzept der kleinen Einheiten: TRESS (Einheiten, S. 1 ff.) und zur Fertigungssegmentierung: WILDEMANN (Fabrik); NEUKIRCHEN (Automatisierung), S. 180 f.

in den meisten Fällen progressiv.[142] Dies ist wie folgt zu begründen:
Gemeinkosten sind im wesentlichen Kosten für Tätigkeiten der
Planung, Steuerung, Überwachung, Störungsbehebung sowie für
die administrative Abwicklung. In einfachen, wenig komplexen
Produktionsstrukturen ist die Planung und Steuerung relativ unproblematisch, und Störungen treten infolge guter Überschaubar-
keit und Planbarkeit des Systems wesentlich seltener auf. Mit
höherer Dynamik und Komplexität des Systems nimmt die Lenk-
barkeit aber ab. DYLLICK nennt vor allem die Probleme eines großen
Koordinations- und Kontrollaufwandes, vieler unerwarteter Hand-
lungsfolgen, einer hohen Verletzlichkeit des Systems und einer
abnehmenden Produktivität.[143]

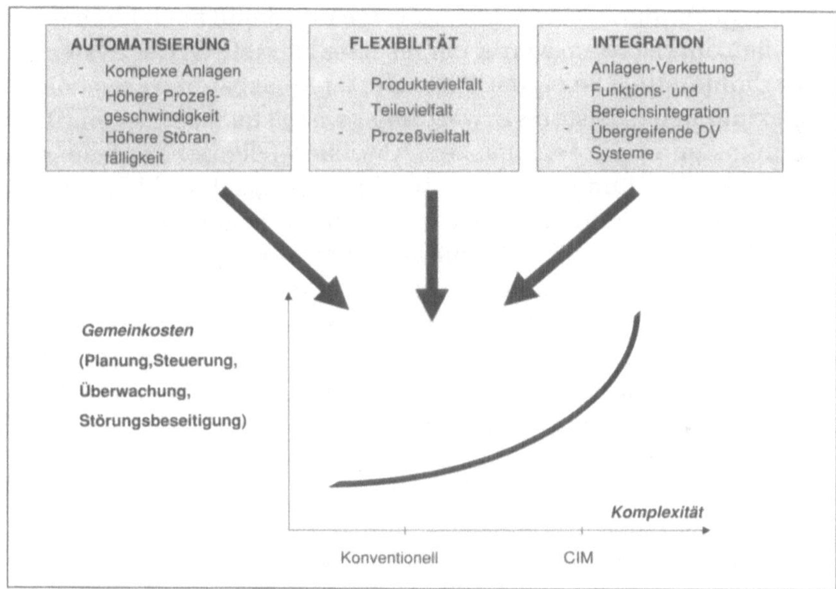

Bei der Einführung flexibler Fertigungssysteme wird meist eine
starke Reduktion der mittleren Losgröße angestrebt, bis hin zur
Losgröße 1. Dies ist möglich geworden, weil bei hochflexibler
Fertigung die Fertigungskosten praktisch nicht mehr von der Losgröße abhängig sind und damit eine enorme Flexibilität am Markt
erreicht werden kann. Die einseitige Orientierung an reinen Fertigungskosten bei der Diskussion um „Losgröße 1" hat aber verdeckt,
daß die Losgrößenpolitik einen nicht zu unterschätzenden Einfluß
auf die Höhe der Gemeinkosten hat. Während es für ein FFS von
untergeordneter Bedeutung ist, ob für einen Auftrag 10 oder
100 Stück der gleichen Produktvariante gefertigt werden, spielt

---

142 Vgl. FISCHER (Komplexität), S. 4.
143 Vgl. DYLLIK (Instabilität), S. 155 ff.

dies für den Auftragsabwicklungsaufwand in Form von Planung,
Steuerung und administrativer Bearbeitung, aber auch für Handling und Qualitätssicherung eine ganz entscheidende Rolle. Das
Kostenproblem der kleinen Lose wurde somit vom Bereich der
Fertigungsdurchführung auf die der Fertigung vor- und nachgeschalteten Bereiche verlagert.

In der Galvanik eines schweizerischen Elektronikherstellers
wurde ein hochflexibles und computergesteuertes System eingeführt, von dem man entsprechende Rationalisierungseffekte erwartete. In der Betriebsphase des Systems stellte man fest, daß die
Gesamtkostenreduktion in keiner Weise erreicht wurde und die
Galvanikaufträge insgesamt nicht billiger ausgeführt werden konnten. Eine Studie zu dieser Problematik ergab, daß sich der Anteil
kleiner und kundenspezifischer Aufträge und damit auch kleinerer
Losgrößen durch die am Markt umgesetzte Flexibilität des Systems
stark erhöht hatte. Die eigentlichen Fertigungskosten waren dank
der Flexibilität des Systems erwartungsgemäß kaum gestiegen. Die
Gemeinkosten in der technischen Abteilung (Kundenanpassung),
in Arbeitsvorbereitung und PPS sowie im Auftragsabwicklungszentrum fielen aber deutlich höher aus, weil als Folge der größeren
Anzahl Aufträge die Kosten für die administrative Auftragsbearbeitung, für die technischen Anpassungen und für die Produktionssteuerung zugenommen hatten. Dieses Problem konnte durch die
Einführung eines prozeßorientierten Kostenrechnungssystems
(vgl. 5.2), das sich an den Abläufen und Tätigkeiten im Overheadbereich orientierte, weitgehend gemeistert werden.

Die Überlegungen zum Zusammenhang zwischen Komplexität
und Gemeinkosten lassen zwei Schlüsse zu:

1. Die Komplexität der industriellen Produktion muß soweit wie
   möglich reduziert werden. Zur Komplexitätsreduktion stehen
   immer verschiedene Handlungsalternativen zur Verfügung.
   Make or Buy, Teilestandardisierung und produktorientierte Linien sind nur einige Stichworte, die mögliche Strategien aufzeigen. Welche Maßnahmen konkret greifen und welche Vorteile
   sie erbringen, muß das Rechnungswesen durch entscheidungsadäquate Informationsbereitstellung aufzeigen. Dazu bedarf es
   eines ausgebauten Gemeinkostenmanagements, das auf Komplexitätslenkung ausgerichtet ist.

2. Trotz solcher Maßnahmen wird die industrielle Unternehmung
   durch die in Kapitel 1 beschriebenen Veränderungen in ihrem
   Umfeld und in ihrer Produktionsstruktur immer mit einer relativ
   hohen und tendenziell höheren Komplexität konfrontiert bleiben. Zur Bewältigung der Komplexität des sozio-technischen
   Systems Produktion bedarf es eines gut funktionierenden Controllings, das sich an den kybernetischen Grundsätzen orientiert.

Das Rechnungswesen hat dabei aktuelle und situationsgerechte Entscheidungsgrundlagen zu liefern, woraus sich entsprechend höhere Anforderungen an die zeitliche und inhaltliche Flexibilität des Rechnungswesens ergeben.

Forderung nach Systemdenken im Rechnungswesen 2.3.2

Funktionsübergreifende Verantwortungsbereiche 2.3.2.1

Aus den Einführungen zum Thema CIM (Kapitel 1.3) ging hervor, daß eine computerintegrierte Produktion nach dem Fließprinzip gestaltet ist und eine Verkettung mit jeweils übergeordneter Steuerung (Leitstände etc.) aufweist. Als Folge solcher Produktionsstrukturen muß auch eine entsprechende Organisationsstruktur mit übergreifenden Verantwortungsbereichen gebildet werden, denn jede quer zum Materialfluß verlaufende Organisationsgrenze behindert das Fließen und ist damit nicht CIM- und logistikgerecht.

Mit der Einführung neuer Technologien geht sehr oft eine Reintegration von Aufgaben einher, indem Fertigungshilfsfunktionen in die eigentlichen Fertigungsprozesse eingebaut werden. Dies gilt im speziellen für die folgenden Funktionen:[144]
– Qualitätssicherung (Selbstkontrolle, In-Line-Testing)
– Fertigungsplanung und -steuerung
– Fertigungsüberwachung und -fortschrittskontrolle
– Instandhaltung von Anlagen und Betriebsmitteln
– Innerbetriebliches Lager- und Transportwesen.
Zwischen traditioneller organisatorischer Aufgabenteilung und prozeßorientierter Verantwortlichkeit in CIM-Strukturen besteht mehr und mehr eine Divergenz. Am Beispiel der Konstruktion und der Arbeitsvorbereitung, die immer stärker zusammenwachsen, wird dies besonders deutlich. Es gibt heute schon zahlreiche Beispiele von Unternehmen, bei denen die Konstruktionsabteilung und die NC-Programmierabteilung integriert sind. Gleiche Entwicklungstendenzen zeichnen sich bei verstärkter Integration von Montage und Fertigung oder bei der Integration von QS-Funktionen in die Fertigung ab. Die informationstechnologische Verknüpfung von Konstruktion und Arbeitsvorbereitung (AV) über CAD/CAP-Kopplungen läßt die Trennung zwischen Aufgaben des Konstrukteurs und des Arbeitsvorbereitungs-Mitarbeiters in gewissen Bereichen verschmelzen. Diese Wirkung veranschaulicht Abb. 2.30 zum Thema NC-Programmierung, wo in einem integrier-

---

144 Vgl. DYLLICK (Instabilität) S. 32 f.

ten System sowohl Konstrukteur als auch AV-Mitarbeiter die Funktion NC-Programmierung über gemeinsame Systeme und ohne direkte persönliche Kommunikation vornehmen können.

Aufgaben- erfüllung Techn. Alternativen	Aufgabenverlagerung von AV zu Konstruktion	Zugriff auf/Nutzung von CAD-Systemen durch AV-Mitarbeiter
Geometrie-Über- gabe CAD-System → NC-System	Konstrukteur separiert NC-relevante Geometrie auf CAD-System aus Gesamtdaten	NC-Programmierer separiert NC-relevante Geometrie im Zugriff auf CAD-Datenbasis aus Gesamtdaten
Quellenprogramm oder CL-DATA Über- gabe CAD-System → NC-System	Konstrukteur erzeugt auf CAD-System Werkzeug- weg- und Technologieda- ten für die NC-Programme	NC-Programmierer er- zeugt auf CAD-System Werkzeugweg- und Technologiedaten für die NC-Programme
Völlige Integration der NC-Program- mierung in das CAD-System	Konstrukteur übernimmt gesamte NC-Programmie- rung auf CAD	NC-Programmierer er- zeugt auf CAD-System die NC-Programme

Daraus ergeben sich für das Rechnungswesen folgende Konsequenzen:

Die Kosten für die NC-Programmierung werden im traditionellen Rechnungswesen je nach Aufgabenzuteilung der Arbeitsvorbereitung (AV) oder der Kostenstelle Konstruktion zugeschlagen. Eine organisatorische Änderung dieser Funktionszuweisung erfordert sofort eine Anpassung in der Kostenstellenzurechnung. Die Stundensätze in Konstruktion und AV sind aber sicher sehr unterschiedlich, so daß sich folgendes Paradoxon ergibt: Die gleiche NC-Programmierung für dasselbe Produkt wird in der Kostenrechnung unterschiedlich teuer verrechnet, je nachdem ob sie von der Konstruktion oder von AV vorgenommen wird. Ein und dieselbe Funktion hat somit unterschiedliche Kostenansätze, was eine reine Folge der kostenrechnerischen Behandlung ist. Dabei spielt weniger die Tatsache eine Rolle, daß Konstrukteur und AV-Mitarbeiter unterschiedliche Personalkosten verursachen, sondern viel größer ist die Auswirkung der im jeweiligen Stundensatz enthaltenen Gemeinkostenzuschläge. Dem Grundsatz einer verursachungsge-

145 Vgl. GRABOWSKY/WATTERROTT (CIM), S. 120.

rechten Kostenzurechnung kann das traditionelle System nicht
mehr gerecht werden. Auch hier führt der Ausweg aus diesem
Dilemma nur noch über ein Rechnungswesen, das sich nicht an
aufbauorganisatorischen Grenzen orientiert, sondern durch Prozeßorientierung eine bereichsübergreifende Betrachtung ermöglicht. Im oben angeführten Beispiel interessiert aus Sicht eines
kostenorientierten Produktionsmanagements nicht die Frage, welche Kostenstelle NC-Programmierung ausführt, sondern im Mittelpunkt steht die Aktivität „NC-Programmierung" als betriebs-
bedingte Aufgabe, die kostenrechnerisch zu bewerten ist. Der auf
diesem Prinzip basierende Ansatz einer prozeßorientierten
Kostenrechnung ist auch bezüglich dieser Problematik vielversprechend.

Wirtschaftlichkeit des Gesamtsystems 2.3.2.2

Die Systemintegration verlangt eine „... Abkehr von der bisher
üblichen aufgabenbezogenen, vor allem an technischen Gegebenheiten orientierten Planung hin zu einer mehr systembezogenen,
ganzheitlichen Planung."[146] Es ist nur dann möglich, die vollen
Kostensenkungspotentiale neuer Technologien auszuschöpfen,
wenn bei Investitionen eine ganzheitliche Strukturplanung und
später ein eigentliches Systemmanagement vollzogen wird. Die
Forderung nach Systemorientierung betrifft in hohem Maße auch
das operative Controlling und verlangt eine Neuausrichtung des
Wirtschaftlichkeitsverständnisses. Der traditionelle Wirtschaftlichkeitsbegriff basiert auf einer Beurteilung der Wirtschaftlichkeit
von Einzelsystemen. Dies zeigt sich besonders bei den klassischen
Wirtschaftlichkeitsrechnungen wie beispielsweise bei der sogenannten Marginalrenditenrechnung, die auf die Beurteilung einzelner Anlagen oder Maschinen ausgerichtet ist.
Auch bei den Überlegungen zur Wirtschaftlichkeitskontrolle in
der Kostenrechnung hat sich gezeigt, daß ein erweitertes Verständnis von Wirtschaftlichkeit erforderlich ist. Die Wirtschaftlichkeit
des Gesamtsystems ist nicht gleich der Summe der Einzelwirt-
schaftlichkeiten der Teilsysteme, weil eben erst deren Zusammenwirken die entscheidenden Effekte auslöst. Eine Werkzeugmaschine kann für sich allein betrachtet die geforderte Wirtschaftlichkeit vielleicht nicht erbringen, als Teil des Gesamtsystems kann sie
aber zur Beseitigung eines Engpasses in der Pipeline beitragen und
damit den Materialfluß und die Gesamtwirtschaftlichkeit erheblich

verbessern. In einer flexiblen Fertigungslinie kann ein einzelner Arbeitsplatz aufgrund eines speziellen Produktemix kurzfristig nicht ausgelastet sein, was bei traditioneller, isolierter Wirtschaftlichkeitsbetrachtung als Unwirtschaftlichkeit bezeichnet worden wäre. Bei systemorientierter Sicht konzentriert sich die Kontrolle der Wirtschaftlichkeit auf die Auslastung des Gesamtsystems sowie auf Bestände und auf Gemeinkosten in administrativen und planenden Produktionsbereichen. Letztere sind die ursächlich kostentreibenden Faktoren, weil ja im eigentlichen Fertigungsbereich – wie bereits weiter oben eingehend erläutert – nur noch ein geringer Kostenanteil beeinflußt werden kann.

Die Systemorientierung einer rechnerintegrierten Produktion verlangt aber nicht nur eine ganzheitliche Sicht der Wirtschaftlichkeit, sondern eine deutlich weitergehende Betrachtung: Nicht nur Wirtschaftlichkeitsaspekte sind im Controlling zu berücksichtigen, sondern mehrere Zielsetzungen gleichzeitig (vgl. 2.2.3): „Das Management muß einen Orientierungswandel vollziehen, nämlich weg von einem Denken in ‚economies of scale‘, hin zu einem Denken in ‚economies of scope‘, von einem reinen Kostendenken hin zu einem Denken auch in Kategorien wie Flexibilität, Qualität, Lieferbereitschaft und Service, das stärker nutzenorientiert ist."[147]

Aus der Integration ergibt sich ein weiterer Aspekt, der für die Gestaltung des Rechnungswesens von höchster Relevanz ist: In einem verketteten System treten Probleme an einem bestimmten Ort innerhalb der Kette auf, deren Ursachen oft in einem ganz andern Teilsystem, beziehungsweise in einem anderen organisatorischen Bereich zu finden sind. Fehlbedienungen, Maschinenausfälle oder fehlerhafte Werkstückbearbeitung in einem Teilbereich der Anlage können zu einer schweren Beeinträchtigung des Gesamtsystems führen. In einem hochintegrierten CIM-System dürften dabei nicht einmal mehr lineare Ursache-Wirkungs-Ketten vorliegen, sondern viel eher eigentliche Wirkungsnetze, d. h. ein Effekt ist stets auf mehrere verursachende Faktoren zurückzuführen.

Ebenso wie eine Störung an einer Bearbeitungsstation durch Qualitätsmängel der eingehenden Werkstücke hervorgerufen werden kann, weil eine frühere Bearbeitungsstation fehlerhaft gearbeitet hat, kann eine Kostenabweichung im Bereich K die Folge von Fehlleistungen im Bereich C sein.

Der Zusammenhang läßt sich an folgendem Beispiel erläutern: Bei numerischen Werkzeugmaschinen verursachen fehlerhafte NC-Programme Ausschuß und Nachbearbeitungsaufwand oder führen sogar zu Maschinenstillständen und Werkzeugbruch.[148] Die

---

147 ZAHN (Unternehmensstrategie), S. 16.
148 SPUR (Mensch), S. 5.

Kosten solcher Folgeschäden treten nicht in den verursachenden
Kostenstellen „NC-Programmierung" bzw. „Arbeitsvorbereitung/
-planung" auf, sondern in der Fertigungskostenstelle, und zwar in
Form von Ausfallzeiten, Werkzeugkosten, Ausschuß, Nacharbeit
und ungeplanter Instandhaltung. Im heutigen Rechnungswesen
werden entsprechende Abweichungen ausgewiesen, die aber mangels detaillierter Störungserfassungen nicht auf die eigentliche
Ursache zurückgeführt werden können. Ein CIM-orientiertes
Rechnungswesen, das diesen Interdependenzen bei integrierten
Systemen gerecht wird, müßte folgende Anforderungen erfüllen:
1. Kurzfristig: Kosten-Verursachungs-Beziehungen werden be-
   reichsübergreifend und aktuell aufgezeigt oder sind durch den
   Controller interaktiv erarbeitbar.
2. Mittelfristig: Der Verlauf der Folgekosten wird über längere Zeit
   verfolgt, und immer wieder auftretende Störursachen werden
   systematisch ausgewiesen.
Während die erste Forderung sich auf das operative Produktionsmanagement stützt und damit auf Wirtschaftlichkeitskontrolle
ausgerichtet ist, liefert die zweite Forderung die Basis für eine
Erhöhung der Systemsicherheit und damit für eine längerfristig
wirkende Kostensenkung. Im erwähnten Beispiel der NC-Programmierung ist es heute möglich, mit Hilfe von dynamischen
Simulationssystemen, NC-Programme im simulierten Echtbetrieb
vor ihrem eigentlichen Einsatz auszutesten und erkannte Fehler zu
beheben. Wenn durch das oben geforderte erweiterte Control-
lingsystem über längere Zeit die Problematik „NC-Programmierung" als verursachender Faktor erheblicher Folgekosten in der
Fertigung ausgewiesen wurde, ist es unter Umständen sinnvoll, ein
solches Simulationssystem zu beschaffen. Den dafür aufzuwenden-
den Investitions- und Betriebskosten können die vom Rechnungswesen nun differenziert ausgewiesenen Folgekosten fehlerhafter
Programme, aber auch die entfallenden Maschinenbelegungszei-
ten für Tests der Programme gegenübergestellt werden.

Mit zunehmender Integration von Material- und Informationsfluß stellt sich somit das Problem steigender Wirkungsinterdependenzen zwischen Prozessen und Bereichen und damit die Aufgabe
der Bereitstellung aussagekräftiger Kosteninformationen durch
verursachungsgerechte Kostenzurechnung und der Schaffung von
Kostentransparenz. Dies erfordert ein Rechnungswesen, das bei
der Beurteilung der Wirtschaftlichkeit vermehrt auch mit technischen Größen und mit Kennzahlen operiert. Gleichzeitig hat das
Rechnungswesen eine Gesamtsystemorientierung aufzuweisen,
die die Kosten auf allen Stufen des Wertschöpfungsprozesses differenziert ermittelt. BÄCK hebt klar hervor, daß das traditionelle
Rechnungswesen bisher noch nicht in der Lage ist, solche Zusam-

menhänge aufzuzeigen: „Die Kostenrechnungsstruktur, die nach traditionellen Gesichtspunkten auf produktionstechnische Belange ausgerichtet ist, ist nicht geeignet, um Gesamteffekte, also prozeßorientierte Pipeline-Maßnahmen, ausreichend zu beurteilen."[149]

2.3.3 Problematik eines erhöhten Investments

2.3.3.1 Investitionsanstieg bei Integration

Es wurde bereits früher begründet, daß die Automatisierung eine hohe Kapitalintensität der Produktion mit entsprechender Erhöhung der Fixkosten zur Folge hat. Die Integration von automatisierten Systemen führt nun aber zu einem nochmaligen, sehr oft überproportionalen Anstieg des erforderlichen Investments. Bei 26 FFS betrug die Gesamtinvestition:[150]

$$
\begin{array}{ll}
<5\text{ Mio. DM} & 7\text{ FFS} \\
5-10\text{ Mio. DM} & 3\text{ FFS} \\
10-20\text{ Mio. DM} & 11\text{ FFS} \\
>20\text{ Mio. DM} & 5\text{ FFS}
\end{array}
$$

Den höchsten Wert erreichte dabei die FFS-Anwendung im Flugzeugbau von MBB in Augsburg mit 100 Mio. DM Investment. INGERSOLL hat für flexible Fertigungssysteme ein erforderliches Investment von bis zu 3 Mio. DM pro Arbeitsplatz ermittelt.[151] Diese enorme Kapitalintensität ist damit zu erklären, daß das Erreichen eines höheren Integrationsgrades durch Verkettung von Werkzeugmaschinen ein ungleich höheres Investment als der Einsatz derselben Maschinen in einem Einzelmaschinenkonzept erfordert (Abb. 2.31). Im Vergleich zu Einmaschinenkonzepten muß bei flexiblen Fertigungssystemen pro CNC-Maschine durchschnittlich etwa das doppelte investiert werden, was auf die zusätzlich notwendigen Verkettungseinrichtungen und erheblich höheren Anforderungen an die Versorgungs- und Steuerungssysteme zurückzuführen ist. Diese sogenannte Peripherie für Material- und Informationsfluß kann bei integrierten Systemen den Anteil des eigentlichen Bearbeitungssystems sogar übersteigen.

149 BÄCK (Logistik), S. 380.
150 Vgl. WILDEMANN (Wirtschaftlichkeitsrechnung), S. 119, wo die Werte zweier Untersuchungen mit je 13 Systemen angegeben sind, die hier vereinfachend zusammengefaßt wurden.
151 INGERSOLL ENGINEERS (Fertigungssysteme), S. 20.

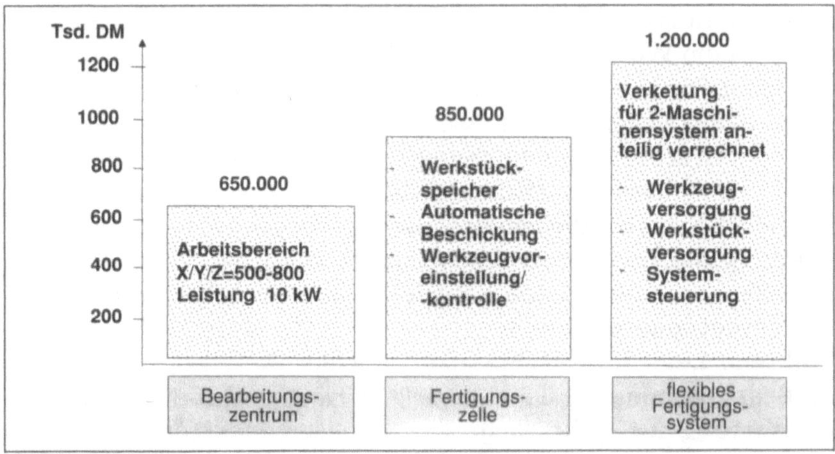

Abbildung 2.31
Durchschnittliche Investition pro Bearbeitungszentrum in Ein- und Mehrmaschinenkonzepten[152]

Die Abbildung zeigt, daß der Preis des betrachteten Bearbeitungszentrums als Standardausführung und als Einzelmaschine etwa 650 000 DM beträgt. Ein Ausbau zu einem FFZ durch Zusatz entsprechender peripherer Einrichtungen erhöht den Preis um etwa 30 % auf rund 850 000 DM. Die Verkettung mit einem zweiten Bearbeitungszentrum zu einem FFS führt bei anteiliger Verrechnung der Peripherie und der Verkettungseinrichtungen zu einem durchschnittlichen Preis von rund 1,2 Mio. DM pro Maschine, der fast dem zweifachen der Standard-Einzellösung entspricht. Interessant ist dabei die Verschiebung in der Relation von Bearbeitungssystem-Anteil zum Investitionsanteil für Materialfluß- und Informationssystem, was in Abb. 2.32 anhand eines anderen Beispiels belegt wird:

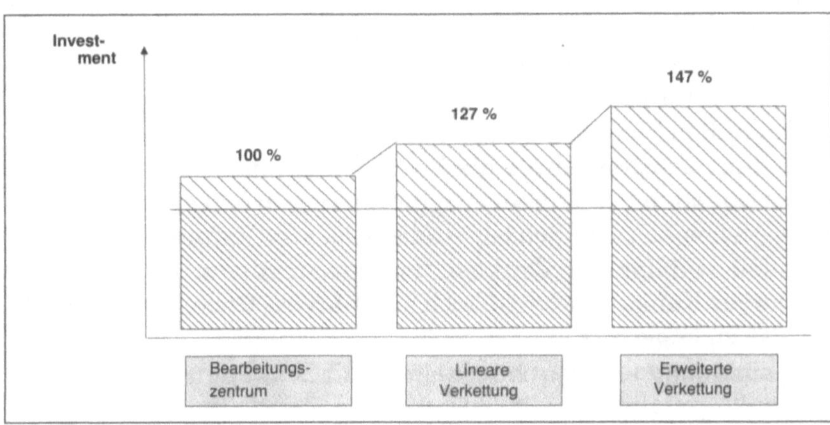

Abbildung 2.32
Investitionsanteile bei Verkettung[153]

152 Daten aus: ERKES/SCHÖNHEIT/WIEGERSHAUS (Fertigung), S. 74; Die Autoren zeigen auch die Bandbreite der Preise verschiedener Anbieter auf. Hier wurden die entsprechenden Durchschnittswerte übernommen.
153 Vgl. AWK (Produktionstechnik), S. 51.

Das Bearbeitungszentrum in Abb. 2.32 ist mit einem 8-fach-Palettenpool, einem Werkzeugregalmagazin und einer CNC-Steuerung ausgerüstet. Die zweite Säule bezieht sich auf ein Mehrmaschinenkonzept der gleichen Basis-Maschine mit einer linearen Verkettung über ein schienengebundenes Transportsystem. Bei der dritten Variante schließlich wird zusätzlich die Werkzeugversorgung verkettet.[154] Auch bei diesem praktischen Beispiel erhöht sich bei Verkettung die Investition pro Maschine um rund 50 %. Dies ist etwas weniger als im ersten Beispiel, weil es sich hier um einfachere Verkettungen handelt.

Während beim Einmaschinenkonzept der Anteil des eigentlichen Bearbeitungssystems noch 80 % beträgt und die Peripherie und Steuerung nur 20 % beanspruchen, so ist dieses Verhältnis bei Verkettung von Werkstück-und Werkzeugfluß bereits rund 1 : 1. Entsprechende Untersuchungen bei 12 FFS in Deutschland bestätigen diese Werte: Die Materialfluß-Systeme haben bis zu 40 % des Gesamtinvestments beansprucht und die Informationssysteme rund 25 %, zusammen in aller Regel mehr als das eigentliche Bearbeitungssystem.[155]

Diese Verschiebungen können nicht ohne Auswirkungen auf die Focussierung des betrieblichen Rechnungswesens bleiben. Wenn bereits auf der Einzelsystem-Ebene bei einem höheren Integrationsgrad ein derart massiver Anstieg des durchschnittlichen Investitionsvolumens auftritt, ist leicht abzuleiten, daß bei gesamtheitlichen CIM-Lösungen, unter Miteinbezug betriebswirtschaftlicher Systeme, ein extrem hohes Investment erforderlich sein wird. Die bereits in Abb. 2.4 dargestellte Problematik einer hohen Ergebnissensitivität bei starker Fixkostenintensität wird dadurch erheblich verschärft. Auch die größere Flexibilität der neuen Anlagen vermag diese Effekte nur teilweise zu kompensieren.

Da alle Unternehmungen – auch Klein- und Mittelbetriebe – in zunehmendem Maße CIM-Komponenten einsetzen werden, dürfte sich in den nächsten Jahren die Problematik eines überproportional ansteigenden Investments bei Integration in den meisten Industriebetrieben in aller Schärfe stellen. Es sind grundsätzlich die folgenden Maßnahmen denkbar, um dem unausweichlichen Problem hoher Kapitalbindung durch CIM-Investitionen wenigstens teilweise zu begegnen:

1. Verkürzung von Durchlaufzeiten und Senkung von Beständen, um die Kapitalbindung im Umlaufvermögen zu reduzieren. Eine nach dem logistischen Fließprinzip organisierte CIM-Struktur

---

154 Vgl. AWK (Produktionstechnik), S. 52.
155 Vgl. LAY/REMPP (Entwicklungstendenzen), S. 7 und HALDIMANN (Lösungen), S. 560.

muß über Bestands- und DLZ-Senkungen ihr notwendiges Investment teilweise kompensieren.

2. Flexibilität: Die Vorteile der Anlage bezüglich rascher Anpassung auf veränderte Martkbedürfnisse sind wettbewerbsstrategisch zu nutzen, so daß dem erhöhten Investment auch ein Markterfolg in Form von erhöhten Deckungsbeiträgen gegenübersteht.

3. Primat der hohen Anlagennutzung, was bedeutet, daß alle Produktionsfaktoren in den Dienst einer möglichst hohen Nutzung der vorhandenen Anlagenkapazitäten gestellt werden. Auch bislang „unantastbare" Produktionsparameter, wie eine zusätzliche Schicht oder Sonntagsarbeit, müssen in die Überlegungen miteinbezogen werden.

Anlagennutzung bei hohem Investment 2.3.3.2

Der zunehmende Anteil kurzfristig nicht beeinflußbarer und von der Beschäftigung unabhängiger Kosten zwingt zu einer vermehrten Konzentration auf die Auslastung der Anlagen und auf die „Nutzung" der Potentialkosten. An Stelle von Einzeloptimierung tritt immer mehr die Optimierung des Gesamtprozesses. In kurzer Frist kann das Ergebnis weniger durch Faktorsteuerung als durch Leistungssteuerung (Auslastung) beeinflußt werden. Es sind daher verstärkt Mengen-Kosten-Betrachtungen anzustellen und Kennzahlen für die Auslastung und Produktivität des Gesamtsystems zu fordern. Von entscheidendem Einfluß ist bei dieser Sichtweise aber die Definition von Kapazität und Auslastung.

Definitionen:[156]

– Auslastung   = Nutzungszeit : geplante Betriebszeit
– Geplante Betriebszeit   = die für einen Zeitraum geplante Betriebsdauer einer Maschine unter Berücksichtigung geplanter Ruhezeiten.

Bei 16 im Betrieb stehenden FFS wurde in 80 % der Fälle eine Auslastung von 80–95 % angegeben. 10 FFS liefen jedoch im 2-Schicht-Betrieb und nur sechs im 3-Schicht-Betrieb.[157]

Die Problematik dieser Werte liegt in der zugrundegelegten Plan-Betriebszeit. Das Rechnungswesen geht heute noch oft von einem fraglichen Kapazitätsbegriff aus: Zur Ermittlung von Beschäftigungsabweichungen wird in der flexiblen Plankostenrechnung die 100 %-Kapazität so festgelegt, daß sie der effektiven Arbeitszeit entspricht, allenfalls unter Berücksichtigung von organi-

---

156 Vgl. WILDEMANN (Wirtschaftlichkeitsrechnung), S. 98 f.
157 Vgl. WILDEMANN (Wirtschaftlichkeitsrechnung), S. 99.

satorisch vorgesehenen Pausen und geplanten Betriebsunterbrüchen. In den oben genannten Untersuchungen wird immerhin von 2
oder sogar von 3 Schichten ausgegangen, was bei flexibel automatisierten Systemen der Normalfall sein sollte. In vielen Unternehmungen wird aber noch oft in 1 oder 1½ Schichten gearbeitet. Die
objektiv einzig realistische Grundlage für eine Auslastungsbeurteilung ist an sich nur die Orientierung an der maximalen Kapazität, d. h. 365 Tage × 24 Stunden. Bisher war diese Kapazität sicher
kein vernünftiges Maß, da die Arbeitszeiten des Menschen den
begrenzenden Faktor bildeten. Bei Erreichen eines hohen Automatisierungsgrades ist aber diese Restriktion kaum mehr gegeben,
und es zählt nur das Gebot einer möglichst ausgedehnten Nutzung
der kapitalintensiven Anlagen. Die gegenwärtig laufenden Diskussionen in Europa zum Thema Wochenend- und Nachtarbeit sind
eine direkte Folge dieser Überlegungen. Wie schlecht in der europäischen Industrie das Investment genutzt wird, zeigt die folgende
Auswertung, die sich auf die Erfahrungswerte verschiedener Quellen stützt und für eine Fertigungsanlage sogar bei einem 2-Schicht-
Betrieb nur eine durchschnittliche Netto-Nutzung von 33% der
Maximalkapazität ergibt:

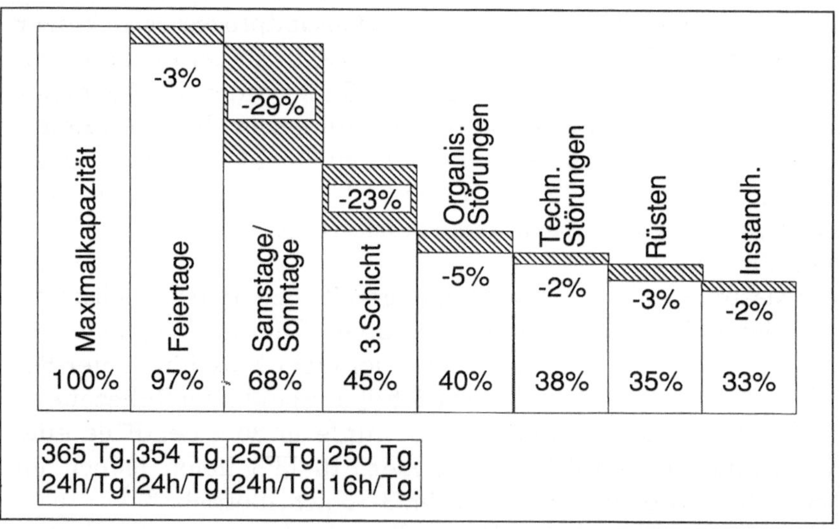

Bei einer derart schlechten zeitlichen Nutzung ist die Wirtschaftlichkeit hochautomatisierter Anlagen aufgrund ihrer Kapitalintensität in Frage gestellt. Automatisierte Systeme haben den Vorteil,
daß ihre Automatisierung die Problematik der organisatorischen

158 Die Darstellung basiert auf den durchschnittlichen Werten verschiedenster
Autoren: vgl. HAMMER (Automatisierung), S. 104 f.; WECK (Produktionseinrichtungen), S. 88; WARNECKE (Zielkonflikte), S. 36.

Störungen mindert und die Rüstzeiten (auftragsparalleles Rüsten)
stark reduziert. Eine deutliche Nutzungsgradverbesserung kann
aber auch bei hochautomatisierten Anlagen erst dann erreicht
werden, wenn zusätzlich folgende Maßnahmen eingeleitet werden:
- 3. bedienerarme Schicht (Geisterschicht)
- Ausdehnung der Arbeitstage auf 6 bis 7 pro Woche
- Betrieb während der Mittagspause
- Abbau technischer Störungen durch vorbeugende Instandhaltung
- Rüstfreier Auftragswechsel durch auftragsparalleles Rüsten.

Untersuchungen in einem deutschen Automobilunternehmen ergaben, daß die Nutzung der Anlage bereits um 25 % gesteigert
werden kann, wenn sie in der Lage ist, während der Mittagspause
von 35 Minuten bedienerfrei weiterzuproduzieren.[159] Um die Störanfälligkeit bei unbeaufsichtigtem Betrieb in der „Geisterschicht"
zu reduzieren, vermindern viele Betriebe sogar die Schnitt- oder
Hubgeschwindigkeit der Anlagen auf 60 bis 65 %. Diese Reduktion
der Mengenleistung pro Zeiteinheit wird durch den Nutzungsgewinn einer unbemannten Schicht in der Gesamtrechnung längst
wettgemacht. HAMMER ermittelte folgende Werte für den Ausbau
eines Bearbeitungszentrums zu einer flexiblen Fertigungszelle, in
Verbindung mit organisatorischen Maßnahmen (3. Schicht und
Pausenbetrieb):[160]

Max. Kapazität pro Jahr:	100 % = 8760 Std. pro J.
Nutzungsgrad eines Bearbeitungs- zentrums im Durchschnitt	29 % = 2540 Std. pro J.
Ausbau des BZ zu einer FFZ mit unbeaufsichtigter 3. Schicht von nur 6 Stunden und Pausenbetrieb	48 % = 4215 Std. pro J.

Aus den aufgezeigten Zusammenhängen ergeben sich die folgenden Anforderungen an das Rechnungswesen:

1. Die Nutzung der Anlagenkapazitäten ist von entscheidender
   Bedeutung für die Gesamtwirtschaftlichkeit der Produktion. Der
   Kapazitätsbegriff ist auf die Maximalkapazität auszurichten,
   und Mindernutzungen sind verursachungsgerecht auszuweisen.
2. Für die kostenträgerbezogene Verrechnung der Abschreibungskosten bzw. die Zurechnung von Leerkosten für nicht genutzte
   Kapazitäten sind neue Ansätze zu entwickeln, um die Kosten
   des CIM-Gesamtsystems zumindest langfristig auch über die
   damit hergestellten Produkte zu decken.

159 Vgl. dazu und zum folgenden WARNECKE (Zielkonflikte), S. 36.
160 Vgl. HAMMER (Automatisierung), S. 104 f.

3. Neben Wertgrößen (traditionell kaufmännischer Aspekt) sind verstärkt auch reine Leistungsgrößen (technischer Aspekt) im operativen Controlling zu berücksichtigen. Angaben, die der Leistungssteuerung und -überwachung dienen, wie z. B. der Deckungsbeitragsverlust pro Stillstandsminute, kommen in Zukunft hohe Bedeutung zu. Erst die integrale Betrachtung beider Komponenten erlaubt ein wirtschaftlichkeitsorientiertes Kapazitätsmanagement.

2.3.4 Informationstechnologische Integration

Der rasante informationstechnologische Fortschritt erlaubt einerseits, die Leistungsfähigkeit des Rechnungswesens bezüglich Aktualität und Flexibilität zu verbessern und andererseits die Integration des Rechnungswesens in ein umfassendes CIM-Konzept voranzutreiben. Dazu gehört in erster Linie ein verstärkter Einsatz von Datenverarbeitungstechniken im Rechnungswesen selber, aber auch die gezielte Nutzung der vorhandenen gut ausgebauten technischen Datenerfassungs- und Steuerungssysteme. Schließlich wird es immer leichter möglich, die bisher getrennten technischen und betriebswirtschaftlichen Controlling-Systeme zu verknüpfen, um letztlich ein Führungssystem in der Produktion zu schaffen.

2.3.4.1 EDV-Einsatz im Rechnungswesen

Wie in allen betrieblichen Bereichen, so entwickelte sich auch der EDV-Einsatz im Rechnungswesen nur schrittweise. Die DV-Lösungen folgten meist keinem übergeordneten Informationskonzept, sondern wurden oft sehr pragmatisch zur Lösung gerade anstehender konkreter Teilprobleme entwickelt. Dies führte auch im Controlling dazu, daß in den meisten Unternehmungen verschiedenartigste Programme entstanden, eigenerstellte und standardmäßige, die auf unterschiedlicher Hardware eingesetzt wurden und kaum integriert, ja teilweise nicht einmal kompatibel waren. Der verstärkte Einsatz dezentraler Mikro-Computer und der breite Einsatz von Personal-Computern im administrativen Bereich hat die Tendenz zu isolierten Einzellösungen zusätzlich verstärkt. In vielen Unternehmungen hat sich diesbezüglich eine Eigendynamik entwickelt, die zu erheblichen Datenredundanzen, zu mangelnder Transparenz in der Informationslandschaft, zu Änderungs- und Abstimmungsproblemen und nicht zuletzt zu einer Flut von Papier und scheinbar notwendigen Informationen geführt hat.

Führungsverantwortliche beklagen oft, daß ihnen der EDV-Einsatz im Controlling zwar sehr viel mehr Daten bringe, sie damit aber nicht besser, sondern oft sogar schlechter informiert seien. Dies ist darauf zurückzuführen, daß der intensive DV-Einsatz in vielen Unternehmungen nur zu einer Aufblähung der erstellten Berichte und Statistiken geführt hat, die periodisch und in relativ starrer Form erstellt werden. Ein situatives, auf die spezifische Entscheidungssituation ausrichtbares Führungs- und Informationssystem ist in den wenigsten Fällen Realität, vielmehr werden alle Empfänger mit den gleichen umfangreichen Kostenauswertungen, z. B. einem Betriebsabrechnungsbogen, bedient.

In Zukunft werden vor allem drei Tendenzen den Einsatz von EDV im Controlling erheblich steigern:

1. Die Computerleistung wird immer billiger, sowohl bezüglich Speicherkapazität als auch bezüglich Rechenleistung.
2. Die Computer erlauben zunehmend dezentrale Datenverarbeitung und damit Controlling am Ort des Geschehens.
3. Der Trend zu Standardsoftware wird stark zunehmen, weil deren Leistungsfähigkeit und Anpassungsfähigkeit enorm gestiegen ist.

Die Vielzahl angebotener Softwareprodukte im Bereich des betrieblichen Rechnungswesens, die sich durch Attribute wie „integriert", „ganzheitlich", „systemorientiert" und „modular" auszeichnen, müßte auf eine klare CIM-Orientierung dieser Produkte schließen lassen. Es wäre also zu erwarten, daß viele der in Kapitel 2 aufgedeckten Schwierigkeiten heutiger Kostenrechnungssysteme durch integrierte Standardsoftware gelöst werden. Bei genauerer Betrachtung solcher Softwarepakete kann festgestellt werden, daß es sich in vielen Fällen um leistungsfähige und praktikable Anwenderprogramme handelt, die beispielsweise im Vertriebsbereich durch mehrdimensionale Deckungsbeitragsrechnungen sehr interessante Lösungen anbieten.[161] Gleichzeitig ist aber auch zu erkennen, daß viele Anbieter den hier analysierten Veränderungen in der Produktion und in deren Umfeld noch wenig Rechnung tragen. In aller Regel ist zum Zwecke der raschen Verarbeitung großer Datenmengen lediglich die traditionelle Kostenrechnung unverändert auf EDV implementiert worden, ohne die Frage zu stellen, welche Veränderungen durch Nutzung neuer informationstechnologischer Möglichkeiten in der Grundkonzeption des Rechnungswesens möglich wären. Die Gründe dafür sind zum einen im Forschungsdefizit bezüglich Auswirkungen neuer

---

161 Vgl. beispielsweise die detaillierten Beschreibungen von „integrierten Softwareprodukten" in den Tagungsbänden der Saarbrückener Arbeitstagungen [SCHEER (Rechnungswesen/88); SCHEER (Rechnungswesen/87)].

Technologien auf das Rechungswesen zu suchen. Zum andern liegt die Problematik aber auch in der Verkaufsfähigkeit solcher Produkte. Alle großen Softwarehäuser befassen sich intensiv mit einer Neuausrichtung der Kostenrechnung an die CIM- und Logistik-Konzepte, doch ist für umfassende Lösungen der Markt noch nicht reif. Zu verkaufen ist heute eine flexible Standardkosten- oder eine Grenzplankostenrechnung, wie sie in den meisten Unternehmen in irgendeiner Form eingeführt und sehr weit verbreitet ist.

Die heute angebotene Standardsoftware zeichnet sich aber durch zwei entscheidende Verbesserungen aus, auf die im fünften Kapitel noch im Detail eingegangen wird: Zum einen herrschen bei modernen Systemen die Dialogverfahren vor; zum andern werden immer stärker Datenbanksysteme entwickelt. Es wird die in 2.3.4.2 diskutierte Anbindung des Rechnungswesens an technische Systeme vor allem von Softwarehäusern vorangetrieben, die neben Kostenrechnungs-Software auch Programme im Bereich PPS und Materialwirtschaft anbieten. Insgesamt ergibt sich daraus eine deutliche Verbesserung der Flexibilität in bezug auf eine benutzer-spezifische Informationsbereitstellung und eine erhöhte Aktualität des Rechnungswesens. HORVATH/PETSCH/WEIHE, die rund 70 Standardsoftware-Produkte im Detail untersucht haben, beurteilen diese Entwicklung grundsätzlich positiv, relativieren sie in bezug auf die auch hier geforderte Neuausrichtung des Rechnungswesens aber dennoch: „Im Sinne einer konventionellen Kostenabrechnung (mit periodischen Abrechnungsläufen und festen Berichtsstrukturen) existieren einige umfassende und ausgereifte Produkte zur Kosten- und Leistungsrechnung. Legt man bei der Beurteilung jedoch die Anforderungen an eine „entscheidungsorientierte" Kosten- und Leistungsrechnung zugrunde, dann bleiben zahlreiche Wünsche offen. ... Diese Diskrepanz ist jedoch weniger auf die Software-Anbieter zurückzuführen, sondern vor allem auf die Anwender, die sich vorwiegend an den einfachen, traditionellen Verfahren der Kosten- und Leistungsrechnung orientieren."[162]

2.3.4.2 Verknüpfung mit technischen Systemen

Eine flexibel automatisierte Fertigungsanlage verfügt immer über ein technisches Informationssystem, das ein Mengengerüst zur Verfügung stellt, von dem das Rechnungswesen in direkter Weise profitieren könnte. Flexible Fertigungssysteme oder -linien bieten in ihren zentralen Leitständen einen umfassenden Datenpool, den

162 HORVATH/PETSCH/WEIHE (Anwendungssoftware), S. 290.

die betriebswirtschaftlichen Systeme ohne zusätzlichen Aufwand nutzen könnten. SCHEER ist der Auffassung, daß administrative und technische Systeme immer mehr zusammenwachsen, was besonders auch für die Kostenrechnung gelte: „Die Kostenrechnung erhält aktuelle Ist-Daten aus den Betriebsdatenerfassungssystemen der Produktion und benötigt für die Kalkulation die Grunddaten der Stücklisten und Arbeitspläne."[163] Dies bedingt einerseits eine Verbindung von BDE-System und Kostenrechnung und setzt andererseits voraus, daß die in CAD und CAP hinterlegten Arbeits- und Baupläne als Basisdaten direkten Eingang in das Rechnungswesen finden. In der Praxis sind solche Kopplungen aber noch relativ selten realisiert.[164]

Es ist festzustellen, daß die Datenerfassung im technischen Bereich einen sehr hohen Stand erreicht hat und in naher Zukunft dank technologischer Innovation noch größere Entwicklungssprünge verzeichnen wird. Im Rahmen von Konzepten zu einer durchgängigen Materialflußgestaltung gehen beispielsweise immer mehr Unternehmen dazu über, Material und Halbfabrikate in Normbehältern zu transportieren. Dabei stellt sich das Problem der ziel-und mengengenauen Steuerung aller Transportbehälter in der gesamten Produktionsanlage.[165] Eine sehr komfortable und in aller Regel wirtschaftliche Lösung bietet sich in Form von Barcodes an, mit denen die Behälter gekennzeichnet werden. Wenn alle Bauteile und Komponenten für ein bestimmtes Produkt bzw. einen Auftrag über die ganze Linie bis zum Fertigprodukt im selben Behälter transportiert werden, ist mit diesem System eine aktuelle und sehr detaillierte Einzelprodukt- bzw. Einzelauftragsverfolgung realisierbar. Die Barcodes werden bei Ankunft an den einzelnen Arbeitsstationen durch Laser-Scanner eingelesen und an das zentrale Leitsystem weitergeleitet. Damit ist es möglich, den Produktionsfortschritt der einzelnen Aufträge sowohl ortsbezogen als auch zeitmäßig zu verfolgen und das Material bedarfsgerecht an die Arbeitsplätze zu steuern. Abb. 2.34 zeigt einen Barcode für Normbehälter einer Gerätemontage.

Systeme der beschriebenen Art liefern eine Fülle von Daten, die rein zum Zwecke der Produktionssteuerung erfaßt und DV-technisch verarbeitet werden. Diese Daten bleiben vom Rechnungswesen mangels Kopplung mit der PPS weitgehend ungenutzt. Hier

---

163 SCHEER (CIM/Industriebetrieb), S. 15.
164 Von 15 untersuchten Standardsoftware-Lösungen für DV-Großsysteme waren bei 9 eine direkte Datenübernahme aus der BDE und bei 8 eine Kopplung mit der PPS vorgesehen. Bei den Lösungen für mittlere und kleine DV-Systeme war dieser Anteil erheblich geringer. Vgl. HORVATH/PETSCH/WEIHE (Anwendungssoftware), S. 272.
165 Vgl. dazu und zum folgenden VETTER (Informationsfluß), S. 46 f.

steht aber ein Mengengerüst zur Verfügung, das für den Aufbau
einer aktuellen, produktionsbezogenen Kostenrechnung geeignet
wäre und dessen Nutzung zum Zwecke einer differenzierten Ist-
Kosten-Ermittlung geprüft werden muß. Heutige Kostenrechnungssysteme zeichnen sich gerade durch die Problematik mangelnder oder zu wenig differenzierter Erfassungen von Ist-Größen
aus, was unweigerlich zur Anwendung von fragwürdigen Schlüsselgrößen führt.

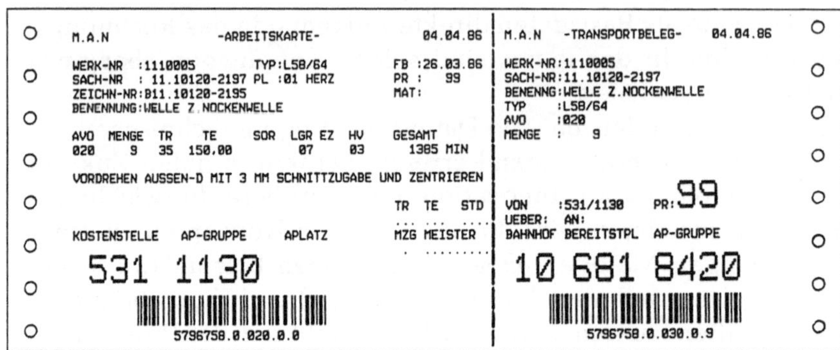

Die Vorteile einer Kopplung zwischen technischen Steuerungs-
bzw. Erfassungssystemen und dem Rechnungswesen liegen in einer verbesserten Informationsqualität und -aktualität. „Die in den
verschiedensten Ebenen und Dateien enthaltenen technischen
Vorgabe- und Ist-Informationen bilden die Grundlage für ein wirt-
schaftliches und tagesaktuelles Controlling."[167] Beispielsweise wären dadurch folgende Zusatzinformationen zu erzeugen: Kostenbe-
wertung von ungeplanten Stillständen, Deckungsbeitragswirkun-
gen einer Veränderung des Produktmix zur Unterstützung der
Ablaufplanung oder überschlagsmäßige Vorkalkulationen verschiedener Konstruktionsvarianten bei CAD. Zum einen kann erst
mit hochaktuellen Informationen aus dem Rechnungswesen nicht
nur auf Abweichungen reagiert, sondern sehr frühzeitig gegengesteuert werden; zum andern ist aber die Nutzung von Prozeßdaten
schon deshalb immer dringender geworden, weil die Zahl der
fertigungsbegleitenden Papiere bei automatisierten Systemen
stark reduziert wird.

Für das Produktionsmanagement von CIM-Systemen werden in
Zukunft schon rein technisch bedingt die Möglichkeiten der Informationstechnologie verstärkt ausgeschöpft. Zum Einsatz gelangen
insbesondere relationale Datenbanken, Netzwerke und Kommuni-
kationsarchitekturen, Expertensysteme und Simulationsverfahren.

166 Aus SCHACHT (Werkstattsteuerung), S. 455.
167 DREXL/MARSCHALEK (Fließproduktion), S. 296.

Bei Einführung solcher Systeme kann ein hoher Synergieeffekt erzielt werden, wenn bereits während der Systemplanung und -implementierung die Datenanforderungen des Rechnungswesens mitberücksichtigt und seine integrative Einbindung geplant werden. Ein Ansatz zu einer Kopplung zwischen der PPS und der Kostenrechnung wird in 6.1.2 vorgestellt.

Führungsorientiertes Rechnungswesen bei CIM   2.3.4.3

Die Funktion des Rechnungswesens als Führungsinstrument wird durch die informationstechnologische Integration verschiedenster Teilbereiche der Unternehmung beeinflußt. Das Rechnungswesen ist dabei stets als Teil eines gesamtbetrieblichen Führungs- und Informationssystems zu sehen, das durch den Einsatz neuer Informationstechnologien in mehrfacher Hinsicht verändert wird.

Drei Aspekte des verstärkten Einsatzes von Informationstechnologie im Führungsbereich industrieller Unternehmungen sind hier in bezug auf das Rechnungswesen genauer zu untersuchen:
1. Verstärkte Dezentralisierung von Entscheidungsprozessen
2. Neue Möglichkeiten zur benutzergerechten Aufbereitung von Informationen
3. Zusammenwachsen von kaufmännischem und technischem Bereich.

Zu 1: In Verwaltungsbereichen wird durch den Einsatz neuer Informationstechnologien eine individuelle, dezentrale Nutzung zentral gespeicherter Daten möglich. Damit werden traditionelle Aufgabenstellungen wie die Archivierung und Verwaltung von Datenbeständen, die Datenselektion und die Informationsdokumentation obsolet, weil sie heute von den zuständigen Führungskräften im Dialog vorgenommen werden können. „Betroffen von dieser Entwicklung ist vornehmlich die mittlere Führungsebene, deren Aufgaben im wesentlichen in der Informationsaufbereitung und -verdichtung sowie Kommunikation zum Zweck der Koordination und Kontrolle betrieblicher Entscheidungen bestehen."[168] Damit ist insbesondere auch das Rechnungswesen angesprochen. Die Systeme des betrieblichen Rechnungswesens sind so aufzubauen, daß sie diesem Trend zu dezentraler, situationsbezogener Informationsverarbeitung und damit auch zu flacheren Organisationsstrukturen (durch Reduktion der mittleren Führungsebene) gerecht werden. Das Rechnungswesen darf nicht länger eine Angelegenheit von Spezialisten in Zentralstellen bleiben, sondern muß sich zu

---

168 BÜHNER (Organisation), S. 9.

einem einfach zu handhabenden, benutzerfreundlichen System zur Entscheidungsunterstützung vor Ort entwickeln.

Zu 2: In vielen Unternehmungen ist festzustellen, daß das Bewußtsein noch nicht gereift ist, daß mit neuen Informationstechnologien ein Werkzeug zur Verfügung steht, das das Management einer komplexen CIM-Struktur stark unterstützt. Die weiter oben geforderte Flexibilität des Rechnungswesens ist bei Nutzung der informationstechnologischen Möglichkeiten heute durchaus zu realisieren. Damit ist aber nicht nur gemeint, große Datenmengen in kurzer Zeit zu verarbeiten und sie für den individuellen Abruf bereitzuhalten, sondern vor allem auch, sie benutzergerecht aufzubereiten. Im Controlling ist die Art der Informationsdarstellung von ganz entscheidender Bedeutung. Die Praxis zeigt, daß „Zahlenfriedhöfe" kaum genutzt werden oder aber zu Fehlinterpretationen führen, weil sie nicht vollständig ausgewertet werden, während Graphiken dem Entscheidungsträger sehr rasch die wesentlichen Trends und die kritischen Faktoren aufzeigen. Die Softwareentwicklung hat in den letzten Jahren leistungsfähige Produkte hervorgebracht, mit denen bei sehr geringem Aufwand in kurzer Zeit übersichtliche Graphiken erstellt werden können.

In Anbetracht der Komplexität eines Computer Integrated Manufacturing wird auch das Management by Exception in Zukunft noch stärker die Arbeit der Führungsverantwortlichen bestimmen müssen. Nicht alle Führungsgrößen sind von Interesse, sondern nur diejenigen, die einen bestimmten Toleranzwert überschritten haben. Dies bedeutet für das Rechnungswesen eine Abkehr von vollständigen Kostenstellenberichten und ein vermehrter Einsatz von:
- Kennzahlen
- Graphiken
- What-If-Auswertungen.

Zu 3: Ein drittes Problem stellt die historisch gewachsene Trennung zwischen technischem und kaufmännischem Bereich dar. Die Kostenrechnung wurde lange Zeit eher dem Finanzwesen zugeordnet, denn als Bestandteil des Produktionsmanagements gesehen. Kaufmannschaft und Technik entwickelten sich in getrennten Bahnen und lebten sich in den vergangenen Jahren zunehmend auseinander. Es entwickelte sich in den meisten Unternehmungen parallel ein kaufmännisches und ein technisches Controlling. Die beschriebenen Charakteristiken der klassischen Produktion erlaubten diese Zweiteilung noch eher, weil die Produktionsverhältnisse über längere Zeit stabil blieben, die Fertigung als solche recht überschaubar und für den Nicht-Fachmann verständlich war und sich das Kosteninteresse hauptsächlich auf den gut meßbaren Fertigungsbereich konzentrierte. Zudem war ein integriertes betriebswirtschaftlich-technisches System aus rein DV-technischen Gründen zu aufwendig oder überhaupt nicht realisierbar.

Der informationstechnologische Fortschritt erfordert nun aber geradezu eine solche Integration und macht sie technisch auch möglich. Ziel muß sein, dem Produktionsmanagement ein einziges, integriertes Führungssystem zur Verfügung zu stellen, das sowohl technische als auch betriebswirtschaftliche Führungsinformationen bereitstellt. Dies ist ein weit höherer Anspruch als die bereits mehrfach geforderte Berücksichtigung von technischen und kaufmännischen Größen, der auch ohne integriertes Führungssystem genüge getan werden könnte. Aus folgenden Gründen ist eine Integration von technischem und kaufmännischem Controlling unbedingt erforderlich:

- Früher waren Wettbewerbsvorteile in viel stärkerem Maße durch Kostenvorteile erreichbar, während heute gerade sehr viele sogenannte nicht-quantifizierbare Faktoren wettbewerbsentscheidend sein können, wie etwa Flexibilität oder Lieferbereitschaft. Es ist daher nicht mehr zulässig, sich einseitig nur an kurzfristigen monetären Größen zu orientieren.

- Die technologische Entwicklung und die damit verbundene Umgestaltung der Produktionslandschaft verläuft derart innovativ, daß zum einen der Kaufmann selber in kurzer Zeit die Verhältnisse vor Ort nicht mehr kennt und zum anderen auch sein Kostenrechnungssystem den Realitätsbezug verliert, wenn er sich nicht aktiv um eine ständige Anpassung seines Wissens und seiner Systeme bemüht.

- Das Gebot der Gesamtsystembetrachtung, aber auch die zentrale Bedeutung der produktionswirtschaftlichen Zielsetzungen Lieferbereitschaft und Qualität, erfordern verstärkt eine integrale Betrachtung von Kosten und Leistungen. „Die Betriebswirtschaft hat lange Zeit den wichtigen Bereich der Fertigung zu eingeschränkt unter lediglich wirtschaftlichen Aspekten betrachtet. Technische oder technologische Überlegungen wurden ausgeklammert oder kamen zu kurz. Hierfür war auch ein unzureichendes Verständnis des Kaufmanns für technische Fragen verantwortlich."[169]

Wenn das Rechnungswesen als integraler Teil eines umfassenden Informationsmanagements verstanden wird (vgl. 6.2) und sich als einer von mehreren möglichen Informationslieferanten eines Entscheidungsträgers in der Produktion versteht, ist eine klare Verbesserung seiner Funktionserfüllung als Führungsinstrument zu erreichen. Überlegungen dazu und ein Ansatz eines integrierten Produktionscontrollings sind Gegenstand des sechsten Kapitels.

169 LIEBE (Investitionen), S. 578.

Notwendigkeit einer Weiterentwicklung 3.1
des Rechnungswesens

Die in Kapitel 2 analysierten Veränderungen in der industriellen Produktion sollen nun zusammengefaßt und ihre Wirkungen einander gegenübergestellt werden, um in bezug auf die im ersten Kapitel formulierte These zu einer abschließenden Aussage zu kommen. Diese These lautete: „Der technologische Wandel in der Produktion erfordert auch eine Anpassung des betrieblichen Rechnungswesens."

Die folgenden drei Tabellen resümieren die wesentlichsten Veränderungen und die dadurch im betrieblichen Rechnungswesen ausgelösten Probleme, wie sie in den vorangegangenen Kapiteln herausgearbeitet wurden. Als Folge dieser Veränderungen ist das betriebliche Rechnungswesen in der Erfüllung einer oder mehrerer seiner Hauptaufgaben – Wirtschaftlichkeitskontrolle, Stückkalkulation oder Bereitstellung von Entscheidungsgrundlagen – beeinträchtigt. Aus jeder der aufgezeigten Schwierigkeiten läßt sich eine vorerst nur allgemein formulierte Anforderung an ein verbessertes, CIM-orientiertes Rechnungswesen ableiten, wozu in den Kapiteln 4 bis 6 Lösungsansätze erarbeitet werden.

Zu den Übersichtstabellen ist einschränkend anzumerken, daß ihnen lediglich der Charakter einer Analyse-Zusammenfassung und einer Trendaussage zukommt. Die Wirkungen wurden in den vorangegangenen Kapiteln differenziert behandelt und werden daher in den Tabellen nur noch pauschal formuliert. Es versteht sich auch, daß sich die einzelnen Probleme je nach konkreter Ausgestaltung des Rechnungswesens in unterschiedlicher Schärfe stellen oder in einzelnen Fällen gar nicht in Erscheinung treten.

Abbildung 3.1
Wirkungen der
Automatisierung

Analyse in Kapitel	Veränderung in der Produktion →	Problemstellung im RW
2.1.1	- Zunahme der fixen und Abnahme der variablen Kosten	- Behandlung der Fixkosten
	- Sprungfixe Kostenverläufe	- Hohe Bedeutung der Auslastung
	- Fließprinzip statt Verrichtungsorientierung	- Erschwerte Kostenstellenbildung
	- Abnehmende Beeinflußbarkeit	- Mangelnde Aussagefähigkeit von Abweichungen
2.1.2	- Steigender Anteil an Gemeinkosten	- Verursachungsgerechte Bezugsgrößen für GK-Verrechnung
		- Kostendeckung für Overhead
	- Hohe Vorleistungskosten (Einmalkosten)	- Konzentration auf repetitive Kosten
2.1.3	- Verschiebungen in der Kostenartenstruktur	- Übergewichtung einzelner Kostenarten (direkte Lohnkosten)
		- Vernachlässigung heute wichtiger Kostenarten (z. B. Instandhaltung)
2.1.4	- Sinkende Bedeutung des Fertigungsbereichs	- Starke Konzentration auf Fertigungsbereich i. e. S.
	- Frühzeitige Kostendeterminierung	- Geringe Beeinflußbarkeit der Kostenhöhe in der Fertigung

Abbildung 3.2
Wirkungen der
Flexibilität

Analyse in Kapitel	Veränderung in der Produktion →	Problemstellung im RW
2.2.1	- Hohe Variantenvielfalt	- Große Anzahl Kostenträger
		- Undifferenzierte Kalkulationen für Serien-/Einzelprodukte
	- Teilevielfalt	- RW weist Folgekosten von zusätzlichen Teilen/mangelnder Standardisierung nicht aus
2.2.2	- Verkürzte Produktlebenszyklen	- Mangelnde Berücksichtigung des Faktors Zeit (DLZ)
	- Diskontinuitätserhöhung im Produktionsprozeß	- Erhöhte GK und ungeplante Mehrkosten werden nicht erfaßt
		- Keine verursachungsgerechte Zurechnung von GK
2.2.3	- Zieldreieck Wirtschaftlichkeit - Qualität - Logistikleistung	- Hohe Bedeutung der Logistik und der Faktoren Bestände und DLZ
		- Qualitätskosten nur aus Sonderrechnungen
2.2.4	- Dynamisches, komplexes Entscheidungsfeld der Produktion	- Geringe inhaltlich-formale Flexibilität des Rechnungswesens
		- Starr vorgegebenes Rechnungs- und Berichtssystem
	- Polarisierte Fristigkeit produktionswirtschaftlicher Entscheide	- Starre Periodizität des RW mit ungenügender Aktualität und Langfrist-Orientierung

Abbildung 3.3
Wirkungen der
Integration

Analyse in Kapitel	Veränderung in der Produktion →	Problemstellung im RW
2.3.1	- Erhöhte Komplexität bei CIM	- Keine verursachungsgerechte GK-Zurechnung
		- Kein Ausweis kostentreibender Faktoren
2.3.2	- Integration von Teilsystemen mit Wirkungsinterdependenzen	- Starke Abteilungs-/Bereichsorientierung
		- Ausrichtung auf Einzelwirtschaftlichkeiten
		- Ausweis von Mehrkosten an auftretender Stelle
2.3.3	- Überproportionaler Anstieg des Investments	- Behandlung der Fixkosten
		- Mangelnde Auslastungsorientierung
2.3.4	- Ausgebaute Steuerungs-/BDE-Systeme	- Mangelnde Verknüpfung mit technischen Systemen
	- Leistungsfähige Informationstechnologie	- Klassische 1 : 1-Umsetzungen der traditionellen KLR, wenig benutzergerechte Information
	- Integration betriebswirtschaftl. Systeme zu CAI	- Trennung technisches und kaufmännisches Controlling

beeinträchtigt hauptsächlich:

W	K	E	Anforderung an Weiterentwicklung des RW	Konzeption in Kapitel
x	x		- Differenzierte Verrechnung der Abschreibungskosten	4.2.1
			- Transparente Kostenstruktur	4.1
		x	- Miteinbezug neuer Führungsgrößen	4.2.3/4.2.4
x	x		- Flußorientierte Kostenstelleneinteilung	4.1.1
x		x	- Neue Meßgrößen der Wirtschaftlichkeit	4.2.2
	x		- Verursachungsgerechtere Kalkulationsverfahren für FFS	5.1
x			- Gemeinkosten-Controlling	5.3
	x			
x			- Neues Verständnis von Wirtschaftlichkeit	4.2.2
			- Verstärkte Berücksichtigung von:	
x			- Kapitalkosten	4.2.1
			- Anlagennutzung	4.2.4
x			- Konzentration auf kostenbestimmende Bereiche:	
x		x	- Investitionsplanung	5.3.2
			- Konstruktion	5.3.3
			- Ablaufplanung	6.1.2

beeinträchtigt hauptsächlich:

W	K	E	Anforderung an Weiterentwicklung des RW	Konzeption in Kapitel
	x	x	- Differenziertere Stückkalkulation auf der Basis einer Prozeß-	5.2
	x	x	orientierung	
x		x	- Konstruktionsbegleitende Kostenrechnung	5.3.3
			- Controlling der Kosten von Typen, Teilen u. Beständen	4.3.1/5.3
	x	x	- Kostenwirkungen der DLZ sichtbar machen	5.1.2
x	x		- Verbesserte Erfassung durch Informationstechnologie	6.1.2
	x		- Prozeßorientierte Kostenrechnung	5.2
x		x	- Aufbau eines Logistik-Controlling (insbesondere Bestände und DLZ)	4.3
x		x	- Qualitätscontrolling mit Kosten- u. Leistungsdaten	4.4
		x	- RW als flexibles Entscheidungsunterstützungs-System	6.1/6.2
		x	- Konzentration auf kritische Größen	6.3
		x	- Produktionsbegleitende on-line-Kostenrechnung	6.1.2

beeinträchtigt hauptsächlich:

W	K	E	Anforderung an Weiterentwicklung des RW	Konzeption in Kapitel
	x	x	- Prozeßorientierte Kalkulation	5.2
x			- Situationsgerechte Informationen für GK-Management	6.3
		x	- Bereichsübergreifende Prozeßorientierung der KLR	5.2
x			- Wirtschaftlichkeit Gesamtsystem (betriebsw.-techn. Größen)	6.3
x		x	- Nachweis der eigentlichen Verursacher von Mehrkosten	4.2.3/4.2.4
	x		- Differenzierte Verrechnung von Abschreibungskosten	4.2.1
x		x	- Erweiterung der Führungsgrößen (Auslastung etc.)	4.2.4/6.3
		x	- Nutzung vorhandener Datenerfassungssysteme für RW	6.1.2
		x	- Nutzung informationstechnolog. Chancen für RW (Datenbanken, Netzwerke etc.)	6.1
		x	- Integriertes Produktions-Controlling (betriebsw.-technische Größen)	6.3

W = Wirtschaftlichkeitskontrolle   K = Kostenermittlung   E = Entscheidungsgrundlagen

Die drei Auswertungen lassen folgende Schlüsse zu:
1. Der technologische Wandel in der Produktion löst eine Reihe von Problemen aus, die die Leistungsfähigkeit des traditionellen Rechnungswesens beeinträchtigen.
2. Alle drei Hauptfunktionen des Rechnungswesens sind von den Veränderungen und ihren Auswirkungen in starkem Maße betroffen.
3. Zur Lösung der anstehenden Probleme bietet sich nicht ein bestimmter Weg an, sondern ein Bündel verschiedenster Maßnahmen, die erst in ihrer Gesamtheit den gewünschten Erfolg bringen.
4. Die drei Hauptcharakteristiken einer rechnerintegrierten Produktion – Automatisierung, Flexibilität und Integration – zeigen in ihren Wirkungen unterschiedliche Schwerpunkte: Etwas vereinfacht gesehen führt die Automatisierung vor allem zu einer Veränderung der Kostenstruktur und beeinträchtigt in erster Linie die Wirtschaftlichkeitskontrolle. Die Flexibilität verändert zur Hauptsache das Produktespektrum sowie Art und Periodizität des produktionswirtschaftlichen Entscheidungsfeldes. Daraus ergeben sich schwergewichtig Probleme für die Kalkulation, aber auch für die (flexible) Bereitstellung von Entscheidungsinformationen. Die Integration schließlich führt zu einer Neugestaltung der Produktionsorganisation und der betrieblichen Informationssysteme mit erhöhten Ansprüchen an das Produktionsmanagement (Systemkomplexität/Wirkungsinterdependenzen), was das Rechnungswesen vor allem in seiner Aufgabe als Entscheidungsunterstützungs-System betrifft.

Automatisierung   →   Kostenstruktur
Flexibilität   →   Produktespektrum/ Entscheidungsfeld
Integration   →   Produktionsorganisation/ Informationssysteme.

Diese Einteilung nach den drei Hauptcharakteristiken hat den Vorteil, daß nun für bestimmte Entwicklungsrichtungen in der industriellen Produktion Trendaussagen in bezug auf die damit einhergehenden Probleme im Rechnungswesen gemacht werden können. Bei einer reinen Erhöhung des Automatisierungsgrades entstehen zunehmende kostenstrukturelle Probleme. Dagegen bringt eine sehr flexible, aber weiterhin personalintensive Fertigung vor allem Schwierigkeiten in bezug auf eine differenzierte Stückkalkulation und erfordert Informationen zur Unterstützung vielfältiger und kurzfristiger Entscheidungen. Speziell bei Klein- und Mittelbetrieben kann es vorkommen, daß eine Unternehmung in gewissen Bereichen eine hohe flexible Automatisierung aufweist, aber kein weiterführendes Integrations-Konzept verfolgt.

Anhand der oben erstellten Tabellen können nun für einen solchen Betrieb die voraussichtlichen Problembereiche bezüglich Rechnungswesen lokalisiert werden.

Aufgrund der detaillierten Wirkungsanalyse in Kapitel 2 kann die Notwendigkeit einer Anpassung des betrieblichen Rechnungswesens an den technologischen Wandel in der Produktion als erwiesen betrachtet werden. Diese Ansicht wird auch in der Fachliteratur von vielen Autoren vertreten.[1] ZAHN beispielsweise bezeichnet die Anpassung der Planungs- und Kontrollsysteme, namentlich der Kostenrechnung, sogar als eigentliche „Erfolgsbedingung" für die Einführung moderner Fertigungstechnologien.[2] Stellvertretend für die genannten Autoren sei hier die Aussage eines anerkannten Praktikers angeführt, nämlich von SIEGFRIED HÖHN, Volkswagenwerk AG. Er bringt die Breite der technologieinduzierten Wirkungen und die Notwendigkeit einer grundsätzlichen Weiterentwicklung des Rechnungswesens noch einmal deutlich zum Ausdruck:

„Dabei erzeugt die wachsende Komplexität des Leistungsprogramms, die strategische Umsetzung von Technologie, die Beherrschung der Beschaffungs-, Fertigungs- und Distributionslogistik, die Verbesserung der Produktivität beträchtlichen und komplexen Informationsbedarf, der die Neugestaltung der innerbetrieblichen Datenerfassung, des internen Rechnungswesens und insbesondere der Kosten- und Leistungsrechnung nahelegt. Das Managen dieses Informationsbedarfs fordert den Einsatz neuer Informationstechnologie ... und stellt hohe Anforderungen sowohl an die Softwareintelligenz als auch an das betriebswirtschaftliche Grundkonzept der Kostenrechnung."[3]

Der Anpassungsdruck, der sich aus den grundsätzlichen Veränderungen der industriellen Produktion ergibt, verstärkt sich mit zunehmendem Automatisierungsgrad bzw. mit dem Erreichen einer höheren Flexibilitäts- oder Integrationsstufe. Besonders stark ist der Druck auf das Rechnungswesen dann, wenn alle drei Charakteristiken gleichzeitig in hohem Maße das Produktionssystem kennzeichnen. Aufgeschlossene und flexible Controller werden dadurch relativ früh entsprechende Anpassungsmaßnahmen einleiten. Bei inflexiblen, den alten Systemen verhafteten Kostenrechnungs-Spezialisten wird der Anpassungsdruck dagegen zu einer

---

1 Vgl. z. B. folgende Autoren, die Schwächen des traditionellen Rechnungswesens aufzeigen und eine Anpassung an die neuen Technologien fordern: HORVATH (Probleme), S. 70 ff.; SEILER (Wandel), S. 6-1 ff.; LASSMANN (Serienfertigung), S. 36 ff.; BÜHNER (Innovation), S. 39; GOLD (Maßstäbe), S. 93; HÖHN (Informationstechnik), S. 533.
2 Vgl. ZAHN (Unternehmensstrategie), S. 16.
3 HÖHN (Informationstechnik), S. 533.

Verteidigungshaltung führen und zum Trend, die neuen Produktionssysteme mit Gewalt in alte Kalkulationsschemata hineinzupressen.

Es besteht aber kein Zweifel, daß die technologische Entwicklung im Produktionsbereich mit unverminderter Innovationsrate vorangetrieben wird. Dabei darf es aber nicht soweit kommen, daß die Technik dem Rechnungswesen den Platz im CIM-Konzept zuweist. Vielmehr muß die Betriebswirtschaft die Herausforderung der neuen Technologien annehmen, um frühzeitig die Anpassung des Rechnungswesens in die Wege zu leiten und seine Integration in ein umfassendes CIM-Konzept mitzubestimmen. Nur so wird es gelingen, die Bedeutung des betrieblichen Rechnungswesens als Führungsinstrument in einem Computer Integrated Manufacturing zu bewahren oder sogar zu verstärken.

Die zentralen Bestimmungsgrößen für die grundsätzliche Gestaltung eines internen führungsorientierten Rechnungswesens sind die Hauptaufgaben des Rechnungswesens. Bei der Suche nach den wesentlichen Zwecksetzungen knüpfen wir an die Überlegungen an, die im Zusammenhang mit den Auswirkungen neuer Produktionstechnologien auf das Rechnungswesen aus verschiedenen amerikanischen Untersuchungen hervorgegangen sind. Die folgenden vier Aufgaben werden als wesentlich angesehen:[4]

1. Economic Justification:	Beurteilung der Wirtschaftlichkeit von Investitionen in CIM-Technologien
2. Proceß Control/ Operational Control:	Tagesaktuelle Überwachung und Steuerung der Wirtschaftlichkeit des Leistungserstellungsprozesses
3. Product Costing:	Ermittlung der Stückkosten, strategische Produktbeurteilung
4. Performance & Short-Term Profit Measurement:	Gesamtleistung eines ganzen Werks oder einer gesamten Geschäftseinheit (System).

Auf den ersten Blick scheinen die genannten Aufgaben nichts neues zu offenbaren. Indessen darf man nicht die Schlußfolgerung ziehen, daß die hier angesprochene Wirtschaftlichkeit mit dem Wirtschaftlichkeitsinhalt bei der konventionellen Fertigung identisch ist. Die neuen Produktionstechnologien erfordern ein anderes Wirtschaftlichkeitsdenken, das später noch ausführlich beschrieben wird.

---

4 Die Systematik basiert auf den Strukturierungen folgender Autoren, die jedoch teilweise etwas unterschiedliche Begriffsbezeichnungen verwenden: BENNET u. a. (Cost Accounting), S. 67 f.; vgl. HOWELL u. a. (Management Accounting), S. 21 ff.; JOHNSON/KAPLAN (Relevance), S. 227 ff.; KAPLAN (Cost Analysis), S. 129 f.; DILTS/RUSSEL (Accounting), S. 38; EILER/GOELTZ/KEEGAN (Kostenrechnung), S. 102 f.

Entscheidend ist die Erkenntnis, daß die oben genannten Grundaufgaben unterschiedliche Focussierungen aufweisen. Zum einen sind dies Investitionen, zum anderen Prozesse und Produkte, und schließlich ist es eine Art Gesamtwirtschaftlichkeit des Produktionssystems. In Anbetracht der notwendigen Systemorientierung in CIM-Strukturen genügt ein Nebeneinander der vier Aufgaben nicht. Vielmehr muß dem System-Controlling eine übergeordnete und zentrale Rolle eingeräumt werden.

Das Gesamtkonzept setzt sich somit aus mehreren Modulen zusammen, die im folgenden kurz zu umschreiben sind, bevor sie in den Kapiteln 4 bis 6 eingehend behandelt werden.

Aufbau eines System-Controlling 3.2

Der Vorzug eines umfassenden Controlling-Konzeptes liegt in der Berücksichtigung von Aspekten, die über das traditionelle Rechnungswesen hinausgehen. Es sind vor allem drei Aspekte des nachstehend erarbeiteten Konzepts, die zu einer breiteren Fundierung der Vorgänge in der Produktion beitragen:
1. Management im Sinne der Regelung und Lenkung des betrieblichen Geschehens.
2. Parallele Berücksichtigung von Kosten und Leistungen als gleichwertige produktionswirtschaftliche Führungsgrößen.
3. Modularer Aufbau des Systems.
Das übergeordnete (Gesamt-)System-Controlling stützt sich auf die drei Module
– Prozeß-Controlling
– Produkt-Controlling
– Projekt-Controlling.

Prozeß-Controlling 3.2.1

Wir verwenden bewußt den Begriff Prozeß-Controlling, obwohl damit auch die Kostenstellen- und die bereichsbezogene Controlling-Veranwortung gemeint ist. Die Analyse der Wirkungen des technologischen Wandels hat aber deutlich gezeigt, daß eine nach dem Prinzip des Fließens organisierte Fertigung eine Prozeßorientierung in den Führungssystemen erfordert. Die Wirtschaftlichkeit der Prozesse und die Verantwortlichkeit dafür stehen im Vordergrund und erst in zweiter Linie spielt die organisatorische Abgrenzung eine Rolle. Bei dem so verstandenen Prozeß-Controlling stehen die zur Leistungserstellung und Leistungsverwertung notwendigen Vorgänge und Abläufe im Mittelpunkt.

Dabei kann es sich um Fertigungsprozesse, Konstruktionsprozesse, Qualitätssicherungsprozesse oder Prozesse der produktionsbedingten Planungs- und Administrationsaufgaben handeln. Im Zentrum steht die Frage: Welche Vorgänge laufen bei der Leistungserstellung in welchen Bereichen ab und welche Kosten werden dadurch verursacht? Das Prozeß-Controlling liefert die Grundlage für:
– Kostenkontrolle nach Kostenarten und Kostenstellen
– Sicherstellung der Wirtschaftlichkeit aller Prozesse
– Optimale Ressourcenallokation
– Ausrichtung der Prozesse auf Wirtschaftlichkeit, Logistikanforderungen und Qualitätsziele.
Wichtigstes Instrumentarium innerhalb eines Prozeß-Controllings ist die Kostenstellenrechnung.

3.2.2 Produkt-Controlling

Das Produkt-Controlling erfaßt die Ergebnisse der Leistungsprozesse. Im Vordergrund stehen ein bestimmtes Produkt, eine Produktgruppe oder eine bestimmte Produkt-Markt-Kombination. Die Grundlagen für ein umfassendes Produkt-Controlling sind einerseits die
– Instrumente zur Ermittlung der Herstellkosten
  → Kostenträgerzeitrechnung
  → Stückkalkulation/Auftragskalkulation
und andererseits das
– Instrument zur Ermittlung des marktorientierten Produkterfolges
  → betriebliche Erfolgsrechnung.
Die Kostenträgerzeitrechnung ist produktionsorientiert und ermittelt, welche Produkte in einer bestimmten Periode produziert wurden, wieviel diese Leistungen gekostet haben und wie die Lagerveränderungen in einer Periode zu bewerten sind. Zusammen mit der Stückkalkulation bildet die Kostenträgerzeitrechnung eine wichtige Grundlage für die Ermittlung der Verrechnungspreise.

Die betriebliche Erfolgsrechnung (zum Beispiel in Form einer Deckungsbeitragsrechnung) ist dagegen marktorientiert und gibt Auskunft über die Frage: Mit welchen Produkten/Dienstleistungen haben wir in welchen Märkten/Kundensegmenten wieviel Geld verdient?

Da sich diese Arbeit auf den Produktionsbereich beschränkt, können nur Teilgebiete des Produkt-Controllings behandelt werden, wobei im Zentrum die Stückkalkulation (bzw. Auftragskalkulation) zur Ermittlung der Herstellkosten stehen wird.

Der Stückkalkulation muß im Zusammenhang mit neuen Produktionstechnologien grundsätzlich eine maßgebende Rolle zugestanden werden. Wegen der Notwendigkeit ihrer Verknüpfung mit der Entwicklung und Konstruktion von Produkten (begleitende Kalkulation) sowie mit Investitionsentscheidungen (Kontrollfunktion) ist ihre Existenz unerläßlich. Auch die Zusammenhänge zwischen Marktpreisen, Verkaufspreisen, Verrechnungspreisen und den Herstellkosten vermögen die Notwendigkeit einer Auseinandersetzung mit den Stückkosten deutlich zu machen. Darüber hinaus ist der Einfluß der Stückkalkulation auf strategische und dispositive Entscheidungen in hohem Maße gegeben, weshalb das Management auf möglichst exakte Daten über die Höhe und die Zusammensetzung der Herstellkosten angewiesen ist. Erforderlich ist somit eine Stückkalkulation, die die Kostenstruktur und das zugrundeliegende Mengengerüst sichtbar macht und auf einer verursachungsgerechten Kostenzurechnung beruht. Nur so können entscheidungsadäquate Informationen bereitgestellt werden, die die Beurteilung von Maßnahmen und ihrer Wirkungen auf die Produktkosten zulassen.

Projekt-Controlling 3.2.3

Eine Sonderstellung nimmt das Projekt-Controlling ein, das JOHNSON/KAPLAN als „support of special studies" bezeichnen.[5] Während Prozeß- und Produkt-Controlling institutionalisierte und permanente Controlling-Aufgaben darstellen, ist das Projekt-Controlling ein fallweiser und aperiodischer Vorgang, der in der Regel mit Hilfe eines besonderen Projekt-Managements bewältigt wird.

Gegenstand solcher Untersuchungen können beispielsweise die Einrichtung einer neuen Fertigungslinie sein, ein Lagerkonzept oder Fertigungs-Layout, die Neugestaltung des Informationssystems in der Fertigungsvorbereitung, eine Kapazitätserweiterung, eine Ersatzinvestition oder die Stillegung von Produktionslinien.

Eine wichtige Entscheidungshilfe bei Projekt-Studien ist die Investitionsrechnung. Da die Themenstellung dieses Buches aber auf die Behandlung von Rechnungswesen-Fragen bei sich bereits im Einsatz befindlichen neuen Technologien und nicht bei deren Beschaffung ausgerichtet ist, kann die Problematik der Investitionsrechnung hier nicht weiter verfolgt werden. Ein Verzicht auf diese Thematik rechtfertigt sich umso eher, weil im Gegensatz zu den Fragen des betrieblichen Rechnungswesens die Beurteilung von Investitionsvorhaben für moderne Produktionstechnologien

5 Vgl. JOHNSON/KAPLAN (Relevance), S. 228.

mit Hilfe der Investitionsrechnung in der Literatur bereits recht intensiv behandelt wird.[6]

3.2.4 Folgerungen

Mit den kurzen Ausführungen über Prozeß-, Produkt- und Projekt-Controlling wurden die Module eines „System-Controlling" präzisiert. Um eine selbständige Wirksamkeit einer der drei Aspekte zu vermeiden, ist es nötig, diese drei Bausteine in ein übergeordnetes System-Controlling zu integrieren. Auf diese Weise soll einer Gesamtsicht aller Prozesse, aller Teilbereiche und aller im Produktionssystem erstellten Produkte und Leistungen Rechnung getragen werden.

Dem System-Controlling selbst sind folgende Aufgaben vorbehalten:
- Entscheidungsunterstützung für die Globalsteuerung des Gesamtsystems
- Ausrichtung des Systems auf die übergeordnete Geschäftsziele und -strategien
- Ermittlung des Periodenerfolgs
- Grundlagen für die Berichterstattung.

Diese Übersicht zeigt, daß eine produktionsorientierte Kostenträgerzeitrechnung und eine marktorientierte betriebliche Erfolgsrechnung den Anforderungen eines System-Controllings allein nicht genügen. Deshalb erscheint es sinnvoll, ein System aufzubauen, das in erster Linie der Unterstützung von Entscheidungen dient (Decision Support System). Hierzu erforderlich sind eine On-line-Kopplung mit den technischen Informationssystemen und eine Integration in das übergeordnete CIM-Konzept. Dazu gehören vor allem auch Kennzahlensysteme auf der Basis von Kostendaten und nicht-finanziellen Indikatoren. Als Bestandteil eines systembezogenen, periodischen Berichtswesens erlauben solche Daten eine Globalsteuerung und eine Berücksichtigung von Interdependenzen und Zielantinomien, die bei Partial-Systemen verloren gingen. Andererseits kann dieses konzentrierte Berichtswesen die produkt- und prozeßspezifischen Kostendaten und deren Zustandekommen infolge zu hoher Aggregation nicht mehr zum Ausdruck bringen. Für ergänzende Auskünfte muß man daher auf die Teilsysteme zurückgreifen.

---

6 Vgl. zum Thema: Investitionsbeurteilung bei neuen Technologien ausführlich BÜRSTNER (Investitionsentscheidungen), S. 23 ff.; WILDEMANN (Wirtschaftlichkeitsrechnung), S. 164 ff.; HORVATH/KLEINER/MAYER (Investitionsrechnung), S. 69 ff.; SINGER (Beurteilung), S. 31 ff.

Im Sinne einer Zusammenfassung zeigt die folgende Darstellung
das System-Controlling und seine Bausteine:

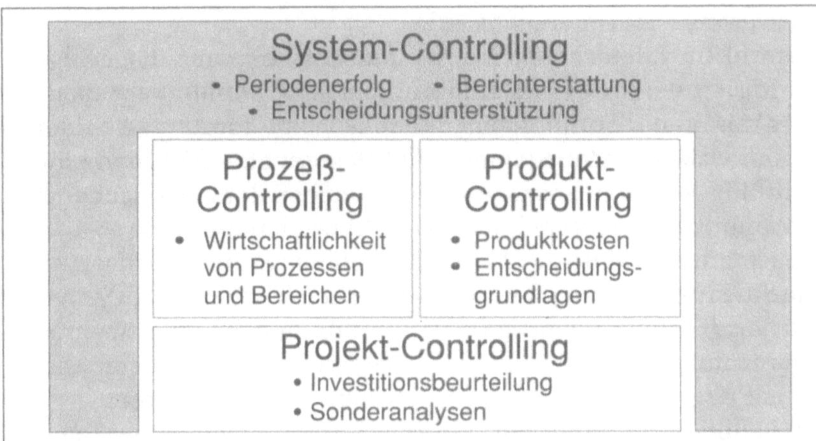

Abbildung 3.4
Integriertes Kosten-
Leistungs-Manage-
ment

Management von Kosten und Leistungen 3.3

Das System des betrieblichen Rechnungswesens besteht aus einer
Kosten- und Leistungsrechnung, einer betrieblichen Erfolgsrechnung (Management-Erfolgsrechnung), Marktsegmentsrechnungen
und Stückkalkulationen (Auftragskalkulation).

Im weiteren Vorgehen konzentrieren wir uns auf eine ausführli-
che Behandlung der Kosten- und Leistungsrechnung sowie der
Stückkalkulation, wobei vor allem die Erfassung, Darstellung und
Interpretation der Herstellkosten behandelt werden sollen. Hingegen werden die betriebliche Erfolgsrechnung und die Marktseg-
mentrechnungen nicht weiter verfolgt, da sie in erster Linie eine
Marktorientierung und weniger eine Produktionsorientierung aufweisen. Die Ausführungen in den folgenden Kapiteln beziehen
sich stets auf folgende Kernfrage: Wie ist das betriebliche Rechnungswesen zu gestalten, um den betriebswirtschaftlichen Wirkungen der modernen Produktionstechnologie Rechnung tragen
zu können?

An dieser Stelle ist eine begriffliche Präzisierung vorzunehmen:
Im deutschsprachigen Raum dominiert immer noch die Bezeichnung „Kostenrechnung", während in der amerikanischen Literatur
verstärkt die Verwendung des Begriffes „Cost Management" festzustellen ist.[7] Hält man sich die wesentlichen Zwecke des betriebli-

---

7 Vgl. z. B. JOHNSON/KAPLAN (Relevance), S. 220; FOSTER/HORNGREN (JIT), S. 24; CAMPI
(Cost Management), S. 51 ff.; BERLINER/BRIMSON (Cost Management); MUIR (Performance), S. 56.

chen Rechnungswesens vor Augen, nämlich die aktive Beeinflussung von Kosten und Leistungen, so wird deutlich, daß die amerikanische Version der notwendigen Führungsorientierung des Rechnungswesens besser gerecht wird.

Obwohl im deutschsprachigen Raum bisher nur ein geringes Bedürfnis zu einer Begriffsänderung besteht[8], wollen wir uns der amerikanischen Terminologie annähern und fortan von einem „Kosten-Leistungs-Management (KLM)" sprechen. Im Sinne eines Controlling-Regelkreises werden damit neben der klassischen Kostenplanung, Kostenabrechnung und Abweichungsanalyse vor allem auch die Elemente der Maßnahmeplanung und -durchsetzung sowie die Ergebniskontrolle abgedeckt. Die Bezeichnung „Management" bezieht sich auf eine aktive Beeinflussung durch frühzeitiges Agieren und Gegensteuern bei drohenden Abweichungen statt bloßem Reagieren auf bereits eingetretene Abweichungen.

Schließlich soll mit dem Begriff „Kosten-Leistungs-Management" zum Ausdruck gebracht werden, daß sowohl die Kosten als auch die Leistungen durch die Führung konsequent beeinflußt werden sollen. Dafür sprechen auch die bereits an früherer Stelle erfolgten Feststellungen, daß in einer automatisierten Produktion Kosten und Leistungen gleichwertige Führungsgrößen sind, die nur in Kombination miteinander eine geeignete Entscheidungsbasis liefern. Wichtige und damit unentbehrliche Leistungsdaten sind beispielsweise Kapazitätsnutzung (Produktivität), Bearbeitungszeiten, Durchlaufzeiten oder Outputs.

Zusammenfassend ist festzuhalten, daß die Führungsverantwortlichen sowohl die Kosten- als auch die Leistungsseite des von ihnen zu verantwortenden Systems so zu lenken haben, daß ein Optimum an Effizienz und Effektivität erreicht wird. Dazu erforderlich ist ein Führungsinstrumentarium, das neben dem Zurückgreifen auf Daten der Kosten- und Leistungssituation auch geeignete Kennzahlen liefert und Sonderrechnungen erlaubt.

3.4 Konsequenzen für das Rechnungswesen

Die bereits im Analyseteil herausgearbeiteten zahlreichen und verschiedenen Probleme werfen zunächst die Frage auf, ob das betriebliche Rechnungswesen von Grund auf neu zu konzipieren sei, oder ob es genüge, unter Beibehaltung des bisherigen konzeptionellen Rahmens eine inhaltliche Weiterentwicklung anzustreben. Dieser Frage sind SCHIFF/SCHIFF bereits nachgegangen.[9] Dabei

---

8 Vgl. MIRANI (Kostenmanagement), S. 514 ff.; ADLER (Erfolgsfaktor), S. 16.
9 Vgl. zum folgenden SCHIFF/SCHIFF (High-Tech), S. 44 f.

stellen sie fest, daß verschiedene Fachleute aufgrund des technologischen Wandels der Produktion eine völlige Neugestaltung des Rechnungswesens erwarten, während andere die bestehende Grundkonzeption des Rechnungswesens weiterhin für geeignet halten und nur eine schrittweise Modifizierung fordern.

Übereinstimmung herrscht in der Literatur jedoch in bezug auf den grundsätzlichen Handlungsbedarf: Die meisten Autoren sind sich einig, daß sich beim Übergang von einer traditionellen auf eine CIM-orientierte Produktion folgende drei Kernfragen für das Rechnungswesen stellen:

1. Mit welchen Führungsgrößen kann die Wirtschaftlichkeit der automatisierten Prozesse überwacht werden?
2. Wie können bei flexibel automatisierter Produktion die Stückkosten möglichst exakt erfaßt und verursachungsgerecht auf die Leistungen verrechnet werden?
3. Wie kann dem Management ein CIM-adäquates, flexibles und aktuelles System zur Entscheidungsunterstützung zur Verfügung gestellt werden?

Diese Fragen widerspiegeln die bereits im Analyseteil definierten Hauptaufgaben des betrieblichen Rechnungswesens.

Nach unserer Meinung ist es nicht erforderlich, in formeller Hinsicht einen völlig anderen Weg zu gehen. Auch in Zukunft wird es nicht nötig sein, von der klassischen Dreiteilung in eine Kostenarten-, Kostenstellen- und Kostenträgerrechnung abzugehen. Eine Einschränkung ist nur bei der Kostenträgerzeitrechnung notwendig: Erfaßbar sind hier nur die Herstellkosten der produzierten Leistungen, die Bestandsveränderungen und die abgesetzten Leistungen. Alle übrigen Kosten wie Verwaltungs- und Vertriebskosten gehören nicht in diese Rechnung. Diese Kosten gehen direkt in die betriebliche Erfolgsrechnung ein, in der neben den Herstellkosten der abgesetzten Leistung selbstverständlich auch der Erlös erfaßt wird.

Inhaltlich hat die genannte Kosten- und Leistungsrechnung folgende Fragen zu beantworten:
- Welche Arten von Kosten sind in welcher Höhe in welcher Periode angefallen?
- Wo (in welchen Bereichen, bei welchen Prozessen) sind diese Kosten angefallen?
- Welchen Produkten und Leistungen sind diese Kosten zuzurechnen?

So eindeutig diese Fragen gestellt sind, so schwierig ist ihre praktische Beantwortung. Namentlich die Lösung der zweiten Frage, die sich auf die Kostenstellenrechnung bezieht, gibt Anlaß zu besonderen Schwierigkeiten. In der konventionellen Kostenstellenrechnung, wie sie allgemein aus der Literatur bekannt ist, lassen sich die hier anstehenden Probleme kaum lösen.

Selbst die „moderne" flexible Plankostenrechnung eignet sich nur bedingt, weil sie von einem eindimensionalen und geschlossenen System ausgeht. Dieses System unterstellt für alle wichtigen Unternehmensbereiche die gleichen Gesetzmäßigkeiten, die aber in der Realität nicht gegeben sind. Zwischen den Bereichen Fertigung, Forschung und Entwicklung, Verwaltung und Vertrieb, um nur die wichtigsten Funktionsbereiche einer Unternehmung zu nennen, bestehen derartige Unterschiede, daß für jeden Bereich spezifische Kostenstellenrechnungen entwickelt und benutzt werden müssen. Deshalb vertreten wir die Auffassung, daß es in einer Unternehmung vier unterschiedliche Kostenstellenrechnungen braucht.[10]

Konsequenterweise ist daher in der Folge eine besondere Kostenstellenrechnung für die Produktion zu entwickeln, bei der die kostenrechnerischen und leistungsmäßigen Belange der Entwicklung, der Verwaltung und des Vertriebes unberücksichtigt bleiben müssen. In Verbindung mit der hier vorliegenden Themenstellung kann es sich nur um eine CIM-orientierte Kostenstellenrechnung handeln. Zudem lassen die bisherigen Ausführungen erkennen, daß das beabsichtigte KLM-Modell sich nach den Verhältnissen der Maschinen- und Apparateindustrie ausrichtet.

Trotz dieser Eingrenzung müssen aber auch innerhalb des hier interessierenden Produktionsbereiches weitere Differenzierungen vorgenommen werden. Die Wirkungsanalyse in Kapitel 2 hat eindeutig gezeigt, daß die Komplexität und Dynamik einer CIM-orientierten Produktion erhöhte Anforderungen an die inhaltliche und zeitliche Flexibilität des Rechnungswesens stellen, weshalb es nur noch bedingt möglich ist, ein fest definiertes Rechnungswesen-System „für alle Fälle" zu konstruieren.

---

10 Vgl. zu F&E-Kosten SIEGWART/KLOSS (Erfassung); zum Thema Verwaltungs- und Vertriebskosten SIEGWART/BALMER (Vertriebskosten).

Kostenstellenbildung bei flexibel automatisierter Produktion 4.1

Aufgrund vorstehender Überlegungen ist es notwendig, als erstes Problemfeld die Kostenstellenbildung bei flexibel automatisierter Produktion zu behandeln. Eine klare Kostenzuordnung und eine verursachungsgerechte Kostenverrechnung sind nur auf der Grundlage einer entsprechenden Kostenstelleneinteilung möglich. Zu berücksichtigen ist dabei die Zielantinomie der Kostenstellenbildung in Systemen mit integriertem Materialfluß. Bereits in der Wirkungsanalyse neuer Technologien wurden die Gegensätze deutlich, die sich zwischen der Forderung nach einer möglichst breiten und verantwortlichkeitsorientierten Kostenstelleneinteilung und der Notwendigkeit einer Feingliederung zum Zwecke exakter Kalkulationen ergeben. Zur Lösung dieses Problems sollen Regeln aufgestellt werden, die der Kostenstellenbildung bei automatisierten Systemen dienen.

Gliederung der Kostenstellen 4.1.1

Bei neuen Technologien hängt die Kostenstellenbildung neben der Organisationsstruktur vor allem von der Fertigungsstruktur und dem Materialfluß ab. Davon ausgehend muß ein flexibel automatisiertes System, sei es eine Transferstraße oder ein FFS, wegen seiner technischen Besonderheiten als eine eigenständige Kostenstelle definiert werden. Diese Forderung ist in Wissenschaft und Praxis weitgehend unbestritten.[1] Die zentrale Frage ist jedoch, ob ein solches System weiter differenziert werden muß und welche Gliederungskriterien dabei sinnvollerweise angewendet werden sollen. Dies kann nur unter Berücksichtigung des Fertigungstyps und des Flexibilitätsgrades der Anlagen entschieden werden, wobei als wichtigstes Kriterium die Homogenität des Leistungserstellungsprozesses sowie der auf einem System gefertigten Erzeugnisse heranzuziehen ist.

---

1 Vgl. BENNETT u. a. (Cost Accounting), S. 52 sowie die Erhebung PLATTS in 12 Industrieunternehmen, die allesamt ihre flexibel automatisierten Systeme als eigene Kostenstelle definiert haben [PLATT (Kostenanalyse), S. 223 f.].

4.1.1.1 Gliederungskriterien

Die Kostenstellengliederung kann prinzipiell nach folgenden Kriterien erfolgen:

a) Strukturordnung
b) Ergebnisverantwortung
c) Layout-Struktur
d) Kalkulationsstruktur
e) Spektrum der Absatzleistungen.

a) *Strukturordnung*

Damit der eigentliche Wertschöpfungsprozeß, d. h. die Erbringung der Hauptleistungen zustande kommt, sind verschiedene Vor- und Hilfsleistungen notwendig. Das Auftreten solcher Leistungen ist ein Faktum, das bei der Kostenstellenbildung zu berücksichtigen ist. Es ist deshalb zwischen Vor- und Hilfskostenstellen einerseits und Hauptkostenstellen andererseits zu differenzieren. Zur Abgrenzung ist die grundsätzliche Frage zu stellen, ob die von einer Kostenstelle erbrachten Leistungen vorwiegend Marktleistungen darstellen oder ausschließlich Leistungen, die zur Vorbereitung und Unterstützung der eigentlichen Leistungsprozesse benötigt werden. Von Bedeutung sind also sowohl leistungsspezifische wie auch abrechnungstechnische Gesichtspunkte.

In der folgenden Darstellung werden diese Aspekte präzisiert:

Abbildung 4.1
Betriebliche
Strukturordnung

Leistungs-Management			
Vorleistungen	Hilfsleistungen	Haupt- leistungen	Markt- leistungen
● Arbeitsvor- bereitung ● Produktions- planung ● Material- disposition ● Personal ● Instand- haltung	● Leitstand ● System Zentrum ● Streckenkopf ● Produktions- steuerung (Auftrags- disposition)	● Bearbei- tungszentrum ● Starre Ferti- gungslinie ● Flexibles Fertigungs- system ● Flexible Ferti- gungslinie ● Logistik- system ● Qualitäts- sicherung	● Fertig- produkte ● Dienst- leistungen
Kostenstellen			
Vorkostenstellen	Hilfskostenstellen	Hauptkosten- stellen	Kostenträger- rechnung

b) *Ergebnisverantwortung*

Aus der Darstellung der betrieblichen Strukturordnung wird ersichtlich, daß mit ihr die Aufbauorganisation des Betriebes eng verknüpft ist. Damit wird auch die Verflechtung zwischen Leistungserbringung und Ergebnisverantwortung deutlich. Bei der Stellengliederung sind beide Aspekte zu beachten: die kostenwirtschaftliche und die qualitative Ergebnisverantwortung.

Bei der konventionellen Werkstattfertigung wird die Kostenstellengliederung in der Regel auf den sogenannten Meisterbereich ausgerichtet. Aus der Sicht der Ergebnisverantwortung bedarf die Kostenstellenbildung bei neuen Produktionstechnologien aber einer anderen Fixierung, denn die sonst übliche „Feingliederung" ist hier nicht zweckmäßig. Diese Aussage kann anhand des in Abb. 4.2 dargestellten flexiblen Fertigungssystems, dessen Funktionsweise unter c) erläutert wird, verdeutlicht werden: Das System weist insgesamt einen hohen Integrationsgrad mit materialflußmäßiger Verkettung aller Teilsysteme und kurzen Durchlaufzeiten ohne Zwischenlagerstufen auf. Dadurch ist eine verantwortungsbezogene Unterteilung des Gesamtsystems nicht mehr möglich, da einzelne Systemteile nicht ohne sofortige Rückwirkung auf andere beeinflußt werden können. Die Wirtschaftlichkeitsbeurteilung erstreckt sich somit auf das gesamte System, weshalb auch das ganze Fertigungssystem als Kostenverantwortungsbereich zu definieren ist. Geht man davon aus, daß diese Anlage einem Fertigungsingenieur unterstellt ist, dann ist dieser für das gesamte flexible Fertigungssystem bezüglich Wirtschaftlichkeit, Durchlaufzeit und Qualität verantwortlich.

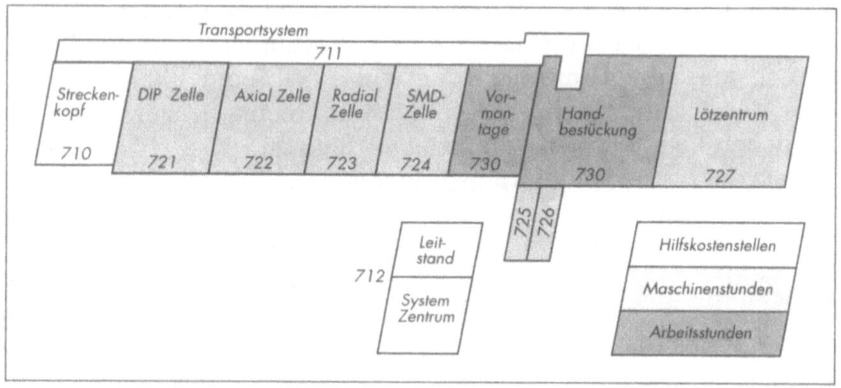

Abbildung 4.2
Kostenstelleneinteilung bei einem FFS

c) *Layout-Struktur*

Eine wichtige Grundlage für die Kostenstellengliederung bildet auch die Layout-Struktur, d. h. das räumliche Einteilungskriterium. Automatisierte Systeme sind räumlich klar abgegrenzt und besitzen eine eigene Infrastruktur. Dadurch ist es möglich, einen bestimmten Betriebsteil gegenüber anderen zweifelsfrei abzugrenzen. Für weitergehende kostenwirtschaftliche Überlegungen genügt aber eine übergeordnete Einteilung nicht. In jedem flexiblen Fertigungssystem gibt es wesensverschiedene Systemkomponenten wie zum Beispiel Werkzeugmaschinen, Roboter oder FTS-Bahnhof. Daher bedürfen diese Systeme einer weiterführenden Betrachtung. Dies soll nun konkret am Beispiel eines flexiblen Fertigungssystems zur Herstellung von elektronischen Flachbaugruppen geschehen, dessen Struktur in Abb. 4.2 dargestellt wurde.

Die Bestückung der Flachbaugruppen erfolgt zum überwiegenden Teil durch Automaten und die bestückten Baugruppen werden in vollautomatischen Lötbädern gelötet. Der Material- und Werkstücktransport geschieht computergesteuert über ein Haupttransportsystem, an das die einzelnen Zellentransportsysteme angeschlossen sind. Am Streckenkopf werden die Leiterplatten auf einen standardisierten Werkstückträger aufgespannt und mit einem Barcode identifiziert, wodurch sie im Leitrechner erfaßt und bis zur Fertigstellung on-line verfolgt werden können. In den drei Fertigungszellen werden die Leiterplatten vollautomatisch mit Schaltkreisen (DIP), axialen und radialen Bauelementen sowie mit SMDs (surface mounted devices) bestückt. Das Be- und Entladen der Werkstücke in die einzelnen Bestückautomaten erfolgt ebenfalls computergesteuert durch das Transportsystem. In der Vormontage werden manuelle Tätigkeiten wie Verschrauben oder Nieten ausgeführt, und in der Handbestückung werden Sonderbauelemente eingesetzt, die nicht automatisierbar sind. Das ganze System wird von einem Leitstand aus gesteuert und umfaßt eine Rechnerhierarchie mit einem Leitrechner, der die Zellenrechner steuert, denen wiederum die einzelnen Prozeßrechner an den Bearbeitungsmaschinen untergeordnet sind. Auf jeder Ebene und in jeder Verdichtungsstufe stehen damit im Rechnersystem alle wesentlichen Plan- und Ist-Daten zur Verfügung.

Trotz des hohen Integrationsgrades weisen die einzelnen Teilsysteme beachtliche Unterschiede hinsichtlich ihres Automatisierungs- und Flexibilitätsgrades auf. Nebst hochautomatisierten Lötzentren und Montagezellen ist ein manuelles Bestückzentrum integriert, das zwar ebenfalls rechnerintegriert und an ein automatisches Zuführ- und Transportsystem gekoppelt ist, die eigentliche Bearbeitung aber mit hohem Lohnanteil ausführt. Bezüglich Flexibilitätsgrad sind neben flexiblen Zellen, die nicht von allen Werkstücken in gleichem Maße beansprucht werden, auch starre Linien sowie ein Lötzentrum mit fest vorgegebenem Durchlauf ins gleiche System eingebunden. Solche Unterschiede führen zu extremen Kostenstrukturdifferenzen zwischen den einzelnen Teilsystemen.

Diese Heterogenität der Leistungserstellung und diejenige der Produkte (mehrere hundert Varianten) zwingen im Hinblick auf die Kalkulation zu einer differenzierten Bildung von Kalkulationsbereichen. Diese Überlegungen führen zu folgender Kostenstellenstruktur:

- Hauptkostenstellen:
  Die Hauptkostenstellen werden funktionsorientiert gebildet, wobei Maschinen gleicher Struktur (z. B. alle Axial-Bestückungsautomaten) zu einer Kostenstelle zusammengefaßt werden. Die Fertigungs-Hauptkostenstellen werden wie folgt differenziert:
  a) Vollautomatische, anlagendominierte Teilsysteme (Zellen, Lötzentrum, starre Linien) werden über Maschinenstundensätze verrechnet.
  b) Arbeitsintensivere Bereiche (Vormontage, Handbestückung) werden auf Basis von Fertigungsstunden verrechnet.

- Hilfskostenstellen:
  Teilsysteme, die Leistungen für die bisher definierten Kostenstellen erbringen, werden als Hilfskostenstellen abgegrenzt und über Leistungsbezugsgrößen auf die Hauptkostenstellen umgelegt. Zu diesen Hilfskostenstellen zählen das Transportsystem, der Streckenkopf (Aufspannung, Codierung der Werkstücke) und der Systemleitstand (PPS).

d) *Kalkulationsstruktur*

Als entscheidender Gesichtspunkt für die Kostenstellengliederung ist schließlich die geforderte und erwünschte Struktur der Stückkosten bzw. der Stückostenkalkulation zu sehen. Das hängt damit zusammen, daß zwischen der Kostenstellenrechnung und der Stückkalkulation ein funktionaler Zusammenhang besteht. Wünscht man im Detail zu wissen, wie sich der Kostenwert einer Leistung zusammensetzt, dann benötigt man ebenfalls detaillierte Angaben aus der Kostenstellenrechnung. Sind hingegen lediglich relativ globale Angaben gefragt, dann genügt aus der Sicht der Stückkalkulation eine wenig umfangreiche Kostenstellengliederung.

Im Hinblick auf die Bedeutung der Stückkalkulation als Mittel zur Darstellung des Mengen- und Wertegerüstes sowie der daraus resultierenden Kosten sollte eine Stückkalkulation so strukturiert sein, daß der Wertschöpfungsprozeß der betrieblichen Leistungserstellung im Detail nachvollzogen werden kann. Für strategische Preisvorstellungen, für dispositive Preisanpassungen und für kostenwirtschaftliche Rationalisierungsmaßnahmen sowie für den vergleichenden Nachvollzug ihrer Wirkungen sind möglichst detaillierte Kostendaten unentbehrlich. Die gewünschte Strukturierung der Stückkalkulation ist daher für die Kostenstellengliederung von ganz entscheidender Bedeutung.

e) *Spektrum der Absatzleistungen*

Bereits die Strukturordnung ließ erkennen, daß es verschiedene Leistungsarten zu unterscheiden gilt: Vor-, Hilfs- und Hauptleistungen (Absatz- oder Marktleistungen). Eine weitere Differenzierung ist nun noch bei den Absatzleistungen notwendig, denn je nach Leistungsart ergeben sich unterschiedliche Anforderungen an die Fertigungssysteme. Erst in Verbindung von Leistungsart und Fertigungssystem kann letztlich die Frage der Kostenstellendifferenzierung innerhalb eines automatisierten Systems beanwortet werden.

Grundsätzlich ist zu unterscheiden zwischen homogenen und heterogenen Leistungen: Dabei ist zu fragen, „... ob eine homogene Leistung mit Hilfe eines homogenen Leistungsprozesses erbracht wird, oder ob heterogene Leistungen mit unterschiedlichen Operationen und unterschiedlichen Zeitvorgaben in einem heterogenen Leistungssystem erbracht werden müssen.“[2] Dies geschieht in der Praxis beispielsweise bei gleichartigen Pressen oder Stanzen, die in der Vorfertigung räumlich zu eigenen Blechbearbeitungszentren zusammengefaßt werden.

Die hier vorgeschlagene Systematik verdeutlicht Abb. 4.3:

Abbildung 4.3
Differenzierungstiefe
für Kostenstellen

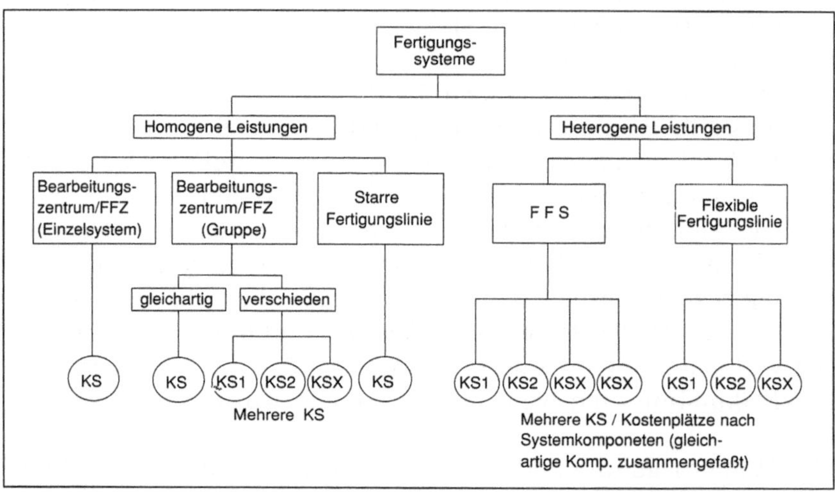

a) *Homogene Leistungen*

Werden homogene Leistungen mit Hilfe eines Bearbeitungszentrums, einer flexiblen Fertigungszelle (FFZ) oder einer starren Fertigungslinie erbracht, dann kann das Problem der Kostenstellengliederung dadurch gelöst werden, daß man sich auf die Festlegung einer einzigen Kostenstelle beschränkt. Ähnliches gilt für den Fall, daß mehrere Bearbeitungszentren bzw. eine FFZ-Gruppe in An-

2 SIEGWART/RAAS (Anpassung), S. 12.

spruch genommen werden. Weisen die einzelnen Zentren gleichartige Strukturen auf, die kaum zu Unterschieden in der Kostenverursachung führen, dann kann jedes Zentrum als eine abgeschlossene Kostenstelle fixiert und mit einem einheitlichen Stundensatz
abgerechnet werden.

Ein Spezialfall bildet die starre Fertigungslinie: Obwohl hier die
Systemkomponenten eine unterschiedliche Kostenstruktur aufweisen, beispielsweise Fördersysteme und Bearbeitungszentren,
kann man sich ebenfalls mit einer Kostenstelle begnügen.

Unter Bezugnahme auf die Praxis kann heute eine verstärkte
Tendenz zur homogenen Leistungserstellung beobachtet werden.
Die Folge wird sein, daß die Produktion in Zukunft wesentlich
stärker produktorientiert gestaltet sein wird. Das bleibt wiederum
nicht ohne Konsequenz auf die formale Gestaltung der Stückkalkulation. Dank straffer Produktorientierung wird es gleichzeitig aber
wieder möglich sein, mit relativ einfachen Kalkulationsmodellen
zu arbeiten, die auf einem Gesamtsystem-Stundensatz oder auf der
Durchlaufzeit beruhen (vgl. die Kalkulationsmodelle in Kap. 5.1).

b) *Heterogene Leistungen*

Bei heterogenen Leistungen in flexiblen Fertigungssystemen (FFS)
sowie flexiblen Fertigungslinien ist die Inanspruchnahme der einzelnen Systemkomponenten durch die Werkstücke je nach Variante völlig unterschiedlich. Zudem bestehen erhebliche strukturelle Kostenunterschiede zwischen den einzelnen Systemkomponenten, beispielsweise zwischen Spannplätzen, NC-Maschinen
und dem Transportsystem. Für solche Fertigungssysteme ist die
Bildung einer einzigen Kostenstelle für die Zwecke der Kalkulation völlig ungenügend, weshalb sich eine Feineinteilung aufdrängt. Sind bei funktionsgleichen Anlagen erhebliche Wert- und
damit Kostenunterschiede zu verzeichnen, dann ist für jedes Aggregat eine eigene Kostenstelle zu bilden. Nur Systemkomponenten, die eine gleiche oder sehr ähnliche Kostenstruktur aufweisen,
können zu einer Kostenstelle zusammengefaßt werden.

Differenzierungsgrad der Kostenstellen   4.1.1.2

Die insbesondere für FFS geforderte hohe Kostenstellendifferenzierung erlaubt eine ebenso differenzierte Kalkulation. Bis anhin
waren der Realisierung solcher Kostenplatzrechnungen aber
Grenzen gesetzt: In einer klassischen Kostenrechnung konnte man
bei herkömmlichen Produktionssystemen für eine Kostenplatzrechnung zwar die Kosten detailliert planen, die Istkosten aber
kaum in der gleichen Feinheit erfassen. Zumindest war eine detaillierte Erfassung wirtschaftlich nicht vertretbar. In der Kostenkon-

trolle mußte man sich daher zwangsläufig wieder auf eine gewisse Kostenblockbildung zur Gegenüberstellung von Plan- und Istkosten beschränken (vgl. Abb. 4.4). KILGER bezeichnet dies als Nachteil der Aufgabe des Prinzips der „Identität von Planungs- und Kontrollbereich".[3] Dank Rechnersteuerung mit ausgebauten BDE-Systemen stellt sich dieser Nachteil heute aber nicht mehr in gleichem Maße. Für die Kostenplanung wird das Zeiten- und Mengengerüst aus den Arbeitsplänen (Steuerungsprogrammen) und Stücklisten (CAP) entnommen und für die Kontrolle werden die Ist-Daten aus der On-line-Betriebsdatenerfassung übertragen.

Abbildung 4.4
Identität von Planung
und Kontrolle[4]

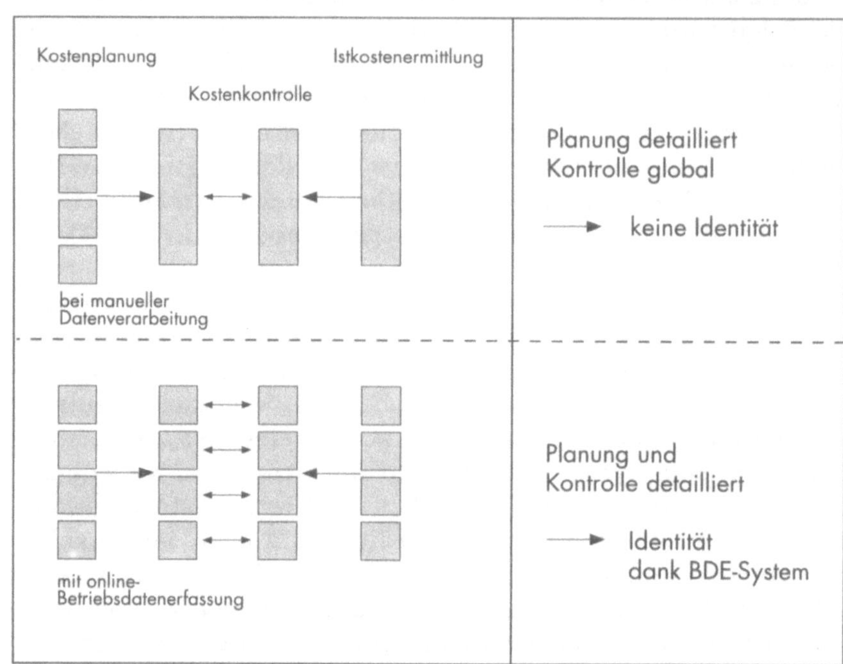

KNOOP hat in seinem praktisch angewandten Konzept einer FFS-orientierten Kostenrechnung nachgewiesen, daß innerhalb eines FFS eine Kostenplatzbildung nach Systemkomponenten durchaus realisierbar ist und durch konsequente Nutzung der vorhandenen technischen Steuerungs- und Erfassungssysteme zu keinen Kontierungsschwierigkeiten führt.[5] Es ist zweifellos richtig, die Chancen der neuen Informationstechnologien zu nutzen, die heute die Implementierung einer detaillierten Kostenstellen- und Kostenplatzrechnung bietet. Bei einer feineren Kostenstelleneinteilung können problemloser verursachungsgerechte Bezugsgrößen ge-

---

3 Vgl. KILGER (Plankostenrechnung), S. 321.
4 Vgl. KNOOP (Online-Kostenrechnung), S. 93.
5 Vgl. KNOOP (Online-Kostenrechnung), S. 90 ff.

funden werden, da kaum unterschiedliche Maschinen in einer
Kostenstelle zusammengefaßt werden. Dennoch dürfen die neuen
Informationstechnologien nicht zu einer kostenstellenmäßigen
Zerstückelung des Produktionsbereichs verleiten. Soll-Ist-Vergleiche auf einer zu feinen Differenzierungsstufe, z. B. in Form von
Kostenabweichungen eines einzelnen Spannplatzes, sind als Führungsinformationen nicht mehr sinnvoll. Maßnahmen im Hinblick
auf Effizienzverbesserungen können in vernünftigem Maße nicht
auf Stufe Systemkomponente durchgeführt werden, weil dazu ein
integriertes System zu interdependent ist, sondern sind nur für das
Gesamtsystem plan- und realisierbar.

Es muß daher verstärkt versucht werden, für die Zwecke des
Prozeß-Controllings mit einem anderen Feinheitsgrad der Kostenstelleneinteilung zu arbeiten als für Kalkulationszwecke. Unter
Orientierung am Prinzip der Kostenplatzrechnung sind die Vorteile leistungsfähiger EDV dahingehend zu nutzen, daß ein hierar-
chisches Kostenstellensystem aufgebaut wird, das für die verschiedenen Informationszwecke unterschiedliche Feinheitsgrade zuläßt. MÄNNEL beispielsweise fordert eine Flexibilisierung der
Kostenstelleneinteilung, wobei er den Aufbau paralleler
Kostenstellenhierarchien vorsieht, die es erlauben, je nach Entscheidungssituation spezifische Kostenstellenverdichtungen vorzunehmen.[6] Das in Kapitel 6.1.1 erläuterte datenbankorientierte
Rechnungswesen läßt diese Möglichkeit zweifellos zu.

Verantwortungsbereiche und Kalkulationsbereiche 4.1.1.3

Tendenziell ist somit festzustellen, daß zwei unterschiedliche
Aspekte auf das Problem der Kostenstellendifferenzierung einwir-
ken: die Ansprüche einer leistungsbezogenen Stückkalkulation
und das Erfordernis einer führungsorientierten Ergebnisverantwortung.

Die Anforderungen an eine Stückkalkulation werden bestmög-
lich erreicht, wenn durch eine strukturierte Tiefe ein transparenter
Einblick in die Zusammensetzung der Material- und Fertigungsko-
stenbestandteile gewährt wird. Dieser Bestimmungsfaktor für die
Zweckeignung von Kalkulationen ist gleichzeitig Kriterium für die
Kostenstellendifferenzierung. Der Informationsbedarf der Stückkalkulation ist dann nahtlos zu decken, wenn die Kostenstellengliederung mit der Kalkulationsstruktur gleichgesetzt ist. Eine in
die Tiefe gehende Kostenstruktur in der Kalkulation erhöht den
Informationsbedarf gegenüber der Kostenstellenrechnung. Um

6 Vgl. MÄNNEL (Weiterentwicklung), S. 34 f.

diesem Anspruchsniveau genügen zu können, müssen auch die Kostenstellen entsprechend differenziert werden.

Anders ist die Aussage zu treffen, wenn die führungsorientierte Ergebnisverantwortung in Erscheinung tritt. Die Abhängigkeitsbeziehung zwischen Ergebnisverantwortung und Kostenstellenbildung richtet sich nach dem Umfang der Führungsverantwortung. Im Gegensatz zur konventionellen Fertigung hat die moderne Fertigungstechnologie einen breiteren Verantwortungsbereich zur Folge. Ein solcher Verantwortungsbereich kann aus einer Vielzahl von Kostenstellen bestehen.

Daraus folgt, daß zwischen Kostenstellen als Kalkulationsbasis und den Kostenstellen als Verantwortungsbereiche zu unterscheiden ist. Um dieser Forderung gerecht zu werden, könnte anstelle der etwas unbefriedigenden Abgrenzung der Begriffe Kostenstelle und Kostenplatz deutlicher unterschieden werden zwischen

Verantwortungsbereichen und Kalkulationsbereichen.
Die Kalkulationsbereiche richten sich nach dem Informationsbedarf der Kalkulation; sie können sehr eng fixiert sein, wobei die technischen Erfassungsmöglichkeiten einen begrenzenden Faktor darstellen. Der Verantwortungsbereich hingegen verlangt höher verdichtete Informationen.

Interessanterweise kann festgestellt werden, daß auch in der Praxis alternative Bezeichnungen verwendet werden, indem zum Beispiel zwischen „Kostenstellen" (Verantwortungsbereich) und „Kostenstellen-Untergruppen" (Kalkulationsbereich) unterschieden wird.

Anhand eines Praxisbeispiels eines großen Maschinenherstellers sei diese Lösung verdeutlicht:
Verantwortungsbereich: 1450   Automatisches Stanzzentrum
(= Kostenstelle mit Vorarbeiter oder Meister)
Kalkulationsbereiche: Stundensatz
(= Kostenstellenuntergruppen)
14501   Stanzautomat   Typ A   63 t   DM   86,25
14502   Stanzautomat   Typ B   100 t   DM   125,80
...   ...
14509   Stanzautomat   Typ I   80 t   DM   99,70
1450 ist eine Kostenstelle, für die in der Ergebniskontrolle ein Soll-Ist-Vergleich durchgeführt wird, den der Kostenstellenleiter zu verantworten hat. Dabei wird er nur für die Kosten verantwortlich gemacht, die er auch tatsächlich beeinflussen kann. Die Stanzautomaten bilden zusammen ein Stanzzentrum und werden über ein DNC-System zentral gesteuert und mit NC-Programmen bedient. Insofern können sie verantwortungsmäßig nicht einzeln beeinflußt werden, weisen aber aufgrund ihrer verschiedenen Bauar-

ten und unterschiedlicher Leistungsfähigkeiten bezüglich Kostenstruktur erhebliche Unterschiede auf. Für die Ermittlung verursachungsgerechter Stückkosten (Kalkulation) sowie für die Wahl anstehender Entscheidungsalternativen (z. B. optimale Reihenfolgeplanungen bei Engpässen) ist es dagegen von Bedeutung, ob ein Auftrag über den Stanzautomaten Typ A oder über den Automaten Typ B gesteuert wird.

Beziehungen zwischen den Kostenstellen 4.1.2

Das weitere Problem, das nunmehr zu erörtern ist, bezieht sich auf die bereits früher getroffene Unterscheidung zwischen Vorkostenstellen, Hilfskostenstellen und Hauptkostenstellen.

Die Vorkostenstellen erbringen Vorleistungen, die vorwiegend von den Hauptkostenstellen, aber auch von andern Vor- und Hilfskostenstellen in Anspruch genommen werden. Zu erwähnen sind beispielsweise die Kostenstelle „Gebäude" oder die Kostenstelle „allgemeine Produktionsleitung". Die Hilfsleistungen von Hilfskostenstellen betreffen in der Regel bestimmte Hauptkostenstellen. Wer solche Leistungen nutzt, hat auch die entsprechenden Kosten zu tragen. Eine derartige Kostenumlage verlangt die Wahl und Verwendung geeigneter Bezugsgrößen. Da die Hauptkostenstellen absatzfähige Produkte erzeugen, sind deren Kosten der Kostenträgerrechnung zu belasten.

Die veränderten Bedingungen bei flexibel automatisierter Produktion erfordern bezüglich einiger Kostenstellen-Typen aber eine neue Sichtweise:

Vorkostenstellen 4.1.2.1

a) *Systempersonal*
Ein markantes Kennzeichen neuer Produktionstechnologien ist die auffallende Reduktion der direkten Personalkosten. Gleichzeitig ist ein zunehmend wechselnder Einsatz hochqualifizierter Mitarbeiter in verschiedenen Fertigungssystemen zu beobachten. Es ist jedoch möglich, daß die Mitarbeiter innerhalb eines Systems in verschiedenen Funktionen (Springer-Prinzip) eingesetzt werden. Schließlich gehört es zum Aufgabenbereich des Systemverantwortlichen, die Zahl der benötigten Mitarbeiter in Abhängigkeit der Auslastung und der Störanfälligkeit des Systems zum voraus zu planen.

Alle diese Überlegungen sprechen dafür, die gesamten Personalkosten der Systembetreuer in einer Fertigungshilfskostenstelle zu

155

sammeln. Die Kosten dieser Stelle sind anschließend im Ausmaß der jeweiligen Beanspruchung auf die Fertigungshauptkostenstellen (auf die einzelnen flexibel automatisierten Teilsysteme) zu verteilen. Als Verteilungsschlüssel könnten beispielsweise die beanspruchten Arbeitszeiten verwendet werden, was aber eine entsprechend differenzierte Zeitenerfassung erfordert. Die Verteilung kann aber auch im Verhältnis zu den Maschinenstunden der betreuten Anlagen erfolgen.

Nach unserer Meinung ist die beanspruchte Mitarbeiterzeit als Grundlage der Personalkosten-Verrechnung besser als die Bezugsgröße „Maschinenzeit". Von Bedeutung ist, daß die Kosten der Mitarbeiter dem Sinn nach Bereitschaftskosten sind. Auch im Hinblick auf die Kostenplanung ist es zweckmäßiger, von der Zahl der benötigten Mitarbeiter bzw. Arbeitszeit auszugehen. Diese ist nämlich abhängig von der Zahl der Schichten, der Anzahl der Mitarbeiter für Überwachung unter Berücksichtigung der Ausfallwahrscheinlichkeit. Ginge man von den Maschinenzeiten aus, dann käme ein Planungselement zum Zuge, das den Handlungsspielraum der für die Leistungen verantwortlichen Führungskräfte einengte. Außerdem würde die Planung und Verrechnung der Kosten der Mitarbeiter nicht zuletzt durch die Ausfallzeiten erschwert. Es kann aber auch sein, daß für gewisse Hauptkostenstellen der Fertigung eine dauernd fixe Zuteilung bestimmter Mitarbeiter möglich ist. Das macht die getrennte Erfassung und gesonderte Verrechnung dieser Mitarbeiterkosten nicht unbedingt nötig.

b) *Produktionssteuerung und Arbeitsvorbereitung*
Die Produktionssteuerung und die Arbeitsvorbereitung (Fertigungsvorbereitung) sind in modernen Produktionskonzepten zentrale Funktionen. Sie erbringen für mehrere, zum Teil sehr unterschiedliche Produktionssysteme, Leistungen, weshalb für diese Funktionen Vorkostenstellen zu bilden sind. Die Erfassung verursachungsgerechter Basisdaten für die Kostenumlage ist bei computergesteuerten Systemen mit einem ausgebauten BDE-System relativ leicht möglich. Bei DNC-Steuerungen beispielsweise sind für die einzelnen Arbeitsstationen und Fertigungszellen die entsprechenden NC-Programme einzuspeisen und der Fertigungsvorgang zu überwachen. Dies wird in den jeweils dafür zuständigen Rechnerebenen DV-mäßig auch erfaßt, woraus sich eindeutige Leistungsbeziehungen zu den Hauptkostenstellen ableiten lassen.

c) *Innerbetrieblicher Transport*
Die automatisierten Transportsysteme in flexiblen Fertigungsanlagen verursachen erhebliche Kosten, die grundsätzlich auf zwei Wegen verrechnet werden können: Ein klar abgegrenztes Transportsystem mit eigener Rechnersteuerung (z. B. ein FTS) kann als

eigene Kostenstelle definiert werden. Diese Lösung wird später für eine durchlaufzeitorientierte Stückkalkulation eines FFS gewählt (vgl. 5.1.2). Ist die Abgrenzung einer eigenen Hauptkostenstelle oder die Definition einer eindeutigen Bezugsgröße aber schwierig (z. B. bei fest installierten Rollenfördersystemen), so können die Transportsysteme in einer Vorkostenstelle zusammengefaßt und nach einem Umlageschlüssel auf die Fertigungskostenstellen verrechnet werden. Diese Lösung wird auch im Beispiel von Abb. 4.2 angewendet.

d) *Instandhaltung*

Angesichts des stark steigenden Instandhaltungsaufwandes, der beim Einsatz neuer Fertigungstechnologien zu verzeichnen ist, muß der Verrechung der Instandhaltungskosten besondere Aufmerksamkeit geschenkt werden. In zunehmendem Maße werden heute Instandhaltungsaufgaben in die autonomen Gruppen verlegt und von den eigentlichen Maschinenbedienern selber wahrgenommen.

Die Bildung einer Vorkostenstelle kommt deshalb nur dann in Frage, wenn auch organisatorisch eine zentrale Instandhaltung für bestimmte Fertigungsbereiche vorgesehen ist. Dies ist beispielsweise in der Automobilindustrie recht verbreitet, wo für hochautomatisierte Fertigungsstraßen spezialisierte Instandhaltungsteams bereitstehen. Die dort anfallenden Kosten sind einerseits auf planmäßige Instandhaltung (Anlagenrevision) als auch auf ungeplante Instandsetzung im Störfall zurückzuführen. Entsprechend sollte angestrebt werden, die planmäßigen Instandhaltungskosten nach der Bezugsgröße Maschinenlaufzeit (Maschinenstunden) auf die Hauptkostenstellen zu verrechnen und die unplanmäßigen nach der Anzahl der Störfälle. Die BDE-Systeme und die Rapporte bzw. Aufschreibungen der Instandhaltungsteams liefern dafür die erforderlichen Basisdaten (vgl. die Ausführungen zu Maschinenstillständen in 4.2.4.2).

Hilfskostenstellen 4.1.2.2

Bei einer analytischen Betrachtung der automatisierten Systeme in der Fertigung ist die Frage zu klären, ob sich eine Differenzierung zwischen Hilfskosten- und Hauptkostenstellen aufdrängt. Dies ist dann sinnvoll, wenn bestimmte Hilfsleistungen erbracht werden, die in unterschiedlichem Umfange von verschiedenen Hauptkostenstellen beansprucht werden. Das gilt zum Beispiel für eine Kostenstelleneinteilung bei einem flexiblen Fertigungssystem gemäß Abb. 4.2. Hieraus sind die folgenden Hilfskostenstellen zu erkennen: Streckenkopf, Leitstand, Systemzentrum.

Je nach konkreter Gestaltung des Produktionssystems ist die Bildung weiterer Hilfskostenstellen denkbar. Entscheidende Voraussetzung ist in allen Fällen eine klare Abgrenzung zwischen Hilfskosten- und Hauptkostenstellen sowie die Festlegung geeigneter Bezugsgrößen. Für letztere sind sowohl exakte Plan-Daten als auch Ist-Daten notwendig, wobei die vorhandenen technischen Datenerfassungssysteme möglichst weitgehend zu nutzen sind. Die Plan-Daten stehen in Form von computerisierten Arbeitsplänen und Steuerungsprogrammen zur Verfügung und die Erfassung der Ist-Daten wird durch eine Kopplung des Rechnungswesens an das BDE-System ermöglicht.

4.1.2.3 Folgerungen

1. Die Ablösung konventioneller Fertigungsverfahren durch flexibel automatisierte Anlagen zwingt zur Überprüfung der bestehenden Kostenstelleneinteilung und meistens auch zu deren Neugliederung.
   Die jeweils in Betracht kommenden Kostenstellengliederungen können von Unternehmen zu Unternehmen verschieden sein, was auf die Unterschiede in den Fertigungsbedingungen, im Automationsgrad und in der Art der verwendeten Produktionsmittel zurückzuführen ist. Allgemein verbindliche Kostenstellendefinitionen sind daher nicht möglich. Eine Richtschnur stellen aber die in den vorangehenden Kapitel erarbeiteten grundsätzlichen Gestaltungsregeln dar.
2. Bei flexibel automatisierten Systemen hat sich die Kostenstellenbildung an der Prozeßstruktur zu orientieren und muß daher für jedes System spezifisch definiert werden.
3. Eine hohe Flexibilität bezüglich der Anwendung von Gliederungskriterien führt zum Erfolg. Die Ausführungen über den technologischen Wandel in der Produktion haben gezeigt, daß alle Industrieunternehmungen heute mit einem Mix unterschiedlichster Automatisierungs- und Flexibilitätsgrade arbeiten. Dieser Mix muß sich in einem Nebeneinander unterschiedlich gearteter Kostenstellen niederschlagen, wenn der Realitätsbezug der Kostenrechnung gewahrt sein soll.
4. Eine begriffliche Unterscheidung von Verantwortungsbereichen und Kalkulationsbereichen ist sinnvoll. Verantwortungsbereiche orientieren sich am Prinzip der Identität von Kostenverantwortung und Kostenbeeinflußbarkeit. Kalkulationsbereiche dagegen haben eine möglichst differenzierte Kalkulation zum Ziel, was mit Hilfe der BDE- und der Steuerungssysteme realisierbar wird.

5. Trotz großer informationstechnologischer Fortschritte ist es
   aber auch weiterhin notwendig und wirtschaftlich sinnvoll, gewisse Bereiche (z. B. Leitstand oder Transport) als Hilfskostenstellen zu definieren und auf die Hauptkostenstellen umzulegen.

Wirtschaftlichkeit bei flexibel automatisierter Produktion 4.2

Hauptaufgabe des Prozeß-Controllings ist die Sicherstellung eines
wirtschaftlichen Vollzugs aller Prozesse im Produktionsbereich.
Dies erfolgt durch permanente Überwachung der Leistungserstellung unter Anwendung von Standardführungsgrößen und Soll-Ist-
Vergleichen. Wichtigstes Instrumentarium des Prozeß-Controllings ist die Kostenstellenrechnung, die im wesentlichen drei
Hauptaufgaben erfüllt:[7]
1. Zurechnung der Kosten auf die Kostenstellen
2. Kontrolle der Wirtschaftlichkeit
3. Ermittlung von Kalkulationssätzen.
In diesem Kapitel stehen die Aufgaben der Zurechnung der Kosten
auf die Kostenstellen und die Wirtschaftlichkeitskontrolle zur Diskussion, wobei den folgenden Ausführungen die Hauptkostenstellen zugrunde gelegt werden. Die Frage der Ermittlung von Kalkulationssätzen im Zusammenhang mit der Stückkalkulation wird als
Bestandteil des Produkt-Controllings (Kapitel 5) behandelt.

Die Zurechnung der Kosten auf die Kostenstellen 4.2.1

Die Kostenarten-Gliederung 4.2.1.1

Bevor die Zurechnung der Plan- oder Ist-Kosten auf die Kostenstellen durchgeführt werden kann, ist zunächst die Gliederung der
Kostenarten festzulegen. Dabei ist vor allem die Tatsache von
Interesse, daß die Kostenartengliederung beim Einsatz neuer Fertigungstechnologien sich gegenüber der konventionellen Fertigung
grundsätzlich nicht ändert. Die neuen Fertigungstechnologien bewirken hingegen grundlegende Veränderungen in den Relationen
einzelner Kostenarten zueinander. Wie bereits im Analyseteil eingehend erläutert wurde, gehen die Fertigungslöhne, die bei der
traditionellen Fertigung im Vordergrund stehen, zurück, während

---

7 Vgl. HUMMEL/MÄNNEL (Kostenrechnung/1), S. 193; WARNECKE/BULLINGER/HICHERT
(Kostenrechnung), S. 44.

die Kapitalkosten drastisch zunehmen. Diesem Sachverhalt ist dadurch Rechnung zu tragen, daß die einzelnen Kostenarten in spezifische Kostengruppen zusammengefaßt werden. Wir schlagen folgende Gruppierung vor:

○ Personalkosten
○ Sachkosten
○ Kapitalkosten
○ Umlagekosten.

Diese Gliederung beinhaltet die Möglichkeit, die Veränderung und Entwicklung der wichtigsten Kostenelemente zu erkennen und zu beurteilen. Sodann ist jedes dieser Kostenelemente nicht nur ein Kosten-, sondern auch ein Nutzenpotential, das für Kostensenkungsmaßnahmen und strategische Überlegungen eine wichtige Rolle spielt.

Aussagen über den Inhalt der einzelnen Kostenelemente sind möglich, wenn man eine weitere Verfeinerung zu erreichen sucht. Das folgende Beispiel verdeutlicht die Zusammenhänge:

Abbildung 4.5
Kostenstruktur der Hauptkostenstelle eines FFS (Jahresplanung)

Kostenartengruppen	Kostenarten	Summe	%	Betrag
Personalkosten	Fertigungslöhne			446 350
	Zulage für Überzeit			54 280
	Sozialaufwand			226 200
	Hilfslöhne			19 120
		745 950	18,6	
Sachkosten	Betriebsmaterial			36 570
	Maschinenwerkzeuge			83 120
	Handwerkzeuge			4 000
	Reparaturen			208 140
	Ausschuß			24 940
	Versicherungen			24 250
		381 020	9,5	
Kapitalkosten	Kalk. Abschreibungen			1 704 680
	Kalk. Zinsen			259 760
		1 964 440	49,0	
Umlagekosten				
		918 870	22,9	918 870
		4 010 280	100,0	4 010 280

Aus dieser Darstellung wird deutlich, welches Gewicht den Kapitalkosten zukommt. Wie leicht einzusehen ist, beeinflußt die Höhe der Kapitalkosten in ganz erheblichem Ausmaß auch die Höhe der Stückkosten. Daher kommt der Art und Weise, wie die kalkulatorischen Kosten ermittelt werden, erhebliche Bedeutung zu, denn falsch berechnete oder nicht verursachungsgerecht überwälzte Kapitalkosten führen zu Fehleinschätzungen und zu rentabilitätsgefährdenden Preisbildungen. Es drängt sich somit auf, im folgen-

den die Ermittlung und Verrechnung der Kapitalkosten näher zu
untersuchen. Auf die Behandlung der übrigen Kosten kann hier
verzichtet werden.

Die Bestimmung der Abschreibungskosten 4.2.1.2

Obwohl die Kapitalkosten sowohl die Abschreibungs- als auch die
Zinskosten umfassen, soll hier nur auf die Abschreibungskosten
eingegangen werden. Sind die Abschreibungskosten bekannt,
dann lassen sich die kalkulatorischen Zinskosten ohne besondere
Schwierigkeiten berechnen. Die wichtigste Bestimmungsgröße ist
der kalkulatorische Zinssatz, der sachgerecht zu fundieren ist.
Denkbar ist der Kapitalmarktzinsfuß, von dem dann die Hälfte zu
berücksichtigen ist. Eine andere mögliche Variante ist die Benutzung eines Annuitätenfaktors, der sowohl die Abschreibungskosten wie auch die (Zinses-)Zinskosten enthält.

Bei der Ermittlung der Abschreibungskosten sind zwei wichtige
Fragen zu erörtern: Die Bestimmung der kalkulatorischen Kosten
und die Weiterverrechnung der kalkulatorischen Kosten.

Mit der Bestimmung der kalkulatorischen Kosten wird der Umfang der jährlich anfallenden Abschreibungskosten angesprochen.
Diese Höhe wird durch zwei Größen bestimmt: Durch die Investitionssumme und die Abschreibungsdauer.

Wir vertreten die Meinung, daß sowohl in der Kostenrechnung
wie in der vorangehenden Investitionsrechnung die gleichen
Grunddaten verwendet werden müssen. Der Grad der Kapitalintensität einer Kostenstelle sowie die Höhe der Kapitalkosten
werden durch den Investitionsentscheid bestimmt. Daher müssen
die in der Investitionsrechnung benutzten Daten und die ihnen
zugrundeliegenden Annahmen auch Eingang in die Kostenrechnung finden. Erst durch diese Verknüpfung kann festgestellt werden, ob die in der Investitionsphase getroffenen Annahmen auch
stimmen oder nicht. Damit ist gleichzeitig auch eine systematische
Investitionskontrolle gewährleistet.

a) *Bestimmung der Investitionssumme*
Zur Wahl stehen zwei Kategorien von Investitionssummen an: Der
Anschaffungswert oder der Wiederbeschaffungswert (Tageswert).

In der einschlägigen Fachliteratur läßt sich klar die Forderung
erkennen, den Wiederbeschaffungs- bzw. Tageswert einzusetzen.
Diese Haltung ist aus der Sicht der Substanzerhaltung bzw. Refi-
nanzierung begründet, denn die Funktion der Abschreibungen
besteht nicht nur in der Erfassung der Wertverminderung; die
Abschreibungen dienen auch zur Beschaffung von Ersatzanlagen,
soweit sie als Einnahme im Markt wiederverdient werden (Cash-

161

flow). Die Tatsache, daß die meisten neuen Anlagen teurer sind als die zu ersetzenden, rechtfertigt diese Überlegungen. Nur kann beim Wertvergleich nicht festgestellt werden, ob die Differenz durch die Inflation und/oder durch den technischen Fortschritt beeinflußt wurde. Dazu kommt, daß der technische Fortschritt derart intensiv ist, daß eine gleichartige Ersatzbeschaffung überhaupt nicht möglich ist. Zu beachten ist auch, daß inflationsbedingte Preiserhöhungen auf Anlagegütern im Markt relativ leicht in Form von Preisanpassungen durchsetzbar sind. Inflationäre Auswirkungen treten nicht nur bei Anlagegütern auf, sondern vor allem bei den Löhnen und den Rohstoffpreisen. Schließlich ist zu beachten, daß die Ermittlung von Tageswerten einen höheren Aufwand für die Informationsbeschaffung erfordert. Je ferner der Ersatzzeitpunkt liegt, desto größer sind die Anforderungen an die Genauigkeit der Informationen. Dazu kommt auch, daß die Tageswerte jedes Jahr neu berechnet werden sollten, was sowohl die Konstanz der jährlichen Abschreibungskosten als auch die Sicherheit der Preisfindung beeinträchtigt.

Der Investitionsrechnung wird allgemein der Anschaffungswert zugrunde gelegt. Wir vertreten daher die Auffassung, daß dieser Wert auch in der Kostenrechnung zu berücksichtigen ist. Damit wird nicht nur ein höherer Informationsbeschaffungsaufwand vermieden, sondern vor allem eine größere Sicherheit aufgrund konstanter und nachweisbarer Werte in der Kostenrechnung verankert.

b) *Bestimmung der Abschreibungsdauer*
Für die Bestimmung der Abschreibungsdauer bieten sich grundsätzlich ebenfalls zwei Möglichkeiten an: Die nutzungsabhängige und die zeitabhängige Abschreibungsdauer. In der Fachliteratur spricht man sinngemäß von einem Gebrauchsverschleiß und von einem Zeitverschleiß.

Der Gebrauchsverschleiß ist von der tatsächlichen technischen Nutzung der Anlagen abhängig. Bestimmungsfaktoren sind Outputgrößen (Mengen) oder Inputgrößen (Maschinenzeit).

Bestimmungsfaktoren für den Zeitverschleiß sind entweder die Lebensdauer der auf der Anlage produzierten Produkte (Produktlebensdauer oder Produktzyklus) oder der technische Fortschritt bzw. die Notwendigkeit, durch vorzeitige Ersatzbeschaffung die Wettbewerbsfähigkeit zu erhalten.

Nicht unerheblich können aber auch unternehmungspolitische Richtlinien sein, die eine grundsätzliche Erneuerung der Anlagen nach beispielsweise jeweils 7 oder 10 Jahren vorschreiben. Immer muß man sich indessen bewußt sein, daß es trotz großer Sorgfalt bei der Bestimmung der Abschreibungsdauer nicht möglich sein wird, den totalen Wertverlust einer Anlage mit der erforderlichen Abschreibungsdauer in Übereinstimmung zu bringen. Anlagen müssen oft aus wirtschaftlich/technischen Gründen ersetzt werden, ohne daß sie im Zeitpunkt ihres Ausscheidens voll abgeschrieben sind. Dabei besteht die Möglichkeit, den Restwert entweder auf den Investitionsbetrag der neuen Anlage zu übertragen oder als Aufwand sofort oder stufenweise in der Finanzbuchhaltung abzuschreiben. Wir sind der Meinung, daß der Restwert der Anlage unter Berücksichtigung eines eventuellen Liquidationspreises der Jahresrechnung und nicht der Kostenrechnung zu belasten ist. Im genannten Fall handelt es sich nämlich um eine Fehlentscheidung bezüglich der Abschreibungsdauer, die nachträglich nicht über die Kostenrechnung korrigiert werden sollte.

Tendenziell kann aber festgestellt werden, daß die Abschreibungsdauer aus Gründen der Vorsicht oft kürzer angesetzt wird als die Nutzungsdauer tatsächlich betragen würde. Bereits abgeschriebene, aber noch im Einsatz befindliche Anlagen werden in der Praxis weiterhin – oft allerdings reduziert – abgeschrieben, was durchaus zulässig sein kann, solange die Marktpreisgegebenheiten nicht den Verzicht auf die sogenannten Überabschreibungen erzwingen.

Es stellt sich nunmehr die Frage, welche Bestimmungsgrößen für die Ermittlung der Abschreibungsdauer zu benutzen sind. Als Antwort darauf wird heute in der Praxis nur noch in den seltensten Fällen die technische Lebensfähigkeit genannt, weil diese eher klassische Variante als ungewiß und damit als unbefriedigend empfunden wird. Vor allem bei den rechnergestützten Anlagen stehen heute produktionsstrategische und technologische Gesichtspunkte im Vordergrund.

Durch die hohe Innovationsrate der Mikroelektronik führen leistungsfähigere und präziser arbeitende Maschinen zu einer immer rascheren Ablösung technisch noch gut funktionierender Systeme. Bei computergestützten Fertigungsanlagen werden heute in gewissen Bereichen etwa alle drei Jahre technologisch höherwertige Generationen entwickelt.[8] Produktspezifische Anlagen wie Transferstraßen können auch obsolet werden, wenn plötzliche Nachfrageverschiebungen am Markt auftreten. Die entscheidenden Bestimmungsfaktoren für den Werteverzehr neuer Produktionstechnologien sind somit rein wirtschaftlich bedingt, weshalb bei solchen Anlagen nur die wirtschaftliche Nutzungsdauer und nicht mehr die technische relevant ist. Diese nach unserer Meinung einzig richtige Basis wollen wir im folgenden noch genauer erläutern:

Die wirtschaftliche Nutzungsdauer hängt ganz entscheidend vom Flexibilitätsgrad der Anlage ab. Starre, produktspezifische Anlagen können nach Auslauf der entsprechenden Produkte nicht mehr auf neue Generationen umgerüstet werden und sind damit zu ersetzen. Die Lebensdauer solcher Anlagen bestimmt sich einzig und allein durch den Lebenszyklus der darauf gefertigten Produkte bzw. der Produktfamilie. Flexible Systeme dagegen erlauben dank ihrer Umrüstflexiblität das Produzieren von Nachfolgeprodukten oder Produktvariationen. Bei genügender Umbauflexibilität besteht sogar die Möglichkeit, das System auch für ein grundsätzlich neues Produkt noch einsetzen zu können. Da Systeme mit einem hohen Flexibilitätsgrad somit mehr als einen Produktlebenszyklus überdauern können, hängt ihre Lebensdauer vom fertigungstechnologischen Fortschritt ab. Es stellt sich dabei aber das Problem, daß komplexe Anlagen (flexible Fertigungslinien und -systeme) in aller Regel aus einer Kombination von produktspezifischen (z. B. Spezialautomaten) und weitgehend produktgebundenen Komponenten (z. B. Montageroboter) bestehen. Für die Bestimmung der Nutzungsdauer solcher Anlagen empfiehlt sich daher eine Trennung in prozeßgebundene und produktgebundene Systemkomponenten.

Ein Maß für die Produktgebundenheit eines Systems ist der sogenannte Weiterverwendbarkeitsgrad. Dieser Grad stellt einen Prozentsatz dar, der den Anteil einer Anlage repräsentiert, der nach einer eindeutigen Veränderung des ursprünglichen Fertigungszwecks noch weiter verwendet werden kann. Da die Ermittlung dieses Grades schwierig ist, weil die zukünftigen Aufgabenwechsel nur schwer prognostizierbar sind, schlägt WILDEMANN vor, mit einem pauschalen Ansatz zu rechnen, der auf Erfahrungszahlen beruht. Unter Berufung auf einige Analysen nennt er dafür die folgenden Werte:[9]

Weiterverwendbarer Anteil am Gesamtinvestment:
- Transferstraße im Automobilbau   0,02–0,40
- Flexible Fertigungssysteme   0,50–0,80
- Flexible Montagesysteme   0,40–0,50
- Industrieroboter   0,60–0,80.

Die weiterverwendbaren Anteile werden in der Investitionsplanung meistens recht genau bestimmt, weil daselbst die Festlegung der Flexibilität unter Berücksichtigung der Produktabhängigkeit erfolgen muß. In der Automobilindustrie spielen solche Überlegungen eine entscheidende Rolle, weil die Produktentwicklung und die Investitionsplanung sehr stark auf Fahrzeug-Modellzyklen ausgerichtet sind. Ein konkretes Beispiel zeigt Abb. 4.6:

9 Vgl. WILDEMANN (Investitionsplanung), S. 36 f.

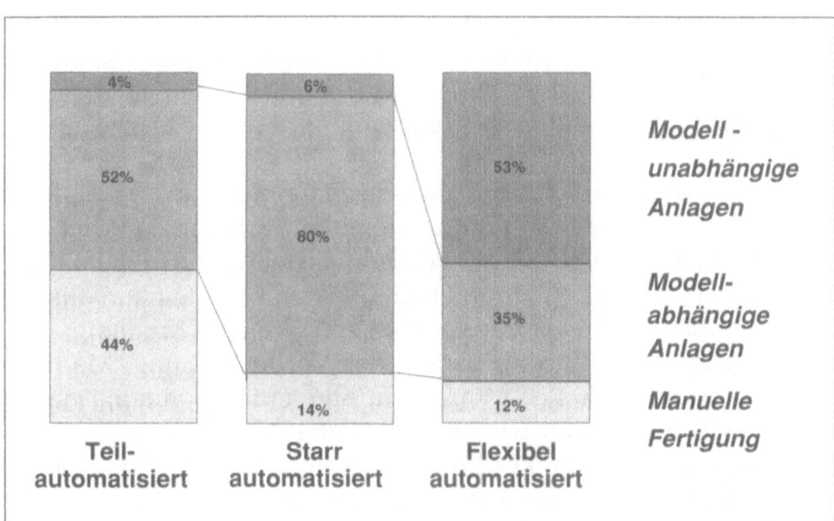

Abbildung 4.6
Modellabhängigkeit von Produktionsanlagen[10]

Offensichtlich ist der extrem hohe Anteil produktgebundener Investitionen bei der Transferstraße, die einen Automatisierungsgrad von 85% aufweist, auf den Einsatz von Spezialautomaten zurückzuführen. Bei solchen Verhältnissen ist die Nutzungsdauer der gesamten Anlage total auf die Produktlebensdauer des darauf gefertigten Modelltyps auszurichten. Für ein FFS dagegen könnte ein Splitting der Abschreibungsdauer nach folgender Formel vorgenommen werden:

Beispiel für das FFS gemäß Abb. 4.6:
(Die DM-Werte und die Nutzungsdauer sind fiktiv)
Modellebensdauer 6 Jahre
Geschätzte technologische Lebensdauer der
Anlage mit 1 Umrüstung auf ein Nachfolgemodell 10 Jahre
Gesamtinvestition: 11.0 Mio. DM

$$\frac{(0.53 + 0.12) \times 11 \text{ Mio.}}{10} = 0.715 \text{ Mio. Produktunabhängige Abschreibungen/Jahr}$$

$$\frac{0.35 \times 11 \text{ Mio.}}{6} = 0.642 \text{ Mio. Produktabhängige Abschreibungen/Jahr}$$

Jahre 1– 6: 6 × (0.715 + 0.642) = 8 140 Mio.
Jahre 7–10: 4 × (0.715) = 2 860 Mio.
= 11 000 Mio.

Bei jeweils linearer Abschreibungsmethode wären in diesem Beispiel in den ersten 6 Jahren 1 357 Mio. DM pro Jahr abzuschreiben,

10 Die Werte stammen von BMW (Werk Dingolfing); vgl. LEDERER (Technologie-Wandel), S. 201.

womit die produktabhängigen Systemkomponenten bei ihrem Ausscheiden vollständig abgeschrieben wären, die produktunabhängigen dagegen noch einen Restwert von 2.86 Mio. aufwiesen, der über die verbleibenden vier Jahre mit je 0.715 Mio. abgeschrieben würde.

Damit werden, bezogen auf das Gesamtsystem in den ersten Jahren, deutlich höhere Abschreibungsraten verrechnet als in den letzten vier Jahren. Diese Methode berücksichtigt das Risiko der Anlage in Abhängigkeit ihrer Flexibilität und ist damit realistischer als eine rein lineare oder eine degressive Abschreibung.

Dieses Beispiel dient gleichzeitig der Verdeutlichung, wie die jährlichen Abschreibungskosten ermittelt werden können. Damit ist aber erst die an sich wichtige jährliche Abschreibungsquote bestimmt. Ein ebenso großes Problem ist nun auch die Ermittlung des kalkulatorischen Abschreibungskostensatzes je Bezugsgrößeneinheit. Die Kenntnis dieses Kostenansatzes ist für die noch zu behandelnde Weiterverrechnung der Abschreibungskosten unentbehrlich.

Die Wahl der Bezugsgrößenart ist davon abhängig, ob eindeutig quantifizierbare Bezugsgrößen gefunden werden können, die die Nutzung der Anlage durch bestimmte Produkte nachweisen lassen. Dies ist vor allem bei Fertigungsanlagen und Transporteinrichtungen möglich, nicht aber bei Gebäuden, zentralen Rechnersystemen oder allgemein verwendeten Betriebsmitteln.[11] Es ist daher notwendig, die Anlagen nach diesem Kriterium zu differenzieren und sowohl zeitorientierte als auch nutzungsorientierte Abschreibungsverfahren parallel zu verwenden. Die Unterscheidung kann dabei nach folgenden Kriterien vorgenommen werden:

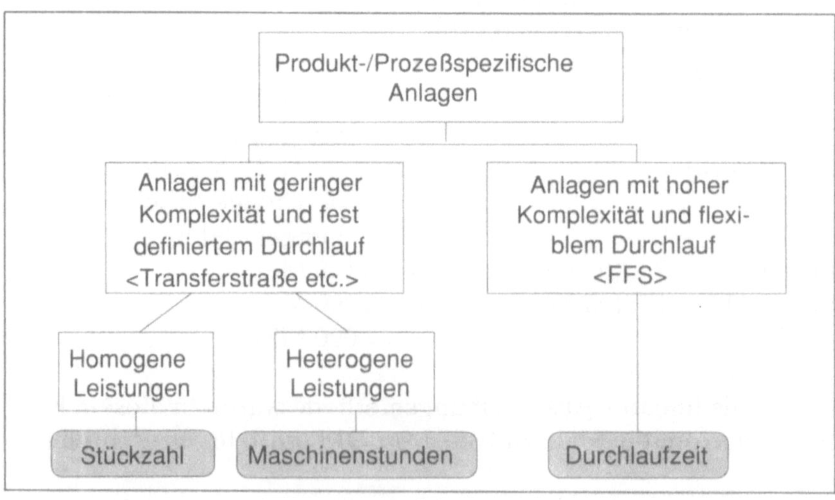

11 Vgl. MOEWS (Kostenrechnung), S. 73.

Bei Anlagen mit geringer Komplexität (Ein-Maschinenkonzepte) oder mit fest definiertem, meistens getaktetem Durchlauf (starre Linien) spielen die Warte- und Transportzeiten innerhalb der Systeme eine untergeordnete Rolle oder variieren zwischen einzelnen Werkstücken kaum (Taktzeiten). Die Anwendung von Maschinenlaufzeiten als Basis genügt daher, wobei für homogene Leistungen auch die Stückzahl als Bezugsgröße dienen kann. Komplexere, flexible Fertigungssysteme (Mehrmaschinenkonzepte) mit wahlfreier Ansteuerung der Bearbeitungsstationen bedingen unter Umständen erhebliche Wartezeiten für einzelne Aufträge und haben je nach Ablaufplanung unterschiedliche Transportwege und -zeiten. Es ist hier zweckmäßig, die Durchlaufzeit als Bemessungsgrundlage heranzuziehen, und zwar gemessen vom Eingang eines Produktes in das betreffende Fertigungssystem bis zum Ausgang. Dieses Vorgehen könnte gleichzeitig auch Anreize schaffen, den Durchstoß an Produkten zu erhöhen bzw. die DLZ zu verkürzen.[12]

Anschließend ist die Inanspruchnahme der Anlagen zu planen. Als Plan-Bezugsmenge kommen, je nach gewählter Bezugsgrößenart, folgende Größen in Frage:

Stückzahl – Maschinenstunden – Durchlaufzeit.

Die geschätzten Jahres-Nutzungszeiten sind um die geplanten Stillstandzeiten (Umrüstzeiten, Wartungszeiten, Ausfallzeiten usw.) zu bereinigen. Die möglichst exakte Abschätzung der Nutzungszeiten ist eine wichtige Voraussetzung für die Ermittlung des Stundensatzes. Folgendes Beispiel soll diesen Zusammenhang zum Ausdruck bringen:

Geplante Nutzungsstunden (Maschinenstunden)

2,5 Schichten mit 7 Bearbeitungszentren zu je 4750 Std. = 33 250 Std.

Kalkulatorischer Abschreibungskostensatz

$$\text{DM/Std. } \frac{1\,298\,810}{33\,250} = 39{,}062$$

Die Ausgangsbasis sind somit jährlich starr festgelegte Kostensätze über den gesamten Lebenszyklus der Anlage. Insbesondere der gleichbleibende Kostensatz bringt Stabilität und Kontinuität sowohl in die Kostenrechnung als auch in die Stückkalkulation. Auch die Verknüpfung mit dem Investitionsentscheid ist gewährleistet und wiederkehrende Diskussionen über die Höhe des Abschreibungssatzes werden vermieden. Damit können wir uns nun der Anwendung des Kostensatzes und der damit verbundenen Auswirkungen zuwenden.

4.2.1.3 Die Weiterverrechnung der Abschreibungskosten

Um die Frage der Weiterverrechnung der Abschreibungskosten
näher beschreiben zu können, sind zuvor einige Überlegungen zur
Planung der Abschreibungskosten notwendig.

Ausgangspunkt bildet die Planung der Beschäftigung, die bekanntlich jährlich erfolgt. Da sich in der Regel die Planbeschäfti-
gung von Jahr zu Jahr unterscheidet, ergeben sich zwangsläufig
bereits in der Planungsphase Abweichungen zwischen der starr
festgelegten Abschreibungsquote und den Planabschreibungsko-
sten. Ergibt sich beispielsweise eine Plan-Unterdeckung der Abschreibungskosten, dann ist dies bereits in der Planungsphase ein
Signal für ungenügend ausgelastete und damit insgesamt unwirtschaftlich arbeitende Anlagen. Hier kann nun im Sinne eines periodenübergreifenden Kapazitätenmanagements ein Link zur Investitionsrechnung hergestellt werden: In der Investitionsrechnung
wurde von einer bestimmten Inanspruchnahme der geplanten Anlage ausgegangen, die in aller Regel in Form von erwarteten Maschinenstunden oder in Form von erwarteten Stückzahlen bestimmt wird. Das traditionelle Rechnungswesen hat sich dieser
vorhandenen Grundlagen seit jeher kaum bedient. Wird nun aber
die der Investitionsrechnung zugrundegelegte Nutzungsintensität
als Maßstab in der Kostenrechnung herangezogen, so stellt die
Orientierung an dieser Größe sicher, daß die Anlage über ihre
gesamte Lebenszeit so genutzt wird, daß sie die in der Investitionsentscheidung erwartete Gesamtwirtschaftlichkeit erreicht.

Das zweite Problem ist die Weiterverrechnung der Abschreibungskosten im Rahmen der Abrechnungsphase. Die Maßgröße
für die Weiterverrechnung liefert die tatsächliche Beschäftigung,
beispielsweise gemessen an den Ist-Stunden. Auch hier ist mit dem
gleichen Kostensatz zu arbeiten wie in der Planungsphase. Wenn
sich Plan- und Ist-Stunden nicht decken, dann zeigt die Abweichung, in welchem Ausmaß es möglich war, die Abschreibungskosten nun tatsächlich auf die Kostenträger weiterzuverrechnen.

Alle diese Überlegungen werden anhand der folgenden Beispiele erläutert:

In einem Industriebetrieb wird ein automatisiertes Bearbeitungszentrum beschafft, in dem Teile für verschiedene Produkttypen gefertigt werden sollen. Die Anlage hat einen mittleren Flexibilitätsgrad, so daß sie gegen Ablauf ihrer Lebensdauer nur noch beschränkt eingesetzt werden kann. Die erwarteten Jahresstunden-
zahlen sind aus der Investitionsrechnung übernommen worden, wo
aufgrund von Absatzschätzungen des Vertriebs und aufgrund von
Kapazitätsplanungen der Fertigungsingenieure analytisch ein Pro-
duktionsplan für die Anlagenlebensdauer erstellt wurde.

Anlage: Bearbeitungszentrum
Gesamtinvestition: DM 391 000,–
Wirtschaftliche Lebensdauer: 10 Jahre
geschätzte Gesamtstundenzahl in den 10 Jahren: 17 000 h

$$\text{Plan-Abschreibungssatz} = \frac{391\,000,-}{17\,000} = 23,- \text{ /Maschinenstd.}$$

Zeitorientiert	Nutzungsorientiert $\rightarrow$						
Jahr	Abschreibungsrate (linear)	Planbeschäftigung (Stunden)	Planabschreibungskosten DM	Abweichung zu linearer Methode	Ist-Beschäftigung	Verrechnete Abschreib. kosten DM	Ist-Abweichung
1	39 100	1 500	34 500	− 4 600	815	18 745	−15 755
2	39 100	2 800	64 400	+ 25 300	1 950	44 850	−19 550
3	39 100	3 300	75 900	+ 36 800	2 720	62 560	13 340
4	39 100	3 000	69 000	+ 29 900	3 300	75 900	+ 6 900
5	39 100	2 400	55 200	+ 16 100	2 645	60 835	+ 5 635
6	39 100	1 600	36 800	− 2 300	1 860	42 780	+ 5 980
7	39 100	1 100	25 300	−13 800	1 400	32 200	+ 6 900
8	39 100	650	14 950	−24 150	850	19 550	+ 4 600
9	39 100	350	8 050	−31 050	510	11 730	+ 3 680
10	39 100	300	6 900	−32 200	350	8 050	+ 1 150
	391 000	17 000	391 000	0	16 400	377 200	−13 800

Die Tabelle zeigt deutlich, wie die Höhe der nutzungsorientierten Abschreibungskosten dem Lebenszyklus der darauf gefertigten Produktgruppe folgt (Stundenzahl), während die zeitorientierte, lineare Abschreibungskurve offensichtlich in keinem Verhältnis zum Produkteverlauf steht. Entgegen der Erwartungen aus der Investitionsrechnung gestaltete sich die Anlaufphase schwieriger. Die in den ersten drei Betriebsjahren ausgewiesenen Unterdeckungen der Anlage bildeten ein Alarmsignal für die Verantwortlichen, weshalb entsprechende Maßnahmen zur verbesserten Auslastung der Anlage angestrebt wurden, was im vierten Jahr Erfolge zeigte. Weil auch in der Stückkalkulation mit dem gleichbleibenden Plan-Stundensatz von 23,– DM verrechnet wird, sind diese Unterdeckungen zuwenig absorbierte Periodenkosten, weshalb die nicht gedeckten Kosten der Erfolgsrechnung zu belasten sind.[13]

Die Ist-Abweichungen entsprechen den bekannten Beschäftigungsabweichungen. Zu diesem Problem hat die Fachliteratur intensive Überlegungen erarbeitet, zu denen insbesondere die Auffassung gehört, daß die fixen (Abschreibungs-)Kosten überhaupt nicht verursachungsgerecht auf die Kosten- bzw. Erlösträger übertragen werden können. Deshalb wurde die sogenannte Grenzplankostenrechnung entwickelt, bei der die fixen Plankosten tale quale auf die Erfolgsrechnung übertragen werden, so daß Beschäftigungsabweichungen überhaupt nicht entstehen können.

Wir setzen uns teilweise bewußt in Widerspruch zu diesen Überlegungen. Durch die Leistungserstellung werden Anlagen in Anspruch genommen, was zu einer Wertverminderung führt. Folglich sind auch die Leistungen, welche diesen Wertverzehr verursachen, mit den entsprechenden Kosten zu belasten. Nicht nur die relativ große Bedeutung dieser Kosten erzwingt dieses Vorgehen, vor allem auch die Tatsache, daß bei heterogener Fertigung die Anteile dieser Kosten zwischen den Produkten oder Produktgruppen ganz erheblich voneinander abweichen können. Jede pauschale und undifferenzierte Weiterverrechnung dieser Kosten würde den erforderlichen Einblick in die unterschiedliche Kostenstruktur verwehren und damit zu strategischen und operativen Fehlentscheidungen führen.

Ein weiteres Problem ist die Behandlung der Unter- und Überdeckungen. Für die Beurteilung der Anlagenutzung genügt der Vergleich zwischen Soll- und Ist-Auslastung allein nicht. Wichtig ist auch das Erkennen der ökonomischen Auswirkungen mit Hilfe des Vergleiches von Nutz- und Leerkosten. Entstehen infolge einer ungenügenden Auslastung Leerkosten, dann ist das auch zum Ausdruck zu bringen. Bei der konventionellen Fertigung gehört es zum bewährten Vorgehen, daß bei den Fertigungslohnkosten Verbrauchsanalysen durchgeführt werden. Nachdem diese Kosten erheblich an Gewicht eingebüßt haben und zudem andere Funktionen repräsentieren, sind bedingt durch die neuen Fertigungstechnologien die Kapitalkosten an die Stelle der Lohnkosten getreten. Es ist daher nicht einzusehen, weshalb nicht auch bei den Kapitalkosten ein ähnliches Vorgehen angewendet werden soll. Dabei vertreten wir die Auffassung, daß die Kosten der Beschäftigungsabweichungen bzw. die daraus resultierenden Leerkosten auf die Erfolgsrechnung zu übertragen sind.

Bei der flexiblen Plankostenrechnung gehört es zur systemimmanenten Bedingung, daß die Plankosten – insbesondere in den Fertigungskostenstellen – in ihre proportionalen und fixen Bestandteile aufgelöst werden. Aus dem Vergleich zwischen Soll-Kosten, Ist-Kosten und verrechneten Kosten werden die Verbrauchs- und Beschäftigungsabweichungen ermittelt, die zur Beurteilung der Wirtschaftlichkeit der Leistungserstellung herangezogen werden. Dies gilt insbesondere für die Verbrauchsabweichung, die als eigentlicher Maßstab der Wirtschaftlichkeit betrachtet wird. Verbrauchsabweichungen können bei den proportionalen Kosten entstehen, d. h. bei Kosten, die beeinflußbar sind. Daher ist es vertretbar, dem Kostenstellenleiter die Verantwortung für die Kostenwirtschaftlichkeit zu übertragen.

Anders ist es bei der Beschäftigungsabweichung, die sich auf die Unter-oder Überdeckung der geplanten fixen Kosten bezieht. Die Differenzen ergeben sich bei der Weiterverrechnung der fixen Kosten, wenn das Vollkostenprinzip angewendet wird. Die Weiterverrechnung beruht auf der Ist-Beschäftigung, und die Differenz resultiert aus der Abweichung zwischen Ist- und Plan-Beschäftigung.

Ist die Kostenunterdeckung infolge rückläufiger Aufträge zustande gekommen, dann kann die Abweichung nicht dem Kostenstellenleiter angelastet werden. Andererseits ist es möglich, daß der Kostenstellenleiter im Rahmen seines Handlungsspielraums bei der Arbeitsdisposition Einfluß auf die Betriebsmittelnutzung und damit die Größe der Ist-Produktion nehmen kann (optimale Arbeitsplanung, Verminderung von Leistungsabweichungen, Reduktion des Ausschusses oder der Nacharbeit, Anordnung von Überzeit usw.). Die Wirksamkeit solcher Maßnahmen ist gegenüber einem umsatzbedingten Beschäftigungsrückgang aber eher marginal.

Die Verbrauchsabweichungen spielen bei der konventionellen Fertigung eine wichtige Rolle. Anders verhält es sich bei der automatisierten Fertigung. Wie bereits mehrfach betont, ist der Anteil der fixen Kosten ganz beträchtlich, und die Beeinflußbarkeit der Kosten durch den Kostenstellenleiter nimmt deutlich ab. Hinzu kommt, daß die Fertigungskosten maßgeblich durch die Konstruktion vorbestimmt werden. Das wirft nun die grundsätzliche Frage auf, ob die Plankosten bei automatisierter Fertigung ebenfalls aufgelöst werden sollen. Steht eine Unternehmung vor der Notwendigkeit, aus Gründen des Preiswettbewerbs über integrierte Produktionstechnologien zu entscheiden, so stellen die (Herstell-) Stückkosten eines der entscheidenden Kriterien dar.

Beim Vergleich gegenüber Wettbewerbern stellt sich aber nicht die Frage, wie hoch die Anteile der proportionalen bzw. fixen Kosten sind, sondern wie hoch die Herstellkosten als solche ausfallen. Auch strategische Überlegungen machen eine Kostenspaltung überflüssig. Es darf nicht verkannt werden, daß infolge unterschiedlicher Fertigungsverfahren, Automatisierungsgrade und Fertigungstiefen ein treffsicherer Vergleich auf der Grundlage der Kostenspaltung nicht möglich ist, insbesondere auch deswegen nicht, weil die Verfahren der Kostenauflösung nicht gleich sind. Hingegen gilt es immer zu beachten, wie hoch die Material- und Fertigungskosten (Personalkosten, Sachkosten, Kapitalkosten, Umlagekosten) je Leistungseinheit sind. Das sind die Werte, welche strategische Entscheidungen bezüglich Kostenführerschaft beeinflussen.

Trotzdem kann man davon ausgehen, daß es gewisse interne Entscheidungssituationen geben kann, in denen man die mögliche Auflösung der Fertigungskosten in ihre proportionalen und fixen Anteile sichtbar machen möchte. Bei einem solchen Unterfangen muß aber immer die Frage einbezogen werden, wozu diese Aufteilung gewünscht wird. Dies dürfte notwendig sein, wenn die gewählte Form der betrieblichen Erfolgsrechnung und der Stückkalkulation die Unterteilung der Kosten erforderlich macht. Auch kann diese Aufteilung bei gewissen Entscheidungsfragen, wie z. B. bei make or buy-Entscheidungen eine wichtige Rolle spielen. Immer aber muß man sich bewußt sein, daß es keine Methode gibt, anhand derer eine möglichst objektive Kostenaufspaltung vorgenommen werden kann. Ungeachtet möglicher Einwendungen gegen eine willkürliche Vorgehensweise, genügt es nach unserem Dafürhalten, die einzelnen Kostenarten entweder als fix oder als proportional zu betrachten. Die Auflösung jeder einzelnen Kostenart, z. B. mit Hilfe der Variatorenmethode, ist nämlich ebenso problematisch wie eine Entweder-Oder-Entscheidung. Sie täuscht lediglich eine Genauigkeit vor, die es nicht geben kann.

Wichtig ist auch festzuhalten, daß beim Übergang von der konventionellen zur automatisierten Fertigung eine Neubestimmung dessen, welche Kostenarten nun fix und welche variabel sind, nicht erforderlich ist. Es ist durchaus vertretbar, die bisherige Ordnung beizubehalten. Das erleichtert die Vergleichbarkeit, und die formelle Anpassung von Folgeinstrumenten ist nicht nötig. Die Wertansätze hingegen sind in der Stückkalkulation anzupassen. Diesen Sachverhalt verdeutlicht folgendes Beispiel, wobei gleichzeitig die Unterschiede bei den Kostensätzen gezeigt werden:

	Konventionelle Fertigung in DM pro Stunde			Neu:
	KST 300 Drehen	KST 343 Bohren	KST 360 Fräsen	Bearbeitungszentrum 345
Var. Personalkosten	46.54	47.29	38.70	27.81
Var. Sachkosten				
• Instandhaltung	18.65	0.32	4.41	15.37
• Werkzeuge	2.56	12.39	18.36	7.62
• Hilfsstoffe	0.01	0.05	0.41	0.38
Var. **Total**	67.76	60.05	61.88	51.18
Fixe Kapitalkosten	15.00	11.00	29.00	73.73
Fixe Umlagekosten	15.65	16.77	16.05	23.14
Fix **Total**	30.65	27.77	45.05	96.87
Total Variabel + Fix	98.41	87.82	106.93	148.05

Abbildung 4.9 Kostenvergleich zwischen konventioneller Fertigung und Bearbeitungszentrum (Stunden auf Basis eines Zweischicht-Betriebs)

Ein weiterer, nach unserer Meinung noch wichtigerer Aspekt ist die Unterscheidung der Kosten nach ihrer Beeinflußbarkeit durch den Kostenstellenverantwortlichen. Im vorliegenden Beispielfall können die variablen Kosten mit dem Kriterium ihrer Beeinflußbarkeit als identisch betrachtet werden. Diese Auffassung ist aber nur begrenzt vertretbar, denn auch die variablen Kosten enthalten anteilmäßig Bereitschaftskosten, die in ihrer minimalen Ausprägung nicht verändert werden können, solange überhaupt produziert wird. Dieser Aspekt darf bei einer Abweichungsanalyse nicht unberücksichtigt bleiben.

Schließlich bleibt als weitere Möglichkeit die Aufteilung der fixen Kosten in ausgabenabhängige und in nicht ausgabenabhängige Fixkosten. Zu den nichtausgabenabhängigen Fixkosten zählen insbesondere die Kapitalkosten, wobei die kalkulatorischen Zinskosten allenfalls in ausgabenabhängige und ausgabenunabhängige zu unterteilen sind. Diese Unterscheidung weist auf die Möglichkeit hin, in der Erfolgsrechnung den betrieblichen Cash-flow auszuweisen und diesen in der Stückkalkulation für preispolitische Dispositionen zu verwenden.[14]

14 Vgl. zur erwähnten Verwendung des Cash-flow ausführlich SIEGWART (Cash-flow).

4.2.2 Die Kontrolle der Wirtschaftlichkeit

4.2.2.1 Die traditionelle Wirtschaftlichkeitskontrolle

Die Wirtschaftlichkeitskontrolle – der Hauptzweck einer flexiblen Plankostenrechnung – erfolgt vor allem auf der Basis des Vergleichs von Ist-Kosten mit Soll- oder Plankosten. Wichtige Voraussetzung ist dabei, daß die Kosten in fixe und variable Bestandteile aufgelöst werden.

Meßgrößen der Kostenwirtschaftlichkeit sind je Kostenart vorwiegend mengen- und zeitabhängige Verbrauchsabweichungen sowie, je nach System der Kostenverrechnung auf die Kostenträger, die Beschäftigungsabweichung je Kostenstelle. Diese Art der Kontrolle der Kostenwirtschaftlichkeit ist aber nur dann sinnvoll, wenn die Abweichungen den betreffenden Kostenstellen zugeordnet und mit den dafür Verantwortlichen analysiert und erörtert werden können. Mit dem Einsatz der neuen Fertigungstechnologien verlieren diese klassischen Abweichungen im Sinne von zu verantwortenden Unwirtschaftlichkeiten ganz erheblich an Bedeutung. Der zuständige Kostenstellenleiter kann immer weniger für die anfallenden Kosten bzw. Kostenabweichungen verantwortlich gemacht werden, da aufgrund der Erfahrungen davon auszugehen ist, daß insgesamt nur noch etwa 20 % der Kosten beeinflußbar sind.

Es gilt aber einen weiteren Aspekt zu beachten: Die neuen Fertigungstechnologien sind durch die Entkoppelung von Mensch und Maschinen gekennzeichnet. Die Aufgabe des Menschen ist die Überwachung des Systems und eine rasche Behebung von Unterbrüchen. Daraus ergibt sich, daß im Produktionsprozeß nicht mehr der Mensch die Wirtschaftlichkeit bestimmt, sondern das Fertigungssystem, beziehungsweise die Bearbeitungs- und Durchlaufzeiten, die Auslastung, die Kapitalkosten und ihre Relation zum Ausstoß.

Bei der Einführung und Nutzung neuer Fertigungstechnologien werden die Kosten somit grundsätzlich beim Investitionsentscheid und in den der Produktion vorgelagerten Bereichen, wie Konstruktion und Fertigungsplanung, determiniert. So hat die Konstruktion der Produkte automaten- und robotergerecht zu erfolgen. Eine optimierende Werkstückeinschleusung und Fertigungsablaufsteuerung wirkt sich bei hochflexiblen Anlagen ebenfalls auf die Stückkosten aus. Schließlich sind auch die geplanten Schichtzeiten ein die Kosten wesentlich beeinflussender Faktor.

Aus diesen Überlegungen darf nun aber nicht geschlossen werden, daß eine Wirtschaftlichkeitskontrolle des Produktionsvollzuges überhaupt nicht mehr erforderlich sei. Was wir vor allem benötigen, ist ein anderes Verständnis von Wirtschaftlichkeit. Generell gesprochen, steht die sachliche Wirtschaftlichkeit im Vordergrund. Vor allem geht es um die Bewältigung der Kapitalintensität, weil diese Aufgabe in Zukunft den Kern der Wirtschaftlichkeitskontrolle CIM-orientierter Unternehmungen bilden dürfte. Damit ist ein neues System an Führungsgrößen erforderlich, das sowohl Kosten als auch (technische) Leistungsfaktoren berücksichtigt.

Ein wirtschaftlichkeitsorientiertes Prozeß-Controlling kann nur dann als Führungsinstrument taugen, wenn es auf die spezifischen Produktionsgegebenheiten ausgerichtet wird. Jede Unternehmung, ja sogar jede Produktionseinheit derselben Unternehmung, muß daher ein flexibel angepaßtes, prozeßorientiertes Kosten-Leistungs-Controlling implementieren, für dessen Konzeption die folgenden Kriterien anzuwenden sind:[15]

Sinnvolle Aktualität

Aufgrund der hohen Dynamik eines CIM-Systems ist die Verfügbarkeit von sofortigen Rückkopplungen und aktuellen Informationen über Kosten und Leistungen des Produktionsprozesses unbedingt erforderlich. Dennoch muß die Aktualität nach dem Fertigungstyp differenziert werden: Bei einem Einzelfertiger mit mehrmonatigen Durchlaufzeiten für die Erstellung kundenspezifischer Anlagen ist es kaum sinnvoll, tagesaktuelle Informationen bereitzustellen, während bei einem Massenfertiger mit einem Output von mehreren 1000 Stück pro Tag ein tagesgenaues oder ein On-line-Controlling angezeigt sein kann. Nach diesem Kriterium sind auch innerhalb der gleichen Unternehmung die einzelnen Produktlinien und Produktionsbereiche zu differenzieren.

Ausgebaute Datenerfassung

Eine gezielte Nutzung der in einer CIM-Struktur vorhandenen Informationssysteme erlaubt die Bereitstellung aktueller Informationen für die Wirtschaftlichkeitskontrolle und eine verursachungsgerechte Kostenverfolgung. Für letztere ist bei ausgebauten Konzepten der automatischen Betriebsdatenerfassung auch ein Nachweis von Abweichungsursachen bis auf Stufe Arbeitsplatz bzw. auf Stufe Einzelwerkstück möglich.

Eindeutige Kostenverantwortung

Aus der Analyse der technologieinduzierten Probleme bei der Wirtschaftlichkeitskontrolle resultierte unter anderem die Forde-

---

15 Vgl. zum folgenden KAPLAN (Cost System), S. 62 ff.

rung nach einer Trennung in die persönliche Verantwortlichkeit des Kostenstellenleiters (Verantwortungsbereichsleiter) und der sachlichen Wirtschaftlichkeit der Fertigung an sich. Wichtigstes Prinzip der Wirtschaftlichkeitskontrolle auf Kostenstellenebene ist deshalb eine klare Unterscheidung von beeinflußbaren und nicht beeinflußbaren Kosten. Dies bedeutet, daß zum Zwecke der Wirtschaftlichkeitskontrolle gänzlich auf Schlüsselungen verzichtet und allein auf Kostenstelleneinzelkosten[16] abgestellt wird, die direkt und eindeutig einem Kostenverantwortungsbereich zugeordnet werden können. Alle anderen Kosten werden zwar ausgewiesen, sind vom Verantwortungsbereichsleiter aber nicht zu verantworten. Die Trennung in Kostenverantwortungsbereiche und Kalkulationsbereiche erweist sich hier als besonders nützlich, weil nicht mehr im gleichen Maße auf Kalkulationsaspekte Rücksicht genommen werden muß. Durch gezielte Nutzung datenbankorientierter Informationstechnologie ist es ohne weiteres möglich, zwei verschiedene Darstellungen der Kostenstellenrechnung zu erarbeiten, nämlich eine, die auf die Kostensatzermittlung für alle Kalkulationsbereiche ausgerichtet ist und eine, die auf einer aggregierten Stufe das Responsibility Accounting für die Verantwortungsbereiche zeigt. Dies betonen auch JOHNSON/KAPLAN: „Once we recognize that product costing can and should be accomplished independently from process control, the need to allocate nontraceable costs to cost centers disappears."[17]

Einbezug nicht-finanzwirtschaftlicher Meßgrößen

Im Produktionsbereich kann die Effizienzkontrolle sehr oft ebenso gut durch nicht-finanzwirtschaftliche Meßgrößen wie durch Kosteninformationen erfolgen. Viele Unternehmen verlassen sich noch zu stark auf rein finanzielle Indikatoren und haben noch nicht erkannt, welchen Informationswert ein institutionalisiertes System von nicht-finanziellen Führungsgrößen aufweist.[18] Als solche Führungsgrößen kommen beispielsweise in Frage: Output, Fehlerrate, Durchlaufzeit, Liefertreue usw.

Insgesamt ist der Wirtschaftlichkeitsbegriff in zweifacher Hinsicht zu erweitern: Zum einen müssen neue Meßgrößen für die Kostenwirtschaftlichkeit gefunden werden, die sich im Kern auf die effiziente Nutzung der kapitalintensiven Anlagen konzentrieren. Dazu gehören Stillstandskosten und Auslastungsgrade. Zum zweiten kann eine Effizienzkontrolle der Produktion nicht allein durch eine einseitige Überwachung der Kosten abgedeckt werden. Quali-

---

16 Kostenstelleneinzelkosten sind Kosten, die den Kostenstellen direkt und eindeutig zuordenbar sind. Vgl. HUMMEL/MÄNNEL (Kostenrechnung/1), S. 99.

17 JOHNSON/KAPLAN (Relevance), S. 232.

18 Vgl. KAPLAN (Cost System), S. 64.

tätsfaktoren und Logistikgrößen wie Bestände, Durchlaufzeiten und Lieferbereitschaft sind ebenso miteinzubeziehen.

Um die Kontrolle der Wirtschaftlichkeit nun zu konkretisieren, beginnen wir mit der Darstellung von möglichen Abweichungen zwischen Soll und Ist, ihrer Ursachen und Analysen. Anschließend wenden wir uns dem Problem der Anlagennutzung zu.

Abweichungen 4.2.3

Arten von Abweichungen 4.2.3.1

a) *Materialverbrauchsabweichung*
Bei Hewlett Packard (HP) wurde in einem Programm zur CIM-Anpassung des Rechnungswesens festgestellt, daß bei konsequenter Anwendung des Fließprinzips durch JIT-Konzepte die Prozesse einen klar definierten Ablauf erhalten und wesentlich vereinfacht werden. Dadurch kann auch das Rechnungswesen wieder mit sehr viel einfacheren Methoden arbeiten. Beispielsweise entfällt weitgehend das Problem der Ware in Arbeit (work in process), weil sich nur noch wenige Aufträge gleichzeitig im Umlauf befinden. Der Materialverbrauch wird bei HP deshalb in mehreren hochautomatisierten JIT-orientierten Fabriken nur noch retrograd ermittelt, weil er aufgrund der stark automatisierten Fertigung kaum mehr von der (programmgesteuerten) Planung abweicht. Treten trotzdem Mehrverbräuche auf, so sind diese auf Störungen oder auf Ausschuß zurückzuführen, die ohnehin gesondert erfaßt werden.[19] Wie bei HP geht man heute in vielen Elektronikwerken dazu über, parallel zur eigentlichen Fertigungslinie eine Reparaturlinie aufzubauen.

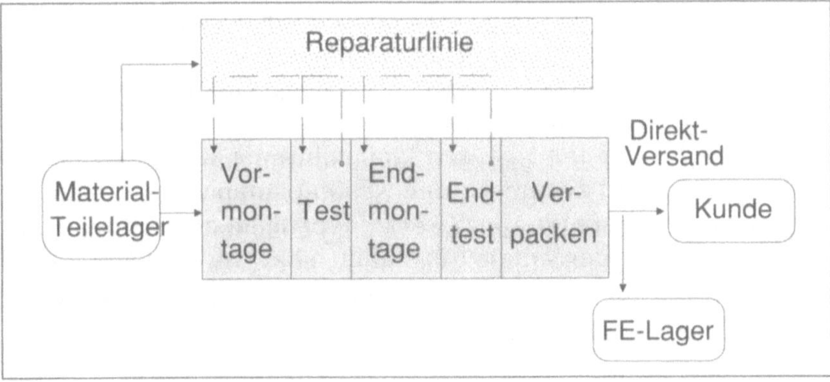

Abbildung 4.10
Fertigungslinie mit getrennter Reparaturlinie

---

19 Vgl. NEUMANN/JAOUEN (Kanban), S. 135.

Nach den einzelnen Fertigungsschritten erfolgen jeweils In-Line-Testings, die eine sofortige Ausgliederung fehlerhafter Werkstücke aus dem Fertigungsfluß veranlassen. Die ausgegliederten Stücke gelangen auf die parallele Reparaturlinie, werden dort von Spezialisten nachgearbeitet und wieder in den Fluß eingeschleust. Der damit verbundene ungeplante Materialmehrverbrauch, beispielsweise durch Ersatz eines fehlerhaften elektronischen Bauelements, wird durch den Spezialisten on-line erfaßt. Gleichzeitig werden die mit Bar-Code versehenen Werkstücke bei Ausgliederung aus dem normalen Fertigungsfluß und bei Wiedereintritt erkannt und an das übergeordnete Leitsystem gemeldet. Auf diese Weise werden nicht nur Materialverbrauchsabweichungen, sondern auch Durchlaufzeitabweichungen in Form von Reparaturzeiten, Wartezeiten usw. on-line und einzelauftragsbezogen erfaßt.

Derart überschaubar und einfach gestaltete Prozesse erlauben, vermehrt mit technischen Kennzahlen zu arbeiten, weil Abweichungen sofort erkennbar sind und ohne zusätzlichen Aufwand den technischen Informationssystemen direkt entnommen werden können.

b) *Zeitabweichungen*

Da die menschliche Arbeitszeit in einem hochautomatisierten System eine vernachlässigbare Größe geworden ist, werden in Zukunft nicht die klassischen Arbeitszeitabweichungen von Bedeutung sein, sondern die Systemzeit-Abweichungen. Damit sind sowohl die Bearbeitungsmaschinen gemeint als auch die dazugehörenden Materialflußsysteme, wobei drei Größen von Interesse sind: Durchlaufzeit, Ausfallzeiten, Leerzeiten.[20]

Durchlaufzeit (Throughput time): Um hier Ineffizienzen festzustellen, bedarf es des Vergleichs der Ist-Zeiten mit ingenieurmäßig festgelegten Standardzeiten für die Bearbeitung eines bestimmten Werkstücks. Gemessen wird die Zeit vom Eingang in ein flexibles System bis zum Ausgang. Abweichungen sind zu analysieren und nach verursachenden Faktoren aufzuschlüsseln.

Ausfallzeit (Downtime): Ausfälle einer Maschine können heute aufgrund der Verkettung gravierende Auswirkungen haben, indem sie zum Stillstand ganzer Linien führen können. Gewisse Ausfallzeiten sind bereits in der Kostenplanung berücksichtigt, z. B. geplante Stillstände zum Zwecke der Anlagenüberholung und -wartung. Die ungeplanten Stillstände aber verursachen ungeplante Mehrkosten und sind als Abweichungen auszuweisen, was eine Aufgabe des später dargestellten Kapazitätscontrolling ist.

---

20 Vgl. dazu und zu den folgenden Begriffserläuterungen: TISHLIAS/CHALOS (High Tech), S. 165f.

Leerzeit (Idle time): Während geplante Leerzeiten einen Hinweis auf vorhandene Reservekapazitäten darstellen, haben ungeplante Leerzeiten erfolgsmindernde Wirkungen. Dies kann auf fehlende Aufträge (Verantwortung: Vertrieb) oder auf suboptimale Produktionssteuerung (Verantwortung: Fertigungsvorbereitung) zurückzuführen sein. Auch diese Abweichungen sind kostenmäßig zu erfassen und nach ursächlich verantwortlichen Stellen aufzuschlüsseln.

c) *Beschäftigungsabweichung*

Die Beschäftigungsabweichung ist nach wie vor ein geeignetes Maß für die Kapazitätsnutzung. Insbesondere die langfristige Beobachtung der auftretenden Beschäftigungsabweichungen erlaubt die Beurteilung der Anlagen in bezug auf vorhandene Über-Kapazitäten oder bezüglich tendenzieller Über-Nutzung mit der Gefahr von entsprechenden Engpässen.[21] Wichtig ist die Bemessung der zugrundeliegenden Kapazität. Nach einer 1983 veröffentlichten empirischen Untersuchung bei industriellen Unternehmungen verwendeten 51 % die erwartete Beschäftigung und 39 % eine Normalbeschäftigung. Die Maximalkapazität verwendeten nur gerade 3 %.[22] Einzig richtig wäre aber ein Vergleich zur Maximalkapazität[23] oder zumindest zu einer Normalkapazität.

d) *Produktemix-Abweichungen*

Flexible Fertigungssysteme erlauben zwar die Kombination verschiedenster Produktvarianten, bedingen aber einen optimalen Mix. Ist der Produktemix zu weit gefaßt, so sind bei Anlagen mit nur relativ geringer Einsatz- und Anpaßflexibilität insgesamt doch wieder zu hohe Umrüstanteile erforderlich. Ist der Mix aber zu eng, so werden innerhalb eines Mehrmaschinensystems mit vorwiegend sich ergänzenden Maschinen (geringe Fertigungsredundanz) immer wieder die gleichen Maschinen angesteuert, was zu Engpässen und zu verlängerten Durchlaufzeiten führen kann. Als Führungsgröße für die PPS ist daher der Ausweis produktemixbedingter Output-Veränderungen erforderlich. Da ein ungeeigneter Produktemix die Nutzung eines Systems beeinträchtigt, empfehlen DILTS/RUSSELL die folgende Abweichungsgröße:[24]

$$\frac{\text{Actual average utilization}}{\text{Standard average utilization}} - 1 \times \text{total contribution margin.}$$

---

21 Vgl. TATIKONDA (Production), S. 27.
22 Vgl. KÜPPER (Bedarf), S. 171.
23 Vgl. SIEGWART (Kennzahlen), S. 77 f., der die Verwendung dieser Größe für die Kennzahlbildung vorschlägt, denn damit könne man „... nicht nur die unbefriedigende Nutzung des möglichen Leistungsvermögens neuer technischer Betriebsmittel, sondern auch die Grenzen der Kostenwirtschaftlichkeit erkennen."
24 Vgl. DILTS/RUSSELL (Accounting), S. 39.

Die Abweichung zeigt somit die Veränderung des in einer Zeitperiode erwirtschafteten Gesamt-Deckungsbeitrags des Systems an, die bei Nichteinhaltung des geplanten Standard-Mix auftritt. Erforderlich ist dafür die Festlegung eines „idealen" Produktemix, der nur für jedes System individuell festlegbar ist, weil er von dessen Flexibilitätsgrad abhängt.

4.2.3.2 Abweichungsanalyse

In Anbetracht der starken Verflechtung einer integrierten Produktion genügt es nicht mehr, die Kostenabweichungen in den Bereichen auszuweisen, in denen sie auftreten. Die Verkettung führt zu Wirkungsnetzen, so daß der eigentliche Verursacher der Kostenerhöhung unter Umständen in einem vorgelagerten Bereich zu finden ist. Die rein rechnerische Ermittlung von Soll-Ist-Abweichungen in der Kostenstellenrechnung, mit der sich die traditionelle Kostenrechnung noch begnügte, muß daher von einem eigentlichen „Cost Coursing" begleitet werden, d. h. von einer Rückverfolgung der Kosten bis auf ihre ursächlichen Einflußfaktoren und den dafür Verantwortlichen. Nach LASSMANN sollte eine detaillierte technisch-wirtschaftliche Einflußgrößenstudie die Grundlage einer Wirtschaftlichkeitsbeurteilung des laufenden Betriebsgeschehens bilden.[25] Dadurch gelingt es einerseits, die Maßnahmenplanung zu unterstützen und andererseits klare Verantwortungszuweisungen vorzunehmen und Zielvorgaben für Verbesserungen zu formulieren.

Die weiter unten erläuterten Stillstandskosten flexibel automatisierter Systeme können sehr oft nicht vom Kostenstellenleiter, zu dessen Verantwortungsbereich die Anlage gehört, verantwortet werden, weil die eigentlichen Verursacher in vorgelagerten Abteilungen zu finden sind. Die Wirtschaftlichkeitskontrolle liefert aber nur dann glaubwürdige Führungsinformationen, wenn es ihr gelingt, solche Wirkungs-Ursache-Relationen transparent zu machen. „Thus, control – and the focus of control reporting – shifts from the plan floor to the engineering, planning, scheduling, and maintenance functions."[26] Abb. 4.11 zeigt eine Zusammenstellung häufig auftretender Stillstandsursachen und die sie ursächlich auslösenden Stellen, denen die Verantwortung für Kostenabweichungen konsequenterweise zuzuweisen ist.

25 Vgl. LASSMANN (Serienfertigung), S. 974.
26 SEED (Cost Accounting), S. 42.

Stillstandsursache	Verantwortung
Operativ	
Bedienungsfehler	→ Systemmannschaft
Vermeidbarer Maschinendefekt	→ Instandhaltung
Fehlende Steuerungsprogramme	→ Fertigungsvorbereitung
Suboptimaler Produktionsmix	→ PPS
Fehlerhaftes Rohmaterial	→ Wareneingangsprüfung
Fehlendes Rohmaterial	→ Disposition/Einkauf
Dispositiv/ Strategisch	
Fehlerhafte Steuerungsprogramme	→ Fertigungsplanung
Teile nicht automatengerecht	→ Konstruktion
Fehlende Aufträge	→ Vertrieb
Anlage zu groß dimensioniert	→ Investitionsplanung

Abbildung 4.11
Stillstandsursachen und Verantwortlichkeit

Um Abweichungen als Führungsinstrument einzusetzen, ist verstärkt mit Kennzahlen zu arbeiten. Dabei ist eine Konzentration auf wichtige Abweichungen und ein konsequentes Management by Exception erforderlich. Letzteres bedeutet, daß die Abweichungen vom Führungssystem nur bei Überschreiten einer bestimmten Toleranzgrenze ausgewiesen werden. Die wenigen zentralen Führungsgrößen sind jedoch mit hoher Aktualität zu ermitteln, d. h. wochen-, tages- oder schichtgenau. Erst diese Differenzierung erlaubt es, die Abweichungen den entsprechenden Verantwortlichkeiten individuell zuzuweisen. Diese Möglichkeit motiviert ganz erheblich zur Vermeidung von Störungen usw. Es wäre aber falsch, diese Regel auf alle Abweichungen in gleichem Maße anzuwenden. Es muß in Zukunft ein differenziertes System von entscheidungsadäquaten Führungsgrößen aufgebaut werden, das die Informationen je nach Situation in einer anderen Form, Aktualität oder Verdichtungsstufe bereitstellt. Ein solches Konzept wird später noch detaillierter vorgestellt.

Kontrolle der Anlagennutzung 4.2.4

Im Hinblick auf die Wirtschaftlichkeit automatischer Anlagen kommt der Nutzung der verfügbaren Produktionsmittel die entscheidende Bedeutung zu. Das hängt einerseits mit der Bedeutung der (fixen) Kapitalkosten, andererseits mit den Stückkosten zusammen. Es ist eine bekannte Tatsache, daß die Stückkosten umso geringer werden, je intensiver eine Anlage genutzt werden kann, wobei die Degression der Kostenkurve ab einem bestimmten Auslastungsgrad zunehmend verflacht. Diese kostenmäßige Wirkung (economic of scale) tritt umso stärker in Erscheinung, je höher der relative Anteil der fixen Kosten ist.

Aus Gründen der Wirtschaftlichkeit des Fertigungsprozesses hat jede Unternehmung ein hohes Interesse daran, die verfügbaren Anlagen optimal zu nutzen. Maßstab für die Beurteilung der Stückkosten-Wirtschaftlichkeit bildet bei gegebenen Kosten der Grad der Anlagennutzung. Hierzu muß in zweifacher Hinsicht eine Unterscheidung gemacht werden:
1. Nutzung der absoluten Verfügbarkeit der Anlagen
2. Nutzung der geplanten Verfügbarkeit der Anlagen.
Es ist angezeigt, diese beiden Varianten im folgenden getrennt zu behandeln.

4.2.4.1 Nutzung der absoluten Verfügbarkeit

In gewissen Wirtschaftszweigen und in bestimmten Unternehmungen erzwingen physikalisch-chemische Prozeßbedingungen eine totale Nutzung der Anlagen. Unterbrechungen sind nur für umfassende Reparaturen und Instandhaltung möglich. Jede andere Unterbrechung des Prozesses ist technologisch nicht möglich.

Bei den hier zur Diskussion stehenden automatisierten Anlagen ist – selbstverständlich mit gewissen Ausnahmen – eine jederzeitige Unterbrechung möglich, weil die Prozeß-Anlaufkosten in der Regel keinen vorherrschenden Einfluß haben. Trotzdem ist es auch hier sinnvoll, von der optimalen Verfügbarkeit der Produktionsanlagen auszugehen. Erst auf diese Weise gelingt es, den Unterschied zwischen möglichen und realisierbarem Auslastungsgrad zu ermitteln, die ökonomischen Wirkungen zu erkennen und die Unternehmungsleitung für die Folgen zu sensibilisieren.

Hilfreich ist es zunächst, von der absoluten Verfügbarkeit auszugehen, nämlich von 365 Tagen mal 24 Stunden, was je System insgesamt 8760 Stunden ergibt.

In den meisten Fällen ist aber diese verfügbare Kapazität praktisch nicht realisierbar, weil die arbeitszeitliche oder tarifliche Ordnung, die Nicht-Verfügbarkeit von Mitarbeitern, insbesondere aber die begrenzten Absatzmöglichkeiten eine Abkehr von dieser idealen oder theoretischen Kapazitätszeit erzwingen. Die Möglichkeiten und Grenzen der Kapazitätsnutzung sind aus den genannten Restriktionen herzuleiten. Dies ist am klarsten dadurch deutlich zu machen, daß festgestellt wird, welche Jahrestage in Abzug zu bringen sind. In der Regel sind es die Sonntage, die Samstage und die Feiertage. Einer speziellen Entscheidung bedarf die Frage des Betriebsurlaubes. Nimmt man nur 20 Arbeitstage als Urlaub an und zählt die Wochenendtage plus 8 staatliche Feiertage hinzu, dann verbleiben 233 Arbeitstage oder ca. 63 % der theoretischen Kapazität (vgl. Abb. 2.33).

In Betracht zu ziehen ist nun aber noch die tägliche Arbeitszeit. Im Gegensatz zur konventionellen Fertigung verlangt die automatisierte Fertigung mindestens eine zweischichtige Arbeitszeit, wenn eine vergleichsweise höhere wirtschaftliche Fertigung überhaupt zustande kommen soll. Eine bessere Wirtschaftlichkeit ist im Grunde genommen nur zu erreichen, wenn sogar eine dritte Schicht gefahren werden kann. Fehlt eine dritte Schicht, dann muß eine Reduktion der Kapazitätsnutzung auf 32 % in Kauf genommen werden.

Eine spürbare Nutzungsverbesserung bringt eine bedienerarme oder sogar mannlose Schicht („Geisterschicht"), in der das Fertigungssystem selbsttätig die sich im Werkstückspeicher befindlichen Werkstücke abarbeitet, und zwar solange, bis eine Störung auftritt oder der Materialvorrat erschöpft ist. Damit ist bei gleichbleibendem Personaleinsatz eine stark erhöhte Nutzung der Anlagen möglich. Selbst bei nur stundenweiser Nutzung der dritten Schicht durch einen automatischen Abschaltbetrieb können Steigerungen der Maschinenlaufzeit um 15 – 25 % erreicht werden.[27]

Welches Potential bei der Anlagennutzung noch vorhanden ist, ergab eine Untersuchung am Forschungsinstitut für Rationalisierung (FIR) in Aachen:[28] Von 95 FFZ in der Bundesrepublik Deutschland (ca. die Hälfte der installierten FFZ) wurden lediglich 19 % der Bearbeitungszentren und 0 % (keine) der Drehzellen mit einer vollen bedienerlosen Schicht gefahren. Immerhin wiesen 64 % (Bearbeitungszentren) bzw. 44 % (Drehzellen) einen automatischen Abschaltbetrieb von einigen Stunden auf. Nach Untersuchungen von MERTINS wurden in der Bundesrepublik aber auch FFS bislang kaum in drei Schichten betrieben, auch nicht in einer mannarmen Schicht.[29]

Dies ist darauf zurückzuführen, daß aufgrund der Anlagenzuverlässigkeit ein bedienerloser Betrieb immer noch nur in geringem Maße möglich ist. Die Nutzungszeiterweiterung muß demnach durch ein neues Arbeitszeitmodell erreicht werden, so daß eine Überwachung und Störungsbehebung durch den Menschen auch in den Zusatzzeiten möglich ist. Solche Modelle werden heute unter anderem von Mikrochip-Herstellern praktiziert. Bei der Produktion von elektronischen Bauelementen der Siemens AG wird beispielsweise mit Erfolg ein Arbeitszeitmodell angewendet, das eine ununterbrochene Fertigung während sechs Tagen erlaubt und dem Arbeitnehmer trotzdem mehrere Alternativen an Arbeitsrhythmen zur Wahl stellt.

---

27 Vgl. die Untersuchungen von FÖRSTER (PPS), S. 102 und BARNSTEINER (Planung), S. 282.
28 Vgl. FÖRSTER (PPS), S. 103 ff.
29 Vgl. MERTINS (Steuerung), S. 46.

Der Nutzungsgrad in bezug zur absoluten Verfügbarkeit zeigt die geplant in Kauf genommene Anlagen-Nichtnutzung. Hat sich eine Unternehmung einmal für eine bestimmte geplante Verfügbarkeit entschieden, so ist deren Nutzung ebenfalls konsequent zu überwachen. Dieses Problem wird im folgenden Kapitel behandelt.

4.2.4.2 Nutzung der geplanten Verfügbarkeit der Anlagen

Die Wirtschaftlichkeit der Leistungserstellung bestimmt sich durch die Notwendigkeit, die geplante Verfügbarkeit der Anlagen möglichst zu erreichen. In der Realität ist die Erfüllung dieser Forderung in der Regel nicht möglich, weil verschiedene Ursachen den reibungslosen Produktionsprozeß stören. Diese Störfaktoren führen zu Ausfall- oder Stillstandzeiten. Für das Kosten-Management besteht die erste Aufgabe darin, das Ausmaß der Stillstandszeiten zu ermitteln, denn das Verhältnis zwischen Stillstandzeit und Nutzungszeit zählt zu den wichtigsten Kennzahlen der Produktivitäts- und damit auch der Wirtschaftlichkeitsmessung.

Sodann ergibt sich die Frage, welche Möglichkeiten bestehen, die Stillstandzeiten zu reduzieren. Um wirksame Maßnahmen in die Wege leiten zu können, müssen die Stillstände nach ihren Arten, Häufigkeiten und vor allem nach ihren Ursachen analysiert werden. Schließlich dienen Ursachen und adäquate Maßnahmen dazu, die kostenmäßigen Folgen zu erfassen und darzustellen.

Unter Stillstandszeiten verstehen wir die Gesamtheit der Zeitanteile, in denen eine Anlage nicht produktiv arbeitet. Es lassen sich zwei Gruppen von Stillstandzeiten unterscheiden: Organisatorisch bedingte Stillstandzeiten und technisch bedingte Stillstandzeiten.

a) *Organisatorisch bedingte Stillstandzeiten* sind auf Mängel im Arbeitsablauf und in der Organisation zurückzuführen und äußern sich in Form von fehlendem Material sowie mangelnder Verfügbarkeit von Personal, von Betriebsmitteln (z. B. Werkzeugen und Vorrichtungen) und von Auftragsunterlagen.

Zur Reduktion der organisatorisch bedingten Stillstandszeiten sind personelle und ablauforganisatorische Maßnahmen zu ergreifen.

b) *Technisch bedingte Stillstandzeiten* sind beispielsweise auf folgende Ursachen zurückzuführen:
   - Wartungszeiten (Ölwechsel, Schmieren etc.)
   - Ausfallverhütungszeiten (technische Kontrollen + Tests)
   - Reparaturwartezeiten (ab Stillstand bis Beginn Reparatur)
   - Instandsetzung (Reparaturzeit).

Von zentraler Bedeutung ist hier ein Instandhaltungsmanagement, das die Verfügbarkeit der Anlagen ganz entscheidend mitbestimmt. Die Instandhaltung beeinflußt die Verfügbarkeit der Anlagen sowohl durch vorbeugende Instandhaltung (Wartung, Inspektionen) als auch durch unverzügliche Instandsetzung ausgefallener Anlagen. Bei Instandhaltungskosten haben Untersuchungen gezeigt, daß ca. 80–90 % der Instandhaltungsmaßnahmen Wiederholcharakter haben und somit bezüglich Materialbedarf und Vorgabezeiten planbar sind.[30] Es ist unbedingt wichtig, die wesentlichsten Elemente dieser Kostenart durch monatliche Soll-Ist-Vergleiche in bezug auf Wirtschaftlichkeit zu überprüfen und durch auftragsbezogene Rechnungen bei Großreparaturen sowie durch langfristige Schwachstellenanalysen der Anlagen zu ergänzen.

Eine systematische Erfassung und Auswertung der Stillstände kann helfen, dieselben durch gezielte Maßnahmen zu reduzieren und damit deren Kosten zu senken. Im weitesten Sinne können alle stillstandverursachenden Faktoren (auch fehlende Aufträge) als Störungen eines idealen Ablaufs und einer maximalen Anlagennutzung verstanden werden. Zur Erfassung der Störungen sind in komplexen Fertigungssystemen automatische Diagnosegeräte installiert, die on-line die entsprechenden Meldungen für den Leitstand auslösen. Damit werden Abweichungen sehr früh erkannt, was eine frühzeitige Reaktion ermöglicht.

Erfassung der Stillstände:

1) Anzahl Stillstände absolut
2) Ø Stillstandszeit
3) Totale Stillstandszeit

Analyse der Stillstände:

4) Störungsart
5) Störungsursache
6) Störungsfolgen.

Wie im Rahmen eines Kapazitäts-Controllings durch intensive Nutzung informationstechnologischer Möglichkeiten ein Störmanagement implementiert werden kann und welcher Nutzen daraus resultiert, kann anhand des umfassenden Informations- und Leitstandssystems im Werk Dingolfing der BMW AG erläutert werden:[31] Ziel des Systems ist eine laufende Überwachung des Betriebes der hochautomatisierten Fertigungseinrichtungen auf der Basis einer on-line-Verfolgung des Produktionsgeschehens und der Störungen. Diese ist mit einer langfristigen Auswertung von Stillstandszeiten und Auslastungen gekoppelt, wodurch es möglich ist, optimale Dispositionen anzustreben, Schwachstellen zu analysieren und die Wirkung von Gegenmaßnahmen zu überprüfen. Die Stillstände des Fertigungssystems werden nach Zeit und Ort vom System automatisch registriert, wobei die Stillstandsursache vom Systembetreuer an einem Terminal eingegeben wird.

---

30 Vgl. LASSMANN (Serienfertigung), S. 977.
31 Vgl. dazu und zu den folgenden Beschreibungen des Systems: BAUMGARTNER (Leitstandssysteme), S. 535 ff.

Die Erfassungen werden on-line an den Leitstand übertragen. Dem Maschinenbediener stehen am Terminal folgende Störursachen als Optionen zur Verfügung:

Störquittungstexte Produktion	
1 Grundstellung anfahren	16 Meßanzeige der ABS-Sensorbohrung falsch
3 Maschinentransfer-Unterbrechung	
4 Stromausfall	18 Werkzeuge
5 Kühlmittel fehlt	20 Störung zum Schichtwechsel offen
6 Luftausfall	21 Störung wurde autom. abgemeldet
7 Maschinenreinigung	24 Späne allgemein
8 Schmierdienst	25 Späne ABS-Sensorbohrung
10 Umrüsten auf Typ E 28	26 Späne Federbeinbohrung
11 Umrüsten auf Typ E 32	96 Auftrag fehlt
12 Umrüsten auf Typ E 34	97 Fehlende Werkstücke
15 Meßanzeige der Federbohrung falsch	98 Fehlendes Werkzeug
	99 Fehlendes Personal

Vom Leitrechner werden für alle Teilsysteme der verketteten Fertigungslinie vier verschiedene Betriebszustände erfaßt:
1) Ungestörter Automatikbetrieb
2) Hand- bzw. Einrichtbetrieb
3) Gestörter Produktionsbetrieb
   (Störungsursache im betreffenden Teilsystem)
4) Unterbrochener Produktionsbetrieb als Folgestillstand
   (Materialflußunterbrechung als Folge einer Störung in einem vor- oder nachgelagerten Bereich).

Auf der Basis dieser Datenerfassung gelingt es, die Auslastungen und tatsächlichen Nutzlaufzeiten der einzelnen Fertigungseinrichtungen längerfristig zu beurteilen. Statistiken über Produktionsausstoß, Störungszeiten und -ursachen, Maschinennutzung und -stillstände sowie QS-Ergebnisse sind schichtgenau abrufbar. Im Sinne eines Controlling-Regelkreises werden bei BMW die ermittelten Abweichungen eingehend analysiert und Gegenmaßnahmen geplant sowie deren Wirkungen überprüft. Zu diesem Zweck wurde ein abteilungsübergreifender Arbeitskreis gebildet, der in vier-wöchentlichen Controlling-Sitzungen die Langfrist-Auswer-

32 Vgl. BAUMGARTNER (Leitstandssysteme), S. 554.

tungen untersucht und Maßnahmen beschließt. „Mit gezielten
Wartungs- und Einstellarbeiten sowie punktuellen Optimierungen
konnten innerhalb von wenigen Wochen die Stillstandszeiten der
gesamten Fertigungslinie um ca. 30 % reduziert und die Teileaus-
bringung um rund 10 % gesteigert werden. Die Anzahl der Stillstände verringerte sich dabei um ca. 35 %."[33]

Wirtschaftliche Auswirkungen von Stillständen   4.2.4.3

Aus der Vielfalt an Störursachen und Gegenmaßnahmen resultiert
eine hohe Komplexität der produktionswirtschaftlichen Aufgabe
„Anlagennutzung", die nur mit Hilfe von Entscheidungsgrundlagen
aus dem Rechnungswesen bewältigt werden kann. Die Kosten sind
der gemeinsame Nenner, mit dem alternative Maßnahmen und
Strategien bewertet werden können. Wesentliche Voraussetzung
eines erfolgsorientierten Kapazitätscontrolling ist somit die Berücksichtigung von Stillstandskosten, die z. B. einen Abgleich mit
den Instandhaltungskosten zur Bestimmung der „optimalen" Verfügbarkeit erlauben.

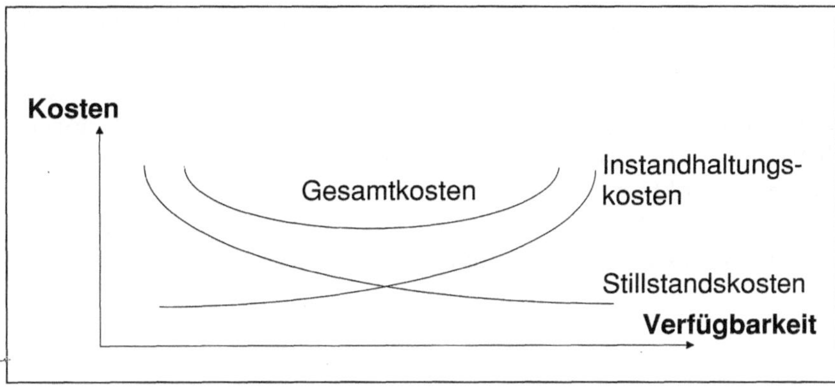

Abbildung 4.13
Kostenoptimale
Anlagenverfüg-
barkeit

Die wirtschaftlichen Auswirkungen durch verbesserte Nutzung
der Anlagenverfügbarkeit sind ganz erheblich und beeinflussen
die Höhe der Stückkosten beträchtlich. Ein Maschinenstillstand
verursacht eine Reihe von Folgewirkungen, die zu Mehrkosten
bzw. zu verminderten Deckungsbeiträgen führen, was aus dem
Wirkungsnetz in nachstehender Abbildung abzulesen ist.

---

33 BAUMGARTNER (Leitstandssysteme), S. 541.

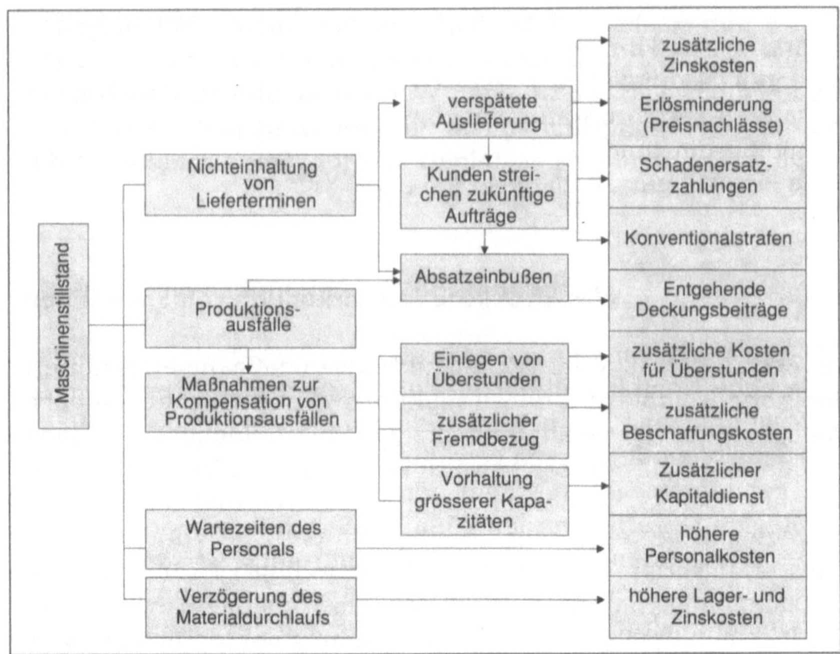

Abbildung 4.14
Wirtschaftliche Folgen von Maschinenstillständen[34]

Weil die Anlagen in der europäischen Industrie eine Netto-Nutzung von lediglich etwa 32 % bei 2-Schicht-Betrieb (vgl. Abb. 2.33) und etwa 15 % bei 1-Schicht-Betrieb aufweisen, hat eine Verringerung der Stillstandszeiten eine enorme Hebelwirkung auf das Kapazitätsangebot von Fertigungssystemen und somit auf deren Wirtschaftlichkeit. Bereits eine Reduktion der Stillstandszeiten um 10 Prozentpunkte p. a. bewirkt eine Erhöhung des Kapazitätsangebots im 1-Schicht-Betrieb von 15 % auf 25 % der Gesamtkapazität, also eine Verbesserung um über 60 %.

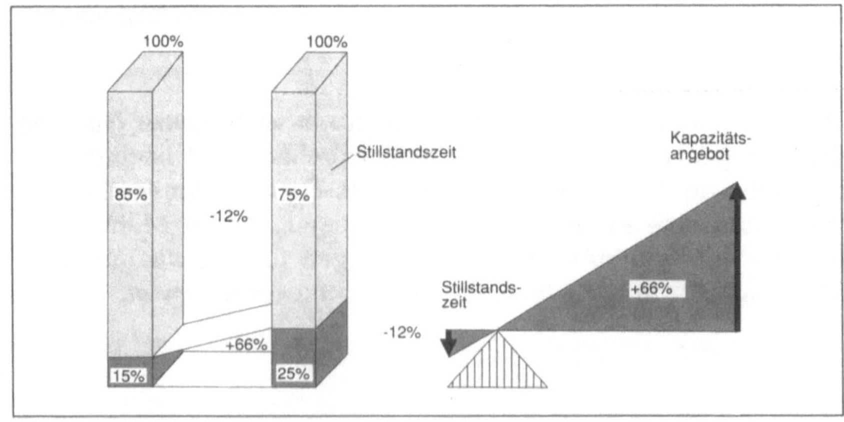

Abbildung 4.15
Hebelwirkung von Reduktionen der Stillstandszeiten

34 In Anlehnung an ein Vortrags-Schaubild von Prof. MÄNNEL.

Aus wirtschaftlicher Sicht führt diese Hebelwirkung zu einem überproportionalen Rückgang der Platzkosten, was eine empirische Untersuchung bei verketteten, hochautomatisierten Bearbeitungszentren in einem Unternehmen der Steuer- und Regelungstechnik beweist.[35]

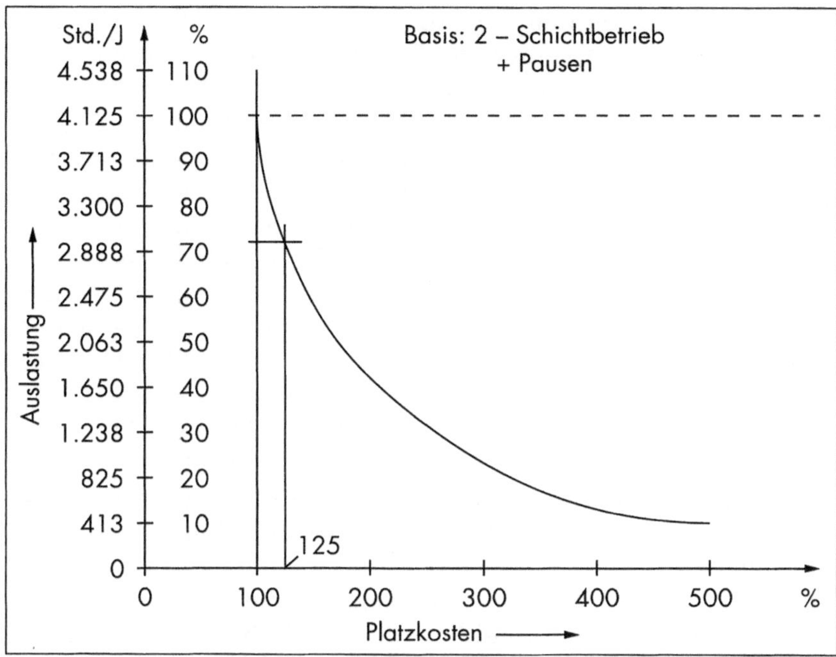

Abbildung 4.16
Platzkosten in Abhängigkeit der Auslastung

Die angeführten Überlegungen und Beispiele zeigen ganz klar, daß die Wirtschaftlichkeit der Leistungserstellung in erheblichem Maße von einem effizienten Kapazitätsmanagement abhängt. Zur Unterstützung der produktionsverantwortlichen Entscheidungsträger bedarf es aber eines Kapazitätencontrollings, das sich auf die Anlagenauslastung konzentriert und die Wirkung von Maßnahmen in bezug auf Stillstandskosten ausweist.

35 Vgl. hierzu und zur Abbildung: BARNSTEINER (Planung), S. 282.

4.3 Logistik-Controlling als Führungsinstrument

4.3.1 Funktion und Struktur eines Logistik-Controlling

4.3.1.1 Ziele und Aufgaben

Die steigende Bedeutung der Logistik, der hohe Anteil der Logistikkosten und das veränderte Zielsystem der Unternehmung haben im Analyseteil die Notwendigkeit belegt, Logistikkosten und -leistungen in einem CIM-orientierten Produktionsumfeld als zentrale Führungsgrößen zu betrachten (vgl. Kap. 2.2.3.2). Eine logistische Gestaltung und Lenkung der Produktion erfordert ein entsprechendes Planungs- und Kontrollinstrumentarium in Form eines permanenten Logistik-Controlling als Teilgebiet des Unternehmungscontrollings. Wie bereits erläutert wurde, orientiert sich ein modernes Logistikverständnis an der logistischen Kette, die ihren Ursprung beim Kunden hat, über alle Stufen der Beschaffung, der Produktion und des Vertriebs geht und letztlich wieder beim Kunden endet. Zu den zentralen Schlüsselgrößen gehören aus logistischer Sicht die Bestände und die Durchlaufzeiten.

Übertragen auf den in diesem Buch interessierenden Produktionsbereich ergeben sich für ein Logistik-Controlling die folgenden Aufgaben:[36]
- Mitwirkung bei der Festlegung logistischer Zielsetzungen
- Überwachung der Wirtschaftlichkeit logistischer Prozesse durch Vergleich von Kosten und Leistungen
- Verursachungsgerechte Verrechnung von Logistikkosten auf die Kostenträger
- Bereitstellung von Entscheidungsgrundlagen für die logistische Systemgestaltung und -lenkung (strategisch und operativ)
- Aufdecken von Rationalisierungspotentialen.

Zusammenfassend kann folgende Aufgabe formuliert werden:
Die Hauptaufgabe des Logistik-Controlling im operativen Bereich ist die Sicherstellung einer höchstmöglichen Logistikeffizienz in Form marktgerechter Logistikleistungen bei minimalen Logistikkosten.

---

36 Vgl. HAUTZ (Controlling), S. 6; Förderkreis Betriebswirtschaft (Fertigungslogistik), S. 2 f.; REICHMANN (Logistik-Controlling), S. 19.

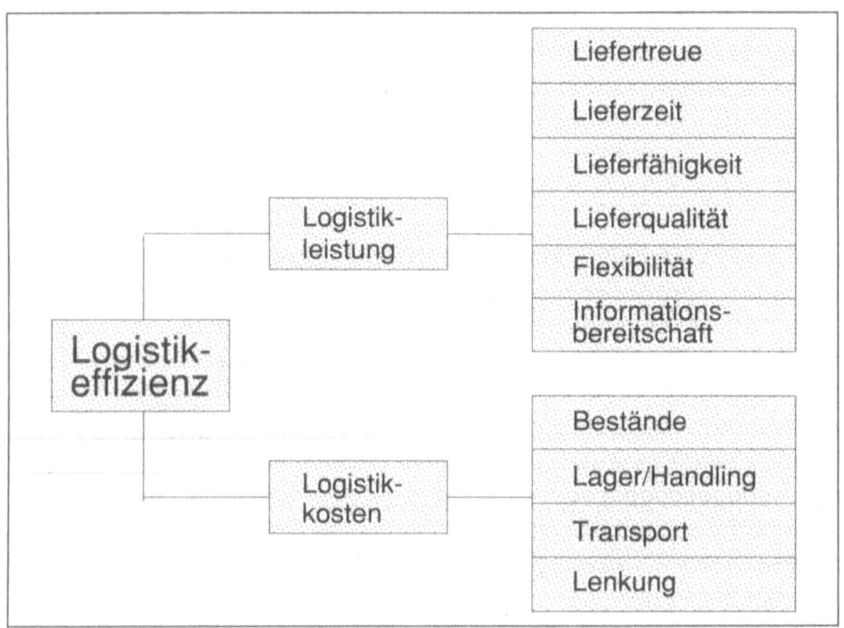

Konzepte 4.3.1.2

Ein ketten-orientiertes Logistikverständnis führt dazu, daß die Logistik als eigentliche Querschnittsfunktion zu sehen ist, womit auch das Logistikkosten-Controlling quer zu allen traditionellen Kostenstelleneinteilungen verläuft. Diese Tatsache macht die Einführung eines flächendeckenden Logistik-Controlling schwierig. Viele Unternehmen begnügen sich daher relativ pragmatisch damit, in periodischen Abständen gewisse logistische Parameter zu messen und ihr Logistiksystem danach zu justieren.

Bezüglich der Institutionalisierung von Logistik-Controlling-Konzepten können somit drei Ausprägungsstufen unterschieden werden, nämlich eine fallweise Analyse (1. Stufe), ein periodisches Controlling (Stufe 2) und ein institutionalisiertes Logistik-Controlling (Stufe 3).

Stufe 1: Fallweise Analyse zentraler Logistik-Größen durch Sondererhebungen

Bei Auftreten logistisch bedingter Symptome (z. B. zu hohe Bestände) oder bei besonderen Fragestellungen im Zusammenhang mit Investitionsprojekten oder produktionsstrategischen Entscheidungen werden Informationen über Logistikkosten und -leistungen beim Rechnungswesen angefordert. Die Informationen werden mangels institutionalisierter Datenerhebungs- und Rechnungsverfahren durch Sonderauswertungen erarbeitet. Als Folge dieses Vorgehens werden einzelne Kosten- und Leistungsgrößen isoliert betrachtet und bei Erkennen möglicher Schwachstellen wird ebenfalls mit Einzelmaßnahmen gegengesteuert. Diese Art von Logistikmanagement entspricht weder dem hier definierten Verständnis von Controlling noch einer ganzheitlichen Betrachtung der Logistikkette.

Stufe 2: Periodisches Controlling bestimmter Logistik-Kennzahlen

Es ist zweckmäßiger, bestimmte Kennzahlen als Leitgrößen zu bestimmen und diese periodisch (monatlich, quartalsweise, jährlich) zu ermitteln und mit vorgegebenen Soll-Zahlen zu vergleichen. Dieses System entspricht schon eher unserer Vorstellung von Controlling, weil Kennzahlen ausgewählte Bausteine eines umfassenden Controlling sind. Dennoch weist dieses Vorgehen einige Schwächen auf, insbesondere dann, wenn die Kennzahlen nur einmal jährlich erhoben werden. Abgesehen vom Problem der Abgrenzung kann diese stichtagsbezogene Punktualität zu Verzerrungen und zu Fehlinterpretationen führen. Ein geradezu klassisches Beispiel für diese Problematik ist die jährliche Bestandsanalyse auf einen bestimmten Stichtag mit der Kennzahl „Bestände im Verhältnis zum Netto-Umsatz". Bei nur jährlicher Beurteilung dieser Größe sind regelmäßig gezielte Aktivitäten der verantwortlichen Bestandsdisponenten und Einkäufer zu beobachten, die durch Zu- und Abgangssteuerung eine Zielerreichung anstreben.

Ein festgelegtes Kennzahlensystem als ausschließliche Informationsbasis führt auch zu Unsicherheit bei dispositiven Entscheidungen, nicht zuletzt deshalb, weil analytisch ermittelte Standardgrößen als Vergleichsmaßstab fehlen.

Stufe 3: Institutionalisiertes Logistik-Controlling auf der Basis einer Logistikkosten- und -leistungsrechnung in Kombination mit einem Kennzahlensystem

Ein permanentes Logistik-Controlling benötigt eine ausgebaute Logistikkosten- und -leistungsrechnung, in der die Bedeutung und die Zusammenhänge der Logistik voll zum Ausdruck kommen. Damit ist es möglich, eine vollständige und objektive Datenbasis zu erhalten, die es allerdings zu logistischen Führungsinformationen zu verarbeiten gilt. Diese Führungsinformationen sind logistische Kennzahlen mit Zielvorgaben – sowohl für die Logistikkosten wie auch die Logistikleistung. Für letzteres kann dies beispielsweise eine Liefertreue von 95 % sein. Die Zielvorgaben bilden die Voraussetzungen dafür, daß die Ist-Daten des Logistik-Controlling angemessen interpretiert und beurteilt werden können.

Bezüglich Praxisrelevanz sind die drei Stufen wie folgt zu beurteilen:

In einem Kleinbetrieb rechtfertigt sich die Institutionalisierung eines ausgebauten Logistik-Controlling kaum, womit die Stufe 1

und bei hoher Bedeutung des Erfolgsfaktors Logistik in den betreffenden Marktsegmenten allenfalls die Stufe 2 eine vernünftige
Lösung darstellt. Ein mittelgroßer Betrieb sollte auf jeden Fall mit
Stufe 2 arbeiten, bei hoher Bedeutung aber den Aufwand für Stufe 3
nicht scheuen. Für Großunternehmungen kommt bei mittlerer bis
hoher Bedeutung der Logistik nur die Stufe 3 in Frage, die im
folgenden auch behandelt wird.

Die Zielgröße Logistik-Effizienz beinhaltet sowohl Leistungs- als
auch Kostenaspekte. Die Logistikleistung kann auf der vertriebli-
chen Seite sowohl bezüglich einzelner Produktgruppen als auch
bezüglich unterschiedlicher Kundensegmente beurteilt werden.
Analog dazu erfolgt das Leistungs-Controlling auf der Beschaf-
fungsseite nach Materialarten-Gruppen und nach Lieferanten. Basis dafür bilden die in Abb. 4.18 angeführten Kriterien einer
Logistikleistung, deren Inhalt nachfolgend definiert wird:

<table>
<tr><td>Liefertreue</td><td>Übereinstimmung zwischen bestätigtem und tatsächlichem Auftragserfüllungstermin</td></tr>
<tr><td>Lieferzeit</td><td>Zeitspanne vom Datum der Auftragserteilung bis zum Datum der Auftragserfüllung</td></tr>
<tr><td>Lieferfähigkeit</td><td>Übereinstimmung zwischen Wunschtermin und bestätigtem Auftragserfüllungstermin</td></tr>
<tr><td>Lieferqualität</td><td>Anteil der gegenüber Kundenspezifikation fehlerfrei ausgeführten Aufträge/Auftragspositionen</td></tr>
<tr><td>Flexibilität</td><td>Fähigkeit zur Durchführung von Änderungen bezüglich Spezifikationen, Mengen und Terminen</td></tr>
<tr><td>Informations-
bereitschaft</td><td>Fähigkeit, in allen Stadien der Auftragsabwicklung auftrags- und produktbezogen informations-/auskunftsbereit zu sein</td></tr>
</table>

Die Leistungsaspekte haben je nach Marktsituation für die einzelnen Unternehmungen unterschiedlich hohe Bedeutung. In Abhängigkeit der spezifischen Gegebenheiten sind produkt- und markt-
segmentspezifische Leistungsziele zu definieren. Durch Schaffung
von geeigneten Meßpunkten in den einzelnen Modulen des Auf-
tragsabwicklungsverfahrens können die Ist-Werte erfaßt und im
Rahmen eines System-Controlling ausgewertet werden.

Da sich dieses Buch auf das Thema Rechnungswesen konzentriert, soll hier auf das Leistungs-Controlling nicht weiter eingegangen werden. Dagegen ist der Aspekt der Logistik-Kostenrechnung
genauer zu untersuchen.

4.3.2 Logistikkostenrechnung

4.3.2.1 Aufbau und Vorgehen

Für den Aufbau einer Logistikkostenrechnung können grundsätzlich drei Ansätze unterschieden werden:[37]
1) Ausbau der bestehenden Kostenrechnung.
2) Datenbankorientierter Aufbau auf der Basis einer logischen Grundrechnung.
3) Prozeßorientierter Ansatz.
Mit jeder der drei Lösungen ist ein erheblicher Ressourceneinsatz an Personal und Informationstechnologie verbunden. Deshalb ist die Frage nach Aufwand und (Informations-)Nutzen einer Logistikkostenrechnung immer wieder neu zu stellen. Aus Gründen der Wirtschaftlichkeit schlagen einige Autoren vor, die bestehende Kostenrechnung lediglich zu ergänzen beziehungsweise zu modifizieren (Variante 1).[38] Dazu werden besondere Kostenarten und Kostenstellen für die Logistik eingerichtet, bei gleichzeitiger Anpassung der Kostenträgerrechnung. Eine mögliche Lösung ist dabei auch der separate Aufbau einer parallelen, eigenständigen Logistikkostenrechnung auf PC-Basis, die mit den Zentralrechner-Dateien verknüpft ist. Eine grundsätzliche Umgestaltung des Rechnungswesens (Variante 2 und 3) ausschließlich zum Zwecke einer Logistikkostenrechnung rechtfertigt den damit verbundenen Organisationsaufwand kaum. Erfolgt hingegen eine prinzipielle Veränderung des gesamten Rechnungswesens mit dem Zweck einer umfassenden Lösung, dann kann und soll die gewünschte Verstärkung der Logistikbetrachtung mitberücksichtigt werden.

Hervorragend geeignet ist dafür ein datenbankorientiertes Rechnungswesen (vgl. ausführlich 6.1.1). Dieses Konzept erlaubt, einmal erfaßte Daten nach unterschiedlichen Gesichtspunkten neu zu gruppieren und auszuwerten, wodurch die der Querschnittsfunktion Logistik anhaftende Abgrenzungsproblematik weitgehend überwunden werden könnte.

Wie Praxiserfahrungen heute zeigen, können eigentlich erst datenbankorientierte und/oder prozeßorientierte Konzepte die erfolgreiche Implementierung eines permanenten Kosten-Controlling im Logistikbereich gewährleisten. Die erforderliche Anpassung der klassischen Kostenrechnung führt immer wieder zu erheblichen Abgrenzungsschwierigkeiten. Es ist daher vielfach angezeigt, sich vorläufig mit einer jährlich oder quartalsmäßig durch-

---

37 Vgl. WEBER (Logistikkostenrechnung), S. 278 f., der dort allerdings nur die Lösungen 1 und 2 erwähnt.
38 Vgl. WEBER (Aufbau), S. 958; Förderkreis Betriebswirtschaft (Fertigungslogistik), S. 16 + 63.

geführten Logistikkostenermittlung zu begnügen, um die für logistische Entscheidungen relevanten Informationen adäquat und mit vertretbarem Aufwand zu ermitteln.

In der betriebswirtschaftlichen Literatur findet sich keine allgemeingültige Definition von Logistikkosten. Der Grund ist darin zu sehen, daß eine klare Abgrenzung der Querschnittsfunktion Logistik sehr schwierig ist, weil der Umfang der Logistikfunktionen keine feste Größe ist. Es ist daher zu empfehlen, die Abgrenzung unternehmungsindividuell vorzunehmen.

Abb. 4.17 wurde eine funktionsorientierte Gliederung der Logistikkosten zugrunde gelegt, die von vielen Autoren ähnlich vorgenommen wird.[39] Auch die Praxis orientiert sich weitgehend an diesem Schema. Das Logistikkostenschema der Firma Siemens ist ein gutes Beispiel dafür, wie die Flußorientierung der Logistik auch in die Logistikkostenrechnung übertragen werden kann. Nach diesem Ansatz gliedern sich die Logistikkosten in vier Kategorien, die sowohl den Material- als auch den Informationsfluß widerspiegeln: Lenkungskosten, Transport-/Handlingskosten, Lagerungskosten und Bestandskosten.

Die Lenkungskosten repräsentieren die Kosten für den Informationsfluß in Form von Planen, Disponieren, Steuern und Abwickeln von Kundenaufträgen und Bestellungen. Die Warenein- und -ausgangskosten und die Transportkosten, aber auch die Lagerungskosten, sind mit dem Materialfluß direkt verbunden. Dagegen beinhalten die Bestandskosten die Kosten für die Kapitalbindung (Zinskosten) und die Wagniskosten der Material- und Fabrikatebestände. Damit sind sie Kosten für das „Nicht-Fließen" von Material und haben zu einem großen Teil Opportunitätskostencharakter. Zu beachten ist, daß die Kosten für das Planen, Disponieren und Steuern von Transporten und Materialhandlings nicht der (System-) Lenkung, sondern den jeweiligen Kostengruppen zugeordnet werden. Jede dieser Kostenartengruppen setzt sich wiederum aus Personal-, Sach- und Dienstleistungs- und Kapitalkosten sowie sonstigen Kosten zusammen. Neben dem Abgrenzungsproblem der Logistikkosten gegenüber anderen Kostenarten stellt sich vor allem auch ein Erfassungsproblem bei den Lenkungskosten, deren Quantifizierung und verursachungsgerechte Zuordnung sich schwierig gestaltet.

39 Ähnliche Gliederungen bei REICHMANN (Logistik-Controlling), S. 20; MÄNNEL (Logistik), S. 35; BÄCK (Durchlaufzeitenmanagement), S. 32. Eine abweichende Darstellung findet sich dagegen bei WEBER (Logistikkostenrechnung), S. 143 ff.

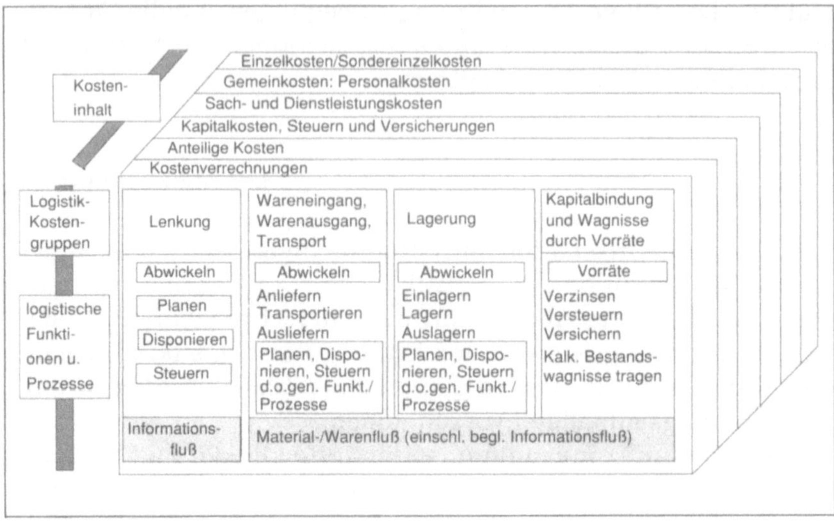

4.3.2.3 Ermittlung von Logistikkosten

Je nach Logistikverständnis und je nach Ausprägung des Logistik-Controlling sind unterschiedliche Vorgehensweisen zur Ermittlung der Logistikkosten möglich. Die auf Stufe Kostenarten ermittelten Logistikkosten sind für sich allein zwar aussagekräftig, insbesondere wenn sie in Form von Kennzahlen aufbereitet werden. Eingang in das institutionalisierte Rechnungswesen finden sie aber letztlich nur über die Kostenstellen- und Kostenträgerrechnung, die um Logistikaspekte zu erweitern sind. Ausführlich beschrieben hat ein solches System bereits WEBER,[41] weshalb auf größere Ausführungen zu dieser Thematik verzichtet werden kann. Hier soll dagegen ein prozeßorientierter Ansatz zur Ermittlung der Logistikkosten beschrieben werden, der sich in der Praxis bewährt hat und der auch in einer periodisch vollzogenen Logistikkostenermittlung mit vertretbarem Aufwand angewendet werden kann.

Innerhalb der oben definierten vier Kostengruppen sind jeweils die relevanten logistischen Prozesse festzulegen. Innerhalb des Kostenblocks Lenkung sind dies etwa die folgenden Hauptprozesse:
– Planen/Vereinbaren
– Kundenaufträge, Anfragen und Angebote bearbeiten
– Bestellungen bearbeiten
– Disponieren
– Fertigungsaufträge steuern.

40 Quelle: Siemens AG, München, Zentrale Logistik.
41 Vgl. WEBER (Logistikkostenrechnung), S. 141 ff.

Am Beispiel des letztgenannten Hauptprozesses „Fertigungsaufträge steuern" soll gezeigt werden, wie diese Prozesse in Einzelprozesse gegliedert werden können:

Aufträge annehmen	Aufträge an Fertigung vorgeben
Aufträge einplanen	Material/Erzeugnisse abrufen
Aufträge bestätigen	Aufträge zum Weitertransport/Auslieferung
Programme optimieren/	anstossen
erstellen	Aufträge überwachen/Terminverfolgung
Vorgaben/Lose bilden	Aufträge fortschreiben
Kapazitätsauslastung	Ablauf überwachen/Terminverfolgung
steuern	

Diese Prozeßorientierung ist Grundvoraussetzung für die Anwendung einer prozeßorientierten Kostenrechnung, die in 5.2.3 noch ausführlich dargestellt wird. Bereits hier muß darauf hingewiesen werden, daß die stark zunehmende Bedeutung der Logistik die Weiterentwicklung von prozeßorientierten Ansätzen in der Kostenrechnung fördern wird.

Die Prozeß-Kategorien erlauben es nun, für jede Kostenstelle bzw. für jeden Mitarbeiter zu ermitteln, welche Art von logistischen Prozessen zu welchem prozentualen Anteil ausgeführt werden. Im Verhältnis des Anteils der Logistikaufgaben zu den Gesamtaufgaben der Kostenstelle werden aus der Summe der Kostenstellenkosten nun die Logistikkosten ermittelt.

In einer Einkaufsabteilung kann das Verhältnis zwischen Marketingaktivitäten (Preisverhandlungen etc.) und Logistikaufgaben (Bestellabwicklung etc.) beispielsweise 45 % zu 55 % betragen. Die unterschiedlichen Wertigkeiten verschiedener Kostenstellen zeigt folgendes einfaches Beispiel:

	Materiallager	Einkauf
Kosten der Kostenstelle	1 200 000	2 500 000
Logistikanteil an den Gesamtaufgaben	100 %	55 %
Logistikkosten	1 200 000	1 375 000.

Der Logistikanteil wird auf der Basis der Prozeßkataloge durch Interviews oder mittels wertanalytischer Methoden ermittelt. Zusammenfassend läßt sich die Vorgehensweise wie folgt darstellen:

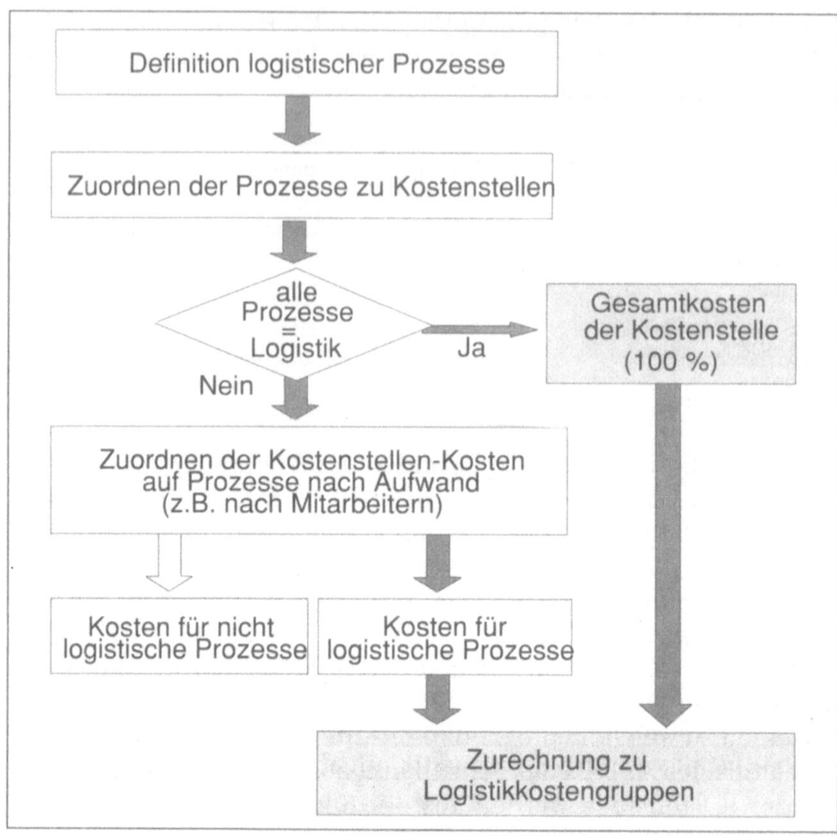

Abbildung 4.21
Vorgehen zur
Ermittlung von
Logistikkosten

4.3.3 Logistische Führungsinformationen

4.3.3.1 Logistikkosten in der Kalkulation

In der traditionellen Kostenrechnung sind die Logistikkosten Bestandteil des Gemeinkostenblocks; sie werden nicht separat ausgewiesen. Da sie aber einen wesentlichen Teil der Stückkosten ausmachen, ist ihr gesonderter Ausweis im Hinblick auf Kostensenkungsmaßnahmen von Bedeutung. Am einfachsten gelingt dies durch eine Ergänzung des klassischen Kalkulationsschemas um logistische Aspekte, indem die Logistikkosten entweder direkt als Logistikeinzelkosten oder als -gemeinkosten mit entsprechenden Zuschlägen verrechnet werden:

$$
\begin{array}{l}
\text{Materialeinzelkosten} \\
+\ \text{Materialgemeinkosten} \\
+\ \text{Logistik-Gemeinkosten Beschaffung}
\end{array}
$$

> **Materialkosten**

$$
\begin{array}{l}
+\ \text{Fertigungseinzelkosten} \\
+\ \text{Fertigungsgemeinkosten} \\
+\ \text{Logistik-Gemeinkosten Fertigung} \\
+\ \text{Sondereinzelkosten Fertigung}
\end{array}
$$

> **Fertigungskosten**

> **Herstellkosten**

$$
\begin{array}{l}
+\ \text{Verwaltungsgemeinkosten} \\
+\ \text{Vertriebsgemeinkosten} \\
+\ \text{Logistik-Gemeinkosten Vertrieb} \\
+\ \text{Sondereinzelkosten Vertrieb}
\end{array}
$$

> **Selbstkosten**

Abbildung 4.22
Kalkulationsschema mit Logistikbezug[42]

Eine solche Zuordnung der Kosten zu den Produkten setzt voraus, daß die Kosten der Logistikkostenstellen differenziert ermittelt und in Abhängigkeit klar definierter Leistungsmeßgrößen ausgewiesen werden. Dazu ist es notwendig, die Arbeitspläne dahingehend zu erweitern, daß für alle (wichtigen) Produkte standardmäßig festgelegt wird, in welchem Maße sie die Leistung der Logistikkostenstellen in Anspruch nehmen.

Für die Lagerungskosten könnten beispielsweise folgende Bezugsgrößen Anwendung finden:
– Zahl der Lagerbewegungen (Ein- und Auslagerungen)
– Durchschnittliche Verweildauer eines Lagerstückes.

Unabhängig davon, ob die Logistikkosten in der Stückkalkulation gesondert ausgewiesen werden oder nicht, sind solche Bezugsgrößen für jede Art von Beurteilung erforderlich. Erst die Beziehung zu logistischen Leistungsfaktoren, wie z. B. die Anzahl der bearbeiteten Aufträge, erlaubt
a) einen Quervergleich zwischen gleichartigen Abteilungen
b) einen Zeitvergleich (bei veränderlichem Volumen)
c) die Messung von Rationalisierungsmaßnahmen.

Ein großer Hersteller von Konsumgütern beispielsweise verwendet seit Jahren die (Norm-)Packung als Bezugsgröße für Logistikkosten im Lagerbereich. Für die Betrachtung der Logistikaspekte genügt es, einen durchschnittlichen Wert pro Packung anzunehmen, auch wenn der tatsächliche Wert unterschiedlich ist. Das

---

42 In Anlehnung an REICHMANN (Controlling), S. 301 und STUDER (Logistik-Controlling), S. 147.

Handling einer kleineren bzw. weniger wertvolleren Packung ist
aus logistischer Sicht gleich aufwendig wie dasjenige einer größeren bzw. wertvollen, solange dieselben Handlingsysteme eingesetzt werden können. Im Verlaufe mehrerer Automatisierungspro-
jekte im Warenverteilungszentrum konnte dadurch über viele
Jahre hinweg der Erfolg in Form von Reduktionen der Handlings-
und Lagerkosten pro Packstück nachgewiesen werden. Angesichts
des gleichzeitig erreichten Volumenanstiegs hätte ein Vergleich
von nominalen Werten kaum etwas ausgesagt.

Der hier vorgestellte Ansatz eignet sich besonders auch in Analysen des bestehenden Logistiksystems zur Aufdeckung von
Schwachstellen und Kostenpotentialen. Nach dem oben dargestellten Verfahren wurden beispielsweise die Kosten der Kundenauftragsabwicklung über die gesamte Kette Kunde-Kunde in den
einzelnen Hauptfunktionsbereichen (Vertrieb, Stammhaus, Werk)
einer Division ermittelt. Um die einzelnen Potentiale entlang der
logistischen Strecke einer besseren Beurteilung unterziehen zu
können, wurden die jeweiligen Abwicklungskosten zur Bezugsgröße „Auftragsposition" in Beziehung gesetzt. Abb. 4.23 zeigt die
verschiedenen Strecken des Auftragsflusses und die dazugehörigen Abwicklungskosten pro Auftragsposition.

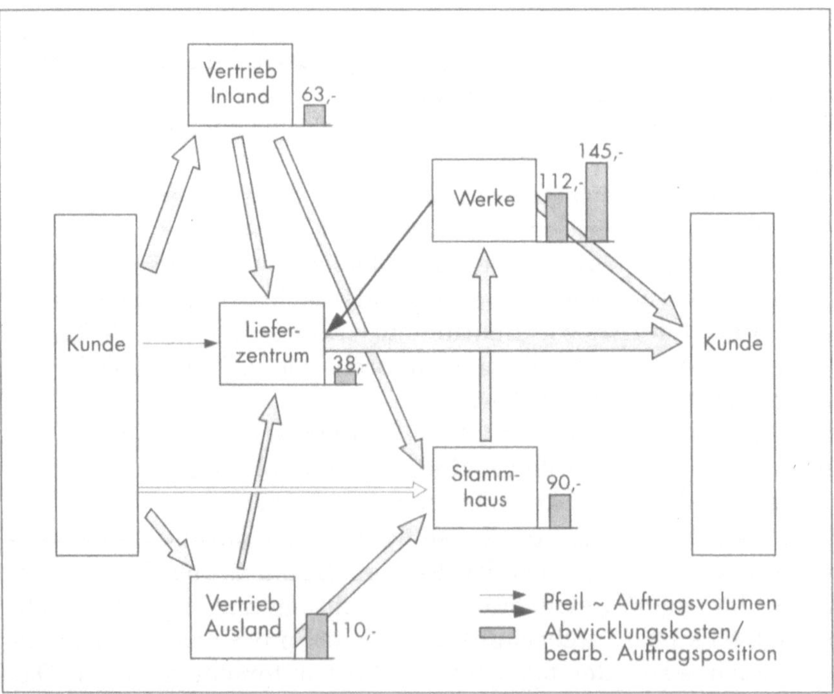

Diese Darstellung erlaubt nicht nur eine Logistikkostenverfolgung
der einzelnen Funktionsbereiche über längere Zeit, sondern zeigt

insbesondere den sehr hohen logistischen Aufwand pro Auftragsposition. Es ist damit möglich, die eingehenden Aufträge aus Sicht der verursachten Abwicklungskosten zu beurteilen. Insbesondere wird damit deutlich, daß Kleinaufträge von wenigen hundert Mark in einer solchen Struktur zwar nach klassischer Kostenrechnung kostendeckend sein können, nach dieser prozeßorientierten Logistikbetrachtung aber als unwirtschaftlich bezeichnet werden müssen.

Logistische Kennzahlen 4.3.3.2

Zum Zwecke der laufenden Bereitstellung von Führungsinformationen ist die Logistikkosten- und -leistungsrechnung durch ein System von aussagekräftigen und rasch abrufbaren Kennzahlen zu ergänzen. Sie sollen dem Management als Vorwarnsystem dienen, das ihm negative Entwicklungen und Unwirtschaftlichkeiten in der Logistik-Pipeline aufzeigt und den Anstoß zu genaueren Untersuchungen gibt. Die Befragung von 184 deutschen Industrieunternehmungen ergab diesbezüglich, daß 75% Kennzahlen zur Planung, Steuerung und Kontrolle der Logistik verwenden, was die Bedeutung und die Praktikabilität dieser Führungsinformationen unterstreicht.[43] Im Werk für Systeme der Siemens AG werden im Logistik-Controlling regelmäßig eine Reihe von Kennzahlen erarbeitet und graphisch aufbereitet, von denen beispielhaft einige angeführt seien:[44]

Vorräte: – Reichweiten
            – Bestell-, Wareneingangs-, Verbrauchsverhalten
            – Liegezeiten
            – Umschlagsfaktoren
DLZ: – Bereichsbezogene Soll-Ist-Abweichungen
            – Durchschnittswerte und Häufigkeitsverteilungen
            – produktbezogene Auswertungen
Fehlteile: – Struktur der Fehlteile
            – Anteil der Fehlteildispositionen
            – Fehlteile nach Ursachen.

Mit Hilfe eines Kennzahlensystems kann das in der Logistik besonders vorherrschende Problem der Wirkungsinterdependenzen etwas gemildert werden. Zwischen der anzustrebenden Lieferfähigkeit und den Sicherheitsbeständen (Bestandskosten) bzw. dem Kapazitätsauslastungsgrad besteht ein enger Zusammenhang. Aus Sicht des Logistik-Controlling ist die Frage entscheidend, ob

---

43 Vgl. KÜPPER/HOFFMANN (Ansätze), S. 597.
44 Vgl. HAUTZ (Controlling), S. 6f.

die erforderliche Lieferfähigkeit vom Markt klar bestimmt wird oder ob diesbezüglich noch unternehmerische Freiheitsgrade bestehen. Im ersten Fall besteht das Wirtschaftlichkeitsziel darin, die vorgegebene Lieferfähigkeit unter minimalen Kosten zu erreichen, im zweiten aber ist die günstigste Kosten-Leistungs-Relation anzustreben, beispielsweise durch Optimierung von Fehlmengenkosten und Bestands-/Kapazitätskosten.[45]

Schließlich kann eine erfolgsorientierte Unternehmenssteuerung in bezug auf logistische Zielsetzungen nur dadurch erfolgen, daß auf einer aggregierten Ebene klare Zielgrößen vorgegeben werden. Dies geschieht am besten über die Quantifizierung mittels Kennzahlen. Dabei sind die auf Systemebene eingesetzten globalen Kennzahlen für die Einzelbereichs- und Prozeßebene in detailliertere Führungsgrößen herunterzubrechen, die eine verantwortungsbezogene Planung und Kontrolle erlauben. Auf System-Ebene sind als globale Kennzahlen beispielsweise die Umschlagshäufigkeit aller Bestände, die Lieferfähigkeit eines Werkes oder die Gesamtlogistikkosten im Verhältnis zum Umsatz zu sehen, während auf der Prozeßebene einzelauftragsbezogene Durchlaufzeit-Auswertungen oder Bestandsanalysen auf Sachnummernebene relevant sein können.

4.4 Qualitäts-Controlling als Führungsinstrument

Nach der bereits behandelten Sicherstellung der Prozeß-Wirtschaftlichkeit sowie der Realisierung einer hohen Logistikleistung ist nun noch die dritte Komponente des produktionswirtschaftlichen Dreiecks zu besprechen, die Qualität. Mit steigender Bedeutung der Qualität als absatzpolitischer Erfolgsfaktor nimmt auch das Bedürfnis nach verläßlichen Informationen über Qualitätsvorgänge zu. Im wesentlichen geht es hier um Informationen über die Kosten der Qualitätssicherung. Es zeigt sich aber auch hier, daß die derzeitigen Kostenrechnungssysteme nicht in der Lage sind, die erforderlichen Informationen bereitzustellen. Deshalb ist das Rechnungswesen so einzurichten, daß es geeignet ist, dem unbedingten Erfordernis der Versorgung der Führungskräfte mit Informationen über Höhe und Struktur der Qualitätskosten, ihrer Verursachung und ihres Zusammenhangs mit dem angestrebten Qualitätsniveau zu entsprechen.

45 Vgl. REICHMANN (Logistik-Controlling), S. 24.

Die Qualitätskosten sind – zusammen mit technischen Qualitäts-
meßgrößen – eine unentbehrliche Quelle für qualitätsrelevante
Lenkungs- und Kontrollinformationen. Dies wird deutlich, wenn es
darum geht, die unterschiedlichen Qualitätssicherungsprozesse zu
bewerten und bezüglich ihrer Vorteilhaftigkeit zu vergleichen.

Eine Aussage über den notwendigen Umfang der Qualitätskostenerfassung vermitteln die in Abb. 4.24 dargestellten
Qualitätssicherungsprozesse:

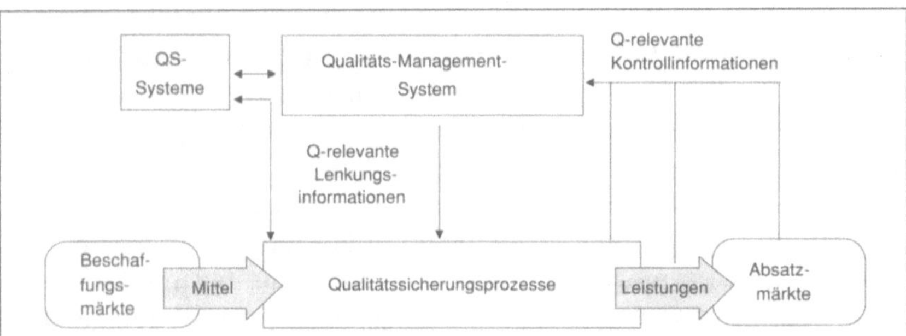

Abbildung 4.24
Integriertes
Qualitätssicherungs-
System[46]

Daraus geht hervor, daß die Qualitätssicherungsprozesse sich über
die gesamte Leistungskette erstrecken, d. h. alle Bereiche der Unternehmung von der Entwicklung bis zum Vertrieb betreffen. Diese
Ganzheitlichkeit der Qualitätssicherung äußert sich in bezug auf
die Qualitätskostenerfassung in einer breiten Streuung qualitätsrelevanter Kostenarten. Dies bedingt eine begriffliche Abgrenzung
der Qualitätskosten und die Bildung einer Qualitätskosten-
systematik im Kostenartenplan.

„Die Qualitätskosten eines Produktes sind die Differenz zwischen den tatsächlichen Kosten und jenen Kosten, die entstehen
würden, wenn keine Fehler bei der Entwicklung, Herstellung und
beim Absatz dieses Produktes vorkämen oder vorkommen könnten."[47] Diese Definition zeigt, daß der Begriff „Qualitätskosten" im
Prinzip irreführend ist, weil nicht die Qualität etwas kostet, sondern
die „Nicht-Qualität" der Prozesse.[48] Würden alle Prozesse bei der
Leistungserstellung fehlerfrei ablaufen, so wären die Q-Kosten
Null.

---

46 Nach SEGHEZZI (Qualitätssicherung), S. 159; ähnlich auch: SIEGWART/SEGHEZZI
(Management), S. 21.
47 Definition der Schweizerischen Arbeitsgemeinschaft für Qualitätsförderung
(SAQ), zit. nach BÄR (Qualitätskosten), S. 492.
48 Vgl. BRUNNER (Unternehmensgewinn), S. 41; BÄR (Qualitätskosten), S. 494.

Die Qualitätskosten sind zwecks höherer Transparenz nach ihrer Verursachung zu gliedern. In Abb. 4.25 werden vier Kategorien von Qualitätskosten unterschieden. Die Einteilung in Fehlerverhütungskosten, Prüfkosten (Fehlererkennungskosten) sowie in interne und externe Fehlerkosten ist in der Literatur in dieser oder ähnlicher Form verbreitet.[49] Die Abbildung enthält allerdings nur einige Hinweise zu den einzelnen Kostengruppen.[50] So zählen zu den Prüfkosten die Kosten für die Wareneingangsprüfungen von Material und Teilen, die Zwischen- und Endprüfungen der hergestellten Produkte sowie die Kundenabnahmen. Damit soll bewußt gemacht werden, daß an diesem Prüfprozeß sowohl die Qualitätssicherungs-Stellen beteiligt sind als auch wegen der zunehmenden Integration der Qualitätssicherung die Fertigung (In-line-testing, Selbstkontrolle etc.).

Besonders problematisch sind die externen Fehlerkosten. Deren indirekte Kosten sind nur schwer quantifizierbar, können aber erhebliche Ausmaße annehmen, beispielsweise bei großen Rückrufaktionen in der Automobilindustrie oder bei gesundheitsschädigenden Folgen in der Nahrungsmittel- und Pharmaindustrie. Auch die eindeutig quantifizierbaren direkten Folgen sind insofern problematisch, als sie meist mit einem gewissen time-lag anfallen (z. B. Garantiekosten), was bei periodischen Kostenbeurteilungen zu beachten ist.

Die tatsächlichen Qualitätskosten sind in den wenigsten Unternehmungen wirklich bekannt. Aufgrund von Erfahrungen und Erhebungen beziffern verschiedene Autoren die Qualitätskosten auf 5 % bis 10 % der Gesamtkosten bzw. auf 3 % bis 7 % vom Umsatz.[51] Eine Untersuchung in der Maschinenbauindustrie ergab folgende Prozentanteile der einzelnen Qualitätskostengruppen an den gesamten Qualitätskosten:[52]

59 % Qualitätssicherungskosten,
     davon 16 % Fehlerverhütungskosten
         43 % Prüfkosten
41 % Fehlerkosten.

---

49 Vgl. BÄR (Qualitätskosten), S. 494; OBERHOFER (Qualitätswirtschaft), S. 30; HENDRICKS (Applying), S. 29; HOWELL u. a. (Management Accounting), S. 57; MORSE/POSTON (Accounting), S. 55.

50 Vollständige Aufzählungen der einzelnen Kostenarten finden sich z. B. bei OBERHOFER (Qualitätswirtschaft), S. 30 und bei BÄR (Qualitätskosten), S. 493.

51 Vgl. WARNECKE (Produktionsbetrieb), S. 527; OBERHOFER (Qualitätswirtschaft), S. 31; BRUNNER (Unternehmensgewinn), S. 2; BLECHSCHMIDT (Qualitätskosten), S. 997.

52 VOGELEY (CAQ), S. 176.

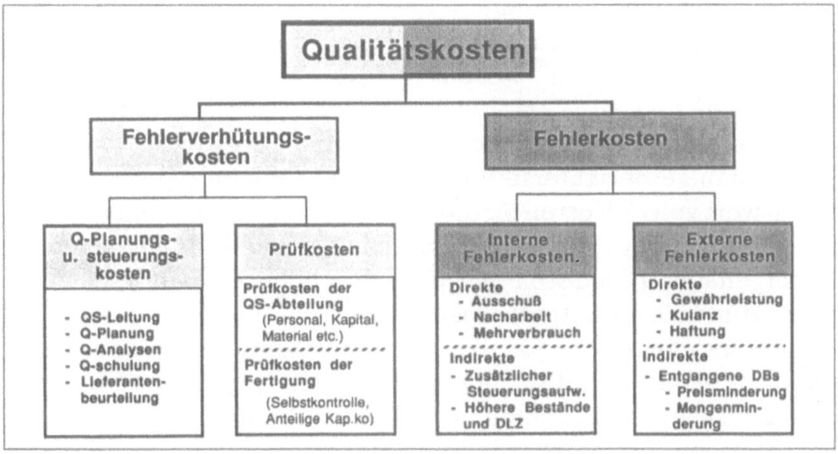

Abbildung 4.25
Systematik der Qualitätskosten

Erfassung und Verrechnung 4.4.1.2

Die Erfassung der Qualitätskosten wird umso schwieriger, je mehr Prüffunktionen in die operativen Bereiche, vor allem direkt in einzelne Fertigungssysteme, integriert werden. Demgegenüber kann aber festgehalten werden, daß die verbesserten und stark ausgebauten BDE-Systeme die Chance zu einer sehr differenzierten Erfassung bieten. Insbesondere sind es auch die immer leistungsfähigeren CAQ-Systeme, die eine Fülle qualitätsrelevanter Daten enthalten und die durch Kopplung mit dem Rechnungswesen die Grundlage für ein Qualitätskosten-Controlling bilden können. Das CAQ-System bei Volkswagen beispielsweise erarbeitet durch eine On-line-Kopplung hochaktuelle Qualitätsinformationen, die automatisch auch zu Langzeit-Statistiken verarbeitet werden.[53]

Die Qualitätskosten sind nach den Prinzipien einer Plankostenrechnung aufgrund analytisch ermittelter Sollwerte zu planen und in der Abrechnung den Ist-Kosten gegenüberzustellen. Die Festlegung von Standardkosten bedingt aufgrund des fachspezifischen Charakters vieler QS-Bereiche eine enge Zusammenarbeit zwischen Ingenieuren und Betriebswirtschaftern. In der Kostenabrechnung sind die Qualitätskosten möglichst verursachungsgerecht sowohl den Kostenstellen als auch den Kostenträgern zuzuordnen. Damit wird erkennbar, welche Produkte und welche Unternehmungsbereiche besonders qualitätskritisch sind. Durch

---

53 Vgl. die Beschreibung des Systems bei EGGS/ROSEMANN (Informationstechnik), S. 26 ff.

Analyse derjenigen Produkte und Bereiche, die überdurchschnitt-
lich hohe Q-Kosten verursachen, können dort gezielte Maßnahmen eingeleitet werden, wo das größte Kostenpotential auszuschöpfen ist.

Für die Qualitätskostenrechnung genügt eine monats- oder
quartalsmäßige Berichterstattung, weil ein schicht- oder tagewei-
ser Ausweis von Q-Kosten für die operative Kontrolle relativ wenig
ergiebig ist.[54] Dagegen ist es durchaus sinnvoll, tägliche oder
schichtgenaue Q-Faktoren (Anzahl fehlerhafte Produkte im Verhältnis zum Gesamtoutput) auszuweisen.

Wie eine monatliche Qualitätskostenrechnung aufgebaut sein
könnte, zeigt Abb. 4.26. Es handelt sich um den Kostenbereich einer
amerikanischen Unternehmung, in der der Qualitätscontroller vor
allem die oben genannten vier Qualitätskosten-Kategorien im Verhältnis zu den Gesamtqualitätskosten sowie den Anteil der Qualitätskosten an den Herstellkosten beobachtet. Der Bericht ist monatlich ausgewiesen und basiert auf einer Kostenplanung und
einer Istkostenerfassung, die den Ausweis entsprechender Abweichungen erlauben.

54 Vgl. WILDEMANN (Wirtschaftlichkeitsrechnung), S. 210 f.

Quality Cost Area	Month		
I. Prevention Cost	**Actual**	**Plan**	**Variance**
A. Quality-Administration	7,517	9,322	(1,806)
B. Quality-Engineering	15,508	18,866	(3,358)
C. Quality-Planning By Others	2,790	2,907	(117)
D. Quality-Training	6,911	8,703	(1,792)
E. Supplier Assurance	8,586	10,513	(1,926)
Total Prevention Cost	41,312	50,311	(8,999)
% To Total Quality Cost	26.1%	24.3%	1.8
II. Appraisal Cost			
A. Inspection	36,119	46,834	(10,715)
B. Test	0	0	0
C. Insp. & Test of Purchased Mat.	6,306	8,177	(1,871)
D. Product Quality Audits	5,733	7,434	(1,701)
E. Maint of Insp. & Test Equip.	3,440	4,460	(1,020)
F. Mat. Consumed in Insp. & Test	0	0	0
Total Appraisal Cost	51,598	66,905	(15,307)
% To Total Quality Cost	32.6%	32.4%	0.2
III. Internal Failure Cost			
A. Scrap & Rework — Manuf.	50,804	68,608	(17,804)
B. Scrap & Rework — Engineering	6,296	5,996	300
C. Scrap & Rework — Supplier	(150)	4,398	(4,548)
D. Failure Investigation	8,304	10,401	(2,097)
Total Internal Failure Cost	65,254	89,403	(24,149)
% To Total Quality Cost	41.3%	43.3%	(2.0)
IV. Total Internal Quality Cost	158,164	206,619	(48,455)
% To Total Quality Cost	100.0%	100.0%	0.0
V. External Failure Quality Cost			
A. Warranty Expense-Manuf.	0	0	0
B. Warranty Expense-Engineering	0	0	0
C. Warranty Expense-Sales	0	0	0
D. Field Warranty Cost	0	0	0
E. Failure Investigation	0	0	0
Total External Failure Cost	0	0	0
% To Total Quality Cost	0.0%	0.0%	0.0
VI. Total Operating Quality Cost	158,164	206,619	(48,455)
Tot. Qual. Cost to Tot. Prod. Cost	4.9%	5.5%	(0.6)
% Int. Fail. Cost to Tot. Prod. Cost	2.0%	2.4%	(0.4)
VII. Total Production Cost	223,631	3,723,845	(500,214)
VIII. Direct Labor Cost (+ DH/PAC)	372,753	2,057,864	(685,111)
% Int. Fail. Cost to Dir. Labor Cost	4.8%	4.3%	0.4
Standard Hours	18,977	20,411	−1434
Total Qual. Cost Per Standard Hour	8.33	10.12	−1.79

Abbildung 4.26
Monatlicher
Qualitätskosten-
Bericht[55]

4.4.2 Qualitätskosten als Führungsgröße

4.4.2.1 Qualitäts-Kostenanalyse

Der periodische Soll-Ist-Vergleich von Qualitätskosten bildet lediglich die instrumentelle Basis für ein eigentliches Qualitäts-Controlling. Als Führungsgröße geeigneter ist ein System von qualitätsrelevanten Kennzahlen, das Qualitätskosten und -leistungsfaktoren gleichzeitig berücksichtigt und sie zueinander in Beziehung setzt. SIEGWART/SEGHEZZI schlagen z. B. die Bildung einer Qualitätswertzahl vor, die neben anderen Faktoren eine Bewertung des Produkts, die Fehlerfolge im Betriebsablauf und die Kosten der Fehlerbehebung miteinbezieht. Die langfristige Beobachtung der Entwicklung dieser Kennzahl läßt strukturelle Qualitäts-Probleme erkennen und gezielt angehen.[56]

Da aufgrund der hohen Komplexität der Qualitätssicherung die Qualitätskosten immer von mehreren, interdependenten Faktoren abhängen, ist eine detaillierte Kostenanalyse erforderlich.

Ideal sind datenbankorientierte Systeme, die entscheidungsspezifische Auswertungen zulassen und die Kombination der Q-Kosten auf verschiedensten Aggregationsstufen ermöglichen. Ein solches System, das die Rückführung der Kosten bis auf Stufe Kostenelement (Letztverursacher) erlaubt, hat sich die BMW AG aufgebaut. Bei der Kostengruppe Gewährleistung unterscheidet man beispielsweise folgende Aggregationsstufen:[57]

Kostengruppe:	Gewährleistung
Kostenart:	Garantie
Kostenelement 1:	Baureihen 3
Kostenelement 2:	Baumuster 316 i
Kostenelement 3:	Konstruktionsgruppe Motor
Kostenelement 4:	Untergruppe Zylinderkopf
Kostenelement 5:	Ventil

Die Möglichkeit zu derart differenzierten Q-Kosten-Analysen erlaubt nun, Gegensteuerungsmaßnahmen ganz gezielt anzusetzen. Insbesondere wird das Qualitäts-Controlling damit den unterschiedlichen Informationsanforderungen der einzelnen Managementstufen gerecht. Das Top-Management interessiert die technische Ursache von internen Fehlerkosten nicht, wohl aber den Entwickler und den Fertigungsingenieur.

Um die Q-Kosten zwischen einzelnen Betrieben und über die Zeit vergleichbar zu machen, müssen sie in Relation zum Umsatz

55 Aus HOWELL u. a. (Management Accounting), S. 58 f.
56 Vgl. SIEGWART/SEGHEZZI (Management), S. 46 ff.
57 Vgl. BLECHSCHMIDT (Qualitätskosten), S. 999.

gesehen werden. Im Zeitvergleich wirken steigende Stückzahlen, Inflationsraten und Wechselkursschwankungen sonst verzerrend. Bei Produktbetrachtungen kann in gleichem Sinne auf Q-Kosten/ Stück abgestellt werden. Die Verwendung von Kennzahlen zur Überwachung der Qualitätskosten und der erreichten Produkt- und Prozeßqualität sollte für jeden qualitätsorientierten Betrieb eine Selbstverständlichkeit sein. Zu solchen Kennzahlen gehören beispielsweise Q-Raten (Prozent-Anteil Gutteile zu Gesamt-Output), Nacharbeitsquoten, Reklamationshäufigkeit usw. Für die einzelnen Werte sind klare Zielvorgaben festzulegen und allen beteiligten Mitarbeitern bewußt zu machen. Die in vielen Industrieunternehmen öffentlich aushängenden Statistiken über Qualitätskosten tragen zur entsprechenden Motivation der Mitarbeiter bei, ganz besonders dann natürlich, wenn davon bestimmte Einkommensteile (Qualitätsprämiensystem) abhängen.

Wirtschaftlichkeitsaspekte der Qualität 4.4.2.2

Das Wissen über die Qualitätsvorgänge bildet die geeignete Grundlage für ein effizientes Qualitätscontrolling. Dieses sollte aber nicht einseitig auf eine marktgerechte Qualität ausgerichtet sein, sondern auch eine möglichst wirtschaftliche Qualitätssicherung einschließen. Hierbei geht es vor allem darum, ein qualitätsbezogenes Kostenoptimum anzustreben, d. h. einen Qualitätsstandard, der die Gesamtkosten aus Qualitätssicherungs- und Fehlerkosten minimiert. Dazu muß sowohl das Verhalten der Qualitäts-Gesamtkosten in Abhängigkeit des Q-Niveaus bekannt sein als auch der Zusammenhang zwischen der Qualität und dem damit am Markt erzielbaren Preis.

In vielen Fällen wird das Q-Niveau sehr stark vom Markt und vom Verhalten der Konkurrenten bestimmt, weshalb nicht das wirtschaftliche Optimum, sondern das marktrelevante anzustreben ist. Wenn die Q-Kosten jedoch in der oben geforderten Differenzierung zur Verfügung stehen, kann nun beurteilt werden, ob sich das Abweichen vom Kostenminimum zugunsten höher erzielbarer Deckungsbeiträge am Markt lohnt.

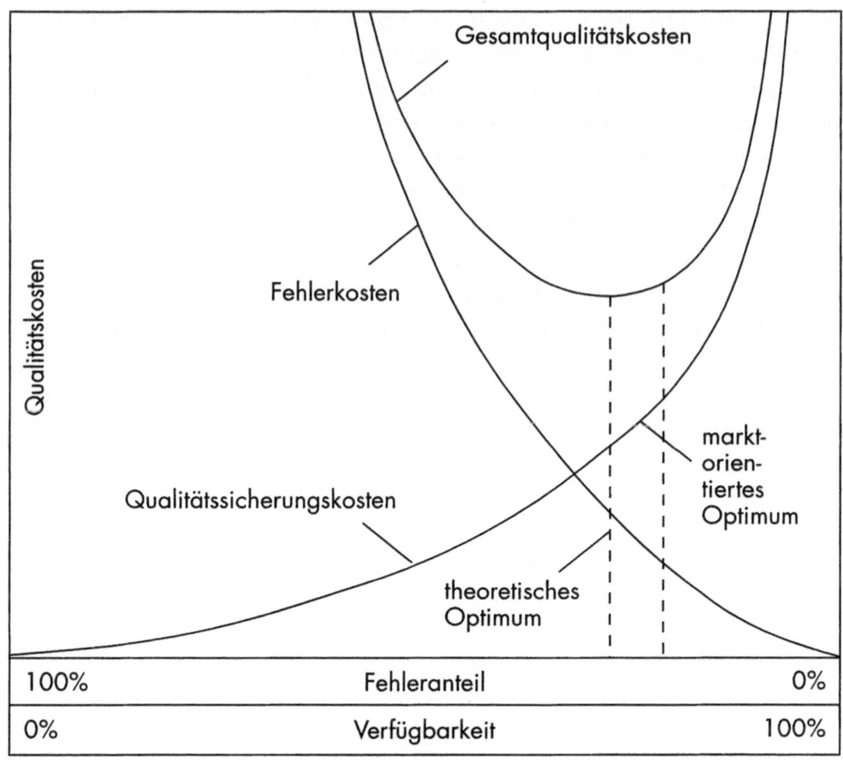

Das Problem des Ausgleichs zwischen Mehraufwendungen zur Qualitätssicherung und der erzielbaren Fehlerkostensenkung liegt vor allem in einem time-lag zwischen Maßnahme und Wirkung, so daß die Gesamteffekts-Ermittlung schwierig ist. Sehr oft steigen in kurzer Frist die Gesamtkosten an, was nicht zu verfrühten Kompensations-Maßnahmen führen darf. Zur Überwachung solcher Maßnahmen-Wirkungs-Zusammenhänge empfehlen SIEGWART/ SEGHEZZI die Anwendung eines Wirkungsnetzes wie es Abb. 4.28 zeigt.

Die Abbildung zeigt, wie durch den Entscheid, die Qualitätssicherungsmaßnahmen zu erhöhen (Schritt 1 – 2), die gesamten Q-Kosten vorerst insgesamt ansteigen, nämlich von 7 % auf etwa 7,5 %, dann aber durch die Wirkung der Maßnahmen deutlich auf 5,5 % sinken (Schritt 2 – 3) und stabilisiert werden.

58 Vgl. BRUNNER (Unternehmensgewinn), S. 41.

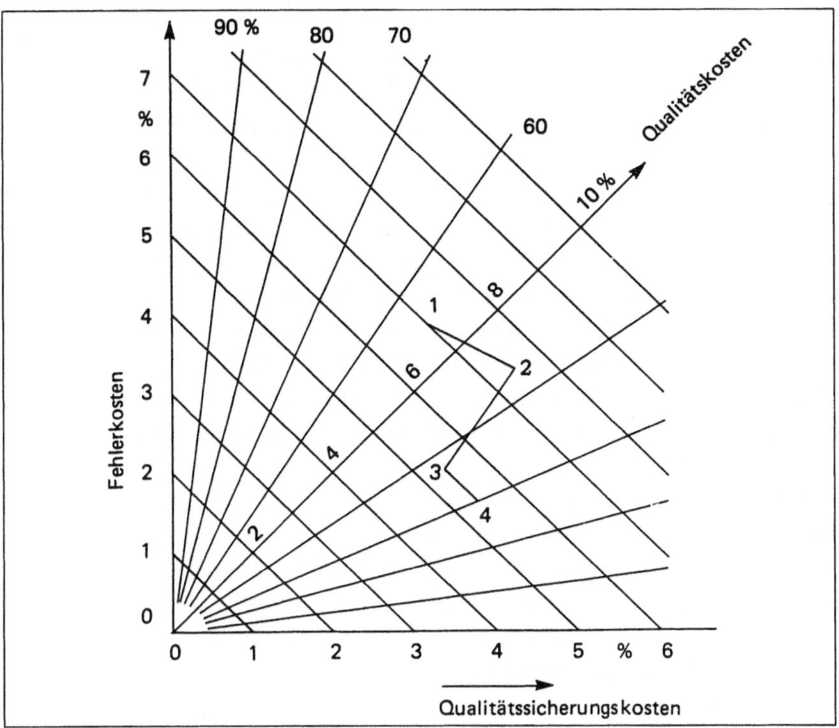

Abbildung 4.28
Kostenwirkung von Maßnahmen zur Fehlerbekämpfung[59]

Maßnahmenplanung auf Basis der Qualitätskosten 4.4.2.3

Qualitätskosten bilden die Basis für eine ganze Reihe von Entscheidungen im Zusammenhang mit der Maßnahmenplanung. Dazu gehören insbesondere:[60]

1. Überwachung der Wirksamkeit von QS-Maßnahmen
2. Prioritätengerechte Schwachstellenanalyse zur Erkennung von Rationalisierungspotentialen
~3. Beurteilung von Investitionsvorhaben für Betriebs-/Prüfmittel
4. Quervergleiche zwischen Perioden und verschiedenen Betrieben.

Besonders vier Bereiche bestimmen die Qualität und sind daher im Qualitäts-Controlling ganz speziell zu beachten: Entwicklung, Beschaffung/Materialwirtschaft, Produktion und Vertrieb. Zwischen diesen Bereichen bestehen bezüglich Qualitätssicherung erhebliche Interdependenzen. Gerade im Beschaffungsbereich besteht meistens eine Dichotomie zwischen Beschaffungspreis und Lieferqualität des Lieferanten. Hier ist eine Gesamtkostenbetrachtung unumgänglich, denn der scheinbare Einkaufserfolg kann sich

59 Vgl. SIEGWART/SEGHEZZI (Management), S. 58.
60 Vgl. BÄR (Qualitätskosten), S. 492 f.

bei minderer Wareneingangsqualität in Form von überhöhten Q-Kosten im Endeffekt periodenerfolgsmindernd auswirken.[61] Interdependenzen spielen auch bei Maßnahmen zur Reduktion der Fehlerkosten eine Rolle. Die Ursachen für Fehlerkosten liegen sehr oft in nicht beherrschten Fertigungsprozessen oder in Material und Teilen mit mangelnder Qualität. Die Maßnahmen werden damit im Fertigungs- oder Beschaffungsbereich ergriffen, während sich die Wirkungen erst nach Leistungserstellung oder sogar erst nach Ablieferung an den Kunden zeigen. Solche Interdependenzen müssen zur Maßnahmenbeurteilung durch das Aufzeigen der Qualitätskostenstruktur sichtbar gemacht werden.

Mit Hilfe von Qualitätskosteninformationen kann auch die Prüfplanung unter wirtschaftlichen Gesichtspunkten verbessert werden. Die Fehlerkosten hängen sehr stark davon ab, auf welcher Stufe die Prüfungen durchgeführt werden. Erfahrungen zeigen, daß in der Elektronikbranche von Fertigungsstufe zu Fertigungsstufe mit einem Kosten-Steigerungsfaktor von 1 : 10 gerechnet werden kann. Als Reaktion darauf muß sichergestellt sein, daß nach allen wichtigen Fertigungsschritten die Prüfung bereits in die Linie integriert ist und die Prüfergebnisse an ein zentrales Q-Management geliefert werden.

Im Bereich der längerfristigen Qualitätslenkung spielen unternehmungsübergreifende Wirkungsketten in Form von sich „fortpflanzenden" Kostensenkungs- und Nutzensteigerungspotentialen eine wichtige Rolle. Dies sei an einem Beispiel erläutert:

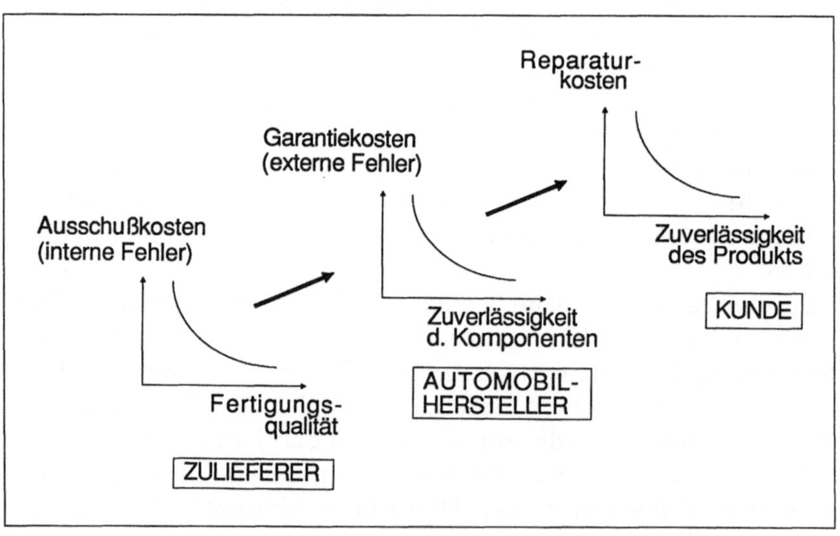

61 Vgl. SEGHEZZI (Considerations), S. 24; BRUNNER (Unternehmensgewinn), S. 43.
62 In Anlehnung an EISFELDER (Nutzenpotential), S. 60.

Das Beispiel stammt aus der Automobilindustrie. Von einem bestimmten Zulieferer wurde ein Nullfehler-Faktorsprung verlangt, und zwar dergestalt, daß anstatt wie bisher bei 10 000 Stück eine Null-Fehlergarantie neu eine solche bei 100 000 Stück gewährt wurde. Dies bedingte beim Zulieferer entsprechende Investitionen in sehr zuverlässige Anlagen mit der Wirkung, daß seine Ausschußkosten reduziert werden konnten. Auf diese Weise kann der Hersteller seine Garantiekosten und der Endnutzer seine Reparaturkosten senken. Gleichzeitig sind sowohl Hersteller als auch Endkunde bereit, einen höheren Preis zu bezahlen, weil sie eine längere Garantiedauer, bzw. eine längere störungsfreie Betriebsdauer erreichen. Die Beurteilung solcher Strategien, die mit einem Investitionsaufwand verbunden sind, kann nur auf der Basis einer detaillierten Kenntnis der Qualitätskosten und ihrer Struktur erfolgen.

Der erhöhte Nutzen über die mehrstufige Wertschöpfungskette wird begleitet von gleichzeitig reduzierten Prüfkosten. Eine höhere zugesicherte Ausgangsqualität seitens des Lieferanten erlaubt dem Abnehmer, seinen Aufwand für die Wareneingangsprüfung erheblich zu reduzieren. Auf dem Gebiete elektronischer Bauelemente wird heute sehr stark mit dem Faktor dpm (defects per million) gearbeitet.

Ein amerikanischer Halbleiter-Hersteller garantiert seinen Kunden einen Faktor von 43 dpm. Allein das beim Kunden prüftechnisch notwendige Handling der Bauelemente bei der Wareneingangsprüfung würde diesen Faktor wieder auf über 100 erhöhen. Die dazu erforderlichen Prüfautomaten kosten aber bis zu 1 Mio. DM. Insgesamt ist es somit für den Kunden von ganz erheblichem Interesse, sich auf wenige Vorzugslieferanten zu konzentrieren, die ihm eine hervorragende Qualität garantieren. Im Rahmen von JIT-Vereinbarungen wird daher immer stärker und in immer mehr Material-Segmenten auf ship-to-stock oder ship-to-line-Lösungen übergegangen. Solche Regelungen sind stets auch preiswirksam, was auf beiden Seiten die Kenntnis der Qualitätskostenstruktur voraussetzt. Nur ein ausgebautes Qualitäts-Controlling kann diese Informationen liefern und die Einhaltung der Q-Vereinbarungen beidseitig überprüfen.

5 Produkt-Controlling

Für die praktische Durchführung des Produkt-Controlling ist die Unterscheidung und strikte Trennung zwischen Stückkalkulation und Auftragskalkulation wichtig.

Objekt der Stückkalkulation ist eine bestimmte Leistungseinheit oder – je nach Kostenwert – ein Mehrfaches davon (10, 100, 1000 Einheiten). Ihre Durchführung erfolgt zu einem beliebigen Zeitpunkt und unabhängig vom Moment der Fertigung, wobei die Gültigkeit der Stückkalkulation unterschiedlich lang geplant sein kann. Wichtig ist, daß die Stückkalkulation grundsätzlich zukunftsgerichtet ist.

Objekt der Auftragskalkulation ist ein bestimmter Fertigungsauftrag. Die Auftragskalkulation ist folglich prozeßbegleitend und terminiert. In ihr finden sämtliche durch die Auftragserledigung verursachten Kosten Eingang. Die Kosten eines abgeschlossenen Auftrages sind gleichzeitig Teil der periodischen Kostenträgerzeitrechnung. Im Vordergrund steht die mengenmäßige Kontrolle des Leistungsvollzuges.

5.1 Die Stückkalkulation bei flexibler Fertigung

5.1.1 Aufgaben und Struktur der Stückkalkulation

Die grundsätzliche Aufgabe der Stückkalkulation besteht darin, im Detail die Verbrauchs- und Wertziele darzustellen. In diesem Vorgehen drückt sich die Soll-Wirtschaftlichkeit der Leistungserstellung aus, die Tatsache also, daß eine Standard- oder Plankalkulation zur Erreichung der gesetzten Wirtschaftlichkeitsziele beiträgt. Wichtig ist, daß jede Stückkalkulation sowohl mengen- wie auch wertmäßige Komponenten enthält. Im Vordergrund steht das Mengengerüst, denn von der Einhaltung der Mengenvorgaben wird die Wirtschaftlichkeit am stärksten beeinflußt.

Damit stellt sich die Frage nach der Struktur der Stückkalkulation: Grundlage und Ausgangspunkt sind die Materialkosten; ihnen folgen die Fertigungskosten, die zusammen mit den Materialkosten die Herstellkosten bilden. Anschließend werden in der Regel die F + E-Kosten berücksichtigt. Den Abschluß bilden die Verwaltungs- und Vertriebskosten. Aus der Addition aller Kostenelemente ergeben sich schließlich die Selbstkosten einer Leistungseinheit.

In unseren weiteren Ausführungen beschränken wir uns auf die Behandlung der Herstellkosten. Die Kalkulation dieser Kosten weist dann eine befriedigende Struktur auf, wenn im Detail ersichtlich ist, wie sich die Material- und Fertigungskosten zusammensetzen. Beim Material liefert die Stückliste die notwendigen Detaildaten: Art des Materials (Rohmaterial, Einzelteile, Baugruppen, zugekaufte Produkte) und Verbrauchsmenge je Materialart. Diese Angaben finden Eingang in die Stückkalkulation, indem jede Materialart eine Bewertung (Standardpreis je Mengeneinheit) durch die Lagerbuchhaltung oder allenfalls durch den Einkauf erfährt.

Bei den Fertigungskosten besteht eine deutliche Beziehung zwischen den Arbeitsplänen einerseits und den Kostenstellen (Kalkulationsbereichen) andererseits. Die Arbeitspläne enthalten Art und Anzahl der Arbeitsoperationen. Jede Operation ist mit der zugehörigen kalkulatorischen Kostenstelle verknüpft und erhält eine Zeitvorgabe zugeordnet. Die Bewertung der Verbrauchsvorgaben ergibt sich aus den Kostensätzen der betreffenden Kostenstellen.

Diese Zusammenhänge lassen die engen Beziehungen zwischen technischen Unterlagen, Stückkalkulation und Kostenstellenrechnung erkennen. Zur Verdeutlichung dient folgende schematische Übersicht:

Technische Unterlagen	Stückkalkulation			Rechnungswesen
Material				
Konstruktionszeichnung	Materialart	Standardmenge	Standardpreis	Materialbuchhaltung
Stückliste	"	"	"	(Einkauf)
Fertigung				
Arbeitsplan Arb. Vorgang 1 Arb. Vorgang 2 Arb. Vorgang 3 "	Arb.. Vorgang 1	Standardzeit	Kostenstellensatz	Kostenstelle Kostenstelle Kostenstelle
	"	"	"	"
Herstellung				

Abbildung 5.1
Zusammenhänge der Stückkalkulation

Die Darstellung zeigt, daß die Struktur der Stückkalkulation im Zusammenhang mit der Fertigung eine Teilfunktion der Arbeitspläne und der Kostenstellengliederung ist. Umgekehrt kann aber die gewünschte Kostenstruktur der Stückkalulation auch Einfluß auf die Wahl der Kostenstellengliederung (Kalkulationsbereiche) nehmen. Je detaillierter eine Kostenstruktur verlangt wird, desto differenzierter muß die Kostenstellengliederung erfolgen. Allerdings muß beachtet werden, daß mit zunehmender Differenzierung

auch die Erfassung der erforderlichen Ist-Daten (Betriebsdatenerfassung) schwieriger und aufwendiger wird. Deshalb muß man
auch von der wirtschaftlichen Meßbarkeit der Betriebsdaten ausgehen, was bereits ausführlich in Kapitel 4.1.1.3 behandelt wurde.

Nach diesen grundsätzlichen Überlegungen ist nun die Frage zu
beantworten, wie eine Stückkalkulation bei flexibel automatisierter Fertigung aufzubauen ist.

5.1.2 Kalkulationsvarianten für ein FFS

Die Lösung des Strukturproblems im Hinblick auf exakte Messun-
gen ist nur möglich, wenn es gelingt, den spezifischen fertigungs-
technischen Bedingungen Rechnung zu tragen. Man kann daher
nicht von einer allgemein gültigen Lösung ausgehen. Es lassen sich
vor allem zwei grundsätzliche Lösungen unterscheiden: eine integrierte Lösung und eine differenzierte Lösung.

5.1.2.1 Integrierte Kalkulation

Bei der integrierten Kalkulation wird für das gesamte System eine
einzige Kostenstelle gebildet. Anstelle der bisher unterschiedenen
Arbeitsvorgänge wird im Arbeitsplan nur ein integrierter Arbeitsgang vorgesehen. Als Bezugsgröße dienen die Bearbeitungsstunden, aus denen sich ein einheitlicher Maschinenstundensatz für
das Gesamtsystem ergibt. Dieser Stundensatz wird in der Literatur
auch als Systemstundensatz bezeichnet.[1] In der Kostenstellenrechnung bzw. im Systemstundensatz werden sämtliche Kosten des
Fertigungssystems erfaßt, was entsprechende Konsequenzen für
die Stückkalkulation nach sich zieht. Der unterschiedliche Aufbau
der Stückkalkulation (und der Operationspläne) bei konventioneller und flexibler Fertigung läßt sich anhand der verschiedenen
Fertigungsabläufe in Verbindung mit dem Materialfluß veran-
schaulichen. Die folgende Darstellung zeigt dies anhand eines
Chassis-Teiles, das sowohl konventionell als auch flexibel hergestellt werden kann.

1 Vgl. WARNECKE/BULLINGER/HICHERT (Kostenrechnung), S. 73.

| Stückkalkulation | | | | | | | |
| Konventionelle Fertigung | | | | Flexible Fertigung | | | |
Kosten-stelle	Ferti-gungs-schritt	Rüst-Vor-gabe (Std.)	Ferti-gungs-Vorgabe (Std.)	Kosten-stelle	Ferti-gungs-schritt	Rüst-Vor-gabe (Std.)	Ferti-gungs-Vorgabe (Std.)
2241	Fräsen, Stufen	2,90	0,35	2350	Fräsen, Bohren, Gewinde-schneiden Verputzen	–	1,05
2250	Fräsen seitlich	1,50	11,30				
2260	Fräsen parallel Schlitz	1,80	0,14				
2340	Fräsen parallel Länge	0,45	7,70				
2366	Verputzen	–	8,60				
2394	Bohren Gewinde schneiden 4 Seiten	1,60	0,54				

Abbildung 5.2
Stückkalkulation für Chassis-Teil

Zusammenfassend lassen sich die maßgebenden Unterschiede und Wirkungen der beiden Stückkalkulationen wie folgt wiedergeben:

Merkmal	Konventionelle Fertigung	Flexible Fertigung
Arbeitsplan	6 unterschiedliche Arbeitsab-schnitte	1 integrierter Arbeitsvorgang
Kostenstellen	Je Arbeitsschritt eine Kostenstelle	1 Kostenstelle
Kostensätze	Je Kostenstelle ein Kostenstel-lensatz	Systemkostensatz
Rüstvorgabezeit	Je Fertigungsschritt definierte Rüstvorgabezeit, da Werk-zeugmaschinen während dem Rüsten keine Bearbeitung vor-nehmen können	Keine Rüstvorgabezeit erforder-lich, da das Fertigungssystem während dem Aufspannen ei-nes Werkstückes andere Werk-stücke bearbeitet
Stückkosten	Wegen Rüstkosten abhängig von der Losgröße	Unabhängig von der Losgröße
Leistungsintensität	Quantitative und qualitative Abweichungen vom geplan-ten Ergebnis	Wesentlich geringere qualita-tive Abweichungen

Abbildung 5.3
Vergleich der Kalkulations-ergebnisse

5.1.2.2 Differenzierte Kalkulation

Wenn innerhalb eines flexiblen Fertigungssystems die einzelnen Bearbeitungssysteme – darunter sind einzelne Fertigungszellen oder Gruppen von Fertigungszellen mit gleicher Konfiguration und ähnlichem Teilspektrum zu verstehen – eine unterschiedliche Kostenstruktur aufweisen, dann ist für jedes Bearbeitungssystem eine besondere Kostenstelle zu bilden. Diese Differenzierung ist vor allem dann erforderlich, wenn die Werkstücke die Bearbeitungssysteme zeitlich unterschiedlich beanspruchen. Ein einziger Kostenstellensatz wie bei der integrierten Kalkulation würde eine verursachungsgerechte Zurechnung der Kosten auf die Leistungseinheiten verhindern. Die Folge wäre, daß man sich nicht korrekter Stückkalkulationswerte bedienen würde. Die Durchführung plausibler Kalkulationen ist aber erst möglich, wenn Bearbeitungszeiten differenziert planbar sind, was bei bekannten Werkstücken jedoch kein Problem ist.

In Konsequenz daraus werden in den Arbeitsplänen und in den Stückkalkulationen die Zeitvorgaben und Standard-Kostenstellensätze für jedes Bearbeitungssystem aufgeführt. Die Kosten der übrigen Komponenten des flexiblen Fertigungssystems (Leitrechner, Palettenspeicher, Werkstücktransportsystem usw.) werden über System-Hilfskostenstellen erfaßt und mit Hilfe der geplanten Maschinenstunden den Bearbeitungssystemen anteilig zugerechnet.

Die Bildung solcher Fertigungs-Hilfskostenstellen, namentlich die Zurechnung ihrer Kosten auf Fertigungshauptkostenstellen, ist immer kritisch, weil dazu Schlüsselgrößen benutzt werden müssen, denen man eine gewisse Willkür nicht absprechen kann. Gerade die Benutzung von Bearbeitungsstunden als Zurechnungsbasis braucht nicht unbedingt maßgebend zu sein. Deshalb gibt es Vorschläge, die darauf abzielen, auch die übrigen Systemkomponenten eines Flexiblen Fertigungssystems zur Hauptkostenstelle zu machen. Danach werden drei Arten von Hauptkostenstellen unterschieden: Bearbeitungssysteme, Materialflußsysteme (Transport, Puffer usw.) und Informationssysteme.

Für jedes so definierte Teilsystem bzw. jeden Kalkulationsbereich werden eigene Bezugsgrößen festgelegt und je nach Kostenstellensatz berechnet. Dabei gelangen unterschiedliche Bezugsgrößen wie Durchlaufzeit, Bearbeitungszeit, Transportzeit usw. gleichzeitig zur Anwendung. Arbeitspläne und Stückkalkulation werden nach dieser Struktur differenziert. Die Kostenstellensätze werden bei dieser Lösung als Teilsystemstundensätze bezeichnet.

Die Kalkulation auf der Basis von Teilsystemstundensätzen ist die exakteste und sicher auch verursachungsgerechteste Lösung, die jedoch zwei Probleme aufwirft:

1. Sie erfordert einen erheblichen Planungs- und Erfassungsaufwand.
2. Für viele Teilsysteme, insbesondere für die Planungs- und Steuerungssysteme (Leitstand), ist es schwierig, aussagekräftige Bezugsgrößen zu finden.[2]

Die erste Einschränkung kann technisch überwunden werden, da die entsprechenden informationstechnologischen Möglichkeiten bei einem FFS vorhanden sind. Aus wirtschaftlichen Überlegungen müssen für eine derartige Lösung allerdings Bedenken eingeräumt werden, und es fragt sich, ob der Nutzen der durch ein solches System gewonnenen Daten den dazu erforderlichen Aufwand noch rechtfertigt. Der zweite Nachteil ist dagegen kaum zu überwinden und wird in der Kostenzurechnung immer wieder zu Diskussionen Anlaß geben.

Lösungsansatz einer FFS-Kalkulation 5.1.2.3

Der von uns nachstehend entwickelte Lösungsansatz einer differenzierten Teilsystem-Kalkulation basiert zum Teil auf einem von EVERSHEIM u. a. vorgestellten Ansatz.[3] Unsere Lösung unterscheidet vier Systemkomponenten, nämlich Personal, Bearbeitungssystem, Transportsystem und Peripherie, die im einzelnen kurz zu erläutern sind.

a) *Personal*

Beim Personal ist zwischen indirekten und direkten Tätigkeiten zu unterscheiden. Zu den indirekten gehören reine Überwachungstätigkeiten oder Steuerungsaufgaben, d. h. Basisaufgaben, die weitgehend unabhängig von der Auslastung und der Art der Aufträge anfallen. Dieses Personal ist den Aufträgen/Werkstücken nur schwer zuzuordnen. Personal, das direkte Funktionen ausführt, wie z. B. Rüsten, Auf-/Abspannen oder Werkzeugvoreinstellung, hat einen eindeutigen Bezug zur Leistungserstellung. Diese Tätigkeiten können durch geeignete Erfassungssysteme zum Teil auftragsspezifisch erfaßt werden (z. B. Beginn Rüsten/Ende Rüsten), womit sich die Schaffung einer Hauptkostenstelle Personal und die Verrechnung nach effektivem Aufwand rechtfertigt. Überwiegen die indirekten Personalleistungen, so ist die in Kap. 4.1.2.1 vorgeschlagene Personalvorkostenstelle zu bilden, und die Kosten sind über einen Schlüssel auf die Hauptkostenstellen umzulegen. Nehmen die direkten Aufgaben aber einen hohen Anteil ein, so ist das

---

2 Vgl. EVERSHEIM/ERKES/SCHMIDT (Bewertung), S. 27.
3 Vgl. EVERSHEIM/ERKES/SCHMIDT (Bewertung), S. 27 sowie AWK (Produktionstechnik), S. 555.

vorwiegend direkte Personal in der Hauptkostenstelle Personal zusammenzufassen und nach effektiven Stunden zu verrechnen, während das indirekte (Leitstandspersonal) in die Peripherie miteinbezogen werden kann.

b) *Bearbeitungseinheiten*

Für jedes Bearbeitungssystem wird eine separate Kostenstelle und damit ein eigener Maschinenstundensatz ermittelt, wobei gleichartige Maschinen zusammengefaßt werden können.

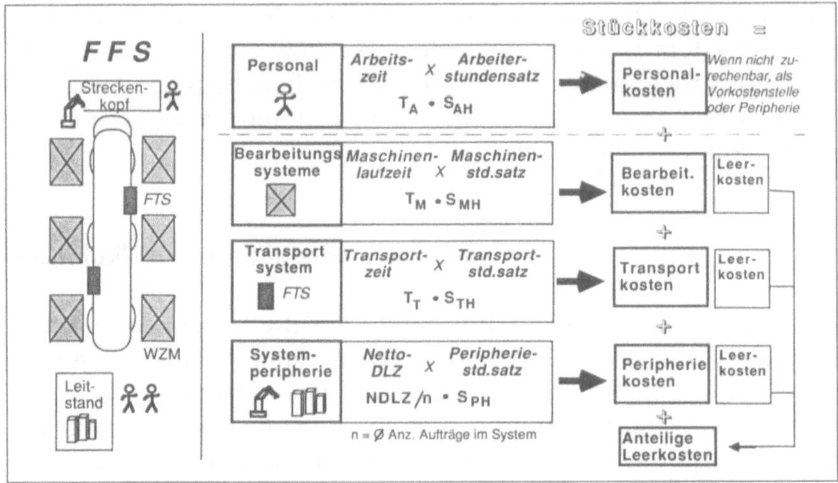

c) *Transportsystem*

Wenn es sich um ein geschlossenes, durch ein einheitliches Leitsystem gesteuertes Transportsystem handelt, und dasselbe einen nennenswerten Anteil am Gesamtinvestment aufweist, empfiehlt sich die Bildung einer besonderen Kostenstelle und die Berechnung eines eigenen Kostensatzes nach Transportminuten. Ein klassisches Beispiel dafür ist das fahrerlose Transportsystem, bei dem aufgrund des leistungsfähigen Steuerungs- und Überwachungssystems die entsprechenden Daten wie Transportgutidentifikation (Auftrag), Transportstrecke und Transportzeiten zur Verfügung stehen. In all den Fällen, in denen das Transportsystem nicht als eigenes Subsystem abgegrenzt werden kann, ist es im Block der Systemperipherie zu subsumieren.

d) *Systemperipherie*

Die Peripherie hat die Funktion eines „Residualsystems", in dem alle Systemkomponenten kostenmäßig zusammengefaßt werden, die weder zu den Personal-, Bearbeitungs- noch zu den Transportsystem-Kosten gerechnet werden können. Der Kostensatz wird aufgrund der Netto-Durchlaufzeit ermittelt. Wichtigste Bestandteile der System-Peripherie sind der FFS-Leitstand und die ins FFS integrierten Puffer- und Bereitstelläger. Eine wichtige Trennung ist hier bezüglich Handlingsgeräten und Robotern vorzunehmen. Handelt es sich um maschinennahe Peripherie, beispielsweise einen Portalroboter zur Beschickung von Werkzeugmaschinen, so ist sie als Bestandteil des Bearbeitungssystems zu betrachten und über den Maschinenstundensatz zu verrechnen. Maschinennahe Systemkomponenten sind also solche, die nur für eine oder wenige Bearbeitungseinheiten zur Verfügung stehen. Die Systemperipherie dagegen umfaßt alle Anlagen, die einer allgemeinen Systemnutzung dienen.

Damit ergibt sich bezüglich verwendeter Bezugsgrößen folgender Vergleich:

Kalkulationsprinzip / Bezugsgröße	Maschinen stundensatz	System stundensatz	Teilsystem stundensatz
Laufzeit *Bearbeitungssysteme*	●		●
Transportzeit *Transportsysteme*			●
Arbeitszeit *Personal*			●
Durchlaufzeit *Systemperipherie*		●	●

In der Literatur wird verschiedentlich vorgeschlagen, die Durchlaufzeit (DLZ) als Bezugsgröße zu verwenden[4], besonders auch von EVERSHEIM in seinem ursprünglichen Ansatz. Dies impliziert die These, daß diejenigen Werkstücke, die eine lange DLZ haben, auch die meisten Steuerungs- und Peripheriebelastungen auslösen. Die Durchlaufzeit ist allerdings sehr stark von der Auftragsgröße, dem Auftragsmix und der Reihenfolge abhängig. Dadurch ist sie bei Anlagen mit sich ergänzenden Maschinen nur schwer planbar. Hier müssen ein normaler Produktemix und Normal-Durchlaufzeiten definiert werden, die sich aus Simulationsläufen oder aus BDE-Statistiken ableiten lassen. Der Hauptvorteil der DLZ als Bezugsgröße liegt darin, daß damit Anreize für DLZ-Verkürzungen geschaffen werden bzw. DLZ-Verlängerungen sich negativ in den Stückkosten niederschlagen. Die Effekte von Logistik-Strategien zur DLZ-Verkürzung – wie z. B. JIT-Konzepte – finden so ihren Niederschlag in der Kostenrechnung und können in ihren betriebswirtschaftlichen Wirkungen erheblich besser beurteilt werden.

---

4 Vgl. AWK (Produktionstechnik), S. 55 f.; EVERSHEIM/ERKES/SCHMIDT (Bewertung), S. 27.

Dennoch kann die Verwendung der Gesamtdurchlaufzeit zu
Verzerrungen führen. Wenn ein Werkstück einen sehr hohen
Anteil Bearbeitungszeit an der Gesamt-DLZ hat, so werden ihm
einerseits relativ viel Bearbeitungseinheitskosten und andererseits noch Systemperipheriekosten zugeschlagen. Beispiel:

Werkstück A: 60 Minuten Bearbeitungszeit
                   10 Minuten Handlingszeit
                   25 Minuten Transportzeit
                    5 Minuten Liegezeit
               100 Minuten Durchlaufzeit
Werkstück B: 10 Minuten Bearbeitungszeit
                    8 Minuten Handlingszeit
                   22 Minuten Transportzeit
                   60 Minuten Liegezeit
               100 Minuten Durchlaufzeit.

Auf beide Werkstücke werden nach Maßgabe der DLZ die gleichen
Systemperipherie-Kosten verrechnet, wobei B 12 × länger liegt als
A, welches 6 × mehr Belastung durch die Bearbeitungssysteme
erhält. Das Werkstück A weist aber einen deutlich höheren Fluß-
grad auf und ist damit aus steuerungstechnischer Sicht unproble-
matischer. Es kann nämlich davon ausgegangen werden, daß
Werkstücke/Aufträge, die hohe Liege- und Handlingszeiten auf-
weisen, die Peripherie in Form von Handlingsgeräten, Puffer- und
Bereitstellägern sowie Leitsystemen wesentlich stärker in Anspruch nehmen als solche, die einen sehr hohen Fluß aufweisen.
Deshalb wird hier vorgeschlagen, die Systemperipherie nur in
Abhängigkeit der Nettodurchlaufzeit zu verrechnen:
Netto DLZ = Gesamt DLZ ./. alle gesondert erfaßten Teilzeiten.
Werden beispielsweise – wie hier vorgeschlagen – die Transportzeiten gesondert erfaßt, so gehören sie nicht mehr zur Netto-DLZ,
womit das Werkstück für solche Zeiten nicht mehr doppelt belastet
wird. Theoretisch ergibt sich hier folgendes Problem: Wenn die
Steuerung so optimal ist, daß keine Liegezeiten mehr vorhanden
sind, d. h. die DLZ der Bearbeitungs- und der Transportzeit entspricht, so können die Steuerungskosten, die ja auch dann noch
anfallen, nicht mehr verrechnet werden. Dieser Fall ist allerdings in
Anbetracht der heutigen Bearbeitungszeitanteile von 10 % sehr
hypothetisch. Sollte es dennoch gelingen, die Liegezeiten derart
drastisch in Richtung Null zu verkürzen, so würde ja auch der
Steuerungsaufwand stark reduziert. Es wäre dann sicher auch vertretbar, die verbleibenden Steuerungskosten über ein Zuschlags-
system zu verrechnen.

In unseren bisherigen Überlegungen zur Stückkalkulation sind wir hauptsächlich von der Unterscheidung zwischen dem Mengen- und Wertgerüst ausgegangen. Die Mengenvorgaben sind von maßgeblicher Bedeutung für die Materialbedarfsplanung, die Kapazitäts- und Beschäftigungsplanung, für die Produktionssteuerung, die Produktivitäts- und Wirtschaftlichkeitskontrolle und für die Ermittlung der Standard-Stückkosten je Leistungseinheit.

Für die Ermittlung der Standard-Stückkosten braucht es neben den Mengenvorgaben auch Wertansätze, denn die Kosten als ökonomische Größen sind nichts anderes als das Ergebnis von Menge mal Wertansatz.

Nun kann man die Kosten als Wertgrößen in der Stückkalkulation in unterschiedlicher Weise darstellen, je nachdem, welche Zwecke mit einer Stückkalkulation verfolgt werden sollen. Deshalb wollen wir uns in diesem Abschnitt auch mit der Strukturierung der Kosten auseinandersetzen. Wiederum relevant für die Strukturierung ist die Darstellung der Kosten in der Kostenstellenrechnung. Obwohl bereits bei der Diskussion der Kostenstellenrechnung die verschiedenen Gliederungsmöglichkeiten behandelt wurden, soll dieser Aspekt hier noch einmal angesprochen werden, allerdings aus Sicht der Zweckbestimmung einer Stückkalkulation.

Die Zweckbestimmung der Stückkalkulation 5.1.3.1

Bei der Suche nach der Zweckbestimmung lassen sich grundsätzlich drei Gruppen unterscheiden:

Zweck der Stückkalkulation	
Ermittlung	Bewertung der Halb- und Fertigfabrikate
Kontrolle	Preis-Kosten-Vergleich Vergleich von Ist- und Soll-Kosten
Entscheidung	Absatzpreisfindung Strategische Preispolitik Festsetzung interner Verrechnungspreise Beschaffungspolitik Eigenfertigung oder Fremdbezug Verfahrensvergleiche

Abbildung 5.6
Zweck der Stückkalkulation

Von den hier aufgeführten Zweckbestimmungen wollen wir uns mit Fragen der Bewertung, der Absatzpreisfindung und der Frage Eigenherstellung oder Fremdbezug (Make or buy) befassen. Das bedeutet, daß wir das an sich wichtige Problem des Vergleiches von Ist-Kosten und Soll-Kosten zunächst ausklammern. Angesichts seiner Bedeutung wollen wir diesem Aspekt einen besonderen Abschnitt unter dem Titel Stückkosten-Beeinflussung (Kapitel 5.3) widmen.

Aufgrund unserer Überlegungen kann bereits festgestellt werden, daß sich hinter den von uns ausgewählten Zweckbestimmungen die Grundsatzfrage Voll- oder Teilkosten verbirgt.

5.1.3.2 Voll- oder Teilkosten-Stückkalkulation

Zur Bedingung der traditionellen flexiblen Plankostenrechnung gehört die Auflösung der Kosten in variable und fixe Bestandteile. Diese Aufspaltung dient in der Kostenstellenrechnung der Wirtschaftlichkeitskontrolle. Aber auch für die Verfolgung bestimmter Kalkulationszwecke ist diese Kostenspaltung relevant. So geht man bei der Bewertung der Fertigfabrikate immer mehr dazu über, die Bestände nur aufgrund der variablen Kosten – oft auch als Grenzkosten bezeichnet – zu bewerten. Die variablen Kosten spielen auch eine wichtige Rolle bei der Festlegung der Preisuntergrenze. Nach der Literatur zu schließen, soll die Preisuntergrenze den variablen Selbstkosten entsprechen. Schließlich beeinflussen die variablen Kosten auch den Make or buy-Entscheid.

Im Rahmen der automatisierten Fertigung kann man der Verwendung der variablen Kosten als Entscheidungshilfe nicht ohne weiteres zustimmen. Man muß in allen Fällen den hohen Anteil der fixen Fertigungskosten bedenken. Die Vernachlässigung des Fixkostenblocks kann sich für die Sicherung der Unternehmungsexistenz als sehr gefährlich erweisen. Setzt man zum Beispiel die Preisuntergrenze bei den variablen Kosten an, dann muß man, je nach Volumen, mit erheblichen und spürbaren Ertragseinbußen rechnen. Vor allem kommt die massive Preisreduktion im Markt derart zur Geltung, daß das gesamte Preisgefüge zusammenzubrechen droht. Es ist ferner mit erheblichen Liquiditätsschwierigkeiten zu rechnen, denn ein erheblicher Teil der fixen Kosten ist auch ausgabenwirksam.

Wenn eine Unternehmung sich im Markt aus eindeutigen Gründen erheblichen Absatzschwierigkeiten ausgesetzt sieht, dann ist es möglicherweise unvermeidlich, Preiskonzessionen zu machen. Es ist indessen nicht möglich, allgemein gültige Regeln für die Bestimmung der Preisuntergrenze zu formulieren. Von entscheidender Bedeutung ist es, die Wirkungen von Preiskonzessionen mit Hilfe der Stückkalkulation und der kurzfristigen Erfolgsrechnung auf den Deckungsbeitrag der betroffenen Periode zu erkennen und sich die ertragsmäßigen Folgen bewußt zu machen.

Indessen können die folgenden Überlegungen nützliche Ansatzpunkte für die Preisfindung vermitteln. Wenn aus kostenrechnerischer Sicht die Meinung vorherrscht, es sei sinnvoll, die Kostenstellen-Kosten nach ihrem variablen und fixen Charakter zu gliedern, dann sollten in diesem Fall die fixen Kosten nochmals unterteilt werden in ausgabenabhängige und in nichtausgabenabhängige, fixe Kosten.

Zu den fixen Kosten, denen keine unmittelbaren Ausgaben gegenüberstehen, zählen in diesem Zusammenhang in erster Linie die sogenannten kalkulatorischen Kosten: kalkulatorische Abschreibungen, kalkulatorische Zinsen – abzüglich effektive Schuldzinsen- und kalkulatorische Wagniskosten. Diese Kosten sind bekanntlich wichtige Bestandteile des Cash-flows. Werden nun in der Stückkalkulation die cash-flow-orientierten Kosten zum Ausdruck gebracht, dann erhält man eine cash-flow-orientierte Stückkalkulation, die dann als Hilfsmittel für dispositive Preisentscheidungen dient.

Die Anwendung der cash-flow-orientierten Stückkalkulation erlaubt es, die Preisfindung am Cash-flow auszurichten. Aber auch dabei muß man sich bewußt sein, daß Preise, die nur zum Teil oder überhaupt keine Deckung des Cash-flow erzielen, zu einer Schwächung der Finanzierungskraft der Unternehmung führen. Die Existenz der Unternehmung wird nur dann nicht aufs Spiel gesetzt, wenn eine solche Preispolitik nur ausnahmsweise, über eine beschränkte Zeit und nur partiell verfolgt wird.

Die cash-flow-orientierte Stückkalkulation kann man darüber hinaus auch für die Bewertung der Fertigprodukte und für Make or buy-Entscheide benutzen. Einerseits verzichtet man auf eine Aktivierung von nicht-ausgabenwirksamen Kosten. Im Zusammenhang mit der Frage der Eigen- oder Fremdherstellung können andererseits die Fremdpreise der Erzeugnisse oder Fertigungsleistungen mit den ausgabenwirksamen Stückkosten verglichen werden. Liegt der Drittpreis darüber, dann lohnt sich die Eigenherstellung, weil dann wenigstens ein Teil der cash-flow-orientierten Stückkosten gedeckt werden kann. Diese Überlegungen sind vor allem auch im Zusammenhang mit der Frage wichtig, ob sich der Aufbau eigener Kapazitäten überhaupt lohnt, und die Investitionen sich wirtschaftlich rechtfertigen.

5.1.3.3 Folgerungen

Wenn wir Aufgabe und Zweckbestimmung der Stückkalkulation
berücksichtigen, ergeben sich für die Gestaltung von Stückkalkulationen die nachstehenden Folgerungen:
1. Die Stückkalkulationen müssen vollständig sein und genau darüber informieren, was eine Leistung kostet.
2. Die Erzeugung von Produkten und ihr Vertrieb ist eine Wertschöpfungskette, die vom Einkauf der Rohstoffe bis zur Auslie-
   ferung der Produkte an den Kunden reicht. Jede Stufe innerhalb
   dieser Kette ist wertmäßig zu konkretisieren. Durch die Darstellung der genannten Wertschöpfungskette soll verhindert werden, daß die einzelnen Stufen isoliert betrachtet werden.
3. Mit der Strukturierung der Kosten nach dem Wertschöpfungsprozeß erhält das Unternehmen Einsicht in die Bedeutung und
   das relative Gewicht der einzelnen Funktionskosten je Leistungseinheit. Für Hinweise zu Rationalisierungsmaßnahmen
   muß die Stückkalkulation darüber hinaus in der Lage sein, für
   jeden Funktionskreis detaillierte Kosteninformationen zu liefern. Die vertikale Gliederung der Kosten in fixe und variable
   Kosten ist von sekundärer Bedeutung. Es kommt primär auf den
   vertikalen Detaillierungsgrad der Kosten an.
4. Die Stückkalkulation muß so flexibel durchführbar sein, daß
   Produktvariationen und Kundensonderwünsche möglichst exakt kalkuliert werden können.
5. Die Gliederung der Kostenstellen hat in erster Linie nach den
   Bedürfnissen der Stückkalkulation zu erfolgen und erst an zweiter Stelle nach dem Prinzip der Identität von Kosten- und Lei-
   stungsverantwortung.
6. Die Verknüpfung zwischen Stückkalkulation und Auftragskalkulation muß sichergestellt werden.

Dem letzten Punkt, dem Problem der Verknüpfung zwischen
Stückkalkulation und Auftragskalkulation, widmet sich das folgende Kapitel.

5.2 Die Auftragskalkulation

5.2.1 Aufgabe und Bedeutung der Auftragskalkulation

Damit die Verantwortlichen der Fertigungsbereiche wissen, welche Erzeugnisse wie, womit und bis wann herzustellen sind, benötigen diese einen Fertigungsauftrag mit etwa den folgenden Angaben: Auftragsnummer, Artikelnummer, Artikelbeschreibung, Losgröße, Fertigungsbeginn, Fertigungsende, Kostenstellen-Num-

mern, Arbeitsschritte, Zeitvorgaben. Wir vertreten die Auffassung, daß neben den technischen Angaben auch die Kostenstellensätze Eingang in den Fertigungsauftrag finden sollten. Auf diese Weise ist es möglich, sowohl eine Auftragsvorkalkulation wie auch eine Auftragsnachkalkulation durchzuführen.

Im Vordergrund stehen allerdings die operativen Zeitvorgaben je Arbeitsschritt und Einheit sowie die Zeitvorgaben insgesamt. Diese Zeitvorgaben je Kostenstelle bilden die Basis bei der Festlegung des erforderlichen betrieblichen Leistungsvermögens (PPS) sowie die Grundlage für die Kontrolle der Wirtschaftlichkeit. Voraussetzung für die Durchführung eines Soll-Ist-Vergleiches ist die exakte Erfassung der tatsächlichen Maschinen- oder Systemnutzungszeiten.

Die Grundlage für die Aufstellung des Fertigungsauftrages bzw. der Auftragskalkulation sind die Stücklisten (Produktionsstücklisten, Baugruppenstücklisten), die Arbeitspläne, eventuell Konstruktionszeichnungen und die Standard-Stückkalkulation sowie verschiedene Ist-Werte wie Ist-Material, Ist-Fertigungszeiten und Ist-Erzeugnismengen.

Die nachstehende Übersicht zeigt schematisch die Zusammenhänge:

Abbildung 5.7
Die Auftragskalkulation im Gesamtzusammenhang

Nach dem Leistungsvollzug kann jeder Fertigungsauftrag mit Hilfe der Ist-Daten und der Standardkostensätze abgerechnet werden. Alle in einem bestimmten Zeitraum fertiggestellten und abgerechneten Aufträge ergeben zusammen die Herstellkosten der produzierten Leistungen, die der Kostenträgerrechnung belastet werden.

Mit den gleichen Beträgen werden andererseits die Kostenstellen entlastet.

Diese Weiterverrechnung der Kostenstellenkosten auf die Kostenträgerrechnung zeigt dann die Abweichungen zwischen Sollkosten und weiterverrechneten Kosten. Der für die automatisierte Fertigung bedeutsame Gesichtspunkt einer möglichst optimalen Auslastung der Anlagen äußert sich in Form von Abweichungen. Eine etwaige Unterdeckung der Kapazitätskosten haben wir als Leerkosten bezeichnet (vgl. Abb. 5.4). Diese Leerkosten sind aber nicht der Kostenträgerrechnung, sondern der kurzfristigen Erfolgsrechnung zu belasten.

Die Betrachtung der abgerechneten Fertigungsaufträge muß sich schließlich auf jeden einzelnen Auftrag erstrecken. Zu prüfen ist insbesonders, ob die Vorgabemengen und die Vorgabezeiten eingehalten werden konnten. Aus einer Abweichungsanalyse erhält man Hinweise, durch welche Maßnahmen den negativen Abweichungen in der Zukunft vorgebeugt werden kann. Es ist aber nicht ausgeschlossen, daß die Vorgaben selber nicht korrekt sind. Aufgrund analytischer Untersuchungen ist im gegebenen Fall eine Revision vorzusehen.

5.2.2 Die Verrechnung der Produktions-Gemeinkosten

5.2.2.1 Verrechnungsproblematik

In unseren bisherigen Ausführungen über die Stück- und Auftragskalkulation haben wir uns bewußt auf die Ermittlung und Darstellung der Einzelmaterialkosten und der Fertigungskosten beschränkt. Neben diesen Kosten gibt es aber gewichtige andere Kostenblöcke, die nicht zum eigentlichen Fertigungsbereich, sondern zum übergeordneten Produktionsbereich zählen. Gemeint sind zum Beispiel die Kosten der Konstruktion, Fertigungsplanung oder Auftragssteuerung und des Material-Handlings. Solche Kostenarten bezeichnen wir im folgenden als Produktionsgemeinkosten. Gelegentlich werden die Produktionsgemeinkosten auch als Overhead-Kosten der Produktion bezeichnet.

Probleme mit diesen Produktionsgemeinkosten ergeben sich in zweifacher Hinsicht:
1. Bereits im Analyseteil haben wir auf den wachsenden Anteil dieser Kosten hingewiesen. Als Ursachen wurden die Verlagerung der Tätigkeiten von den ausführenden auf die planenden, steuernden und überwachenden Funktionen sowie die Integration sämtlicher Teilbereiche genannt.

2. Nicht weniger groß sind die Schwierigkeiten, welche die Weiterverrechnung dieser Kosten verursacht. Im Zusammenhang mit der Kostenstellenbildung wurde bereits auf die Notwendigkeit hingewiesen, auch für diese Gemeinkosten funktional-orientierte Kostenstellen zu bilden. Während ihre Erfassung und Darstellung in Kostenstellen in der Regel keine Probleme bieten, ist die Weiterverrechnung dieser Kosten erheblich schwieriger zu lösen. Bei standardisierter Massenfertigung können diese Gemeinkosten mit Hilfe von Schlüsselgrößen auf die Hauptkostenstellen übertragen werden. Bezieht man aber Unternehmungen in die Betrachtung mit ein, in denen die Typenvielfalt und Sonderwünsche von Kunden vorherrschend sind, so zeigt sich, daß die Weiterverrechnung dieser Kosten zum Beispiel auf die Maschinenstunden zu falschen Kalkulationsergebnissen führt. Infolge der Differenzierungen, die bei jedem Produkttyp auftreten können, sind die Produktionsgemeinkosten auf den Fertigungsauftrag und nicht auf die Maschinenstunden und damit auf einzelne Leistungen zu übertragen.

Folgendes Beispiel erläutert diese Aussage:

Angenommen sei ein Unternehmen der Maschinen- und Apparateindustrie, das von einem Kunden einen Großauftrag von 500 Einheiten erhält; der gleiche Kunde erteilt auch einen Auftrag zur Lieferung von 10 Stück einer abweichenden Ausführung. Unabhängig von der Größe des Auftrages und von der Art der Produktionsausführung werden – wie allgemein üblich – je Produkteinheit die genau gleichen Produktions-Gemeinkosten verrechnet. Dies geschieht entgegen der Tatsache, daß die kundenspezifische Anpassung der Produkte und die Anpassung von NC-Programmen die gleichen Kosten je Auftrag verursachen, und zwar unabhängig von der Losgröße des Auftrages. Die keineswegs ungewöhnliche Kostenzuordnung illustriert damit deutlich, wie zentral das Problem der Identifikation von Verursachung und Verrechnung ist.

Mit einer lediglich evolutiven Weiterentwicklung des Rechnungswesens sind diese Probleme kaum mehr zu lösen. In jüngster Zeit gewinnt daher der eher als revolutionär zu bezeichnende Ansatz einer prozeßorientierten Kostenrechnung an Bedeutung und dürfte in Zukunft die Entwicklung des betrieblichen Rechnungswesen entscheidend beeinflussen.

Prozeßorientierung als Lösungsansatz 5.2.2.2

In der amerikanischen Fachliteratur herrscht heute weitgehend Übereinstimmung, daß die tatsächlichen Bestimmungsfaktoren von Produktions-Gemeinkosten nicht die Leistungseinheiten oder

die Produktionsstunden sind, sondern die sogenannten „activities".[5]
„Activities are repetitive tasks performed within an organization by groups as they perform their functional tasks."[6]

Während in den USA das Konzept eines Acitivity Accounting von einer Reihe namhafter Firmen bereits praktiziert und in der Wissenschaft intensiv weiterentwickelt wird, hat er in der deutschen Fachliteratur erst vor kurzem entsprechende Beachtung gefunden. In der Praxis wird das Konzept aber auch im deutschen Sprachraum schon vereinzelt eingesetzt.[7] Im Rahmen dieses Buches kann die Theorie eines Activity Accountings nicht umfassend dargestellt werden; es sollen im folgenden aber die Grundzüge einer solchen Kostenrechnung erläutert und daraus Konsequenzen für ein Gemeinkosten-Controlling abgeleitet werden.

Der Ansatz der Activity Accountings basiert unter anderem auf dem Transaktionsansatz, der in der amerikanischen Accounting-Literatur bereits 1978 von WATERHOUSE und TIESSEN eingebracht und von anderen Autoren übernommen wurde, damals aber noch nicht richtig in bezug auf die Effizienz administrativer Prozesse umgesetzt werden konnte.[8] Erst MILLER/VOLLMANN gelang es, diesem Ansatz zu breitem Interesse zu verhelfen und damit einen wesentlichen Beitrag zur Entwicklung einer prozeßorientierten Kostenrechnung zu leisten. Der Transaktionsansatz besagt, daß letztlich alle Arten von Gemeinkosten auf eine oder mehrere Transaktionen zurückzuführen sind.[9] Transaktionen sind Betriebsvorgänge, die den Durchlauf der Materialien und der Informationen betreffen, die für die Produktion erforderlich sind. Dazu gehören z. B. Aktivitäten der Produktionsplanung, der Konstruktion, der Qualitätsplanung oder der Materialverwaltung. MILLER/VOLLMANN unterscheiden vier Kategorien von Transaktionen, die in ihrer Summe alle gemeinkostenverursachenden Prozesse repräsentieren.

5 Vgl. z. B. COOPER/KAPLAN (Measure), S. 96; MILLER/VOLLMANN (Fabrik), S. 119; JEANS (Aligning), S. 50; CAMPI (Cost Management), S. 52; KEEGAN/EILER/ANANIA (Factory), S. 36.

6 CAMPI (Cost Management), S. 52.

7 Konzepte einer prozeßorientierten Kostenrechnung werden beispielsweise bereits bei der Siemens AG angewendet [vgl. COOPER (Activity-Based); GÖPFERT/ RUMMEL (Cost Management)]. In den USA sind es mehrere namhafte Firmen, die Systeme eines activity accounting einsetzen, z. B. General Dynamics oder Martin Marietta Energy Systems [vgl. KEEGAN/EILER/ANANIA (Factory), S. 32 ff., die ein „Advanced Cost Management System" beschreiben, das in der Rüstungszulieferindustrie eingesetzt wird].

8 Vgl. KAPLAN (Evolution), S. 405 f. und die dort angeführten Literaturhinweise.

9 Vgl. zu den folgenden Ausführungen MILLER/VOLLMANN (Fabrik), S. 118 ff. (deutsch) bzw. MILLER/VOLLMANN (Factory) (englisch).

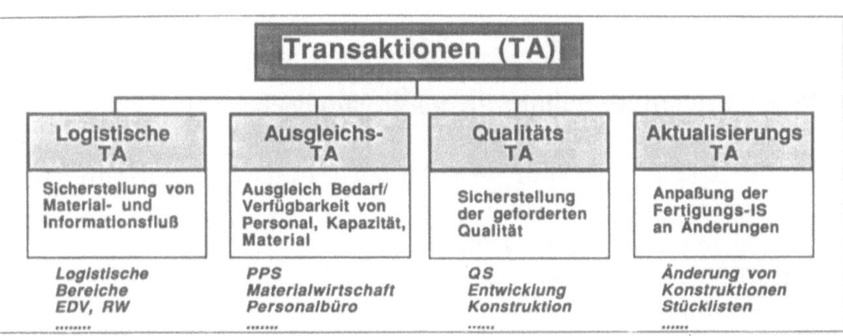

Die logistischen und die Qualitäts-Transaktionen entsprechen der in Kapitel 4 geforderten stärkeren Berücksichtigung dieser beiden Faktoren und sind daher nicht weiter erklärungsbedürftig. Die Ausgleichs-Transaktionen umfassen alle Arten von Planungen (Kapazitätsplanung, Personaleinsatzplanung etc.) und Dispositionen (Materialbestellungen etc.), die im Zusammenhang mit der Leistungserstellung erforderlich sind. Die Aktualisierungstransaktionen sind die laufenden Anpassungen der Fertigungs-Informationssysteme, d. h. der Konstruktionspläne, Stücklisten, Arbeitspläne, Qualitätsplanungen usw. Die vier Kategorien widerspiegeln im Grunde den technologischen Wandel im Produktionsbereich, wie er im ersten Teil dieses Buches analysiert wurde: Die hohe Bedeutung von Logistik und Qualität kommt ebenso zum Ausdruck wie die Zunahme der planenden, disponierenden und steuernden Funktionen. Die Aktualisierungs-Transaktionen schließlich verkörpern die erhöhten Innovationsraten von Produkten und Prozessen und die größeren Diskontinuitäten im Produktionsprozeß.

Wenn diese Transaktionen im einzelnen analysiert werden, kann pro Transaktion ein Kostentreiber eruiert werden, der die Transaktionsintensität und damit die Kostenhöhe bestimmt. In einem Rohmateriallager werden beispielsweise monatlich 10 000 Buchungsvorgänge für Einlagerungen registriert. Diese Buchungen erfordern entsprechendes Personal, Raum, DV-Anlagen etc., deren Kosten mehrheitlich bekannt sind. Für die ermittelten Gesamtkosten kann nun ein durchschnittlicher Kostensatz pro Buchungsvorgang ermittelt werden, der als Transaktions- oder Prozeßkostensatz für den Prozeß „Material einlagern" definiert werden kann. Auf der Basis dieser Grundüberlegungen kann nun eine prozeßorientierte Kostenrechnung entwickelt werden. Da im deutschen Sprachraum der Begriff „Prozeßorientierung" am gebräuchlichsten ist, soll im folgenden von Prozessen statt von activities bzw. von der Prozeßkostenrechnung gesprochen werden.

---

10 Vgl. MILLER/VOLLMANN (Fabrik), S. 119 f.

5.2.3 Prozeßkostenrechnung

5.2.3.1 Aufbau und Funktion einer Prozeßkostenrechnung

Folgende Schritte sind für den Aufbau einer prozeßorientierten Kostenrechnung erforderlich:
1. Definition von Teilprozessen
2. Definition von Hauptprozessen
3. Bestimmung von Prozeßbezugsgrößen
4. Ermittlung der Prozeßmengen
5. Ermittlung der Prozeßkosten und Bildung von Prozeßkostensätzen.

Die Definition der Prozesse kann nur auf der Basis von Interviews und in enger Zusammenarbeit zwischen Spezialisten des betreffenden Bereichs und Rechnungswesen-Spezialisten erfolgen.[11] Dabei muß abgeklärt werden, welche definierbaren Tätigkeiten in den Bereichen ablaufen und wie dieselben erfaßt bzw. quantifiziert werden können. In vielen Unternehmungen liegen bereits schon Stellen- und Funktionsbeschreibungen, Ablaufpläne oder Funktionsbäume vor, die hier als Basis benutzt werden können. Die Einzelprozesse werden so detailliert wie möglich erfaßt, wobei gleichartige Tätigkeiten zu einem Prozeß zusammengefaßt werden können. So wie für jede Kostenstelle eine Bezugsgröße definiert wird, ist für jeden Teilprozeß eine Prozeßbezugsgröße zu bestimmen. Die Prozeßbezugsgrößen sind quantifizierbare Leistungsgrößen, die den folgenden Anforderungen zu genügen haben:
– Zwischen Prozeßkosten und Prozeßmengen (Leistung) muß ein eindeutiger Zusammenhang bestehen.
– Die Prozeßmengen müssen im Ist eindeutig und mit vertretbarem Aufwand erfaßbar sein.

Auch die Prozeßkostenrechnung umfaßt eine Planungs- und eine Abrechnungsphase und ist ein geschlossenes Rechnungssystem, das weiterhin auf der traditionellen Kostenartenrechnung und der Kostenzurechnung auf Kostenstellen basiert. Von der Kostenartenrechnung werden die Einzelkosten direkt in die prozeßorientierte Kostenträgerrechnung übernommen, während die Gemeinkosten zwecks Bildung von Prozeßkostensätzen in die Prozeßkostenrechnung einfließen. Abb. 5.9 vergleicht die traditionelle Kostenrechnung mit der prozeßorientierten.

11 Vgl. ein Interviewbeispiel in COOPER/KAPLAN (Measure), S. 99.

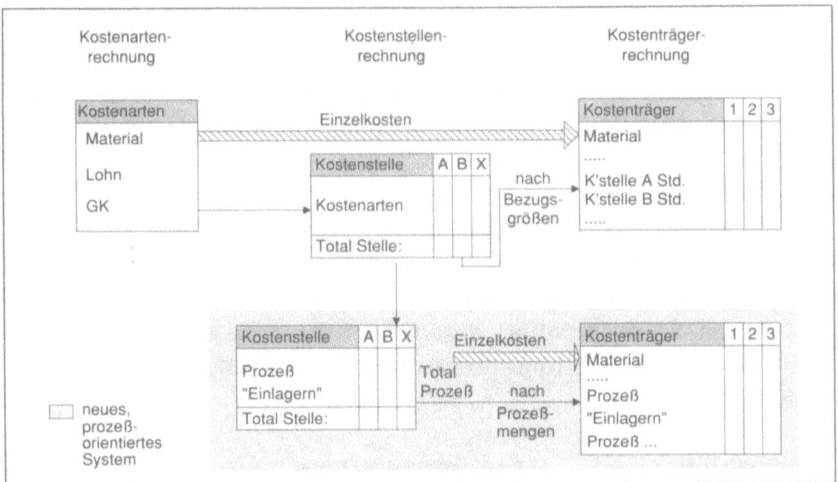

In der Prozeßkostenrechnung werden die Gesamtkosten jeder Kostenstelle auf die einzelnen Prozesse verteilt, die in einer Kostenstelle ablaufen. Die Kosten eines Hauptprozesses lassen sich dann durch Zusammenfassung aller Teilprozeßkosten bestimmen.

Abbildung 5.10
Haupt- und Teilprozesse[13]

In Abb. 5.10 ist dies für das Beispiel des Hauptprozesses „Leiterplatten-Material beschaffen und lagern" dargestellt, der sich aus vier

---

12 Abb. 5.9 und die nachfolgenden Ausführungen orientieren sich an dem in Pilotprojekten bereits realisierten Konzept der Siemens AG, deren Erfahrung auf dem Gebiete prozeßorientierter Kostenrechnung auch in die Arbeiten von CAM-I (vgl. Einführung) einfließt.
13 In Anlehnung an eine Abbildung in einer konzerninternen Broschüre der Siemens AG über prozeßorientierte Kostenrechnung.

verschiedenen Teilprozessen zusammensetzt, die in ebenfalls vier
verschiedenen Kostenstellen wahrgenommen werden. Anhand
dieses Beispiels wird deutlich sichtbar, wie das Konzept des Activity Accounting die Prozeßkette quer zur traditionellen funktions-
orientierten Einteilung (Kostenstellen) herausarbeitet und kostenmäßig abbildet.

Da Overhead-Kosten in planenden und steuernden Bereichen
zum überwiegenden Teil Personalkosten darstellen, können die
Kosten der Kostenstellen den einzelnen Prozessen im Verhältnis
zum eingesetzten Personal zugeordnet werden. Die Zurechnung
der Kostenstelle Auftragssteuerung könnte beispielhaft etwa so
erfolgen:

Kostenstelle:	Auftragssteuerung			
Personalkosten:	1 188 000,– DM			
Übrige Gemeinkosten:	1 006 704,– DM			
Teilprozesse	Mann	Pers.ko.	Übr.GK	Prozeßko.
Aufträge einplanen	8	528 000	447 424	975 424
Fertigung terminlich steuern und überwachen	5	330 000	279 640	609 640
Externe Aufträge bearbeiten	4	264 000	223 712	487 712
Fehlteile überwachen	1	66 000	55 928	121 928
	18	1 188 000	1 006 704	2 194 704

Die so ermittelten Kosten der Teilprozesse werden durch die Pro-
zeßmenge (z. B. Anzahl Aufträge) dividiert, um damit die Prozeßko-
stensätze für die Verrechnung der Prozeßkosten auf die Kostenträ-
ger (Aufträge) zu ermitteln. In der Planungsphase wird dazu die
Plan-Prozeßmenge und in der Abrechnungsphase die Ist-Prozeß-
menge herangezogen.
Beispiel:
Prozeßkosten ‚Aufträge einplanen = 975 424,– DM
Anzahl Aufträge pro Jahr = 29 512
Prozeßkostensatz = 975 424 DM : 29 512 = 33.05 DM pro Auftrag.

Die Auftragskalkulation unterscheidet sich von der traditionellen Kalkulation dadurch, daß an Stelle der bisherigen Gemeinko-
stenblöcke die jeweils notwendigen Prozesse aufgrund ihrer Prozeßkostensätze verrechnet werden, also beispielsweise jedem Auftrag ein Auftragseinplanungs-Kostensatz von 33,05 DM belastet
wird. Als Bezugsgröße gilt also der Auftrag als Ganzes, unabhängig
davon wieviele Stücke er umfaßt.

Die bisherigen Darstellungen bezogen sich auf eine Vollkostenrechnung. Theoretisch ist auch die Anwendung einer Prozeß-Teil-

kostenrechnung möglich, wobei die prozeßmengenabhängigen Kosten als variabel, die prozeßmengenunabhängigen aber als fix zu betrachten sind.

Implementiert werden kann eine prozeßorientierte Kostenrechnung auf drei Arten, nämlich als integraler Bestandteil der Standardkostenrechnung, als „Nebenast" derselben, mit dem Ziel einer verbesserten Kalkulation gewisser Produktgruppen, oder als Stand-alone-Lösung auf PC unter Ankopplung an den Datenpool des betrieblichen Rechnungswesens. Als Voraussetzungen für eine erfolgreiche Implementierung einer prozeßorientierten Kostenrechnung sind zusätzlich die folgenden zu nennen:[14]

1. Die Prozeßkostenrechnung muß ein unabhängiges System sein, das insbesondere nicht durch irgendwelche finanzbuchhalterische Restriktionen eingeschränkt werden darf.
2. Der prozeßorientierte Ansatz bedingt eine enge Zusammenarbeit zwischen Fachbereichen und dem Rechnungswesen. Es muß auch akzeptiert werden, daß sehr viele Werte auf Schätzungen der Fachkenner beruhen, die zwar nicht die Genauigkeit analytisch ermittelter Standard-Werte erreichen, durch die Vorteile der verursachungsgerechteren Zuordnung letztlich aber wieder einen höheren Realitätsbezug aufweisen.
3. Zur Erfassung der Ist-Daten müssen detaillierte Erfassungssysteme aufgebaut beziehungsweise in erster Linie vorhandene Systeme genutzt werden.

Führungsorientierung der Prozeßkostenrechnung 5.2.3.2

Die prozeßorientierte Kostenrechnung hat folgende Vorteile:[15]
1. Die Gemeinkosten werden den Kostenträgern verursachungsgerechter zugeordnet.
2. Die Auftragskalkulation weist hohe Transparenz auf, und es können kostentreibende Faktoren direkt abgelesen werden.
3. Varianten, Aufträge mit kleinen Stückzahlen und Kundensonderwünsche werden stärker mit Gemeinkosten belastet, was eine differenziertere Preispolitik erlaubt.
4. Die Prozesse entsprechen den normalen Aktivitäten der Mitarbeiter, haben daher einen hohen Realitätsbezug und sind leicht verständlich.
5. Prozesse sind die Basis für Produkt- und Prozeß-Controlling, aber auch für die Investitionsrechnung.

---

14 Vgl. CAMPI (Cost Management), S. 52; KAPLAN (Cost System), S. 64.
15 Vgl. BERLINER/BRIMSON (Cost Management), S. 7 f.; COOPER/KAPLAN (Measure), S. 100 ff.; vgl. KAPLAN (Cost Analysis), S. 138.

Der letzte Aspekt ist besonders wichtig, da er zu einer besseren Integration von Kosten-, Leistungs- und Investitionsrechnung führen könnte. Die Kostenrechnung hat im Prinzip den Zweck, die Kosten von Prozessen zu ermitteln; die Leistungs- und Produktivitätsmessung prüft die Effizienz und Effektivität der Prozesse, und die Investitionsrechnung beurteilt die Wirksamkeit von Maßnahmen, die Prozesse umgestalten, wegfallen lassen, neu schaffen oder sie automatisieren.[16]

Zur Beurteilung solcher Maßnahmen kann auch auf die Veränderung der Prozeßkostensätze abgestellt werden, denn diese sind immer ein Verhältnis von Prozeßkosten zu Prozeßmenge, d. h. von Kosten zu Leistungen. Damit dienen sie nicht nur der Auftragskalkulation, sondern sind gleichzeitig auch als Kennzahl für einen Perioden- oder einen Verfahrensvergleich zu verwenden. Da sich der Hauptprozeß aus vielen Teilprozessen zusammensetzt, erlaubt die prozeßorientierte Kalkulation einen Einblick in dessen kostenstrukturellen Aufbau und zeigt damit auch Wirkungen von Teilprozeßänderungen.

Zwei Beispiele aus der Praxis sollen abschließend die Stärken der prozeßorientierten Kalkulation verdeutlichen und ihre Eignung als Entscheidungsinstrument unterstreichen.

In einem Elektro-Motoren-Werk der Siemens AG wird mit einer prozeßorientierten Kalkulation gearbeitet, mit der vor allem auch eine verursachungsgerechtere Bewertung von kundenspezifischen Aufträgen im Vergleich zu Standardprodukten angestrebt wird.[17] Die herkömmliche Standardkostenrechnung konnte dieses Problem nicht lösen. Mit Hilfe der Prozeßkostenrechnung kann, wie weiter oben gezeigt, ein Kostensatz für die Auftragsabwicklung ermittelt werden. Das Werk belastet die Produkte zusätzlich mit einem Kostensatz für kundenspezifische Anpassungen (Konstruktionsanpassung, Sonderteilebeschaffung etc.) in Abhängigkeit der Anzahl nicht-standardmäßiger Komponenten, die der Kunde für den bestellten Motor verlangt. Nach dieser Methode werden nun zwei Aufträge wie folgt kalkuliert:

---

16 Vgl. BERLIN/BRIMSON (Cost Management), S. 8.
17 Vgl. COOPER (Activity-Based), S. 42 ff. Das Rechnungsmodell dieses Werkes wird auch als Case Study an der Harvard Business School verwendet.

Auftrag 1			**Auftrag 2**		
Elektromotor Typ X			Elektromotor Typ X		
Auftragsgröße: 1 Stück			Auftragsgröße: 100 Stück		
Stückkalkulation für 1 Stück					
Basis-Motor	250		250		
Spezial-Komponenten	_50_	300	_50_	300	
Prozeßkosten pro Auftrag					
Prozeßkosten					
Spezialkomponenten	40		40		
Prozeßkosten					
Auftragsabwicklung	_60_	100	_60_	100	
∕. Auftragsgröße	∕. 1	_100_	∕. 100	_1_	
Stückkosten		_400_		_301_	

Abbildung 5.11
Prozeßorientierte
Auftrags-
kalkulation[18]

Da beide Aufträge den selben Motorentyp mit der gleichen Anzahl Spezial-Komponenten betreffen, sind die damit verbundenen Anpassungsarbeiten bezüglich Konstruktionsplan, Stückliste und Arbeitsplan dieselben (Prozeßkosten Spezialkomponenten 40).

Gleiches gilt für die Auftragsabwicklung, da die Losgröße für den administrativen Bearbeitungsaufwand kostenmäßig irrelevant ist. Die Aufträge mit geringen Stückzahlen werden nach diesem System „bestraft", während dem Kunden für hohe Stückzahlen ein deutlich besserer Stückpreis angeboten werden kann. Bezüglich Preisbeurteilung und Preisstrategien ist diese Kalkulation vorteilhaft.

Das zweite Beispiel zeigt, daß die prozeßorientierte Kalkulation auch erheblich mehr Transparenz in die Produkterfolge zum Zwecke der Sortimentssteuerung und von Marketingentscheidungen bringen kann. Dabei handelt es sich nachstehend um eine Vollkostenbeurteilung. Es müßte im einzelnen geprüft werden, wie der Vergleich zwischen der prozeßorientierten Kalkulation und den Ergebnissen einer Deckungsbeitragsrechnung aussehen würde. Viele Autoren vertreten nämlich die Ansicht, daß bei hoher Variantenzahl und sehr geringem Anteil der variablen Kosten die Deckungsbeitragsrechnungen an Aussagekraft für die Zwecke der kurzfristigen Programmplanung und Preisgrenzrechnung verlieren.[19] Die prozeßorientierte Kalkulation stellt daher eine Alternative dar, die unbedingt in die bereits früher erwähnte Diskussion um die Deckungsbeitragsrechnung miteinzubeziehen ist.

---

18 Vgl. COOPER (Acitivity-Based), S. 44.
19 Vgl. z. B. LASSMANN (Serienfertigung), S. 960; HORVATH (Zugzwang), S. 37; HENDRICKS (Applying), S. 27.

COOPER/KAPLAN haben bei einem Hersteller hydraulischer Pumpen die Ergebnisse einer konventionellen Zuschlagskalkulation denjenigen einer prozeßorientierten Kalkulation gegenübergestellt und sind zu den in Abb. 5.12 dargestellten Ergebnissen gekommen:

		Overhead pro Stück			Bruttogewinn in %	
Ventil-typ	Jahres-stück-zahl	Zu-schlags-kalk.	Prozeß-kalk.	Δ Over-head	Zu-schlags-kalk.	Prozeß-kalk.
1	43 562	$ 5.44	$ 4.76	− 12,5 %	41 %	46 %
2	500	6.15	12.86	+ 109,0	30 %	−24 %
3	53	7.30	77.64	+ 964,5	47 %	−258 %
4	2 079	8.88	19.76	+ 123,0	26 %	−32 %
5	5 670	7.58	15.17	+ 100,0	39 %	2 %
6	11 196	5.34	5.26	− 1,5	41 %	41 %
7	423	5.92	4.39	− 26,0	31 %	43 %

Die Ergebnisse bestätigen den oben gezeigten Vorteil der Prozeßorientierung, daß Produkte mit geringen Stückzahlen, relativ gesehen, mit deutlich mehr Overhead belastet werden als solche mit hohen Stückzahlen. Demnach hat sich Typ 1 (43 562 Stück p. a.) entsprechend stark verbessert, während Typ 3 (53 Stück p. a.) um Faktoren teurer kalkuliert wird als vorher. Solche Differenzen sind von erheblicher strategischer Tragweite. Entsprechend haben sich die Typen mit mittleren Stückzahlen (Typ 6) kaum verändert. Typ 7 ist trotz geringer Stückzahl günstiger kalkuliert worden, weil sich hier bezahlt macht, daß er die gleichen Komponenten benötigt wie die Großserientypen 1 und 6. Die Verwendung gleicher Teile wird also aus Sicht der prozeßorientierten Kostenrechnung zu Recht als Vorteil gewertet und entsprechend mit weniger Overhead belastet.

Aus diesen Überlegungen heraus erklärt sich auch ein Aspekt des Dilemmas der amerikanischen und europäischen Industrie gegenüber japanischen Konkurrenten. Die Japaner haben die Märkte in aller Regel mit standardisierten und verhältnismäßig einfachen Produkten erobert. Die Konzentration darauf und die Einengung des angebotenen Variantenspektrums hat ihnen erlaubt, mit einfacheren Fertigungsstrukturen zu arbeiten, die einen geringeren Overhead erforderten. Die Amerikaner und Europäer haben nicht zuletzt aufgrund ihrer Kostenrechnungssysteme, die auf eine „Gleichverteilung" der Fixkosten ausgerichtet sind, standardisierte Produkte zu stark mit Overhead belastet und damit zu

20 Vgl. COOPER/KAPLAN (Measure), S. 101.

teuer verkauft, während sie Sonderwünsche und Einzelanfertigungen zu billig verkauft haben.

Der Hauptvorteil einer prozeßorientierten Kalkulation liegt vor allem darin, daß Wirkungen von bestimmten Maßnahmen in bezug auf die Kosten sofort und verursachungsgerecht aufgezeigt werden können. Strategische wie auch operative Maßnahmen führen stets zu Veränderungen in den Prozessen, sei es, daß die Zahl bestimmter Aktivitäten reduziert wird oder daß diese ganz wegfallen, während andere Aktivitäten neu dazukommen. Dadurch bietet die prozeßorientierte Kalkulation eine geeignete Grundlage für kostenbeeinflussende Maßnahmen, die bereits im Konstruktions- und im Investitionsplanungsbereich ansetzen. Die Verantwortlichen in diesen Bereichen können anhand solcher Kalkulations-Schemata besser beurteilen, welche Auswirkungen beispielsweise eine Erweiterung des Teilespektrums oder erhöhte Qualitätsprüfungen haben, weil erkennbar ist, welche zusätzlichen Aktivitäten dadurch ausgelöst werden. Der Zwang zu einfacheren Produkt- und Produktionsstrukturen und damit zur Komplexitätsreduktion ist dadurch automatisch gegeben. Auf solche Zusammenhänge soll im nächsten Abschnitt eingegangen werden.

Die Stückkosten-Beeinflussung 5.3

Prozeßorientiertes Gemeinkosten-Management 5.3.1

Konsequenzen aus dem Prozeßkostenansatz 5.3.1.1

Die Kostensenkung durch Prozeßgestaltung hat zum Ziele, die Teilprozesse der Leistungserstellung und ihr Zusammenwirken einer permanenten Rationalisierung zu unterziehen. Anzustreben sind beherrschte Prozesse, die die Leistungen ohne Störungen und unter gringstem Ressourceneinsatz erstellen. Die prozeßorientierte Kostenrechnung liefert dazu die entsprechenden Informationen. Der Transaktions- bzw. Prozeßansatz erlaubt eine neuartige Beurteilung der Gemeinkosten. Wenn die Höhe der Gemeinkosten von Art und Anzahl der durch Kostentreiber induzierten Prozesse bestimmt wird, so muß eine Rationalisierung nach folgenden Stufen ablaufen:
Neben der Bewertung der Prozesse durch Prozeßkosten ist es wichtig, zwischen wertschöpfenden und nicht-wertschöpfenden Prozessen deutlich zu unterscheiden. Die vermeidbaren Gemeinkosten entstehen aus überflüssigen Prozessen, d. h. Vorgängen, die Kosten verursachen, ohne den Wert des Produktes in irgendeiner Weise zu steigern. „A non-value-added activity is an activity that

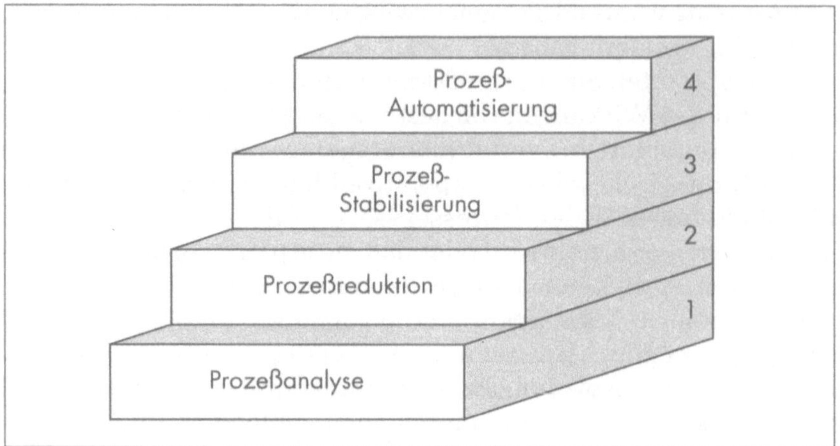

can be eliminated with no deterioration of product attributes (performance, function, quality, perceived value)."[21] Zu solchen Prozessen gehören vor allem Aktivitäten wie „Material und Teile handhaben", „Ein- und Auslagern" oder „Transportieren". Im wesentlichen gehen die Zeiten für nicht-wertschöpfende Aktivitäten aus der DLZ-Analyse hervor, nämlich in Form von Wartezeiten, Transport- und Liegezeiten, womit auch sofort klar ist, daß die nicht-wertschöpfenden Aktivitäten, die heute 80–90% der gesamten DLZ beanspruchen, besonders ernsthaft überprüft, analysiert und beurteilt werden müssen. Bei der Frage, welche Aktivitäten eliminiert werden sollen, kann man sich somit am theoretischen Konzept eines fehler- und störungsfrei ablaufenden, d. h. eines idealen Prozesses orientieren, der nur noch die rein wertschöpfenden Bearbeitungsfunktionen umfaßt. Das Prinzip des Fließens in der Produktion und die gesamte JIT-Philosophie sind nichts anderes als das Streben nach Vermeidung nicht-wertschöpfender Vorgänge.[22]

Sind die nicht-wertschöpfenden Prozesse eliminiert und das System auf dem neuen Niveau beruhigt und stabilisiert, so sind nun in einem dritten Schritt die verbleibenden Prozesse durch Einsatz von Automatisierung und von Informationssystemen weiter zu rationalisieren.

Die in Abb. 5.13 angeführte Reihenfolge wird erst bei konsequenter Anwendung der Prozeßorientierung verständlich und kann auch erst dann richtig bewertet werden. Im Gegensatz zu den

21 BERLINER/BRIMSON (Cost Management), S. 3.
22 Vgl. JOHANSSON/VOLLMAN/WRIGHT (Effect), S. 157; FOSTER/HORNGREN (JIT), S. 20.

europäischen und amerikanischen Unternehmungen haben die Japaner diese Strategie schon seit jeher verfolgt. Sie legten Wert auf einfache Prozesse mit geringem Steuerungsaufwand (Beispiel Kanban) und hohe Stabilität, weil jede Diskontinuität im Prozeß, beispielsweise technische Änderungen, eine Kette von Transaktionen auslöst und damit kostentreibend wirkt. Der japanische Leitsatz des „Do it right for the first time" ist nichts anderes als die Vermeidung von unnötigen Transaktionen in Form von Störungen. Damit haben die Japaner genau die oben geforderte, sich aus der Prozeßkostenbetrachtung ergebende Reihenfolge eingehalten, nämlich zuerst die Fertigung zu vereinfachen und nach dem Flußprinzip neu zu organisieren und dann erst zu automatisieren.

In Europa und den USA dagegen wurde in einer Euphorie automatisiert, die lediglich dazu geführt hat, Prozesse mit strukturellen Unwirtschaftlichkeiten zu automatisieren und damit nicht-wertschöpfende Vorgänge durch Fixkostenintensitäten zu zementieren. Ein Paradebeispiel sind die Rohmateriallager, für die in den 70er und anfangs der 80er Jahre in hochautomatisierte Lager investiert wurde, während die japanischen Unternehmungen Bestände ganz einfach als Verschwendung und als Störfaktoren betrachteten und sie eliminierten. Die Consultingfirma Arthur Andersen beispielsweise verfolgt heute in Beratungsprojekten konsequent die drei Schritte Prozeßvereinfachung durch JIT-Maßnahmen, Automatisierung von Teilsystemen und erst dann die Integration der Automatisierungsinseln.[23]

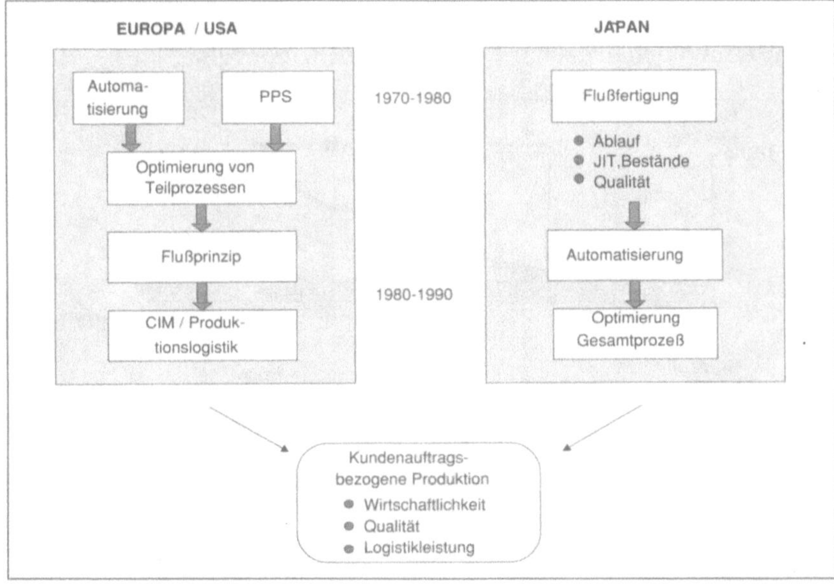

Abbildung 5.14
Prozeßorientierung in der japanischen Strategie

23 Vgl. HRONEC (Effects), S. 117.

Auf der Basis einer prozeßorientierten Kalkulation können Ablaufverbesserungen und Investitionsentscheidungen im Hinblick auf
die Veränderung der Prozesse und der damit verbundenen Kosten
beurteilt werden. Die Erkenntnis, daß Prozesse vereinfacht, eliminiert und stabilisiert werden müssen, um die Gemeinkosten zu
senken, bestätigte die bereits in Kapitel 2.3.1.2 gewonnene Erkenntnis, daß die Komplexität von Produkten und Prozessen den
entscheidenden kostentreibenden Faktor darstellt. Prozeßorientierte Kostenreduktion durch Eliminierung und Vereinfachung
von Prozessen ist somit nichts anderes als Komplexitätsreduktion.

5.3.1.2. Einsatz der Wertzuwachskurve

WARNECKE nennt als Ansatzpunkte für eine Komplexitätsreduktion unter anderem die Reduktion der Arbeitsgänge durch Straffung der Arbeitspläne, die Verwendung von Norm- und Wieder-
holteilen, die Schaffung montage- und automatisierungsgerechter
Konstruktionen und die Verminderung der Fertigungstiefe durch
Konzentration auf Teile mit hoher Wertschöpfung.[24] In der Produktion sind durch konsequente Anwendung des JIT-Gedankens, allenfalls durch Verringerung der Fertigungstiefe bzw. der Fertigungsstufen und durch Automatisierung nicht-wertschöpfende
Prozesse zu reduzieren, um damit eine Rationalisierung zu erreichen. Für solche Entscheidungen steht das Instrument der Wertzuwachskurve zur Verfügung, die den Wertschöpfungsverlauf der
Produkte im Verhältnis zur Durchlaufzeit wiedergibt.

Abbildung 5.15
Wertzuwachskurve
vor und nach Ratio-
nalisierung

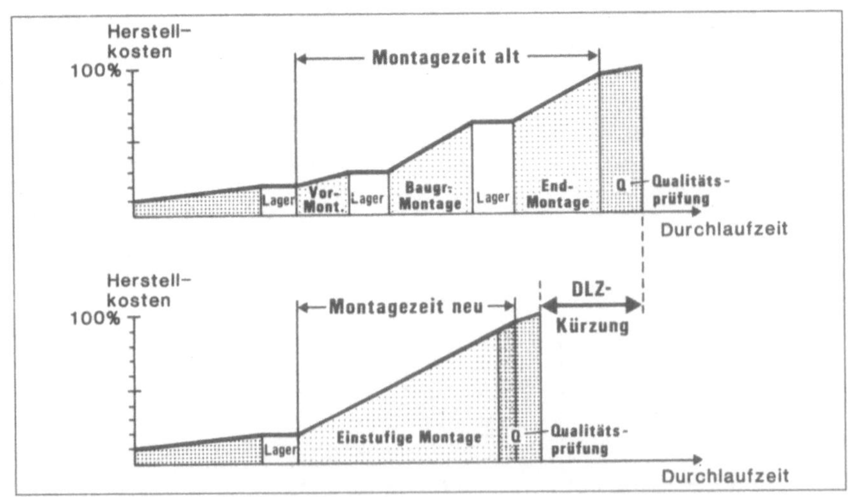

24 Vgl. WARNECKE (Strategien), S. 60 f.

Das Integral der in Abb. 5.15 aufgezeichneten Wertzuwachskurve repräsentiert die über die Zeit gebundenen Herstellkosten, d. h. die Kapitalbindungskosten über die gesamte Dauer des Leistungserstellungsprozesses. Alle Lagerstufen sind nicht-wertschöpfend, weshalb die weiß dargestellten Flächen zu vermeidende Prozeßkosten darstellen.

Die Produktion in drei Fertigungsstufen führt zu erheblich höherem Steuerungs-, Handlings- und Transportaufwand innerhalb der schraffierten Flächen, was die DLZ verlängert. Durch Neugestaltung der Produktion und Schaffung einer einstufigen Montage gelingt es, zwei Lagerstufen zu eliminieren und die Montage-DLZ zu verkürzen. Auch die neue, entscheidend verkürzte DLZ birgt aber immer noch einen hohen Anteil an Liege- und Transportzeiten, d. h. an nicht-wertschöpfenden Aktivitäten und ist daher auch weiterhin systematisch zu verkürzen.

Eine Rationalisierung im Produktionsbereich wird durch „logistische Kompression" der Wertzuwachskurve erreicht, wobei drei Ansätze möglich sind, die in Abb. 5.16 schematisch dargestellt werden.[25]

Abbildung 5.16
Logistische Kompression der Wertzuwachskurve[26]

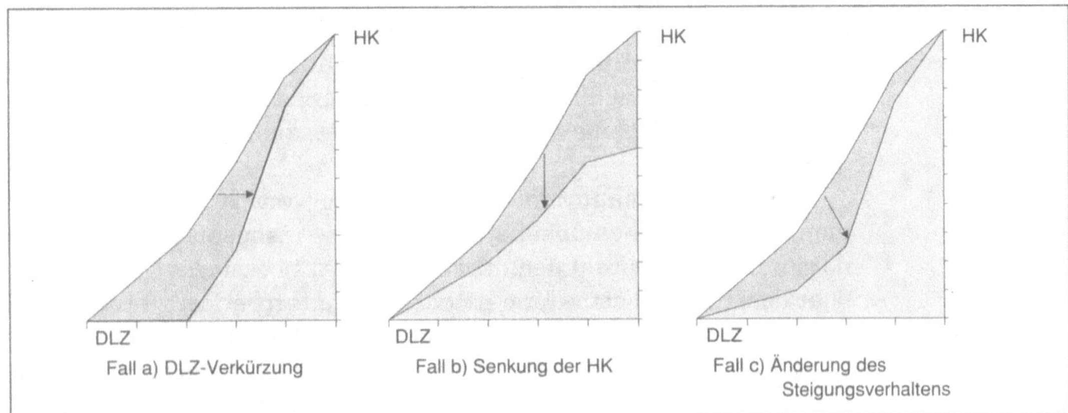

Bei der ersten und dritten Maßnahme bleibt die endgültig erreichte Höhe der Herstellkosten bestehen und die Rationalisierungsansätze zielen auf eine Senkung der Kapitalbindungskosten im Umlaufvermögen ab. Im Fall a) ist die Stoßrichtung eine Verkürzung der Durchlaufzeit, während im Fall c) versucht wird, die Kapitalbindung zu reduzieren, indem der Anstieg der Kurve verzögert wird, so daß erst kurz vor Produktionsabschluß die höchste Wertschöpfungsstufe erreicht wird. Im Fall b) wird schließlich eine Strategie gefahren, die bei prinzipiell gleichbleibender DLZ eine Herstell-

25 Vgl. FÖRDERKREIS BETRIEBSWIRTSCHAFT (Fertigungslogistik), S. 162 ff.
26 Aus: FÖRDERKREIS BETRIEBSWIRTSCHAFT (Fertigungslogistik), S. 164.

kostensenkung anstrebt, was durch entsprechende Produktgestaltung und durch Prozeßautomatisierungen zu erzielen ist.

Die Wertzuwachskurve ist in Verbindung mit einer Prozeßkostenrechnung ein sehr geeignetes Instrument, Rationalisierungsansätze im Produktionsbereich zu erkennen und zu bewerten. Die Gesamtwirtschaftlichkeit kann erheblich verbessert werden, indem mit Hilfe dieser Instrumentarien gezielte logistische Verbesserungsmaßnahmen eingeleitet werden.

Die bisherigen Ausführungen konzentrieren sich auf die Komplexitätsreduktion der Produktion durch gezielte Prozeßgestaltung. Der zweite Ansatzpunkt einer Rationalisierung der Stückkosten, die Produktgestaltung, ist vor allem eine Aufgabe des Konstruktionsbereichs, dessen Möglichkeiten nun zu untersuchen sind.

5.3.2 Bestimmung von Stückkostenzielen

Die produktorientierte Stückkosten-Beeinflussung setzt Freiheitsgrade in der Produktgestaltung und in der Produktprogramm-Zusammenstellung voraus. Die Kostenbeeinflussung beginnt daher bereits bei der Produktentwicklung und Produktkonstruktion. Wegen der bereits früher belegten Problematik, daß durch die Konstruktion 70 % bis 80 % der Produktherstellkosten festgelegt werden, müssen der Konstruktion klare Kostenziele vorgegeben werden.

Im Zusammenhang mit der Festlegung von Kostenzielen muß man sich heute bewußt sein, daß die Preise insbesondere für Standarderzeugnisse praktisch durch den Markt bestimmt werden. Sicher darf diese Feststellung nicht derart interpretiert werden, daß das Unternehmen dem Marktgeschehen völlig hilflos ausgeliefert wäre. Die Absatzfähigkeit der erstellten Leistungen kann durch mannigfache qualitative Vorkehrungen verbessert werden. Zu erwähnen sind Kundenbetreuung, Liefertreue, Serviceleistungen u. ä. Daß solche Verhaltensdifferenzierungen und ihre Nutzung auch unterschiedliche Marktpreise einschließen, läßt sich an vielen Einzelfällen immer wieder feststellen.

Grundsätzlich gilt aber, daß die Rahmenbedingungen für die Preisfindung im Erscheinungsbild des Marktes verankert sind. Das Marktbild wird heute vom Käufermarkt beherrscht. Deshalb werden die Preise durch das Käuferverhalten beherrscht. Und diese Situation sollte zum Anlaß genommen werden, den Aufbau der Stückkalkulation grundsätzlich zu überdenken.

Die traditionelle Stückkalkulation geht von einem Kosten- und Preisermittlungsprinzip aus. Dieses Prinzip ist in der Kosten- und Leistungsrechnung verankert und ist so alt wie diese Rechnung selbst. Das Ermittlungsprinzip ist für den Verkäufermarkt charakteristisch. Je stärker die Position des Anbieters im Markt ist, desto bedeutsamer sind die Kosten als Grundlage der Preisfindung. Sobald aber die Preise vom Markt beherrscht werden, erfolgt eine Konfrontation mit den Kosten. Dann wird die Frage wichtig, ob und inwieweit der Preis die Kosten einer Leistung deckt. In diese Situation paßt nicht mehr das Kostenermittlungsprinzip, sondern das Kostendeckungsprinzip. Dieser Differenzierung hat deshalb auch der Aufbau der Stückkalkulation zu folgen, weshalb wir folgende Anpassung der Stückkalkulation empfehlen:

<table>
<tr><td colspan="3">Kostenermittlungsprinzip</td><td colspan="4">Kostendeckungsprinzip</td></tr>
<tr><td>Material</td><td>100</td><td>14,7 %</td><td>Verk.Preis</td><td></td><td>650</td><td>100 %</td></tr>
<tr><td>Mat.GK</td><td>10</td><td>1,5 %</td><td>Material</td><td>100</td><td></td><td></td></tr>
<tr><td>Fertigung</td><td>240</td><td>35,3 %</td><td>Mat.GK</td><td>10</td><td>110</td><td>16,9 %</td></tr>
<tr><td>Spez.Werkz.</td><td>20</td><td>2,9 %</td><td>DB I</td><td></td><td>540</td><td>83,1 %</td></tr>
<tr><td>Entwicklung/</td><td></td><td></td><td>Fertigung</td><td>200</td><td></td><td></td></tr>
<tr><td>Konstruktion</td><td>200</td><td>29,4 %</td><td>Spez.Werkz.</td><td>20</td><td>220</td><td>33,8 %</td></tr>
<tr><td></td><td></td><td></td><td>DB II</td><td></td><td>320</td><td>49,3 %</td></tr>
<tr><td>Auftrags-</td><td></td><td></td><td>Entwicklung/</td><td></td><td></td><td></td></tr>
<tr><td>abwicklung</td><td>40</td><td>5,9 %</td><td>Konstruktion</td><td></td><td>150</td><td>23,1 %</td></tr>
<tr><td></td><td></td><td></td><td>DB III</td><td></td><td>170</td><td>26,2 %</td></tr>
<tr><td>Vertrieb</td><td>70</td><td>10,3 %</td><td>Auftragsabw.</td><td>40</td><td></td><td></td></tr>
<tr><td>Totalkosten</td><td>680</td><td>100 %</td><td>Vertrieb</td><td>50</td><td>90</td><td>13,9 %</td></tr>
<tr><td></td><td></td><td></td><td>Gewinn</td><td></td><td>80</td><td>12,3 %</td></tr>
</table>

Abbildung 5.17
Kostenermittlungs- und Kostendeckungsprinzip

Beim Ermittlungsprinzip geht die Kostenberechnung von Konstruktions- sowie den bestehenden Standardtechnologien, Fertigungsverfahren und Ablaufprozessen aus. Die Folgen sind oft, daß sich die auf diese Weise ergebenden Herstellkosten mit den Preismöglichkeiten des Marktes nicht decken.

Stattdessen sind zuerst die wahrscheinlichen wettbewerbsfähigen Marktpreise unter Berücksichtigung des voraussichtlichen Absatzvolumens zu ermitteln. Dieser Preis ist als Ziel zu fixieren. Gleichzeitig ist eine Gewinnquote festzulegen, die der strategischen Ausrichtung des Unternehmens entspricht. Das Kostenziel, d. h. die höchst zulässigen Kosten ergeben sich somit aus der Differenz zwischen erzielbarem Marktpreis und anzustrebendem Gewinnbeitrag.[27]

In der Praxis liegt dieses Kostenziel oft erheblich unter dem, was realistischerweise erreichbar ist. Zuerst werden deshalb von jeder

27 Vgl. HIROMOTO (Rechnungswesen), S. 131.

Abteilung kumulierte Kosten auf der Basis gegenwärtiger Technologien und Verfahren kalkuliert – das sind die ohne Innovationen anfallenden Standardkosten. Daraufhin setzt das Management ein Kostenziel fest, das zwischen beiden Schätzwerten liegt und von allen Beteiligten als Zwischenziel angestrebt wird.

HIROMOTO beschreibt den regen Informationsaustausch zwischen Technikern, Einkäufern, Fertigungsspezialisten und sogar Zulieferern während der Konstruktionsphase eines Produktes: „Alle vergleichen im Verlaufe der Konstruktionsphase ihre Kostenschätzungen mit den Zielkosten. Abweichungen werden den Produktentwicklern übermittelt, und der Zyklus wiederholt sich: Konstruktionsvorschläge, Kalkulation von Abweichungen, technische Wertanalyse, um erwünschte Merkmale bei geringstmöglichen Kosten zu erreichen, und Konstruktionsänderungen. Die Konstruktion ist abgeschlossen, wenn sie endlich mit den Kostenzielen übereinstimmt."[28]

Die vorgegebenen Kostenziele werden also immer wieder zur Messung der Zwischen- und Teilergebnisse des Konstruktionsprogrammes benutzt. Das bedeutet, daß eine entsprechend strukturierte Stückkalkulation benötigt wird, welche den Konstruktionsprozeß begleitet. Auf die zuletzt genannte Voraussetzung wollen wir im folgenden näher eingehen.

5.3.3 Konstruktionsbegleitende Kalkulation

5.3.3.1 Zweck und Aufbau

Das Prinzip einer konstruktionsbegleitenden Kalkulation liegt darin, daß über das CAD-System „Kosteninformationen" zur Verfügung gestellt werden. „Darunter wird die gezielte Information des Konstrukteurs über die Kostenrelevanz der sich ihm bietenden Entscheidungsalternativen verstanden."[29] STEFFEN spricht von einer „Kostenveränderungsrechnung", die begleitend zur Konstruktion jede Konstruktionsveränderung aufzeigen soll.[30] Entscheidend ist, dem Konstrukteur die Kostenwirkungen parallel zu seiner Arbeit in On-line-Verfahren aufzuzeigen, damit er innerhalb des Spektrums technisch gleichwertiger Lösungen die kostenoptimalste auswählen kann.[31] Die Realisierung solcher Systeme setzt aber

---

28 HIROMOTO (Rechnungswesen), S. 131 f.
29 KREISFELD (Kostenbestimmung), S. 6.
30 Vgl. STEFFEN (CIM), S. 11 f.
31 Vgl. VDI (Vorrichtungskonstruktion), S. 102; SCHEER (Kalkulation), S. 17; KREISFELD (Kostenbestimmung), S. 7 ff.

die Kopplung des CAD-Systems mit einem Dialogsystem voraus, das Kalkulationsprinzipien und Kalkulationssätze enthält.

Die CAD-Systeme kommen dem Vorhaben einer Realisierung konstruktionsbegleitender Kalkulation sehr entgegen, da sich die Kosten im wesentlichen aus den Werkstoff- und Geometriedaten ableiten, die in solchen Systemen DV-technisch bereits hinterlegt sind.[32] Für die Kostenkalkulation einer Konstruktion ist entscheidend, in welcher Phase sich die Konstruktion gerade befindet. Folgende Kalkulationsverfahren sind für eine konstruktionsbegleitende Kalkulation geeignet:[33]

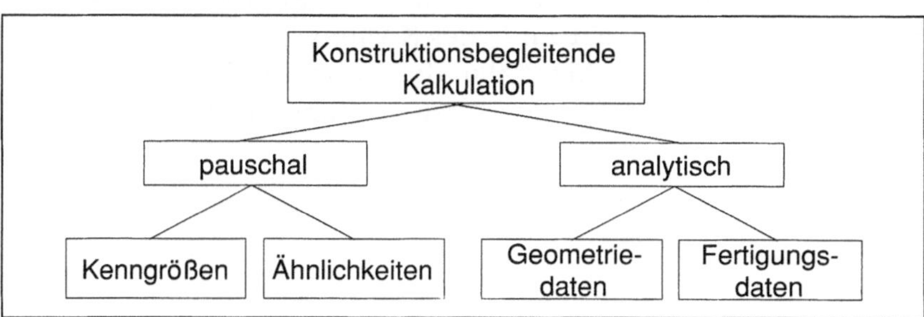

Abbildung 5.18
Kalkulationsverfahren für CAD-Konstruktion

a) *Pauschale Verfahren*
Liegen noch keine Geometrie- oder Fertigungsdaten vor, so kann eine grobe Kostenabschätzung aufgrund von pauschalen Kostenberechnungen vorgenommen werden. Die Kanngrößenkalkulation verwendet Durchschnittswerte früherer Konstruktionen wie beispielsweise Materialkosten pro kg Maschinengewicht, Fertigungskosten pro m^3 umbauten Raumes usw. Diese Methode eignet sich aufgrund ihrer hohen Unsicherheit nur für die ersten Phasen des Produktentwurfs. Zuverlässiger ist die Ähnlichkeitskalkulation, die für Konstruktionen angewendet werden kann, die früheren Werkstücke bzw. Teilen bezüglich Aufbau und Funktion ähnlich sind. Entscheidend ist die kostenmäßige Ähnlichkeit, während die konkreten Abläufe und Teilezusammensetzungen auch abweichen können. Besonders geeignet ist dieses Verfahren für Variantenkonstruktionen.

b) *Analytische Verfahren*
Liegen die Geometriedaten bereits im CAD-System vor, so können sie anhand eines systematischen Kalkulationsschemas mit Kostensätzen bewertet werden. Die Fertigungskosten werden dabei aufgrund statistischer Methoden (z. B. Regressionsanalysen) aus den Geometriedaten abgeleitet, die die Produktgestalt (Form), Ferti-

---

32 Vgl. BEITZ (Entwicklungszwänge), S. 64.
33 Vgl. dazu und zu den anschließenden Beschreibungen der einzelnen Verfahren
    SCHEER (Kalkulation), S. 20 ff.

gungsanforderungen und Werkstoffbestimmung beinhalten. Die präzisesten Kalkulationen sind möglich, wenn bereits die Fertigungsdaten (Arbeitspläne, Stücklisten, Betriebsmitteldaten) vorliegen. Parallel zur Erstellung der Stücklisten und Arbeitspläne werden die dort festgelegten Zeiten und Mengen mit Kostensätzen verrechnet und die Veränderung der Gesamtkosten ermittelt.

Als Grundlage für ein solches System müssen für jedes Werkstück die Hauptbestimmungsparameter der Kostenhöhe ermittelt werden. Bei einem Werkstück kann dies beispielsweise der Durchmesser sein, bei einem anderen das abzuspannende Volumen. Die Werkstücke sind daher in Kostenfamilien zusammenzufassen, d. h. in Gruppen, von denen ein ähnliches Kostenverhalten zu erwarten ist.[34] Der Ablauf eines CAD-verbundenen Kosten-Informationssystems ist in seiner prinzipiellen Ausgestaltung in Abb. 5.19 dargestellt:

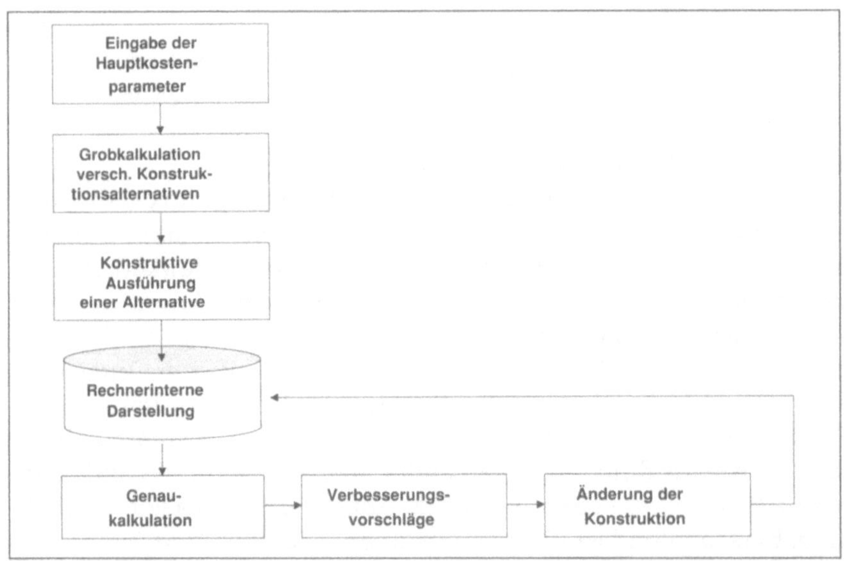

Abbildung 5.19
CAD-verbundenes
Kosten-Informations-
system

DV-technisch ist der einzige Weg zur Realisierung einer konstruktionsbegleitenden Kalkulation eine Integration von Kostenrechnung und CAD und der Aufbau eines CAD-orientierten Kosten-Dialogsystems. Durch konsequente Nachkalkulationen aller konstruktionsrelevanten Leistungen sind laufend Erfahrungswerte zu ermitteln, die als Grundlage für die Festlegung von Kenngrößen, Ähnlichkeiten und Algorithmen zur Bewertung von Geometriedaten dienen.[35] Diese Erfahrungswerte sind betriebs- und produkttypenspezifisch verschieden, weshalb konstruktionsbegleitende Sy-

---

34 Vgl. KREISFELD (Kostenbestimmung), S. 100 ff.
35 Vgl. SCHEER (Kalkulation), S. 27 f.

steme nur von jeder Unternehmung individuell aufgebaut werden können. Die Aktualität der hinterlegten Kosteninformationen ist vor allem durch eine Anpassung der Kostensätze bei veränderten Wertbasisdaten (z. B. Preiserhöhungen für Material) oder bei fertigungstechnisch bedingten Veränderungen (neue Fertigungsanlage) zu garantieren.[36]

Als organisatorische Voraussetzung ist in erster Linie das Erfordernis einer sehr engen Zusammenarbeit zwischen der Konstruktion und dem Rechnungswesen, aber auch zwischen der Konstruktion und der Fertigung zu nennen. Der Fertigungsbereich muß insbesondere folgende Informationen liefern:
– Grundlagen für die fertigungsgerechte Gestaltung von Werkstücken (z. B. notwendige Hilfsbohrungen oder Spannocken)
– Analysen über kostenverursachende Faktoren der Fertigung (z. B. Kostenwirkungen von Toleranzangaben, Werkstoffauswahl oder Formgebungsverfahren).[37]

Von Nutzen sind dabei sogenannte Relativkosten, d. h. „... Bewertungszahlen zum Kostenvergleich von Lösungsvarianten, wobei eine Lösung als Basis dient und die Kosten der alternativen Lösungen als Verhältnisse (Relativwerte) angegeben werden."[38] Objekte für Relativkosten sind beispielsweise Einzelteile, Normteile, Gestaltungszonen, Werkstoffe, Fertigungsverfahren, Variantenzahl, Verwendung von Mehrfachteilen usw.[39]

Um den Zusammenhang zwischen konstruktiven Entscheiden und den dadurch induzierten Stückkosten zu verdeutlichen, können beispielhaft folgende Aspekte einer Konstruktion von Vorrichtungen angeführt werden:[40]

a) *Werkstoffauswahl*

Je nach Wahl des Rohmaterials sind im Verlaufe des Fertigungsprozesses bestimmte Zusatzbearbeitungen (z. B. Härtungen) notwendig. Damit kann unter Umständen dank der Wahl eines relativ teuren, aber hochwertigen Ausgangsmaterials eine Gesamtkostensenkung durch niedrigere Bearbeitungskosten erreicht werden.

b) *Funktionsträger*

Für die Erfüllung einer bestimmten Funktion, wie z. B. Spannen, Stützen oder Verbinden, existiert in der Regel eine Vielzahl unterschiedlicher technischer Lösungsmöglichkeiten. Für die Funktion Spannen beispielsweise Spannschrauben, Spanneisen oder Kipp-Klemmhebel. Aus der Vielzahl der Alternativen, die die techni-

---

36 Vgl. KREISFELD (Kostenbestimmung), S. 109.
37 Vgl. EVERSHEIM (Arbeitsvorbereitung), S. 68; VDI (Vorrichtungskonstruktion), S. 6.
38 EBERLE/HEIL (Relativkosten), S. 55.
39 Vgl. EBERLE/HEIL (Relativkosten), S. 55; VDI (Vorrichtungskonstruktion), S. 102.
40 Vgl. VDI (Vorrichtungskonstruktion), S. 107 ff.

schen Anforderungen in gleichem Maße erfüllen, kann mit Hilfe von Relativkosten-Katalogen die kostengünstigste ausgewählt werden.

c) *Vorrichtungen*

Auch für ganze Vorrichtungen sind Erfahrungswerte möglich, wobei hier gleichzeitig mehrere Aspekte zu berücksichtigen sind. Die Zusammenhänge zwischen einem Parameter und den abgeleiteten Kosten werden meist mit Hilfe von Regressionsanalysen ermittelt, die eine detaillierte Analyse der tatsächlichen Kosteneinflußgrößen und deren Verhalten voraussetzen.

5.3.3.2 Nutzeneffekte und Zukunftschancen

Eine Analyse der TU München in 14 Unternehmen zum Thema Nutzen von Relativkosten ergab Kostensenkungen zwischen 5–28%, im Mittel 15%.[41] Allgemein können bei Anwendung konstruktionsbegleitender Kalkulations-Systeme folgende Vorteile erzielt werden:

1. Wirtschaftlich vertretbare fertigungstechnische Anforderungen
Es kann erreicht werden, daß der Konstrukteur nicht unnötig hohe Fertigungsanforderungen, beispielsweise sehr enge Toleranzen (sogenannte Angsttoleranzen), vorgibt, sondern nur die gemäß Produktfunktion und Sicherheitsaspekten notwendigen. Folgendes Beispiel verdeutlicht diesen Zusammenhang: Bei einem Werkstück wurden die Fertigungskosten in Abhängigkeit der vom Konstrukteur vorgesehenen Toleranzen errechnet. Für eine geforderte Stichmaßtoleranz von $\pm$ 0,02 mm beispielsweise wurde bereits ein hochpräzises Bearbeitungszentrum benötigt, das einen Anschaffungswert von DM 580 000,– verkörpert und entsprechend höhere Kostensätze verursacht.[42]

2. Fertigungsgerechte Konstruktion und Standardisierung
Die flexibel automatisierte Fertigung erfordert eine fertigungsgerechte Teile- und Produktgestaltung, wozu verschiedenste Methoden zum Einsatz gelangen. Dazu gehören beispielsweise das Anbringen von Fangbohrungen oder von Spannlaschen und -nocken an Werkstücken und/oder das Verwenden von standardisierten Vorrichtungen, sogenannten Einheitsvorrichtungen. Nachstehende Abbildung zeigt sehr eindrücklich, welche Einsparungen an Kosten in der Konstruktion und im Bau von Vorrichtungen durch die Verwendung von Einheitsvorrichtungen erzielt werden können:

---

41 Vgl. EBERLE/HEIL (Relativkosten), S. 58.
42 Beispiel aus VDI (Vorrichtungskonstruktion), S. 6 f.

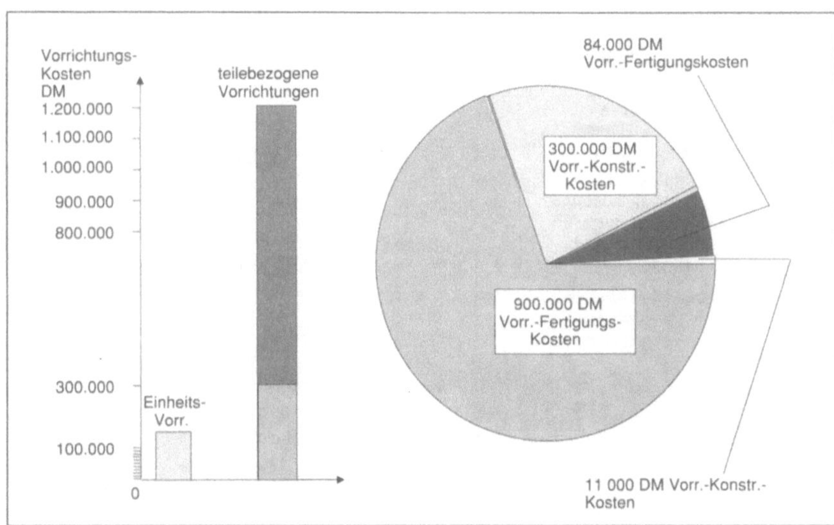

3. Rasche Angebotskalkulation

Durch Einsatz eines dialogfähigen Kosteninformationssystems für
den Konstrukteur kann sichergestellt werden, daß die Unternehmung in der Lage ist, relativ rasch und präzise Angebotskalkulatio-
nen für kundenspezifische Aufträge zu erstellen oder produktbezo-
gene Wertanalysen durchzuführen.[44]

4. Kostenbewußtsein

Die Einführung einer konstruktionsbegleitenden Kalkulation und
die Erarbeitung von Zusammenhängen zwischen technischen
Aspekten und Fertigungskosten bringt allein schon dadurch Vorteile, daß die Konstrukteure für Kostenaspekte sensibilisiert werden.

5. Typen- und Teilereduktion

Die kostenmäßige Bevorteilung von Konstruktionsvarianten, die
Standardteile verwenden oder Teile, die bereits für andere Produkte verwendet werden (Gleichteile), führt mit der Zeit zu einer
beachtlichen Reduktion der Typen- und Teilevielfalt und damit der
Produktkomplexität. Die Kostensenkungswirkungen einer konstruktiven Veränderung durch Reduktion der Teilevielfalt mittels
Einführung eines standardisierten Bodenteils zeigt Abb. 5.21:

43 VDI (Vorrichtungskonstruktion), S. 22.
44 Vgl. STEFFEN (CIM), S. 12.

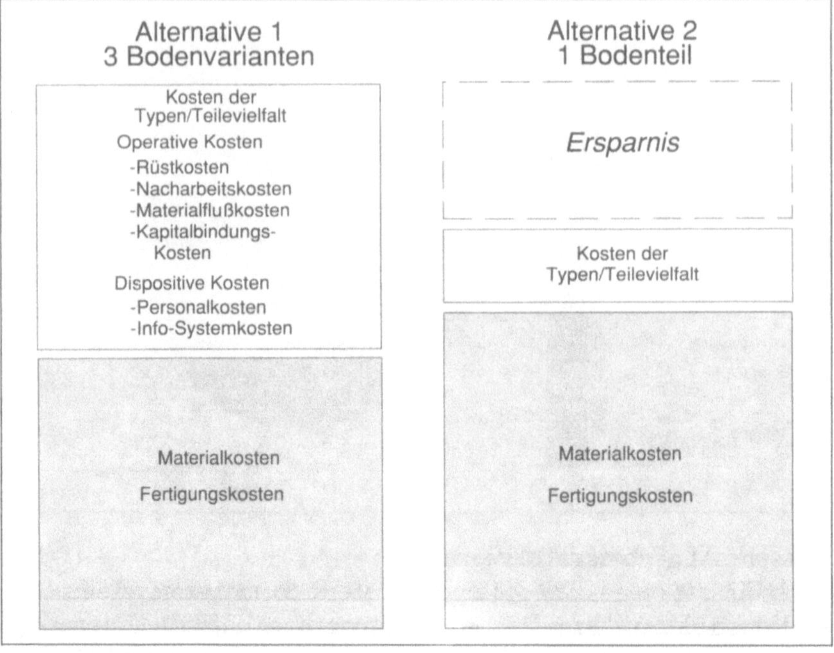

Die Chancen für einen verstärkten Einsatz der konstruktionsbegleitenden Kalkulationsverfahren sind sehr hoch. Die technologische Entwicklung von Expertensystemen und Simulationsmodellen dürfte in naher Zukunft die Qualität der Kosteninformationen erheblich steigern. Expertensysteme, die den Konstrukteur auf der Basis einer Erfahrungsdatenbank nicht nur informieren, sondern „beraten", sind bereits entwickelt und stehen im Einsatz.[46] Ein futuristisches Bild, das in seinen Grundzügen die derzeit laufende Entwicklung auf diesem Gebiet zum Ausdruck bringt, zeichnet NEIPP: „So könnte ein Produkt durch iterative, natürlich-sprachliche Kommunikation zwischen Mensch und Rechner konstruiert werden. Der Mensch gibt den Anforderungskatalog vor und leistet die kreativen Arbeiten. Der Rechner führt mit dem in ihm gespeicherten Wissen alle technischen Berechnungen aus. Er optimiert zur fertigungsgerechten Konstruktion und ermittelt für jede mögliche Variante die Fertigungskosten."[47]

---

45 Vgl. WARNECKE (Zielkonflikte), S. 42.
46 Vgl. BECKER (Kalkulation), S. 116 ff., der den Aufbau eines Expertensystems für konstruktionsbegleitende Kalkulation beschreibt.
47 NEIPP (Einführungsstrategien), S. 146.

Die Ausführungen über die konstruktionsbegleitende Kalkulation haben deutlich gemacht, daß die Verknüpfung mit technischen CAX-Systemen die Bedeutung des Rechnungswesens als Führungsinstrument erheblich verstärken kann. Nachdrücklich sei aber darauf hingewiesen, daß eine konstruktionsbegleitende Rechnung nur eine DV-technische Insellösung ist, ebenso wichtig ist die Versorgung der PPS oder anderer Bereiche mit hochaktuellen flexiblen Kosteninformationen. Die folgenden Kapitel befassen sich deshalb mit der Frage, wie das Kosten-Leistungs-Management in das CIM-Konzept integriert werden soll und welche Anforderungen an ein übergreifendes System-Controlling zu stellen sind. Zwei wichtige Voraussetzungen sind dabei zu erfüllen: eine Datenbankorientierung und eine On-line-Kopplung mit den technischen Informationssystemen. Beide Voraussetzungen sind heute durch Nutzung der vorhandenen informationstechnologischen Möglichkeiten gegeben. Wie gezeigt wird, darf das Rechnungswesen in Zukunft nicht mehr als eigenständige, isolierte Funktion realisiert werden. Es muß als Teil eines gesamtbetrieblichen Informationsmanagements gestaltet werden. Dadurch verändert sich zwar die Rolle des Controllers in der CIM-orientierten Unternehmung, es gelingt aber auch, integrierte Controlling-Konzepte für den Produktionsbereich zu verwirklichen.

Das Rechnungswesen im CIM-Konzept 6.1

Datenbankorientiertes Rechnungswesen 6.1.1

Bereits an verschiedenen Stellen dieses Buches wurde gefordert, das Rechnungswesen von seiner starren Form der Informationsaufbereitung zu lösen und es in ein flexibles Instrumentarium zu überführen, was eine situationsspezifische Informationserstellung durch den Entscheidungsträger zuläßt. Insbesondere gilt es, Planungs- und Dispositionsentscheidungen durch die Bereitstellung aktueller und individuell kombinierbarer Daten zu unterstützen. Diese Forderungen können nur dann erfüllt werden, wenn das Rechnungswesen datenbankorientiert aufgebaut wird.

Grundzüge und Anforderungen 6.1.1.1

Es widerspricht der Philosophie eines integrierten Systems, wenn für die Kostenrechnung Daten nochmals erfaßt werden, die bereits in ähnlicher Form für technische Zwecke erhoben worden sind. Die technischen Informationssysteme, insbesondere die Betriebsdatenerfassung, sind daher so zu erweitern, daß die vorliegenden Daten (z. B. Lohndaten, Materialmengen oder Fertigungszeiten) direkt auch mit kostenrechnungsrelevanten Attributen (Bezeichnung der Kostenarten, Kostenstellen, Kostenträger etc.) versehen werden.[1] Gleichzeitig müssen Datenbestandsredundanzen dadurch vermieden werden, daß nicht jede Applikation, und somit auch nicht das Rechnungswesen, ihre eigene Datenhaltung aufbaut, sondern die mehrfach zu verwendenden Daten in einer zentralen Datenbank zugriffsbereit sind.

Als Lösung für dieses Problem wird allgemein eine urbelegorientierte Grundrechnung empfohlen.[2] Dieses ursprünglich bereits von SCHMALENBACH entwickelte Konzept wurde vor allem von RIEBEL wieder aufgenommen; es beruht auf dem Prinzip einer möglichst unverdichteten Erfassung zweckneutraler Kostendaten. Die zentrale Veränderung durch Einführung eines solchen Systems ist somit die weitgehende Auslagerung der Funktion „Kostenerfassung" aus dem Rechnungswesen in die vorgelagerten Funktionen. In der Kostenartenrechnung werden damit nur noch die sachlichen Abgrenzungen der aus der Finanzbuchhaltung übertragenen Werte vorgenommen und die Kostendaten plausibilisiert bzw. abgestimmt. Die eigentliche Kontierungsarbeit wird in den vorgelagerten Bereichen durchgeführt, und die Kostendaten werden in eine Grundrechnungsdatenbank geschrieben. Solche Bereiche sind beispielsweise die Materialwirtschaft oder die Betriebsdatenerfassung in der Fertigung. Dabei ist folgendes zu beachten:[3]

1. Die Kostenstellen und Kostenträger müssen durch Zurechnungsobjekte erweitert werden, beispielsweise Fertigungsaufträge, Instandhaltungsaufträge und Logistikleistungen. Nur so ist eine umfassende Auswertung möglich.
2. Gemeinkosten dürfen in der Grundrechnung keinesfalls zugeschlüsselt werden, um für Entscheidungen tatsächlich nur die Kosten ausweisen zu können, die durch Maßnahmen direkt beeinflußbar sind.
3. Es sind Zuordnungshierarchien einzuführen. So können Kosten, die auf einer niederen Ebene (Prozeß) Gemeinkosten darstellen, auf einer höheren Aggregationsstufe (Abteilung, Fertigungsbereich insgesamt) durchaus wieder Einzelkostencharakter erlangen.

1 Vgl. SCHEER (Entwurf), S. 181.
2 Vgl. SCHEER (Entwurf), S. 181 ff.; MERTENS (Erfahrungen), S. 96 ff.; HORVATH/KLEINER/
MAYER (Zweckneutrale), S. 93 ff.; WARNICK (Grundrechnung), S. 90.
3 Vgl. HAUN (Datenbanken), S. 89.

4. Im gleichen Sinne sind nach unterschiedlichen Kosteneinflußgrößen Kostenkategorien zu bilden. So können bei den fixen
   Kosten absolut fixe oder sprungfixe unterschieden werden, oder
   sie können nach ihrer Ausgabenwirksamkeit oder zeitlichen
   Abbaubarkeit kategorisiert werden.

Abb. 6.1 zeigt den grundsätzlichen Aufbau eines datenbankorientierten Rechnungswesens mit den Plan- und Istdaten, die aus den
vorgelagerten Bereichen oder aus der Finanzbuchhaltung übertragen werden. Sämtliche Daten – Kosten und Leistungen – fließen in
die zweckneutrale Grundrechnung (Datenbank) ein. Dem Thema
dieses Buches entsprechend legt die Abbildung ein Schwergewicht
auf den Produktionsbereich. Auf der Basis dieser Grundrechnung
können mit Hilfe der in einer Methodenbank hinterlegten Ana-
lyse- und Kombinationsmethoden sowohl Standardauswertungen
als auch Sonderauswertungen erstellt werden. Gleichzeitig können
die Grunddaten mittels Abfragesprachen (Query Language) von
den Benutzern auch als reines Informationssystem genutzt werden.

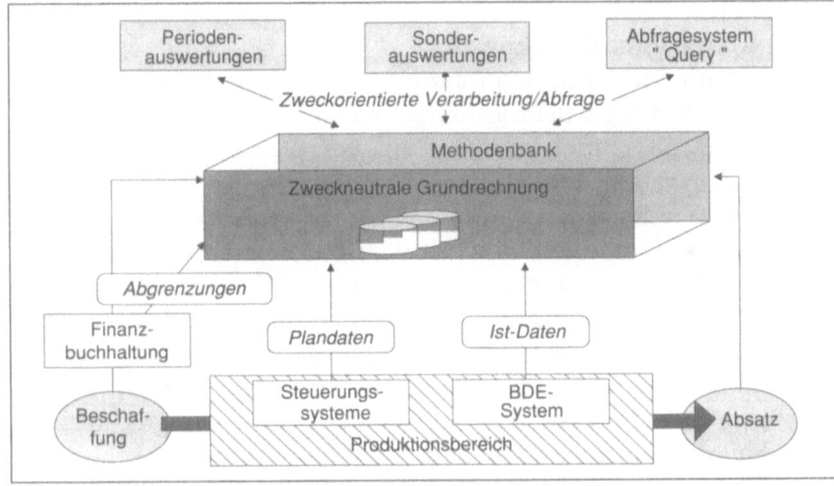

Abbildung 6.1
Datenbank-
orientiertes Rech-
nungswesen

Ein datenbankorientiertes Rechnungswesen mit einer mehr-
dimensional auswertbaren Grundrechnung ist nur durch Einsatz
relationaler Datenbanken realisierbar. Die einzelnen Kostenbe-
träge werden in dieser Grundrechnung mit sogenannten Deskriptoren versehen, die ihre Zuordnung zu Kostenarten, Kostenstellen,
Kostenträgern usw. präzisieren. Bei einer Datenbankabfrage bzw.
einer Auswertung sind damit beliebige Auswertungen möglich,
indem die entsprechenden Deskriptoren angegeben werden.[4] Relationale Datenbanken erlauben m : n-Beziehungen und basieren

4 Vgl. WARNICK (Grundrechnung), S. 91.

somit – vereinfachend gesagt – auf einer Anzahl Zeilen und Spalten, die miteinander in definierter Beziehung (Relation) stehen.

Es genügt nicht, ein solches System nur als reines Informationssystem aufzubauen, denn die Daten müssen jeweils zweckorientiert weiterverarbeitet werden können. Diese Weiterverarbeitung zu eigentlichen Entscheidungsgrundlagen wird unterstützt durch Einsatz einer Methodenbank, in der häufig eingesetzte Methoden und Algorithmen hinterlegt sind. Eine der wichtigsten Methoden ist dabei das System der Kosten- und Leistungsrechnung selbst, das die Grunddaten zu verarbeiten hat und den Hauptteil der Standardauswertungen liefert. Darüber hinaus sind aber weitere Methoden-Bausteine zu hinterlegen, wie beispielsweise die folgenden: Break-Even-Analysen, Regressionsanalysen (für Kostenspaltungen), Matrizenrechnungen (innerbetriebliche Leistungsverrechnung) oder Operations-Research-Methoden für Optimierungs- und Planungsüberlegungen.[5] Eine Methodenbank unterstützt den Benutzer in folgender Hinsicht:[6]

1. Hilfe bei der Auswahl der für eine bestimmte Problemstellung geeigneten Methode durch menuegesteuerte Entscheidungsbäume oder durch Checklisten.
2. Übersetzung der vom Benutzer in „Normalsprache" eingegebenen Anforderungen in Programmsprache.
3. Automatisches Einlesen von relevanten Daten aus der Datenbank (z. B. Kostensätze).

Aufbau und Nutzung von Daten- und Methodenbanken dürften in Zukunft durch deutliche Fortschritte im Bereich der Abfragesprachen (Query Language)[7] erleichtert werden. Diese zeichnen sich durch hohe Benutzernähe aus, indem der Anwender in einer nichtprozeduralen Sprache, die der natürlichen sehr ähnlich ist, seinen Informationsbedarf artikulieren kann. Der Benutzer benötigt somit sehr wenig Wissen über den logischen Aufbau der Daten und Methodensysteme. „Es ist dabei ein ‚Programmieren' im herkömmlichen Sinn nicht mehr notwendig, es genügt eine sachlogisch orientierte Spezifikation der gestellten Aufgabe, die zudem in Anlehnung an Ausdrücke der natürlichen Sprache formulierbar ist."[8] Mit Hilfe solcher Sprachen können die Reports, beispielsweise Abweichungsanalysen, auf der Basis des gleichen Datenbestandes in unterschiedlicher formaler Aufbereitung und mit unterschiedlichen Aggregierungsstufen für verschiedene Empfängerkreise individuell gestaltet werden. Weitere Tools zur Unterstüt-

---

5 Vgl. SCHEER (Entwurf), S. 204.
6 Vgl. HAUN (Datenbanken), S. 84 ff.
7 Vgl. MERTENS (Erfahrungen), S. 105.
8 RENNERT (Datenbanken), S. 38; vgl. auch HAUN (Datenbanken), S. 87.

zung sind Berichts-Generatoren, Business-Grafikmodule, Statistik-pakete usw.

Die modernere Standardsoftware im Bereich Rechnungswesen baut voll auf die Dialogorientierung und ist damit geeignet, ereignisbezogene Auswertungen zum Zwecke einer rasch erstellten Kalkulation oder als Basis für Entscheidungen zu liefern. Ebenso sind heute viele Systeme datenbankorientiert aufgebaut, wobei noch nicht alle mit relationalen Datenbanken arbeiten.

Ein Rechnungswesen, das nach diesem Konzept aufgebaut ist, erlaubt nun neben den klassischen periodischen Auswertungen vor allem auch situationsspezifische Sonderauswertungen, die sich nach dem Entscheidungsbedarf richten. Im deutschen Sprachraum wird oft der Begriff ereignis- oder aktionsorientiertes Rechnungswesen verwendet, der dem in den USA bekannten Terminus „event accounting" entspricht.[9] Für eine methodisch fundierte Umsetzung dieser Ansätze in Datenbankstrukturen und EDV-Anwendungen werden heute grundsätzliche Daten- und Relationsmodelle sowohl für den Kernbereich Rechnungswesen als auch für unternehmungsweite Konzepte entwickelt.[10] Gleichzeitig laufen intensive Forschungsanstrengungen, die auf eine konkrete Umsetzung dieses Konzepts, insbesondere auf flexible Produktionssysteme, ausgerichtet sind. Grundsätzlich kann das Konzept eines datenbankorientierten Rechnungswesens sowohl auf der Basis einer flexiblen Plankostenrechnung bzw. Grenzplankostenrechnung als auch auf dem Konzept der relativen Einzelkosten nach RIEBEL implementiert werden.[11] Auch der Ansatz einer prozeßorientierten Kostenrechnung kommt einer Datenbankorientierung sehr entgegen. Verschiedene Autoren sind der Ansicht, daß gerade der Ansatz RIEBELs, der eine Grundrechnung vorsieht, für den Einsatz von relationalen Datenbanken prädestiniert sei. Deshalb wollen wir kurz auf diesen Ansatz eingehen.

Einzelkostenrechnung bei flexibler Produktion 6.1.1.2

RIEBELs Ansatz[12] einer Einzelkostenrechnung beruht auf dem pagatorischen Kostenbegriff und auf dem Identitätsprinzip, nach dem „... zwei Größen – seien es Geld- oder Mengengrößen –, z. B. Teilmengen von Kosten und Erlösen, einander oder einem Bezugs-

---

9 Vgl. MERTENS (Erfahrungen), S. 93 und die dort angeführten Literaturhinweise.
10 Vgl. z. B. SCHEER (Entwurf), S. 185 ff.; SCHEER (Integrationstrends), S. 19.
11 Vgl. SCHEER (EDV-orientierte), S. 113.
12 Vgl. zu den folgenden Ausführungen: RIEBEL (Einzelkostenrechnung) als Gesamtwerk sowie seine Kurzbeiträge in RIEBEL (Ansätze/I), S. 173 ff.; RIEBEL (Ansätze/II), S. 215 ff.; RIEBEL (Grundrechnung), S. 785 ff.; RIEBEL (Gestaltungsprobleme), S. 863 ff.

objekt nur dann logisch zwingend gegenübergestellt werden, wenn
sie auf einen gemeinsamen dispositiven Ursprung, also einen iden-
tischen Entscheidungszusammenhang zurückgehen."[13] Auf dieser
Basis wird eine mehrdimensionale Bezugsobjekthierarchie erstellt,
bei der alle Kosten nach dem Identitätsprinzip nur den Bezugsobjekten zugeordnet werden, denen sie als Einzelkosten zugerechnet
werden können. Somit wird jegliche Bildung und Schlüsselung von
Gemeinkosten vermieden. Der aus Sicht eines datenbankorientierten Rechnungswesens interessanteste Aspekt ist die Kostenerfassung, die im Rahmen einer zweckneutralen Grundrechnung nach
Kostenarten, Zurechnungsobjekten und nach einer Trennung in
Bereitschafts- und Leistungskosten erfolgen soll.[14] Kostenstellen
und Kostenträger sind zwar nach wie vor wichtige Kontierungsob-
jekte, die aber durch weitere produktions- oder absatzwirtschaftli-
che Objekte ergänzt werden. RIEBEL sieht auch von der Periodisierung der Kosten- und Leistungsrechnung ab und unterscheidet die
Bereitschaftskosten nach ihrer Bindungsdauer in Schicht-, Tages-,
Wochen-, Monats-, Jahreseinzelkosten usw. Die Zweckneutralität
bedeutet dabei, daß in der Grundrechnung weder Verdichtungen
der Daten noch bestimmte Zuordnungen erlaubt sind.[15] RIEBELs
Leistungskosten sind in ihrer Höhe vom tatsächlich realisierten
Leistungsprogramm abhängig. Bereitschaftskosten dagegen sind
Kosten der Betriebsbereitschaft, die nur mit dem Auf- oder Abbau
derselben eine Änderung erfahren und nach der zeitlichen Dispo-
nierbarkeit unterschieden werden.

Die Hauptkritik an RIEBELs theoretisch bestechendem Konzept
betrifft die praktische Realisierung. KILGER und andere Autoren
sehen im Konzept von RIEBEL auch strukturelle Schwierigkeiten,
beispielsweise der Mangel an erzeugnisbezogenen Deckungsbeiträgen sowie die Ermittlung eines Periodenerfolges: „An die Stelle
der periodischen Erfolgsrechnung stellt RIEBEL ein kompliziertes
System des Erfolgsausweises, das im Prinzip der auf Aus- und
Einzahlungen basierenden Totalrechnung der Unternehmung entspricht und sich in der Praxis nicht anwenden läßt."[16] Sie bestreiten
entsprechend, daß das Konzept der relativen Einzelkostenrechnung für ein datenbankorientiertes und auf die flexible Fertigung
zugeschnittenes Rechnungswesen den einzig richtigen Lösungs-
weg darstelle. Vielmehr sehen sie durch die Grenzplankostenrechnung und durch Standardsoftware, die auf dieser Basis konzipiert

13 RIEBEL (Ansätze/II), S. 216.
14 Zum Konzept einer zweckneutralen Grundrechnung vgl. RIEBEL (Grundrechnung), S. 785 ff.; RIEBEL (Gestaltungsprobleme), S. 863 ff.
15 Vgl. SINZIG (Rechnungswesen), S. 48 ff.
16 KILGER (Probleme), S. 85.

ist, auch die meisten relevanten Entscheidungssituationen in der Produktion abgedeckt.[17]

Diese Diskussion, die so alt ist wie der RIEBELsche Ansatz, hat durch das Thema der Datenbankorientierung neue Aktualität erhalten; sie soll hier aber nicht weiter erörtert werden. Für unsere Ausführungen ist von Interesse, daß sich die Vertreter beider Richtungen darüber einig sind, daß die Zukunft in einer Datenbankorientierung des Rechnungswesens liegt. PLAUT ist zuzustimmen, wenn er meint, daß beide Richtungen, die Grenzplankostenrechnung und das Konzept der relativen Einzelkostenrechnung, in bezug auf ihre Leistungsfähigkeit für die flexible Produktion und ihre Eignung für datenbankorientierte Systeme weiter zu verfolgen seien.[18]

Ein allgemein unbestrittener Nachteil der relativen Einzelkostenrechnung nach RIEBEL war bislang, daß das Konzept aufgrund seiner Mehrdimensionalität und seiner sehr differenzierten Kostenzuordnung kaum mit vernünftigem Aufwand realisierbar war. Die Entwicklung relationaler Datenbanken kommt nun aber der RIEBELschen Konzeption sehr entgegen, und es kann festgestellt werden, daß in vielen Forschungsbemühungen zum Thema „Datenbankorientiertes Rechnungswesen" die Einzelkostenrechnung RIEBELs und die von ihm proklamierte Grundrechnung als Basis herangezogen wird. HORVATH u. a. kommen aufgrund von Vergleichen verschiedener Konzepte zu folgendem Ergebnis: „Die Konzeption dieser Einzel- und Deckungsbeitragsrechnung ist somit am besten geeignet, die Anforderungen an ein Kostenrechnungssystem für eine flexible Produktionsumgebung zu erfüllen."[19]

Viele Arbeiten, die die Konzeption RIEBELs bisher umzusetzen versuchten, waren meistens auf den Beschaffungs- und Absatzbereich konzentriert. Im Rahmen der Bemühungen, der Flexibilität der Produktion auch in einem flexiblen Rechnungswesen gerecht zu werden, haben sich HORVATH u. a.[20] sowie MERTENS[21] dem Einsatz der Einzelkostenrechnung im Produktionsbereich zugewandt. Auch unsere Überlegungen beziehen sich ja auf den Produktionsbereich, weshalb wir im folgenden anhand der Arbeiten von HORVATH u. a. das Grundprinzip eines datenbankorientierten Rechnungswesens für die flexible Produktion kurz erläutern. HORVATH u. a. haben unter konsequenter Anwendung des Identitätsprinzips für die flexible Montage die in Abb. 6.2 dargestellten Kostenkate-

---

17 Vgl. PLAUT u. a. (Grenzplankostenrechnung), S. 9 ff.
18 Vgl. PLAUT u. a. (Grenzplankostenrechnung), S. 9 und 15.
19 BRÖLL (Rechnerunterstützung), S. 25 f.
20 Vgl. HORVATH/KLEINER/MAYER (Zweckneutrale), S. 93 ff.; MAYER (Einzelkostenplanung); KLEINER (Entscheidungsunterstützung).
21 Vgl. MERTENS (Erfahrungen), S. 23 ff.

gorien unterschieden. Alle Kostenarten werden nun diesen Kategorien eindeutig zugeordnet, so daß bei der dezentralen Kostenerfassung in den vorgelagerten Stellen die Zuordnung problemlos erfolgen kann.

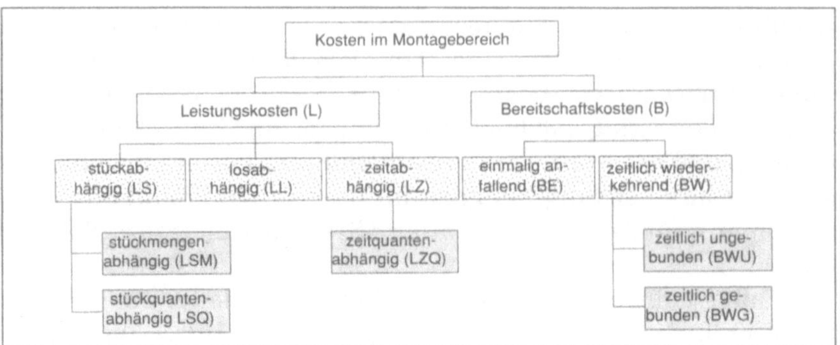

Für jede Kategorie der untersten Stufen seien zur Illustration einige Beispiele angeführt.[23]

LSM: Stücklizenzen, Prozeßenergie

LL: Konstruktionszeichnungen, Stücklisten, losabhängige Sonderwerkzeuge

LZQ: Überstundenlöhne, zeitabhängige Instandhaltungen

BE: Schadensreparaturen, Pauschallizenzen, Schulung

BWU: Heizung, Beleuchtung

BWG: Zeitlöhne/Gehälter, Mieten, Versicherungen.

Die Verwendung des pagatorischen Kostenbegriffs erlaubt bezüglich Entscheidungsorientierung nicht nur eine Beurteilung der Ausgabenwirksamkeit von (Bereitschafts-)Kosten, sondern auch die Berücksichtigung von zukünftigen Kostenwirkungen und -veränderungen aufgrund von Verträgen. In einer gesonderten Datei werden daher alle Verträge, sowohl Kaufverträge als auch Lizenz- und Arbeitsverträge, erfaßt.[24]

Abb. 6.3 zeigt die prinzipielle Dateiorganisation der Grundrechnnung in der von HORVATH u. a. konzipierten datenbankorientierten Einzelkostenrechnung. Im Zentrum steht die Kostenerfassungsdatei, in der auf der Basis aller anfallenden Zahlungen und Zahlungsverpflichtungen (pagatorischer Kostenbegriff!) die Kosten erfaßt und den einzelnen Bezugsobjekten zugeordnet werden. Die dafür erforderlichen Bezugsobjekthierarchien sind in der Produkt-, Baugruppen- und Montagedatei definiert. Um Beziehungen zwischen den einzelnen Bezugsobjekthierarchien herstellen zu

---

22 Vgl. HORVATH/KLEINER/MAYER (Zweckneutrale), S. 96 ff.
23 Vgl. HORVATH/KLEINER/MAYER (Zweckneutrale), S. 95.
24 Vgl. HORVATH/KLEINER/MAYER (Zweckneutrale), S. 100 f.

können, sind die Stücklisten- und Arbeitsvorgangsdateien erforderlich, denn zur Ermittlung der Einzelkosten eines Produktes sind zuerst die Einzelkosten der Teile und Baugruppen sowie die Kosten der einzelnen Arbeitsvorgänge zu berechnen und nachher zu addieren.

Abbildung 6.3
Dateiorganisation bei Datenbankorientierung

Jede Datei enthält Datensätze, die neben dem eigentlichen Kostenbetrag eine Reihe von Feldern mit Zuordnungsattributen vorsehen, die jedoch nicht alle besetzt werden müssen. Je nach Kostenart wird sich die Zuordnung der Kosten auf Produkt- oder Baugruppennummern beziehen oder aber auf Montagesysteme und -stationen. Beispielhaft ist auszugsweise der Datensatz der Kostenerfassungsdatei dargestellt, der bei HORVATH u. a. aber eine noch feinere Struktur aufweist:

Buchungs-Nr.	Datum	Kostenarten-Nr.	Produkt-Nr.	Baugruppen-Nr.	Teile-Nr.
Vertrags-Nr.	Montage-system-Nr.	Montage-stations-Nr.	Stückzahl	Betrag	

Abbildung 6.4
Datensatzstruktur in der Kostenerfassungsdatei[25]

Kontrolle der Leistungskosten[26]
Die Kontrolle der Leistungskosten erfolgt auf der Basis einer Grundrechnung mit Plandaten und einer solchen mit Ist-Daten, die die Ermittlung von Abweichungen erlauben. Weil das Identitätsprinzip Anwendung findet, können die ermittelten Abweichungen

---

25 Vgl. HORVATH/KLEINER/MAYER (Zweckneutrale), S. 100; MAYER (Einzelkostenplanung), S. 13.
26 Vgl. KLEINER (Entscheidungsunterstützung), S. 14 ff.

bezüglich Verantwortlichkeit klar zugewiesen werden. Ein großer Vorteil der Einzelkostenrechnung liegt aber vor allem in der Kontrolle der Bereitschaftskosten, indem das System eine Beurteilung erlaubt, ob im Rahmen der Abbaubarkeit dieser Kosten erforderliche Anpassungen vorgenommen worden sind.

Kontrolle der Bereitschaftskosten[27]
Zur wirtschaftlichkeitsorientierten Produktionsplanung und zur Unterstützung von langfristigen Entscheidungen in bezug auf Kapazitätsab- und -aufbau können aus den verschiedenen Dateien die unterschiedlichen Potentialfaktoren kombiniert werden.

Für den Kostenplatz 1 in Abb. 6.5 sind zwei sogenannte „Betriebsbereitschaftsgrade" möglich, nämlich 1 Maschine und 2 Arbeiter mit einer Kapazität von 20 000 Minuten/Monat bzw. dieselbe Maschine mit nur 1 Arbeiter und einer resultierenden Kapazität von 10 000 Minuten/Monat. Der nächste Abbauschritt wäre die Auflösung des ganzen Kostenplatzes (Kapazität 0).

Abbildung 6.5
Abbaubarkeit fixer
Kosten[28]

Kostenplatz 1			
Betriebsbereitschaftsgrad	20 000 AV-Minuten	10 000 AV-Minuten	0 AV-Minuten
Ausstattung	AV 100 AV 101 MV 40	AV 100 MV 40	

datenbankmässige Umsetzung

Betriebsbereitschaftsgraddatei

Kostenplatznummer	Betriebsbereitschaftsgrad in AV-Minuten	Vertrag / Plannummer
1	20 000	AV 100
1	20 000	AV 101
1	20 000	MV 40
1	10 000	AV 100
1	10 000	MV 40
1	0	-

Die Vertrags-/Plannummern beziehen sich auf die entsprechenden Datensätze der Maschinenleasingverträge (MV) und der Personal-

---

27 Vgl. KLEINER (Entscheidungsunterstützung), S. 22 f.; MAYER (Einzelkostenplanung), S. 35 ff.
28 Vgl. MAYER (Einzelkostenplanung), S. 36.

arbeitsverträge (AV). Auf der Basis dieser Grundlagen können je
nach Kapazitätsplanung vom datenbankorientierten System in Abhängigkeit der Abbauarbeit der einzelnen Bereitschaftskosten die
möglichen Ab- und Aufbaumaßnahmen sichtbar gemacht werden.
Da das System in der Lage ist, die einzelnen Potentialfaktoren zu
bewerten, ist es nun möglich, die Ergebniswirkungen unterschiedlicher Maßnahmen aufzuzeigen oder sogar zu simulieren.

Entwicklungsperspektiven 6.1.1.3

Der informationstechnologische Fortschritt wird die Leistungsfähigkeit datenbankorientierter Systeme in den nächsten Jahren
erheblich steigern. Verschiedene Anwendungen zielen heute bereits in diese Richtung, wovon stellvertretend für andere eines der
zur Zeit erfolgreichsten Konzepte, nämlich das SAP-System, zu
nennen ist, das sowohl datenbank- als auch urbelegsorientiert ist
und mehrdimensionale Auswertungen erlaubt, die durch Query
Language und Graphik-Module unterstützt werden.[29] Die Vorteile
einer Datenbankorientierung im Rechnungswesen liegen vor allem in einer stark erhöhten Flexibilität des Rechnungswesens
bezüglich Informationsbereitstellung und dadurch in einer deutlich verbesserten Entscheidungsorientierung.

Ein Nachteil, der sich heute beim Einsatz relationaler Datenbanken noch stellt, sind die bei bestimmten Abfragen der Grundrechnung erheblichen Antwortzeiten. Diese werden in Zukunft durch
die abzusehende informationstechnologische Entwicklung stark
verkürzt werden, können teilweise aber heute schon durch bestimmte Maßnahmen, beispielsweise durch Speicherung von wichtigen Zwischenergebnissen, ausgeglichen werden.[30] Ein zweites
Problem ist noch der sehr hohe Speicherbedarf, sowohl an Arbeits-
speicher- als auch an Datenspeicherkapazität. Es ist allerdings zu
betonen, daß ein datenbankorientiertes Rechnungswesen in erster
Linie ein Instrument zur Entscheidungsunterstützung in der Produktion darstellt und nicht ein Steuerungsinstrument, weshalb
auch nicht unbedingt extrem kurze Antwortzeiten erforderlich
sind.

Dieses Problem ist rein technisch bedingt und dürfte durch die
exponentielle Steigerung der Leistungsfähigkeit der EDV-Systeme
in einigen Jahren überwunden sein. Was sich bereits jetzt abzeich-
net, ist die Chance, datenbankorientierte Rechnungswesen-Kon-

---

29 Vgl. z. B. Kurzbeschreibungen des Systems und seiner Charakteristik bei PLATT-
   NER (Wege), S. 58 ff. und KAGERMANN (Perspektiven), S. 19 ff.
30 Vgl. HAUN (Datenbanken), S. 91.

zepte durch künstliche Intelligenz zu erweitern. An entsprechenden Konzepten wird heute bereits geforscht.[31] Die Regeln für logische Entscheidungen werden im System hinterlegt und sind jederzeit ergänz- oder änderbar. „Die Aufgaben eines solchen Systems liegen nicht in der vollständigen und abgestimmten Lösung einer Aufgabe, sondern in der Erstellung von Vorschlägen und Hinweisen zur anschließenden Bearbeitung durch den Menschen."[32]

6.1.2 Integration von Fertigungsbereich und Rechnungswesen

6.1.2.1 Technische Informationssysteme als Datenquellen

Die Datenbankorientierung setzt voraus, daß das Rechnungswesen die relevanten Daten aus den vorgelagerten Bereichen urbelegorientiert und aktuell, d. h. möglichst on-line, übernehmen kann. Auch die Wirkungsanalyse in Kapitel 2 hat ergeben, daß die Dynamik eines Computer Integrated Manufacturing und die verkürzten Produktlebenszyklen eine weit höhere Aktualität des Rechnungswesens erfordern als dies bis jetzt der Fall war. Schließlich kann das Produktionsmanagement nur dann kostenoptimale Lenkungsmaßnahmen einleiten, wenn es in die Lage versetzt wird, produktionsbegleitend Maßnahmen-Alternativen nach ihren Kostenwirkungen zu beurteilen. All diese Faktoren setzen eine Integration des Rechnungswesens mit den technischen Führungs- und Informationssystemen voraus.

In jüngster Zeit wird für das wirtschaftlichkeitsorientierte Prozeß-Controlling die Implementierung einer On-line-Kostenrechnung gefordert, auf die weiter unten noch eingegangen wird. Dieses Konzept kann auch als produktionsbegleitende Kostenrechnung bezeichnet werden und ist damit nichts anderes als das Pendant zur bereits erläuterten konstruktionsbegleitenden Stückkalkulation (vgl. Kap. 5.3.3).

Eine produktionsbegleitende Kostenrechnung unterstützt das Produktionsmanagement bei seinen Planungsaufgaben (z. B. Festlegung des Fertigungsprogramms), seinen Überwachungsaufgaben (laufende Wirtschaftlichkeitskontrolle) und in seinen Steuerungsaktivitäten (optimale Reihenfolge, Störungsbeseitigung etc.).

Basis für eine produktionsbegleitende Kostenrechnung bilden sowohl Plan-als auch Ist-Daten. Die Plandaten können bei flexibel automatisierten Produktionssystemen den Produktionsplanungs- und -steuerungsdaten entnommen werden. Je nach Rechnerhierar-

---

31 Vgl. z. B. PLATTNER (Wege), S. 79.
32 PLATTNER (Wege), S. 79.

chieebene stehen dabei unterschiedlich stark verdichtete Plandaten zur Verfügung. Auf Stufe Leitrechner sind dies Planwerte für
bestimmte Produktionszeiträume, beispielsweise für „Tagesscheiben". Auf der Ebene der (Maschinen)-Steuerungsrechner sind es
dagegen Maschinendaten einzelner Bearbeitungs- und Handlingssysteme, beispielsweise Bearbeitungszeiten für eine bestimmte
Operation.[33]

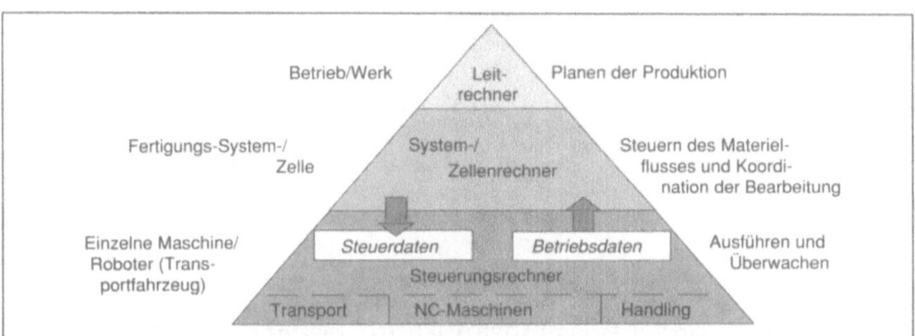

Die Steuerung einer automatisierten Produktion bedingt sehr exakte Vorgaben, weshalb die Plandaten im Bereich der Produktion
auch eine sehr exakte Kostenplanung zulassen. Die bereits beim
Prozeßcontrolling angesprochene Thematik der oftmals wegfallenden Verbrauchsabweichungen kann daher durchaus erfordern, auf
eine gesonderte Ist-Erfassung zu verzichten. Gerade bei FFZ wird
oft Plan = Ist gesetzt, womit der Kostenplanung ein sehr hoher
Stellenwert zukommt.

Komplexe und hochflexible Produktionssysteme erfordern jedoch eine konsequente auftragsorientierte Betriebsdatenerfassung. Automatisierte BDE–Systeme sind meistens auch integraler
Bestandteil komplexer Produktionssysteme.

Bei der Betriebsdatenerfassung in der Produktion können die
nachstehend dargestellten Datenkategorien unterschieden werden:

---

33 Vgl. WECK (Produktionseinrichtungen), S. 95; GÖHREN (Werkzeugmaschinen),
   S. 32.

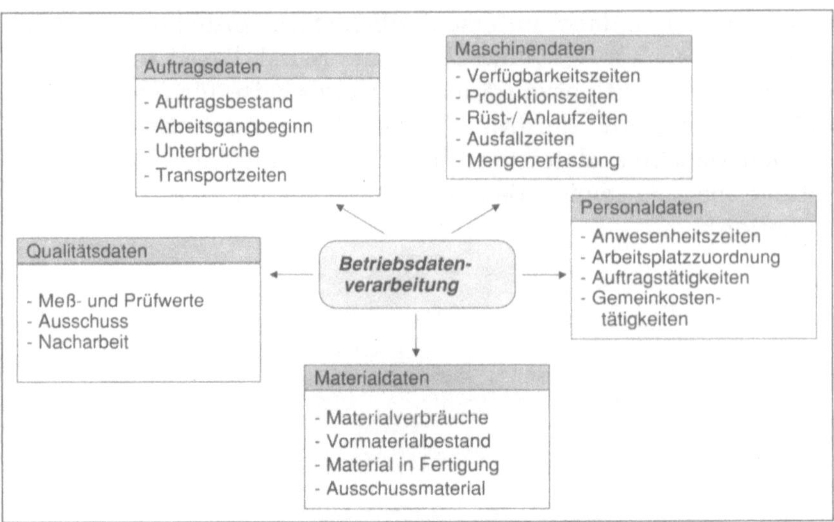

Abbildung 6.7
Datenkategorien
derBetriebsdaten-
erfassung[34]

Der scheinbar hohe Erfassungsaufwand beschränkt sich in den meisten Fällen auf das Scanning des Barcodes, eines bei jedem Auftrag mitlaufenden Arbeitsbeleges. In der Regel ist keine weitere Eingabe mehr erforderlich. Die Rückmeldung des Arbeitsendes löst gleichzeitig auch die entsprechende Arbeitszeit- und Lohndatenerfassung des ausführenden Mitarbeiters aus. Auf diese Weise verfügt das Rechnungswesen über alle relevanten Plan- und Ist-Daten, und die Kosten können mit vertretbarem Aufwand einzelnen Fertigungslinien oder -bereichen bzw. einzelnen Aufträgen zugeordnet werden.[35]

Durch eine informationstechnologische Verknüpfung zwischen dem Rechnungswesen und der PPS kann die Wirtschaftlichkeit des Rechnungswesens erheblich gesteigert werden, weil aufwendige Zusatzerfassungen entfallen. Darüber hinaus ist es durch intensive Nutzung der ohnehin vorhandenen technischen Erfassungssysteme möglich, die Gruppe der unechten Gemeinkosten zu reduzieren und damit die Verursachungsgerechtigkeit der Kostenzuordnung zu erhöhen. Unechte Gemeinkosten sind solche, deren Einzelerfassung nicht realisierbar oder zu aufwendig ist. „Aufgrund von Rückmeldungen aus der Fertigung (mit unmittelbarer Erfassung der Betriebsdaten oder Eingabe über Terminals) ist im Fertigungs-Leitrechner ein stets aktuelles Bild über das Fertigungsgeschehen verfügbar; dies ermöglicht (beziehungsweise gewährleistet) eine lückenlose Auftragsverfolgung."[36] Dadurch können sehr viele Gemeinkostenarten relativ einfach wieder den einzelnen

---

34 Nach DEGENHART (Auswirkungen), S. 145.
35 Vgl. FOSTER/HORNGREN (JIT), S. 23.
36 WALLER (Fabrik), S. 839.

Kostenträgern direkt zugeordnet werden.[37] Dies gilt beispielsweise für die Werkzeugkosten. In ausgebauten BDE-Systemen wird festgehalten, welche Werkzeuge, bzw. welche Vorrichtungen für ein bestimmtes Teil verwendet werden.

Durch automatische Erfassungssysteme (Bar-Code-Scanning) oder notfalls auch über manuelle Eingabe an Terminals können beispielsweise folgende Daten erfaßt werden:[38]
– Auftrags-Nummer
– Arbeitsfolge-Nummer
– Anzahl gefertigter Teile (z. B. durch Mitzählen ab Programmstart oder durch manuelle Eingabe nach Losende)
– Startzeit
– Programmende
– Unterbrechung nach Zeit, Ursache und Dauer.

Je nach Dichte der Barcode-Lesestellen werden die Daten unterschiedlich fein erfaßt. In aller Regel sind mindestens die folgenden Meßpunkte realisiert:[39]
– Übergabe des Materials vom Lager an die Fertigungs-/Montage-Linie
– Ende der Fertigungs-/Montage-Linie
– Versand der Geräte (Auslösung der Fakturierung).

Die Forderung nach möglichst weitgehender Anbindung des Rechnungswesens an die technischen Informationssysteme findet aber auch ihre Grenzen. Eine größtmögliche Einzelkostenerfassung ist spätestens dann nicht mehr sinnvoll, wenn die technischen Abläufe verlangsamt werden, weil der Rechner zu einem erheblichen Teil mit Datenerfassungen und -übertragungen zum Zwecke der Kostenrechnung belegt ist.

Produktionsbegleitende Kostenrechnung 6.1.2.2

Die produktionsbegleitende Kostenrechnung ist auf die Unterstützung operativer Entscheidungen ausgerichtet, wie sie beispielhaft in der nachstehenden Übersicht für ein FFS aufgeführt sind:
– Planung des Fertigungsprogramms
– Variation der Losgröße
– Kapazitätsanpassungen durch
  – Besetzung zusätzlicher Arbeitsplätze
  – Überstunden
  – Intensitätsanpassung (Taktzeit)

37 Vgl. SPUR (Aufschwung), S. 23.
38 Vgl. MERTINS (Steuerung), S. 141.
39 Vgl. BALLERSCHEFF/WIESNER (Logistik), S. 267 f.

– Personalumsetzungen (zwischen Produktionslinien)
– Anpassung der Prüfschärfe (Q-Maßnahme)
– Vorbeugende Instandhaltungsmaßnahmen
– Störungsbeseitigungsstrategien
– usw.

Das wichtigste Ziel ist, dem Prozeßverantwortlichen die Auswirkungen der von ihm geplanten Maßnahmen auf die zentralen Zielgrößen Kosten/Ergebnis und Durchlaufzeit/Bestände aufzuzeigen.

Diese Zusammenhänge lassen sich anhand der von KNOOP entwickelten und praktisch erprobten On-line-Kostenrechnung erläutern. Er hat auf der Basis einer Grenzplankostenrechnung ein Kostenmodell für ein FFS entwickelt, in dem der jeweils aktuelle Systemzustand abgebildet und über hinterlegte Kostenregeln und Kostensätze bewertet wird. Das Modell ist mit einem Simulationsmodell verknüpft, so daß in der Planungsphase verschiedene Steuerungsstrategien oder besondere Maßnahmen simuliert und bezüglich ihrer DLZ- und Kostenwirkungen beurteilt werden können. Die On-line-Kostenrechnung ist nach dem Schema in Abb. 6.8 aufgebaut. Der Nutzen eines solchen Systems ergibt sich aus folgenden Aspekten:

1. Mitlaufende Kalkulation und Berichtswesen als Grundlage für aktuelle Management-Reports sowie als Frühwarnsystem für drohende Kostenabweichungen.
2. Unterstützung der Fertigungssteuerung bei der Festlegung des kosten- und durchlaufzeitoptimalen Fertigungsprogramms.
3. Kosten als Instrument zur Überwachung des Fertigungsablaufs und zur Bewertung von Umdispositionsmaßnahmen (Störungsbeseitigungsstrategien).

Abbildung 6.8
Produktionsbegleitende Kostenrechnung mit Simulation[40]

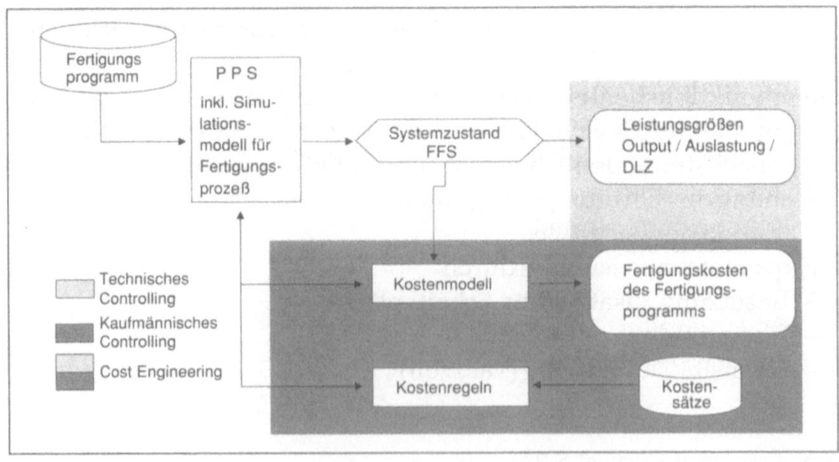

40 In Anlehnung an KNOOP (On-line-Kostenrechnung), S. 124.

Am Beispiel der Ablaufplanung kann der Nutzen dieser On-line-Kostenrechnung nachgewiesen werden: Bereits früher wurde die Bedeutung eines richtigen Produktemix bei flexiblen Systemen hervorgehoben. Bei einem FFS spielt daher die Reihenfolgeplanung eine wichtige Rolle in bezug auf die zu erzielenden Durchlaufzeiten und die Wirtschaftlichkeit der Leistungserstellung, die im wesentlichen durch die Systemnutzung determiniert wird. Bei der Reihenfolgeplanung spielen zwei Faktoren eine besondere Rolle:
– Einschleusungsstrategien
– Abfertigungsregeln.
Abb. 6.9 zeigt die Ergebnisse einer konkreten Anwendung in der Automobilindustrie. Das Balkendiagramm stellt die jeweils anfallenden Gesamtkosten für ein bestimmtes Fertigungsprogramm dar, und zwar in Abhängigkeit unterschiedlichster Kombinationen von Einschleusungsstrategien und Prioritätsregeln. Die Einschleusungsstrategien bezeichnen die Methode, nach der die Werkstücke in das FFS eingeschleust werden. Die Prioritätsregeln bestimmen, welches Werkstück bei einer entstehenden Konkurrenzsituation im System vom System-Leitrechner mit höherer Priorität behandelt werden soll. Eine solche Situation tritt beispielsweise dann auf, wenn zwei FFS, mit je einem Werkstück beladen, gleichzeitig dieselbe Werkzeugmaschine ansteuern und beschicken wollen.

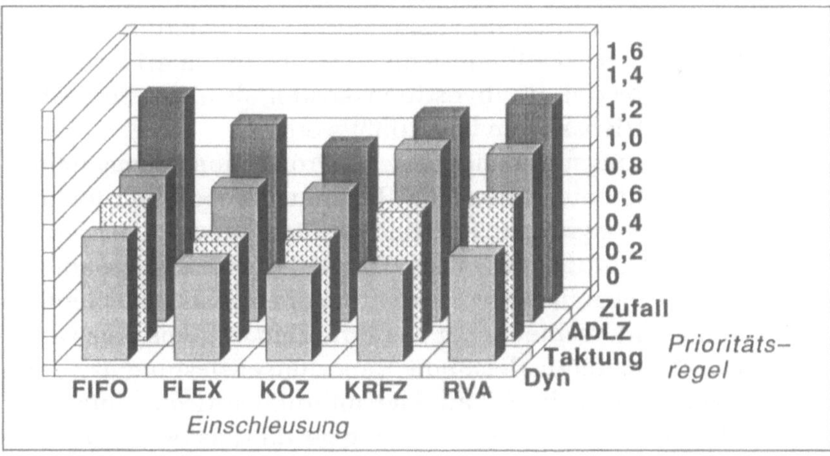

Abbildung 6.9
Gesamtkosten verschiedener Steuerungsstrategien (Werte aus KNOOP)[41]

41 Vgl. KNOOP (On-line-Kostenrechnung), S. 190.

Abfertigung der Werkstücke nach:

FIFO = First in, first out
FLEX = Situationsabhängige Prioritätsregelzuweisung
KOZ = kürzeste Operationszeit
KRFZ = Kürzeste Restfertigungszeit
RVA = Max. relativer Betrag der aktuellen Verbrauchsabweichung

Einschleusung der Werkstücke nach:

Dyn = dynamischer Systembelastung
Taktung = Taktung der Werkstücke
ADLZ = Auftragsdurchlaufzeit
Zufall = Zufallsziehungen

Gleichzeitig können alle Strategiekombinationen nicht nur bezüglich ihrer Kostenwirkung, sondern immer auch in bezug auf die dadurch induzierten Durchlaufzeitveränderungen beurteilt werden.

Durch den Einsatz von Werkzeugen zur Fertigungssimulation in Verbindung mit Kostenrechnungsmodulen können aber nicht nur die laufenden Prozeßsteuerungen nachweislich verbessert werden, sondern bereits auch die Investitionsplanung. Bei Simulation von Fertigungsabläufen eines in Planung befindlichen Produktionssystems können Aspekte wie Anzahl und Streckenführung der Transportfahrzeuge, Pufferdimensionierung oder Paletten- und Behältergrößen unter Kostengesichtspunkten optimiert werden. Damit können sowohl die Investitionskosten als auch die später auftretenden Betriebskosten beeinflußt werden.

Die Entscheidungsunterstützung im Produktionsmanagement kann somit durch Integration von Rechnungswesen und technischen Informationssystemen erheblich verbessert werden. Dies ist insbesondere dann der Fall, wenn Simulationswerkzeuge eingesetzt werden. Diese müssen so beschaffen sein, daß sie eine Simulation bezüglich unterschiedlicher Zielkriterien, wie beispielsweise Kosten, Durchlaufzeiten, Bestände, Kapazitätsauslastung usw., erlauben.[42] Nur so kann die vorhandene unternehmerische Entscheidungsfreiheit bezüglich Zielgewichtung gewährleistet werden.

Bei der Beurteilung der Realisierungschancen einer On-line-Kostenrechnung ist auch zu beachten, daß der „Ingenieur im Betrieb" heute Realität ist. Die flexiblen Systeme werden von hochqualifizierten Verantwortlichen betreut, die durchaus in der Lage sind, auch kostenrelevante Aspekte in ihre Überlegungen mitein-

---

42 Vgl. MAIER-ROTHE (Wettbewerbsvorteile), S. 137; ZAHN (Unternehmensstrategie), S. 20.

zubeziehen, wenn ihnen die richtigen Informationen zur Verfügung gestellt werden. Eine weitere Entwicklung kommt dem Trend zur Integration von Rechnungswesen und technischen Systemen sehr entgegen, nämlich das Bestreben um Standardisierung der betrieblichen Informationssysteme über das ISO/OSI-Schichten-Modell.[43] Ziel ist, eine nach 7 Schichten definierte Standardisierung zu erreichen. Vor allem General Motors (GM) fördert diese Standardisierung, indem unter der Bezeichnung MAP (Manufacturing Automation Protocol) ein einheitlicher Standard aufgebaut werden soll. Das Endziel besteht darin, einen direkten Austausch zwischen den konkreten Anwendungen verschiedener Unternehmensbereiche und zwischen verschiedenen Systemen unterschiedlichster Hersteller zu ermöglichen.

Diese kurzen Hinweise zeigen bereits, daß sich die zukünftigen Chancen für eine Kopplung des Rechnungswesens mit dem technischen Bereich erhöhen. Die angeführten Modelle belegen, daß der Bedarf dazu vorhanden und der Nutzen gewährleistet ist. Wichtiger als eine rein informationstechnologische Integration der beiden Bereiche ist aber eine verstärkte Zusammenarbeit zwischen den jeweiligen Verantwortlichen, d. h. zwischen Controllern und Produktionsmanagern. Der Funktion des Controllers kommt in CIM-orientierten Unternehmungen somit eine entscheidende Rolle zu, die im folgenden Kapitel umschrieben wird.

Informationsaspekte des operativen Controlling 6.2

Funktion des Controlling im CIM-Konzept 6.2.1

Informationsmanagement und Controllerdienst 6.2.1.1

Die informationstechnologischen Chancen einer Datenbankorientierung und On-line-Gestaltung des Controlling-Instrumentariums werden sich nur dann bezahlt machen, wenn sie systematisch und wohlgeplant genutzt werden. Die Verfügbarkeit weitreichender Datenerfassungssysteme und die Fülle an Plandaten in Steuerungssystemen darf nicht dazu verleiten, alles zu erfassen, was erfaßbar ist. Heute zeigen Befragungen von Führungskräften, „... daß die Mehrzahl der leitenden Angestellten unter der „Informationsflut" leidet und diese Informationsflut als „organisierte Unwirtschaftlichkeit" ... empfindet."[44] Die entscheidungsorientierte

---

43 ISO = International Standard Organization; OSI = Open System Interconnection.
44 VELLMANN (Erfolgsfaktor), S. 361.

Informationsversorgung des Managements ist eine der Hauptaufgaben des Controllerdienstes. Dabei soll die Bezeichnung Controllerdienst deutlich machen, daß es sich hier um einen Dienstleistungsbereich handelt, während das Controlling eine Führungsfunktion der Linienvorgesetzten ist. Controlling bedeutet lenken, steuern und gestalten; Controlling beinhaltet somit Ziel- und Ergebnisverantwortung. Der Controllerdienst hat sich mehr denn je als Dienstleistungsunternehmen zu begreifen, das benutzerorientiert und benutzergerecht zu arbeiten hat.

Die „Kunden" des Controllerdienstes sind die Führungskräfte, und die vom Controllerdienst erbrachten Leistungen sind Informationen, die aus unverdichteten und vorerst unbewerteten Urdaten gewonnen werden. Während die Informationskette im Kosten-Leistungs-Management von den Datenlieferanten hin zum Informationsempfänger verläuft, gilt für die Gestaltung dieses Systems genau das Umgekehrte. Die Gestaltung des Kosten-Leistungs-Managements hat sich nach dem objektiven Informationsbedarf seiner Empfänger auszurichten und daraus gezielt die Daten in den vorgelagerten Bereichen anzufordern, die für die Erstellung der erforderlichen Informationen benötigt werden. Diese scheinbar trivialen Zusammenhänge werden in der Praxis höchst selten beachtet. Anders ist die Unzufriedenheit mit der Qualität der vom Controllerdienst bereitgestellten Informationen bei den Produktionsverantwortlichen nicht zu erklären.

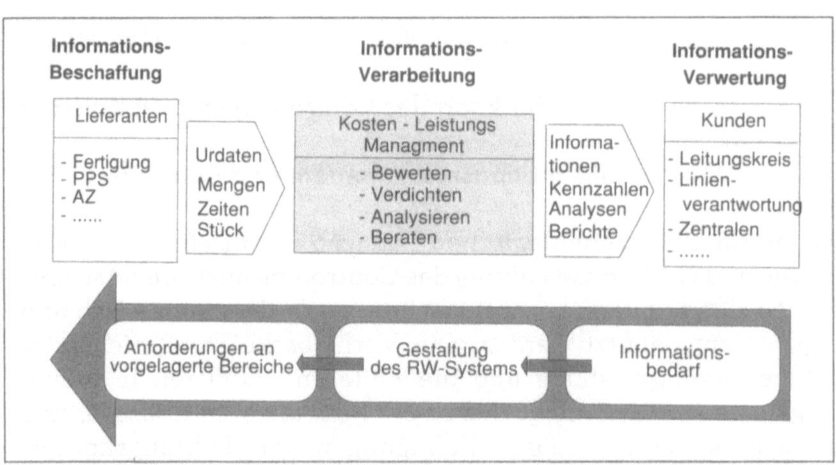

Abbildung 6.10
Kosten-Leistungs-Management als Dienstleistungsbetrieb

Der breite Einsatz von Informationstechnologie in der industriellen Unternehmung und die damit verbundene wettbewerbsstrategische Bedeutung von Informationen erfordern ein gesamtbetriebliches Informationsmanagement, das die Bereitstellung führungsadäquater Informationen in allen Bereichen des Unternehmens sicherstellt. Es genügt aber nicht, das Rechnungswesen in seinem inhaltlich-formalen Aufbau neu zu konzipieren, vielmehr muß gleichzeitig auch die Einbindung des Rechnungswesens in die übergreifende Informationslandschaft der industriellen Unternehmung mitberücksichtigt werden. Die Qualität der Informationen aus dem Rechnungswesen kann durch die bisher beschriebenen Maßnahmen verbessert werden, durch Informationsmanagement wird aber auch sichergestellt, daß die richtigen Informationen in der richtigen Form und zum richtigen Zeitpunkt an den Empfänger gelangen. Gerade das operative Controlling als eine der wichtigsten Führungsaufgaben im produktiven Bereich muß unter diesem Aspekt neu betrachtet werden.

Informationsmanagement befaßt sich mit dem „... Leitungshandeln (Management) in einer Organisation in bezug auf Information und Kommunikation, also allen die Information und die Kommunikation betreffenden Führungsaufgaben."[45] Parallel dazu wird nicht nur die Funktion eines umfassenden Informationsmanagements gesehen, sondern auch die Schaffung einer entsprechenden Stelle eines Informationsmanagers, der unternehmungsweit die Informationsflüsse koordiniert und die Versorgung der Führungskräfte mit den erforderlichen Informationen sicherstellt.[46] Das Verhältnis von Controllerdienst und Informationsmanagement bestimmt bereits heute die Diskussion. Mit dem verstärkten Ruf nach einem institutionalisierten Informationsmanagement – als Folge der stark steigenden „Informatisierung" aller Unternehmensbereiche – wird sich diese Frage in aller Schärfe stellen. Die Meinungen gehen heute noch deutlich auseinander, indem die einen Autoren Controllerdienst und Informationsmanagement als gleichwertige Partner und Dienstleister der Linienfunktion sehen[47], wogegen andere das Informationsmanagement als den Ast eines übergreifenden Zentral-Controllerdienstes betrachten.[48] Diese Diskussion ist an sich recht fragwürdig, denn zentrale Zielsetzung eines Informationsmanagements ist nicht die Schaffung neuer organisatorischer Einheiten oder Stabsstellen, sondern die Sicherstellung einer effizienten und zielgerichteten Informationsversorgung aller Unternehmensbereiche.[49] In vielen Unternehmungen wird es allein aufgrund ihrer Größe nicht sinnvoll sein, eine eigenständige Funktion „Informationsmanagement" zu schaffen. Dies vermindert aber keineswegs die Bedeutung dieser Aufgabe. Auch in Unternehmungen ohne eine entsprechende organisatorische Verankerung sind die Anliegen und die Grundsätze eines Informationsmanagements beim Aufbau

---

45 HEINRICH/BURGHOLZER (Informationsmanagement), S. 6.
46 Vgl. KREMAR (Informationsmanagement), S. 272.
47 Vgl. z. B. KREMAR (Informationsmanagement), S. 276.
48 Vgl. NILSSON (Controller), S. 123.
49 Diese Ansicht vertreten auch ZAHN/RÜTTLER (Informationsmanagement), S. 36.

von Controlling-Konzepten und bei der Nutzung informationstechnologischer Möglichkeiten im Rechnungswesen zu befolgen.

Controllerdienst und Informationsmanagement sind beides Dienstleistungsfunktionen innerhalb der Unternehmung, die das Linienmanagement unterstützen. Das Informationsmanagement stellt für die Linie die Informationssysteme und deren Verknüpfungen (Netze etc.) bereit, während der Controllerdienst die Informationen liefert. Insofern bedingen sich Controllerdienst und Informationsmanagement gegenseitig, weil die Anforderungen des Controllerdienstes die Ausgestaltung der dafür vorzusehenden Informationssysteme bestimmt und umgekehrt das Informationsmanagement dem Controllerdienst die technologischen Möglichkeiten und Grenzen aufzeigen und ihn informationstechnologisch beraten muß. KREMAR beschreibt die Zusammenarbeit wie folgt: „Das Controlling wird sich auf die methodische Bereitstellung eines bestimmten Produktes im Sinne einer die spezielle Fragestellung lösenden Analyse konzentrieren. Dagegen ist es Gegenstand des Informationsmanagements, die für die Dienste erforderlichen informationstechnischen Strukturen und Anwendungssysteme bereitzustellen."[50]

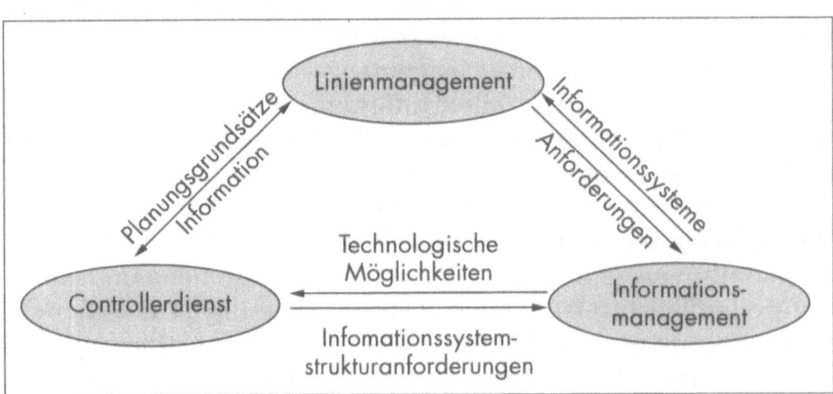

Abbildung 6.11
Informationsmanagement und Controllerdienst[51]

6.2.1.2 Analyse des Informationsbedarfs

Die heute durch Einsatz leistungsfähiger EDV-Systeme zur Verfügung stehenden Informationen führen zu einer „Überflutung" der Entscheidungsträger. Die Führungssysteme sind deshalb so aufzubauen, daß die Entscheidungsträger auf der Basis bereitgestellter Grunddaten die für ihre spezifischen Zwecke notwendigen Informationen selber zusammenstellen können.[52] Mit dem Aufbau der

---

50 KREMAR (Informationsmanagement), S. 282.
51 In Anlehnung an KREMAR (Informationsmanagement), S. 276.
52 Vgl. SIEGWART (Entwicklungstendenzen), S. 319.

oben beschriebenen datenbankorientierten und on-line-gekoppelten Systeme des Rechnungswesens sind diese prinzipiellen Anforderungen zu erfüllen. Damit ist aber erst definiert, wie das Rechnungswesen die controllingrelevanten Informationen erstellt, aber noch nicht, welche Informationen es zu erstellen hat. Beim Aufbau datenbankorientierter Controlling-Konzepte für den Produktionsbereich ist nach folgendem Muster vorzugehen:[53]

1. Planung des Informationsbedarfs

„Als Informationsbedarf bezeichnet man üblicherweise die Art, Menge und Beschaffenheit von Informationen, die jemand zur Erfüllung einer Aufgabe benötigt."[54] Es ist zu unterscheiden zwischen dem objektiven Informationsbedarf und dem subjektiven.[55] Der objektive Informationsbedarf wird aufgrund von Analysen und Beurteilungen durch Außenstehende ermittelt, während der subjektive aus Sicht des Bedarfsträgers formuliert wird. Der subjektive Bedarf ist erfahrungsgemäß inkongruent zur eigentlichen Führungsaufgabe des Bedarfsträgers, was zum einen sehr oft auf mangelnde Kenntnis der möglichen Informationen zurückzuführen ist und zum andern auf die Tendenz, nicht benötigte Informationen zu verlangen, weil der Besitz von Informationen eine Prestigekomponente enthält.

Ausgangsbasis muß daher eine Ermittlung des objektiven Informations- und des daraus abzuleitenden Datenbedarfs sein, um auf dieser Grundlage eine gezielte Bedarfsdeckung planen zu können.

2. Planung der Informationsversorgung

Folgende Fragen stehen im Zentrum einer Informationsversorgungsplanung:
- Analyse der im Produktionsbereich zu erwartenden Entscheidungssituationen nach Art, Entscheidungsträger, Auftretenshäufigkeit und nach Fristigkeit der Wirkung (lang-, mittel- und kurzfristig wirkende Entscheidungen).
- Welche Informationen werden dazu benötigt? (Kosteninformationen, Kennzahlen)
- Welche Datenkombinationen ergeben diese Art von Information?
- Woher können diese Daten beschafft werden?

HEINEN versteht unter Information: „... eine zweckorientierte Nachricht."[56] Zweckorientiert bedeutet dabei, daß der Empfänger

---

53 Vgl. PICOT (Planung), S. 236 ff.
54 PICOT (Planung), S. 236.
55 Vgl. PICOT (Planung), S. 236 ff.
56 HEINEN (Industriebetriebslehre), S. 188.

bei der Entscheidungsfällung durch diese Nachricht weitgehend beeinflußt wird. Die folgende Abbildung zeigt die eben genannten Fragestellungen in Form einer Matrix. Ein Datum kann für verschiedene Informationen benötigt werden, so z. B. ein Maschinenstundensatz aus der Kostenrechnung, der in verschiedenste Kennzahlen einfließt und damit zur Information für unterschiedlichste Entscheidungssituationen wird. Bei Daten, die für sehr viele Informationen Verwendung finden, lohnt sich ein hoher Erfassungsaufwand mit On-line-Systemen, während sehr selten beanspruchte Daten unter Umständen auch weiterhin durch eine Sondererhebung erfaßt werden können. Das gleiche gilt für die Festlegung, wo die Informationen, die für mehrere Entscheidungen von Nutzen sind, sehr aktuell und in direktem Zugriff gehalten werden müssen, und wo Informationen auch weiterhin in einem Batch-Verfahren erarbeitet werden können. Solche Differenzierungen kennzeichnen auch ein integriertes Produktions-Controlling (vgl. Kap. 6.3.2).

	Info A	Info B	Info C	Info D	Info E	....			
Lfr. Entscheidungen									
Mfr. Entscheidungen									
Kfr. Entscheidungen									

Daten	1	2	3	4	5	6	....
Datenquelle	PPS	PPS	Kosten-rechn.	Kosten-rechn.	QS	Technik	....
Information A	●		●				
Information B	●		●			●	
Information C			●		●		
....							
Information X		●	●				

└──► Hoher Erfassungsaufwand gerechtfertigt

Abbildung 6.12 Informationsbedarfs-Analyse

6.2.1.3 Das Controlling als Decision Support System

An dieser Stelle ist es wichtig, auf eine bedeutsame Entwicklung hinzuweisen, die in naher Zukunft die Gestaltung des Controllings und des Rechnungswesens stark beeinflussen dürfte. In jüngerer Zeit wird verstärkt gefordert, das Controlling durch Einsatz von

Entscheidungsstützungssystemen (EUS)[57] oder mit der etwas geläufigeren amerikanischen Bezeichnung Decision Support System (DSS) zu verbessern. Die Entscheidungsunterstützungssysteme „... erlauben dem Manager, seinen Datenbedarf selbst zu definieren und dann direkt auf Informationen und Modelle in entsprechenden Daten- und Modellbanken zurückzugreifen. Dabei können die Systeme so gestaltet werden, daß sie das Denken der Manager wirklich unterstützen. Dies ist der Fall, wenn die Unterstützungssysteme auf dem detaillierten Verständnis des Managers über seine Probleme und Entscheidungssituationen aufbauen."[58]

EUS gelangen vor allem in Bereichen zum Einsatz, die durch schlecht strukturierte und daher komplexe Entscheidungssituationen gekennzeichnet sind. Hier kann der Entscheid keinesfalls einem System überlassen, sondern muß nach wie vor vom Menschen gefällt werden, der dabei aber durch ein System – möglichst mit künstlicher Intelligenz – unterstützt wird. Dagegen können Bereiche mit gut strukturierten Problemstellungen meistens durch Algorithmen abgebildet werden. Die in den 60er und anfangs der 70er Jahre hochaktuelle Thematik der Management-Informations-Systeme (MIS) galt nach Jahren der Euphorie und des Versuchs einer Anwendung in der Praxis als nicht realisierbar. Viele der damals geäußerten Grundideen sind aber nicht falsch, sondern sind an der damals mangelnden Leistungsfähigkeit der EDV gescheitert.[59] Die heute diskutierten Entscheidungsunterstützungssysteme gehen aber in ihrer Konzeption weit über ein MIS hinaus; im Zentrum steht nicht die Informationsabgabe, sondern die Führungs- und Entscheidungsorientierung. EUS sind in aller Regel als Expertensysteme ausgestaltet, die auf folgenden drei Hauptkomponenten beruhen:
1. Eine Erfahrungsdatenbank mit Expertenwissen in Form von programmierten Wenn-Dann-Regeln.
2. Schlußfolgerungslogik.
3. Modul zur Berichtsgenerierung.
Auf die Thematik der künstlichen Intelligenz und des Einsatzes von Expertensystemen im Controlling kann hier nicht weiter eingegangen werden. Es muß aber ganz klar betont werden, daß der Einsatz von Expertensystemen in der nächsten Zeit wesentlich zur Leistungssteigerung der Controlling-Systeme beitragen dürfte. Der Einsatz datenbankorientierter Rechnungswesen-Konzepte und die Integration von kaufmännischen und technischen Informationssystemen bilden geeignete Grundlagen für die Implementierung von Expertensystemen.

---

57 Vgl. SCHEER (Entwurf), S. 179; BRÖLL (Rechnerunterstützung), S. 29.
58 ZAHN (Mikroelektronik), S. 12.
59 Vgl. SCHEER (Integrationstrends), S. 17.

6.2.2 Die Rolle des Produktions-Controllers bei CIM

Ein datenbankorientiertes operatives Controlling erlaubt dem Entscheidungsträger vor Ort, sich seine Informationen situationsspezifisch zu erarbeiten. Dies führt zu einer Verschiebung im Aufgabenfeld des Controllers.[60] Der Controller wird von klassischen, arbeitsintensiven Aufgaben wie Datenerfassung, Datentransport oder Datenverdichtung durch automatisierte Informationssysteme stark entlastet. In Zukunft ist zu erwarten, daß auch die klassischen Periodenauswertungen immer stärker von leistungsfähigen datenbankorientierten Systemen übernommen werden.

Die erfaßten originären Daten stehen gleichzeitig dem Controller wie auch den dezentralen Entscheidungsträgern über ein gemeinsam genutztes System zur Verfügung. Der Controller hat dieses System zu konzipieren und zu pflegen sowie für die Datenaktualität, -konsistenz und -sicherheit zu sorgen. Die entscheidungsadäquate Informationsaufbereitung erfolgt durch die Nutzer, d. h. die Führungskräfte selber. Voraussetzung dafür ist aber neben einem flexiblen, aktionsorientierten Informationssystem vor allem auch die entsprechende Schulung aller Führungskräfte. Mangelndes DV-Know-how und fehlende Kenntnis betriebswirtschaftlicher und methodischer Zusammenhänge verhindert heute nur allzuoft die effiziente Nutzung an sich leistungsfähiger Controlling-Werkzeuge.

Die periodisch nach einheitlichen Gesichtspunkten sicherzustellenden Auswertungen (System-Controlling) bleiben weiterhin Aufgabe des Controllers, der sie für den dezentralen Abruf im Kosten-Leistungs-Management-System bereitstellt und sie demzufolge nur noch bedingt in Papierform verteilt.

In Zukunft ist der Controller somit in erster Linie zuständig für den Aufbau und die Pflege des integrierten Controlling-Systems, d. h. er kümmert sich verstärkt um:[61]
– Datenintegrität
– Datendefinition
– Nichtroutinevorgänge
– Logische Datenverknüpfung
– Beratung der Fachabteilungen.

Der letzte Punkt ist ganz entscheidend. Die Entlastung des Produktions-Controllers von zeitintensiven Routineaufgaben muß dieser zu einer verstärkten Beratertätigkeit nutzen. Die Systembenutzer vor Ort haben zwar das höhere Fachwissen und Detail-Know-how, was die Prozesse anbelangt, sie sind aber auf Kenntnisse des Con-

---

60 Vgl. dazu RIEDLINGER (Fertigungscontrolling), S. 58 f.
61 Vgl. HORVATH (Probleme), S. 74.

trollers über die im System hinterlegten Parameter und die vordefinierten Methoden und Wechselwirkungen zwischen den einzelnen Faktoren angewiesen. Auch Standardauswertungen können die Nutzer nur dann richtig interpretieren, wenn sie das hinterlegte Rechnungssystem verstanden haben.

Um die genannten Aufgaben wahrnehmen zu können, muß der Produktions-Controller sich verstärkt um Aspekte der einzusetzenden Informations- und Kommunikationstechnologien kümmern. In einem Computer Integrated Manufacturing genügt die formalinhaltliche Anpassung des Rechnungswesens allein nicht, ebenso wichtig ist der Aufbau eines Systems, das die Distribution der damit gewonnenen Informationen sicherstellt. In Zukunft wird der Controllerbereich daher mehr denn je auf eine enge Zusammenarbeit mit den Stellen angewiesen sein, die die Gestaltung des gesamtbetrieblichen Informationssystems beeinflussen, d. h. mit der Abteilung Organisation und Datenverarbeitung oder mit dem Informationsmanagement. Von entscheidender Bedeutung bei der Anpassung des Rechnungswesens wird daher eine konstruktive Zusammenarbeit zwischen dem Produktionsmanagement und dem Controller sein. Produktionsmanager müssen lernen, ihren Informationsbedarf klar zu definieren, und (kaufmännische) Controller müssen ein Verständnis für die komplexen technischen Zusammenhänge in einem CIM-Umfeld erwerben.[62]

Der Produktionscontroller ist in der idealen Besetzung eine Art Kosteningenieur, d. h. ein Controller, der sowohl sehr profunde Kenntnisse des kaufmännischen Controllings aufweisen kann als auch entsprechende Kenntnisse in den technischen Wissenschaften. BONSACK ist sogar der Meinung, daß die eigentliche Kostenrechnung Bestandteil des Produktionsmanagements wird und nicht mehr in den Kernbereich der Controller-Abteilung gehört: „Organizationally, cost accounting will become a group within operations – perhaps called ‚operations and control' – and no longer a part of the controller's department."[63] Diese Gruppe „operations and control" würde dann beide Meßgrößen, sowohl technisch-statistische als auch Kosten, berücksichtigen und wäre in der idealen Besetzung einem Verantwortlichen anvertraut, der fachlich Ingenieurwissen mit Kenntnissen des Rechnungswesens verbindet.

In Zukunft steigen die Anforderungen an den Produktionscontroller ganz erheblich, denn er muß eine starke Technologieorientierung und hohes Verständnis für moderne Produktionsverhältnisse mitbringen.[64] Dies erfordert eine entsprechende Anpassung

---

62 Vgl. TATIKONDA (Production), S. 29.
63 BONSACK (Cost Accounting), S. 32.
64 Vgl. HORVATH (Zugzwang), S. 36.

der Selektions- und der Ausbildungssysteme in CIM-orientierten Unternehmungen. CAMPI beschreibt, wie ein führender amerikanischer Hersteller von elektronischen Steuergeräten, der beabsichtigt, das gesamte Rechnungswesen auf sein CIM-Konzept auszurichten und dabei auch eine Prozeßkostenrechnung einzuführen, die entsprechenden Konsequenzen bereits gezogen hat:[65] Eine langfristige Personalförderung für Controller ist mit einem Schulungsprogramm verbunden, das bewußt die Technologie- und Managementaspekte betont. Der zukünftige Controller wird darauf vorbereitet, als Partner in einem Produktionsmanagement-Team die Führungsaufgaben zu unterstützen und sich nicht nur als kostenfixierter „Aufpasser und Wegweiser" zu verstehen. Als zweite Maßnahme wird ein „Manufacturing Accounting Roundtable Meeting" ins Leben gerufen, das sich aus Fertigungs- und Entwicklungsingenieuren, Beschaffungsverantwortlichen, Produktionsplanern und aus Vertretern des Fabrikmanagements zusammensetzt. Aufgabe dieser quartalsweisen Meetings mit einer Dauer von zwei bis drei Tagen ist die Diskussion und Weiterentwicklung des innerbetrieblichen Rechnungswesens sowie die Pilotierung von Projekten zur Einführung neuer Cost Management-Systeme, wie z. B. das angesprochene Activity Accounting.

6.3 Kosten-Leistungs-Management in der Produktion

In 6.1 und 6.2 wurden die Grundlagen für ein CIM-orientiertes System-Controlling erarbeitet, indem einerseits die volle Nutzung der sich bei CIM-Strukturen bietenden informationstechnologischen Chancen gefordert wurde und andererseits die Funktion des Controllings und die Rolle des Controllers definiert wurden. In diesem abschließenden Kapitel zur Thematik eines übergreifenden System-Controllings sollen einige Ansätze für ein integriertes Kosten-Leistungs-Management erarbeitet und konkretisiert werden. Dabei sind sowohl Kosten und Leistungen parallel, als auch jeweils mehrere produktionswirtschaftliche Zielsetzungen gleichzeitig zu berücksichtigen.

65 Vgl. zum folgenden CAMPI (Cost Management), S. 53.

Technisch-kaufmännische Produktions-Kennzahlen 6.3.1.1

Die Thematik Wirtschaftlichkeit war bereits Gegenstand des Kapitels „Prozeß-Controlling". Dort ging es allerdings nur darum, die Wirtschaftlichkeit der einzelnen Prozesse und Teilsysteme der Produktion sicherzustellen. Das System-Controlling ist dagegen auf das Produktions-Gesamtsystem oder zumindest auf größere Teilbereiche desselben ausgerichtet und orientiert sich daher an der Gesamteffizienz. Dieser Begriff soll im folgenden Anwendung finden, weil damit nicht nur die Zielsetzung der Wirtschaftlichkeit gemeint ist, sondern eine Gesamtsystem-Leistungsbeurteilung im Hinblick auf alle drei produktionswirtschaftlichen Zielsetzungen, d. h. auf Wirtschaftlichkeit, Logistikleistung und Qualität. Die Ermittlung einer „Gesamteffizienz" entspricht hier dem in der amerikanischen Literatur verbreiteten „performance measurement".[66]
Die kurzen Innovationsraten bei den Produktionstechnologien durch Automatisierung und Integration sowie die damit einhergehenden permanenten logistik-orientierten Material- und Informationsflußverbesserungen erfordern ein ausgebautes System zur Messung von Effizienzverbesserungen. Um bei hoher Komplexität der Produktionssysteme rasche Entscheidungen treffen und sich einen Überblick über die aktuelle Situation des Betriebsgeschehens verschaffen zu können, sind Gesamtauswertungen zu schwerfällig. Ein geeignetes Führungsinstrument auf Stufe Gesamtsystem sind aber Kennzahlen, die in Form von absoluten Zahlen oder Beziehungszahlen (Relativzahlen) gebildet werden können. Mit Hilfe von Kennzahlen können drei Funktionen erfüllt werden:
1. Ermittlung der Wirtschaftlichkeit einer Unternehmung
2. Kennzahlen als Zielvorgaben
3. Plan- und Ist-Kennzahlen als Mittel der Kontrolle.
Alle drei Funktionen können als Begründung für einen verstärkten Einsatz von Kennzahlen im Produktionsbereich angeführt werden, wo man diese heute als wichtiges Führungsinstrument betrachtet. Zwar ist festzustellen, daß sich in der Literatur eine Reihe von Kennzahlen für den Produktionsbereich, besonders für die Fertigung und Materialwirtschaft, finden lassen, doch handelt es sich immer nur um isolierte Bewertungen. Ein produktionsorientiertes Kennzahlensystem, das nicht nur Produktivitäten, sondern auch andere Leistungsfaktoren berücksichtigt, fehlt aber bisher.[67]

---

66 Vgl. dazu etwa JOHNSON/KAPLAN (Relevance), S. 253 ff.; BERLINER/BRIMSON (Cost Management), S. 159 ff.; HOWELL u. a. (Management), S. 49 ff.
67 Vgl. eine Übersicht über die heute verbreiteten Kennzahlensysteme in SIEGWART (Kennzahlen), S. 36 ff.

Grundsätzliche Anforderungen an ein CIM-orientiertes Kennzahlensystem sind:

1. Parallelität von Kosteninformationen und nicht-finanziellen Indikatoren
2. Orientierung am produktionswirtschaftlichen Zieldreieck: Wirtschaftlichkeit / Logistikleistung / Qualität
3. Hierarchischer Aufbau des Kennzahlensystems mit Gesamtmeßgrößen und Meßgrößen für Teilsysteme.

Die erste und die zweite Anforderung bedürfen keiner ausführlichen Erläuterung mehr, denn sie wurden im Verlaufe der Ausführungen mehrmals klar begründet. Der Miteinbezug nicht-finanzieller Indikatoren hat sich in den technikorientierten Bereichen bereits sehr viel stärker etabliert als beispielsweise im Vertriebs- oder Verwaltungsbereich. Das Problem liegt aber darin, daß die technischen und die Kosten-Kennzahlen noch immer getrennt betrachtet und einander kaum im gleichen System gegenübergestellt werden. Schließlich soll durch einen hierarchischen Aufbau sichergestellt werden, daß jede Führungsebene die für sie relevanten Kennzahlen in einer adäquaten Verdichtungsstufe erhält.

Erfahrungsgemäß können durch Einsatz produktionsorientierter Kennzahlensysteme folgende Vorteile erzielt werden:

- Höhere Transparenz des betrieblichen Geschehens
- Überwachung der Zielerreichung
- Erkennen von Schwachstellen
- Möglichkeit zu frühzeitigem Gegensteuern bei Abweichungen.

Von ganz entscheidender Bedeutung ist auch der Motivationseffekt für Mitarbeiter und Führungskräfte, die ihren Beitrag zur Produktivitätsverbesserung erkennen. Neben unternehmensweiten Kennzahlen sind dazu vor allem auch abteilungs- und bereichsspezifische erforderlich, um die Identifikation mit den Ergebnissen zu erreichen und die erzielten Fortschritte in Richtung eines festgelegten Ziels sichtbar zu machen. Bei ARTHUR ANDERSEN betrachtet man derartige hierarchische Kennzahlenkonzepte als sehr wirkungsvoll. Bei einem Beratungsprojekt für einen europäischen Automobilhersteller wurde ein Kennzahlensystem entwickelt, das für sieben verschiedene Hierarchiestufen jeweils stufenspezifische Kennzahlen auf PC-Basis zur Verfügung stellt. Insgesamt wurden dadurch 255 verschiedene „performance measures" definiert, die je nach Stufen unterschiedlich aggregiert sind. Rüstzeiten beispielsweise spielen nur auf der Fertigungsebene, nicht aber auf der Werksebene, eine Rolle, während Durchlaufzeiten sowohl auf Zellenebene als auch auf der Ebene des Top Managements (verdichtet) ausgewiesen werden. Die Unternehmungsleitung erhält nun jeweils am dritten Tag des Monats ein Set bestehend aus 10 graphisch dargestellten Kennzahlen (Ist des vergangenen Monats, voraussichtliches Ist des laufenden Monats, 12-Monats-Plan), mit denen sie in der Lage ist, Entscheidungen zu treffen, lange bevor das betriebliche Rechnungswesen seine Kostenstellenberichte und Abweichungsanalysen zur Verfügung stellt.[68]

Im Zusammenhang mit Produktions-Kennzahlen sind die zwei Begriffe Wirtschaftlichkeit und Produktivität zu klären: Die Wirtschaftlichkeit ist das Verhältnis von Leistungen und Kosten und vergleicht Nominalwerte; die Produktivität dagegen vergleicht den mengen-mäßigen Output (Ausstoßeinheiten) mit dem Input (Faktoreinsatzeinheiten).[69] Da in der Praxis der Vergleich von reinen Mengenverhältnissen sehr oft erschwert oder gar nicht möglich ist, behilft man sich meistens mit Werten (Kosten und Leistungen), die um die Preisänderungen korrigiert sind. Damit ergibt sich die Gesamtproduktivität als Verhältnis der realen Gesamtleistung zu den realen Gesamtkosten.[70]

Diese Produktivitätskennzahl ist eine geeignete Größe, um Rationalisierungseffekte über mehrere Zeitperioden vergleichbar zu machen. Die klassische Personalkostenproduktivität, bei der die Gesamtleistung im Verhältnis zu den Personalkosten gesehen wird, ist auf Lohnkostensenkungen ausgerichtet und hat in einer hochautomatisierten Produktion als Produktivitätskennzahl ausgedient. Wirkungen einer Durchlaufzeitverkürzung oder einer Verbesserung der Flexibilität und Lieferbereitschaft kommen in solchen Produktivitätskennzahlen nicht zum Ausdruck. Die isolierte Betrachtung einer Kapitalproduktivität ist ebenso unbefriedigend. Vielmehr muß bei der Erstellung von Kennzahlen sehr kreativ vorgegangen werden, und es sind eine Reihe von neuen Kennzahlen für den Produktionsbereich erforderlich.

Im Bereich CAD/CAP sind beispielsweise folgende Kennzahlen denkbar:[71]

– Anzahl der in einer Periode erstellten Zeichnungen
– Durchschnittlicher Zeitbedarf zur Erstellung einer Zeichnung
– Anzahl der entwickelten NC-Programme (gemessen in Befehlszeilen)
– Häufigkeit technischer Änderungen
– Durchschnittlicher Zeitbedarf für konstruktive Änderungen
– Zeit von der Anfrage eines Kunden bis zur Angebotsunterbreitung.

68 Vgl. HRONEC (Effects), S. 122.
69 Vgl. CHEW (Produktivität), S. 112.
70 Vgl. PEDELL (Analyse), S. 1078 f.; SIEGWART (Kennzahlen), S. 78.
71 Vgl. BENNETT u. a. (Cost Accounting), S. 40.

Für ein FFS dagegen die folgenden:[72]
- Maschinennutzung (in % der Gesamtzeit)
- Geplante DLZ im Vergleich zur effektiven DLZ eines Werkstücks
- Fertigungsflexibilität
- Qualität (Fehlerrate, Nacharbeitsrate)
- Produktivität des Systems
- Bestände an Rohmaterial, Halb- und Fertigfabrikaten.

Traditionelle Systeme zur Effizienzmessung konzentrieren sich hauptsächlich auf finanzwirtschaftliche Größen, wie Deckungsbeiträge, Gewinn oder ROI, und vernachlässigen nicht-finanzielle Indikatoren. Die veränderten Bedingungen im Produktionsbereich erfordern aber die Mitberücksichtigung neuer Faktoren wie Qualität, Bestände, Kapazitätsnutzung, Durchsatz usw. In den USA, wo der Einsatz von Kennzahlen im Produktionsmanagement bereits heute sehr verbreitet ist, gelangen dagegen auch nicht-finanzielle Indikatoren regelmäßig zum Einsatz. In einer Befragung von 350 amerikanischen Industrie-Controllern bezüglich Kennzahleneinsatz resultierten folgende Werte:[73]

Kennzahl:	wird eingesetzt von:
Produktqualität	83 %
Arbeitsproduktivität	76 %
Logistikleistung	74 %
Durchsatzrate	56 %
Produktentwicklung	48 %
Anlagenproduktivität	47 %
Fertigungsflexibilität	39 %.

Besonders augenscheinlich ist die verbreitete Beachtung der Faktoren Qualität und Logistikleistung, aber auch die Übergewichtung der Arbeitsproduktivität zu Lasten der nur schwach beachteten Anlagenproduktivität und Fertigungsflexibilität. Besonders aufgrund der letztgenannten Schwächen ist feststellbar, daß trotz dieser im Vergleich zu europäischen Unternehmungen hohen Gewichtung nicht-finanzieller Indikatoren auch in den USA nach wie vor ein erheblicher Mangel an aussagekräftigen Kennzahlen für ein performance measurement beklagt wird.[74]

Es ist aber keineswegs so, daß der Bedeutung von Kennzahlen als Führungsinstrument für neue Technologien nur in den USA hohes Gewicht beigemessen wird. Der gleichen Auffassung sind auch deutsche Experten. REFA empfiehlt den Einsatz einer Kennzahlenkombination, die system-, produktions-, personal- und kosten-

72 Vgl. BENNETT u. a. (Cost Accounting), S. 55.
73 Vgl. HOWELL u. a. (Management Accounting), S. 52.
74 Vgl. BENNETT u. a. (Cost Accounting), S. 15.

bezogene Kennzahlen umfaßt.[75] Abb. 6.13 zeigt eine Auswahl möglicher Kennzahlen für den Produktionsbereich. Die Gliederung basiert auf der Berücksichtigung der drei Produktionsfaktoren Material, Personal und Anlagen, für die im Sinne des wirtschaftlichkeitsorientierten Controllings jeweils auch die entsprechenden Produktivitätskennzahlen gebildet werden können. Diese Perspektive wird ergänzt durch Kennzahlen für die beiden anderen produktionswirtschaftlichen Zielgrößen, Qualität und Logistikleistung, und durch auftragsbezogene Kennzahlen.[76]

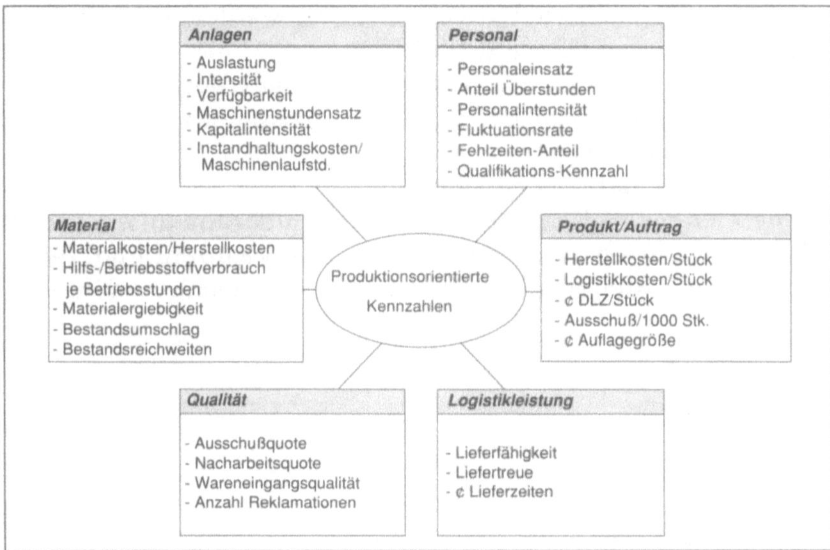

Abbildung 6.13
Produktionsorientierte Kennzahlen

Die angeführten Kennzahlen sind nur eine Auswahl, die sich fallweise ergänzen und stark differenzieren lassen. Sie alle haben aber den Nachteil, daß sie mehr oder weniger beziehungslos nebeneinander stehen und kein geschlossenes Kennzahlensystem bilden. Die Beurteilung, ob eine Maßnahme, die eine Kennzahl positiv beeinflußt, nicht gleichzeitig auch negative Wirkungen auf andere Kennzahlen hat, ist daher fast unmöglich. Im folgenden Kapitel wird deshalb ein geschlossenes Kennzahlensystem vorgestellt, das sich auf den Produktionsbereich bezieht.

---

75 Vgl. REFA (Produktionssysteme), S. 115.
76 Für Formeln und Details zu diesen Kennzahlen vgl. WILDEMANN (Wirtschaftlichkeitsrechnung), S. 241 ff.; BROICH/BÄR (Führungskennzahlen), S. 304 ff.; SCHOTT (Kennzahlen), S. 57 ff.; SIEGWART (Kennzahlen), S. 106 f.

6.3.1.2 Die Kennzahl „System-Effizienz"

SON und PARK haben ein geschlossenes Kennzahlensystem zur
Ermittlung einer Gesamt-Effizienz entwickelt, das für den Einsatz
in CIM-orientierter Produktion geeignet scheint. Das System hat in
der deutschsprachigen Literatur bisher noch kaum Beachtung gefunden, ist aber eines der ersten Konzepte, das ein geschlossenes
und quantifizierbares System anbietet. Die in diesem Buch immer
wieder erhobene Forderung nach einer Systemorientierung im
Rechnungswesen und insbesondere einer Überwachung der Gesamtwirtschaftlichkeit könnte dadurch erfüllt werden, weshalb das
Konzept hier vorgestellt werden soll.[77]
Das Maß für die Gesamt-Effizienz des Systems[78] repräsentiert die
Gesamtleistungsfähigkeit eines Produktionssystems und beruht
auf drei Komponenten:[79]
Produktivität – Qualität – Flexibilität.
Für jede dieser drei Komponenten können über relativ einfache
mathematische Verknüpfungen eine Gesamtkennzahl und Teil-
kennzahlen ermittelt werden, die im folgenden noch zu erläutern
sind.

Abbildung 6.14
Die Kennzahl
„System-Effizienz"

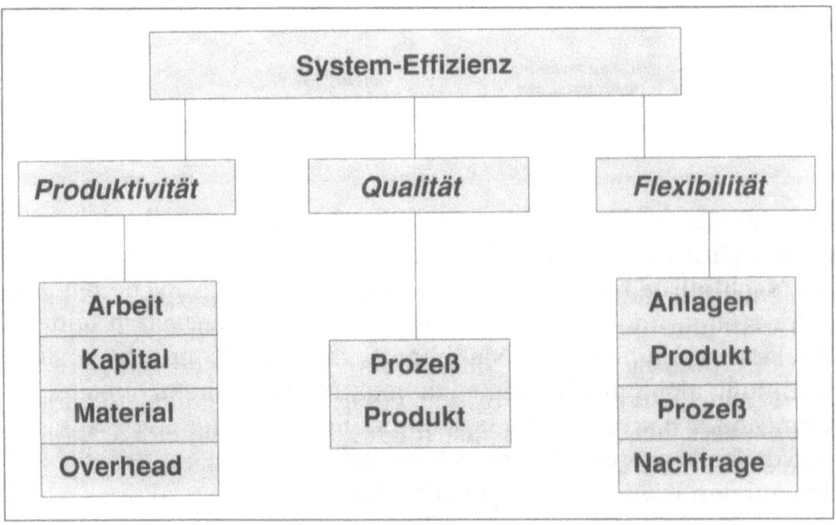

---

77 Vgl. zu den folgenden Ausführungen SON/PARK (Economic), S. 193 ff. und PARK
(Counting), S. 66 ff. Dieses von den Autoren an der Auburn University in Ala-
bama entwickelte System fand in den USA große Beachtung und wurde mit dem
SME Award 1987 (Society of Mechanical Engineering) ausgezeichnet.
78 Im Original wird von einem Integrated Performance Measurement gesprochen.
79 Vgl. PARK (Counting), S. 66.

Die Produktivitätskennzahl errechnet sich wie folgt:[80]

$$P_T = \frac{O_T}{K_A + K_M + K_K + K_O}$$

P_T = Total-Produktivität des Systems

O_T = Total-Output des Systems in einer Periode (Summe aller in der Periode produzierten Einheiten × Marktpreis)

K_A = Arbeitskosten (direkt und indirekt)

K_M = Rohmaterialkosten (direkte und indirekte Materialkosten)

K_K = Kapitalkosten (Abschreibungs- und Zinskosten)

K_O = Overhead-Kosten (alle übrigen Kosten, insbesondere Werkzeuge, Vorrichtungen, Instandhaltung, Versicherungen, Software und Raumkosten).

Die K-Faktoren sind die Einsatzfaktoren und geben insgesamt den Input an, der für die Erreichung des O_T, des Outputs, notwendig war. Um die Vergleichbarkeit und Addierbarkeit sicherzustellen, werden alle Werte, auch der Output, in DM-Beträgen ausgedrückt. Um Preiseinflüsse auszuschließen und die Vergleichbarkeit sicherzustellen, rechnet man mit realen, d. h. inflationsbereinigten Werten.

Aus der oben genannten Formel für die Gesamtproduktivität können vier Teilproduktivitäten abgeleitet werden, nämlich:

Arbeitsproduktitivät (O_T/K_A)

Materialproduktivität (O_T/K_M)

Kapitalproduktivität (O_T/K_K)

Overhead-Produktivität (O_T/K_O).

Qualität:[81]

$$Q_T = \frac{O_T}{K_V + K_F}$$

Q_T = Total-Qualität des Systems

K_V = Fehlervermeidungskosten (QS-Planungskosten, Prüfkosten etc.)

K_F = Fehlerfolgekosten (Nacharbeit, Ausschuß, Garantiekosten etc.).

Die Einteilung der Qualitätskosten in Fehlervermeidungs- und Fehlerfolgekosten entspricht auch der in Kap. 4.4.1.1 vorgeschlagenen Einteilung. Die Partial-Kennzahl O_T/K_V ist ein Maß für die Fähigkeit des Systems, mit relativ geringen Kosten Fehler zu vermeiden, während die zweite Partial-Kennzahl O_T/K_F ein Maß für die Qualität der Endprodukte ist.

An diesem Beispiel kann sehr gut gezeigt werden, daß die Partial-Kennzahlen von hoher Bedeutung sind. Verschiedene Maßnahmen können sich gegenseitig kompensieren, beispiels-

---

80 Vgl. PARK (Counting), S. 67 f. und SON/PARK (Economic), S. 203 f.
81 Vgl. PARK (Counting), S. 68 und SON/PARK (Economic), S. 204 f.

weise erhöhte QS der Fertigung mit entsprechend höheren K_V, dafür aber geringeren K_F. Insgesamt kann die Total-Qualität dieselbe bleiben, womit erst die Betrachtung der Partial-Kennzahlen zu entsprechender Transparenz führt.

Flexibilität:[82]

$$F_T = \frac{O_T}{K_L + K_R + K_W + K_B}$$

FT = Total-Flexibilität des Systems
K_L = Leerkosten (Zeitliche Mindernutzung der Anlagen)
K_R = Rüstkosten
K_W = Kosten für Wartezeiten
K_B = Bestandskosten (Rohmaterialbestände und Fertigfabrikate).

Die Partial-Kennzahlen sind die folgenden:

Anlagen-Nutzung (O_T/K_L):	Sie ist ein Maß für noch vorhandene bzw. nicht ausgeschöpfte Kapazitätsreserven (Leerkosten).
Produkt-Flexibilität (O_T/K_R):	Bei hoher Produktflexiblität des Systems fallen geringe Rüstkosten an.
Prozeß-Flexibilität (O_T/K_W):	Je geringer die Kosten für Wartezeiten der einzelnen Werkstücke sind, desto höher ist die Flexibilität des Systems bei Störungen (Maschinenausfall) und unplanmäßigem Ablauf (anderer Produktmix).
Nachfrage-Flexibilität (O_T/K_B):	Eine sehr hohe Nachfrageflexibilität des Gesamtsystems erlaubt eine weitgehende Reduktion der Bestände.

Beispiel:[83] Wenn eine konventionelle Drehmaschine durch eine CNC-Maschine mit höherer Kapazität ersetzt wird, so reduzieren sich die Rüst- und Wartekosten, die Leerkosten (höhere Kapazität) steigen aber. Bei gleichem Output verbessert sich somit die Produkt- und Prozeß-Flexibilität, die Anlagen-Nutzung aber sinkt.

Die Integrierte Gesamt-Effizienz errechnet sich durch folgende Formel:

Gesamt-Effizienz =

$$\frac{O_T}{\underbrace{(K_A + K_M + K_K + K_O)}_{\text{Input}_P} + \underbrace{(K_V + K_F)}_{\text{Input}_Q} + \underbrace{(K_L + K_R + K_W + K_B)}_{\text{Input}_F}}$$

---

82 Vgl. PARK (Counting), S. 68f. und SON/PARK (Economic), S. 205f.
83 Vgl. PARK (Counting), S. 69.

Das vorgestellte System kann sowohl als Konzept für eine laufende Wirtschaftlichkeitsüberwachung eingesetzt werden als auch zur Beurteilung von Ablaufveränderungen und Investitionen. Letzteres ist besonders dann effizient, wenn das System mit einem Simulationsmodell gekoppelt wird, das verschiedene Systemzustände simuliert und damit realistische Prognosewerte für Wartezeiten, Rüstzeiten, Fehlerfolgekosten etc. ermittelt. Auf der Basis eines solchen Simulationsverfahrens wurde der Einsatz eines FFS mit der zu ersetzenden konventionellen Anlage verglichen, woraus die in Abb. 6.15 aufgelisteten Werte resultierten.

Anhand dieses Beispiels wird die Stärke eines solchen integrierten Kennzahlenkonzeptes besonders deutlich. Der Vergleich der einzelnen Partial-Kennzahlen eruiert nun, wo die eigentlichen Verbesserungen durch Übergang auf die flexible Fertigung erreicht wurden und womit man diese Vorteile allenfalls „erkauft" hat. Wie nicht anders zu erwarten, ist der Unterschied zwischen beiden Anlagen in bezug auf die Produktivität nicht besonders groß (Gesamtproduktivitätswerte von 148 bzw. 155). Bei etwa gleichem Materialeinsatz tritt durch das höhere Investment für das flexible System eine Verschiebung zwischen Arbeits- und Kapitalproduktivität auf. Die insgesamt aber relativ geringe Produktivitätsverbesserung beim flexiblen System widerspiegelt sehr schön die Problematik der klassischen Investitionsrechnungen, die nur auf Kostenveränderungen basieren und Flexibilitäts- sowie Qualitätsaspekte nicht sichtbar machen können.

Die Kennzahlen lassen erkennen, daß die Hauptvorteile des flexiblen Systems in einer enormen Erhöhung der Produktqualität (von 1640 auf 16 700) und der Produktflexibilität (von 1420 auf 13 000) liegen. Während auch die Prozeßflexibilität stark erhöht wurde, ist die Anlagen-Nutzung („equipment") aufgrund des gleichbleibenden Schichtfaktors beim FFS schlechter. Die gewonnene Flexibilität wird damit durch hohe Leerkosten „erkauft", solange das FFS nicht in einer zusätzlichen Schicht gefahren wird.

Measures	Job shop	Flexible manufacturing
Integral	83	103
Productivity	148	155
labor	1200	3 230
capital	1480	728
material	284	287
overhead	577	793
Quality	627	1 060
process	1010	1 130
product	1640	16 700
Flexibility	270	432
equipment	2030	926
product	1420	13 000
process	780	2 260
demand	816	1 390

Note: units are indices (dollar output/cost) x 100

Beurteilung des Kennzahlensystems:
Beurteilt man das System aus Sicht der bisherigen Ausführungen in
den vorangegangenen Kapiteln, so kann man folgende Vorzüge
nennen.
1. Es beinhaltet das hier vorgestellte Zieldreieck, wobei an Stelle
   der Logistikleistung die Flexibilität ermittelt wird. Sie ist aber
   Grundvoraussetzung für die Erreichung einer hohen Logistikleistung und kann daher inhaltlich gleichgesetzt werden.
2. Das System erlaubt die Quantifizierung einer systembezogenen
   Gesamt-Effizienz.
3. Die Wirkungen von Maßnahmen können in ihrer Interdepen-
   denz berücksichtigt werden. Durch Kombination mit einem Simulationsmodell sind Maßnahmenplanungen auf der Basis von
   Sensitivitätsbeurteilungen und What-if-Analysen möglich. Damit können einzelne Maßnahmen in ihrer Gesamtwirkung anti-
   zipativ dargestellt und beurteilt werden.
4. Die Führungsgrößen berücksichtigen technische Faktoren, beruhen im wesentlichen aber auf Kosteninformationen und bilden somit die angestrebte Verbindung der beiden Aspekte.
Problematisch ist in der praktischen Anwendung zweifellos die
Trennung der einzelnen Kostenkategorien, die den Nenner der
Partial-Kennzahlen bilden. Wird das Kennzahlensystem – wie in
6.15 gezeigt – auf einzelne Fertigungssysteme bezogen, so lassen

84 Werte aus: PARK (Counting), S. 71.

sich Zuordnungsschwierigkeiten und eine gewisse Schlüsselungs-Notwendigkeit vorhersehen. Ein datenbankorientiertes Konzept mit einer relational basierten Grundabrechnung ist auch für diese Aufgabe sicher von hohem Vorteil.

Schließlich kann auch die Frage gestellt werden, ob die im System durchgeführte Addition der Partial-Kennzahlen korrekt ist oder ob nicht eine gewisse Gewichtung der einzelnen Faktoren anzustreben wäre.

Diesen Aspekten ist aber entgegenzuhalten, daß dieses System aufgrund seiner Zwecksetzung keine „mathematische" Genauigkeit erfordert. Auch gewisse Schlüsselungen können die Vergleichbarkeit der Resultate von Entscheidungsvarianten nicht in Frage stellen, wenn sie jeweils konsequent und nach dem gleichen Prinzip vorgenommen werden. Es wäre zweifellos falsch, die erhaltenen Kennzahlen in ihrer absoluten Höhe zu betrachten. Vernünftige Aussagen ergeben sich erst durch den Vergleich der Zahlen alternativer Fertigungskonzepte oder durch mehrfache Veränderung der Parameter eines Systems im Sinne einer Simulation.

Insgesamt handelt es sich aber um einen sehr interessanten Versuch, die Komplexität der CIM-orientierten Produktion durch ein geschlossenes Kennzahlensystem zu bewältigen. Das System kann bei Bedarf auch angepaßt oder erweitert werden. Wird die einmal gewählte Kennzahlenkombination dann aber konsequent durchgehalten, so sind die Ergebnisse bestimmt aussagekräftiger als rein qualitative Beschreibungen der Flexibilitäts- und Qualitätswirkungen CIM-orientierter Systeme.

Integriertes Produktions-Controlling 6.3.2

Ein Kennzahlensystem kann nur ein Baustein beziehungsweise eine bestimmte Auswertungsform innerhalb eines umfassenden System-Controllings sein. Abschließend ist daher zu überlegen, wie auf der Basis der bisherigen Ausführungen ein integriertes Produktions-Controlling für eine CIM-Produktion zu gestalten ist. Der vorgestellte Ansatz orientiert sich an einem Ideal-Konzept, das aber in der Praxis weitgehend umgesetzt ist oder zumindest als Ziel-Konzept für ein CIM-orientiertes Produktions-Controlling dient.[85]

---

85 In Anlehnung an Erfahrungen aus entsprechenden Projekten bei der Siemens AG.

6.3.2.1 Gestaltungsprinzipien des Systems

Ein integriertes Produktions-Controlling ist nach folgenden Gestaltungsprinzipien aufzubauen:
1. Zielorientierung
2. Zukunftsorientierung
3. Entscheidungsorientierung
4. Integration
5. Datenbankorientierung
6. Benutzerorientierung

1. Zielorientierung
Im Sinne des Controlling-Regelkreises werden, ausgehend von den übergeordneten Zielen der Unternehmung, für alle Stufen und Bereiche der Produktion quantifizierbare Ziele definiert. Dadurch ist gewährleistet, daß alle Aktivitäten im Produktionsbereich auf die übergeordneten Zielsetzungen ausgerichtet werden. Als grundsätzliche Führungsprinzipien gelten somit:

Management by Objectives (MbO) und Management by Exception (MbE).

MbE bedeutet hier, daß von den Entscheidungsträgern zu den einzelnen Zielen auch Toleranzbreiten definiert werden, die bewirken, daß eine Abweichung nur bei Überschreiten der Toleranzbreite gemeldet wird. Dieses Prinzip trägt wesentlich dazu bei, die Informationsmenge auf die kritischen Faktoren zu begrenzen.

2. Zukunftsorientierung
Das System übt nicht nur eine laufende Überwachung der definierten Ziel- und Toleranzwerte aus, sondern auch eine Frühwarnfunktion. Die Abweichungen werden nicht erst bei Auftreten gemeldet, sondern bereits bei drohenden Abweichungen.

3. Entscheidungsorientierung
Das System wird als Entscheidungsunterstützungssystem (EUS) aufgebaut. Nach dem in 6.2.1.2 dargestellten Vorgehen wird eine Informationsbedarfsanalyse durchgeführt und die Bedarfsdeckung entsprechend geplant.

4. Integration
Das Produktions-Controlling ist informationstechnologisch mit vor- und nachgelagerten Bereichen zu integrieren. Dazu werden die vorhandenen technischen Informationssysteme genutzt und wo immer möglich zusätzlicher Erfassungsaufwand vermieden. Gleichzeitig muß auch eine inhaltliche Integration erfolgen, indem das System für alle Entscheidungen sowohl die relevanten Leistungen als auch Kosten bereitstellt. Der Produktionsverantwortliche hat sich damit nicht an verschiedene Quellen zu richten, sondern erhält alle relevanten Führungsinformationen aus diesem einen System.

Aus den Punkten 3 und 4 ergibt sich folgende Vorgehensweise: Ausgehend vom Kosteninformationsbedarf wird geprüft, welche Daten dafür erforderlich sind und ob sich deren zusätzliche Erfassung allenfalls lohnt. Durch DV-technische Aufbereitung der Daten wird schließlich eine Kopplung zwischen dem Rechnungswesen (Controllerdienst) und dem PPS/BDE-Bereich hergestellt.

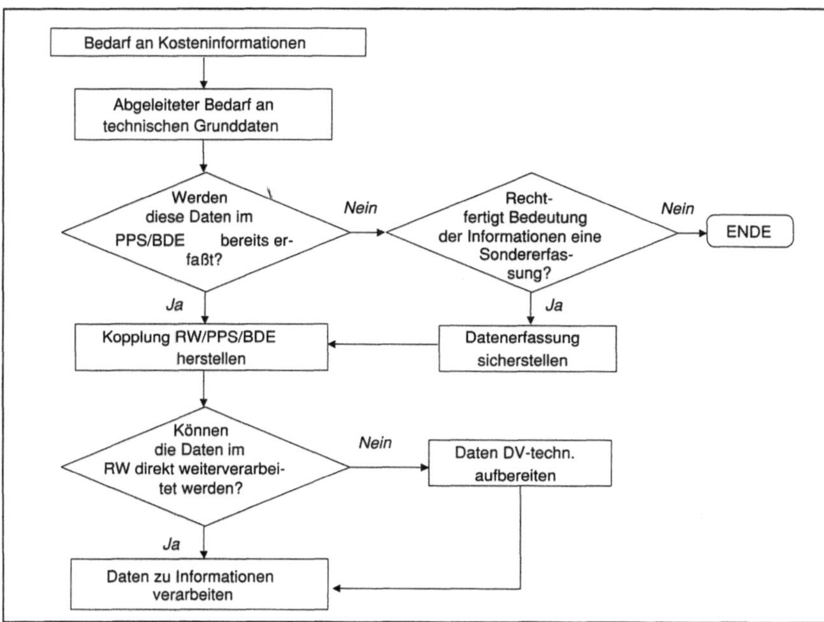

Abbildung 6.16
Datenbeschaffung für das Produktions-Controlling

5. Datenbankorientierung

Das integrierte Produktions-Controlling ist idealerweise auf der Basis einer relationalen Datenbank zu implementieren, die eine zweckneutrale Grundrechnung mit einer Methodenbank kombiniert. Definition und Pflege der Datenbank sowie das Bereitstellen geeigneter Werkzeuge und Methoden sind Aufgaben des Controllers, während die konkrete Nutzung des Systems durch den Entscheidungsträger erfolgt.

6. Benutzerorientierung

Das System ist mit einer Reihe von benutzerunterstützenden Modulen ausgestattet, graphikunterstützt und dialogorientiert. Solche interaktiven Systeme werden sich in Zukunft im Bereich der Führungs- und Informationssysteme durchsetzen.[86]

Das System hat damit den in Abb. 6.17 dargestellten grundsätzlichen Aufbau. Dem Entscheidungsträger stehen fünf Nutzungsmöglichkeiten zur Verfügung. Neben der reinen Abfrage und der von ihm angestoßenen und durch die Methodenbank unterstützten

86 Vgl. VIKAS (Weiterentwicklung), S. 36; SCHEER (CIM/Industriebetrieb), S. 123 f.

Analysen von Abweichungen kann er mit Hilfe eines Report-Generators Berichte erstellen, wobei er auf vordefinierte Auswertungsbausteine zugreifen kann. Schließlich hat der Entscheidungsträger die Möglichkeit, Maßnahmen-Alternativen anhand von What-if-Überlegungen und durch Einsatz von Simulationswerkzeugen durchzuspielen. In einer letzten Ausbaustufe als Expertensystem könnten dann vom System auch entsprechende Maßnahmevorschläge unterbreitet werden.

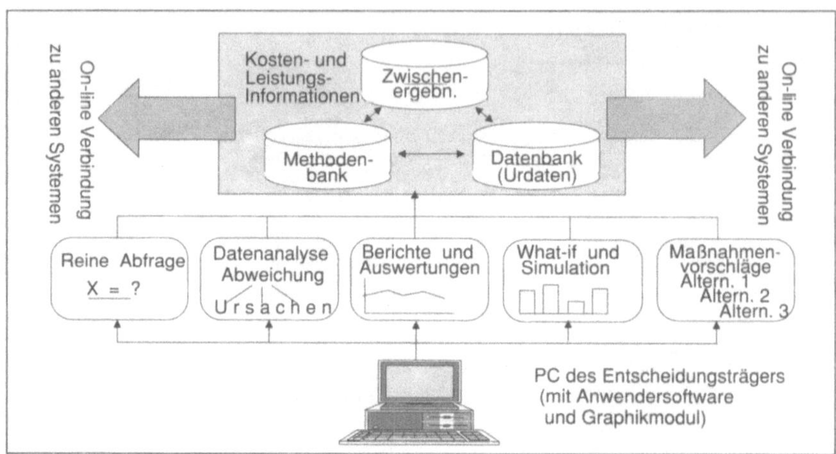

6.3.2.2 Zielgrößen-Systematik

Die nach außen gerichteten produktionswirtschaftlichen Ziele Wirtschaftlichkeit, Logistikleistung und Qualität sind unter Miteinbezug der Grundbedingung eines ausgewogenen Leistungsangebots in operable interne Ziele herunterzubrechen. Aus logistischer Sicht ist innerhalb einer Produktion zum Beispiel die Durchlaufzeit die zentrale Steuergröße. Die Wirtschaftlichkeit wird erreicht durch hohe Kapazitätsnutzung unter gleichzeitigem Controlling der Bestände usw. Aus diesen Überlegungen ergeben sich für ein Produktions-Controlling die folgenden Komponenten:

Logistikleistungs-Controlling
Bestands-Controlling
Durchlaufzeit-Controlling
Kapazitäts-Controlling
Qualitäts-Controlling.

Jedes dieser Module basiert einerseits auf den Werten der Kostenrechnung und andererseits auf entsprechenden Leistungsgrößen. Der Vorteil des modularen Aufbaus liegt in einer relativ einfachen Implementierung durch Programmierung von DV-technischen Insellösungen, die in einer späteren Phase miteinander verknüpft

werden können. Genau gleich ist man im Produktionsbereich bei
der Einführung von CIM-Konzeptionen vorgegangen, da die Realisierung eines umfassenden Integrations-Konzepts in der Fertigung
nie erreichbar gewesen wäre. Die Einführung des Systems kann
stufenweise erfolgen, indem zuerst nur einzelne Bausteine, beispielsweise ein Durchlaufzeiten- oder ein Bestands-Controlling
implementiert werden.

Kosten-Leistungs-Integration   6.3.2.3

Für jedes Modul werden Zielgrößen definiert und Meßgrößen
festgelegt. Dabei wird konsequent mit Kennzahlen operiert und für
jedes Teil-Controlling immer ein Bündel von kostenorientierten
und von leistungsorientierten Kennzahlen kombiniert. Die Kennzahlen werden in der Periodizität genau differenziert und basieren
auf den von technischen Bereichen oder vom Rechnungswesen
bereitgestellten Datenquellen.

Dies kann anhand des Moduls des Kapazitäts-Controllings illustriert werden, dessen Grundlagen und Zielsetzungen bereits aus
4.2.4 bekannt sind. Das in Abb. 6.18 dargestellte Ziel-Meßgrößen-
schema zeigt sehr anschaulich, wie die nicht-finanziellen Kennzahlen Auslastung, Rückstand und Kapazitätsnutzung den Kostengrö-
ßen Bereitschaftskosten und Stillstandskosten gegenübergestellt
werden. Es ist aus der Abbildung auch ersichtlich, daß sowohl die
Daten als auch die Datenquellen klar definiert sind, was ein Resul-
tat der Informationsbedarfsanalyse ist und eine Grundbedingung
für die Bildung von Auswertungsalgorithmen in der Methodenbank (z. B. Berechnung von Auslastungsgraden) und von Datener-
fassungs-Kopplungen zu den entsprechenden Datenquellen darstellt. Schließlich ist erkennbar, wie die Periodizität nach Beein-
flußbarkeitskriterien differenziert wird. Die Stillstandskosten sind
täglich beeinflußbar, weshalb sie auch täglich nach Ursachen differenziert ausgewiesen werden. Die Bereitschaftskosten dagegen
können nur mittel- bis langfristig beeinflußt werden, weshalb es
genügt, sie im traditionellen monatlichen Kostenrechnungsrhyth-
mus aufzuzeigen. Gemäß dem in Abb. 6.17 dargestellten System-
aufbau können die Stillstandkosten nach Ursachen analysiert werden. Bei Ausbau zu einem Decision Support System werden dem
Entscheidungsträger aufgrund der in der Erfahrungsdatenbank
hinterlegten Regeln und Erfahrungswerte vom System Empfehlun-
gen für Gegenmaßnahmen, beispielsweise erhöhte vorbeugende
Instandhaltungen, angegeben.

Zielgröße	Periodizität der Ermittlung	Benötigte Daten/ Meßgrößen	Datenquellen
Auslastung	Wöchentlich	Betriebszeit Arbeitsinhalt je Produktstufe Produktmix (Typ, Menge)	Fertigungssteuerung
Rückstand	Täglich	Vorgegebene Aufträge Rückgemeldete Aufträge	Fertigungssteuerung
Kapazitätsnutzung (Zuverlässigkeit u. Verfügbarkeit je Platz und System)	Monatlich bis wöchentlich	Maximale Nutzzeit Techn. bedingte Nutzungsverluste Org. bedingte Nutzungsverluste Produktmix + Arbeitsinhalte	Grunddaten Fertigungssteuerung BDE-System
Bereitschaftskosten (Linie, System, Anlage)	Monatlich	Anlagenkosten Personalkosten Strukturkosten	Kostenrechnung
Stillstandskosten	Monatlich bis täglich	Betriebsunterbrechungskosten Leerzeitkosten	BDE-System Kostenrechnung

Beim Qualitätsmodul beispielsweise werden die Q-Faktoren aus dem BDE-System täglich gemeldet, während die nur längerfristig beeinflußbaren Qualitätskosten monatlich ausgewiesen werden.

Von besonderem Vorteil ist die Möglichkeit, in einem solchen integrierten System Interdependenzen zwischen einzelnen Bereichen, aber auch zwischen einzelnen Stellschrauben des produktionswirtschaftlichen Planungsfeldes zu erkennen. Dies sei anhand des oft vernachlässigten Zusammenhangs zwischen der DLZ und den Beständen erläutert, die unter anderem über folgende Wirkungskette verknüpft sind:[87]

87 Vgl. dazu JUNGHANNS (Ausbau), S. 163 f.

Wenn die DLZ bei ausgelasteter Produktion größer als die marktübliche Lieferzeit ist, so entstehen daraus folgende Wirkungen (vgl. Abb. 6.19).

1. Die Lieferzeiten können nicht eingehalten werden, weil nicht alle Komponenten für das vom Kunden gewünschte Produkt zur Verfügung stehen.
2. Komponenten werden auf Lager gelegt, um die Lieferbereitschaft zu verbessern.
3. Die auf Lager zu fertigenden Komponenten werden durch kundenauftragsneutrale Betriebsaufträge eingegeben und belegen die Kapazitäten zusätzlich, was unter Umständen die Abwicklung von Kundenaufträgen noch weiter erschwert.
4. Die DLZ aller Aufträge in der Produktion steigen weiter an, wodurch der Zielkonflikt verschärft wird.

Diese Rückkopplungseffekte schwächen nicht nur in erheblichem Maße die Rentabilität der Unternehmung, sondern durch eine überhöhte Kapitalbindung in Halbfabrikaten und Rohmaterialbeständen auch ihre Liquidität. Der gleichzeitige Auftragsrückgang durch eine ungenügende Lieferfähigkeit kann bei wirtschaftlich ohnehin schon kritischen Unternehmungen bereits die Existenzsicherung gefährden.

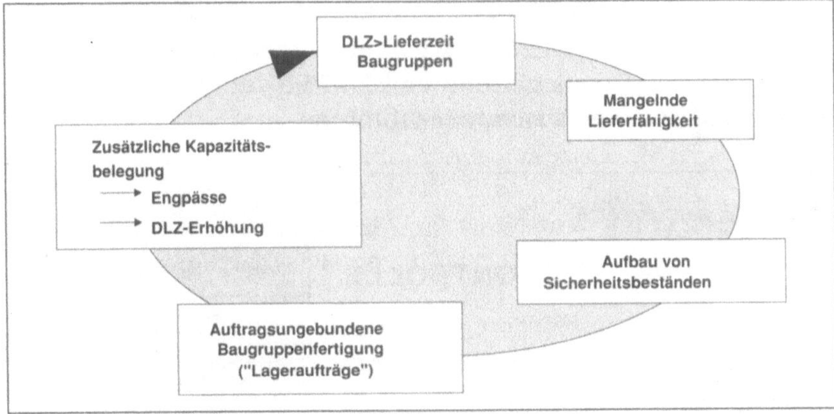

Abbildung 6.19
Zusammenhang von DLZ und Bestandsaufbau

Der entscheidende Vorzug eines integrierten Produktions-Controlling liegt sicher in der Verzahnung von Kosten und Leistungsgrößen, die erst bei paralleler Betrachtung eine ganzheitliche Beurteilung des Produktionsgeschehens erlauben (Abb. 6.20).

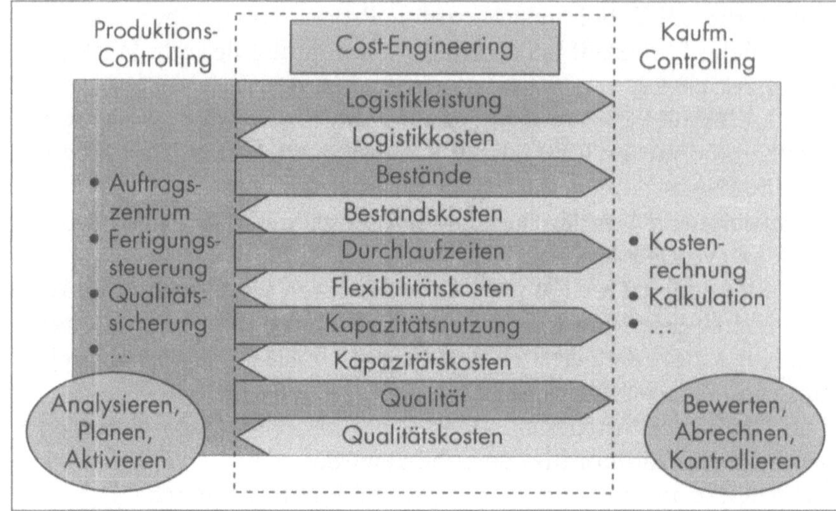

Abbildung 6.20
Verzahnung von Kosten und Leistungen[88]

Eine Simultanbetrachtung von Kosten und Leistungen in einem einzigen Führungssystem ist eine Verknüpfung von technischem und kaufmännischem Controlling, die sich interessanterweise fast parallel entwickelt haben (Abb. 6.21). Ein solches integriertes Produktions-Controlling kann man auch als Cost Engineering bezeichnen, für das der weiter oben bereits beschriebene „Kosteningenieur" die ideale Qualifikation mitbringt. Die produktions-und informationstechnologische Entwicklung bietet jetzt die Chance, die beiden unnötig stark getrennten Bereiche der Produktion und des Rechnungswesens zusammenzuführen.

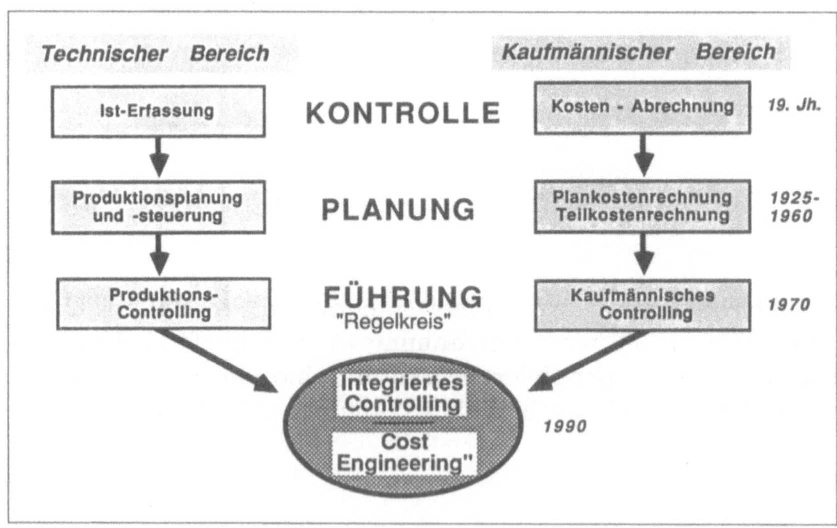

Abbildung 6.21
Integration von technischem und kaufmännischem Controlling

88 Vgl. KIESEL (Produktionscontrolling), S. 365.

Das ganze System funktioniert aber nur dann, wenn ihm ein CIM-adäquates betriebliches Rechnungswesen zugrunde liegt, dessen Kosteninformationen aktuell und flexibel kombinierbar sind. Diese Kosteninformationen haben aber auch auf einer verursachungsgerechten Kostenzuordnung zu beruhen. Die in Kapitel 4 bis 6 vorgeschlagenen Lösungsansätze zu einer Verbesserung der Leistungsfähigkeit des betrieblichen Rechnungswesens in einem CIM-Umfeld sind daher Grundvoraussetzungen für die erfolgreiche Implementierung eines Produktions-Controlling.

Schlußwort

In der industriellen Produktion vollzieht sich ein markt- und technologiebedingter Wandel, der zu einer völligen Umgestaltung der Produktionsstrukturen und Produktionsprinzipien führt. Computer Integrated Manufacturing und Logistikkonzepte bestimmen die Fabrik der Zukunft. In diesem Umfeld, das durch eine hohe Dynamik und durch wesentlich größere Komplexität gekennzeichnet ist, sind die Führungskräfte mehr denn je auf leistungsfähige Controlling-Systeme angewiesen. Eine wichtige Basis für das operative Controlling ist das innerbetriebliche Rechnungswesen, das vom technologischen Wandel in der Produktion in vielfacher Hinsicht betroffen ist. Je nach Automatisierungs-, Flexibilitäts- oder Integrationsgrad des Produktionssystems wirken andere Faktoren auf das betriebliche Rechnungswesen ein, die aber in jedem Falle zu einer Beeinträchtigung seiner Leistungsfähigkeit führen. Wenn es nicht gelingt, die erkannten Probleme zu beheben, dann wird das Rechnungswesen seine Funktion als zentrales Entscheidungsinstrumentarium in Kürze einbüßen. Um dies zu vermeiden, müssen neue Wege beschritten und neue Methoden getestet werden, was zum einen verstärkte Forschungsbemühungen auf diesem Gebiete erfordert und zum anderen Manager und Controller verlangt, die Pilotprojekte wagen. Auch in diesem Buch konnten mehrere Wege aufgezeichnet werden, die Teilaspekte oder auch Grundzüge des Rechnungswesens im positiven Sinne verändern. Zwei hauptsächliche Stoßrichtungen wurden dabei verfolgt: Die eine Richtung zielt darauf ab, das betriebliche Rechnungswesen in seinem formallogischen Aufbau auf die neuen Anforderungen auszurichten. Die Erweiterung auf neue Erfolgsfaktoren wie Qualität oder Logistik gehören dazu ebenso wie Fragen einer sinnvollen Kostenstelleneinteilung, einer aussagefähigen Wirtschaftlichkeitskontrolle und einer verursachungsgerechten Stückkalkulation. Zum zweiten muß das Rechnungswesen aber aus seiner teilweise vorhandenen Isolation herausgelöst werden und verstärkt als Bestandteil eines umfassenden Führungs- und Informationssystems betrachtet werden. Durch konsequente Nutzung der sich bietenden informationstechnologischen Chancen ist das Rechnungswesen technologieadäquat zu gestalten und in das CIM-Konzept zu integrieren, damit es in Zukunft auch für sich selber die CIM-Attribute

Aktuell, Flexibel, Integriert und Just-in-time

in Anspruch nehmen kann. Was dazu in erster Linie erforderlich ist, sind Controller und Produktionsmanager, die sich um ein integriertes Controlling bemühen und die anstehenden Probleme nicht durch Konfrontation, sondern durch Kooperation einer Lösung zuführen.

ADLER, G.: (Erfolgsfaktor)
Erfolgsfaktor Information – Von der operativen Effizienz zur strategischen Fitneß, in: 2. Int. Management-Symposium „Erfolgsfaktor Information", Dokumentation, hrsg. v. Wirtschaftswoche und Diebold Deutschland GmbH, Düsseldorf/Frankfurt, 1988, S. 11–20

AWF-EMPFEHLUNG: (CIM)
CIM Computer Integrated Manufacturing – Integrierter EDV-Einsatz in der Produktion, Eschborn: AWF-Verlag, 1985

AWK (Hrsg.): (Produktionstechnik)
Produktionstechnik – Auf dem Weg zu integrierten Systemen, hrsg. v. AWK Aachener Werkzeugmaschinen-Kolloquium (EVERSHEIM, W.; KÖNIG, W.; WECK, M.; PFEIFER, T.), Düsseldorf: VDI-Verlag, 1987

BÄCK, H.: (Durchlaufzeitenmanagement)
Bestands- und Durchlaufzeitenmanagement – Schwerpunkte aus dem Logistik-Engineering, in: BÄCK (Erfolgspotential), S. 26–56

BÄCK, H.: (Logistik)
Erfolgsstrategie Logistik, Betriebswirtschaftliche Forschungsbeiträge, Bd. 13, München: GBI-Verlag, 1984

BALLERSCHEFF, P; WIESNER, U.: (Logistik)
Robotermontage mit integriertem Güterstrom, in: BVL (Logistik), Band 1, S. 259–282

BÄR, K.: (Qualitätskosten)
Wie Qualitätskosten zum Führungsinstrument werden, in: io-Management-Zeitschrift, 11/1985, S. 492–494

BARNSTEINER, K.-H.: (Planung)
Planung eines flexiblen Fertigungssystemes, in: FB/IE, 6/1985, S. 277–285

BAUER, E.: (Datenbanken)
Datenbanken als Bindeglied zwischen Entwicklung und Produktion, in: Integrierte Informationsverarbeitung in Produktionsunternehmen, VDI-Berichte 705, Düsseldorf: VDI, 1988, S. 161–184

BAUR, H.: (Trends)
Strategisch bedeutsame Trends in der Telekommunikation, in: 2. Int. Management-Symposium „Erfolgsfaktor Information", Dokumentation, hrsg. v. Wirtschaftswoche und Diebold Deutschland GmbH, Düsseldorf/Frankfurt, 1988, S. 87–109

BAUMGARTNER, R.: (Leitstandssysteme)
  Informations- und Leistandssysteme als Baustein von CIM,
  in: Wildemann (Planen), S. 531–560
BECKER, J.: (Kalkulation)
  Konstruktionsbegleitende Kalkulation mit einem Experten-
  system, in: SCHEER (Rechnungswesen/88), S. 115–136
BECKERS, P.: (Voraussetzungen)
  Voraussetzungen für den Einsatz von PPS-Systemen im CIM-
  Verbund, in: WILDEMANN (Planen), S. 77-108
BECKURTS, K.-H. (Chancen)
  Chancen für einen zweiten Aufbruch, in: Manager Magazin,
  9/1984, S. 154–167
BEITZ, W.: (Entwicklungszwänge)
  Entwicklungszwänge für den Konstruktionsprozeß, in: SPUR
  (PTK '83), S. 63–66
BENNETT, R. E.; HENDRICKS, J. A.; KEYS, D. E.; RUDNICKI, E. J: (Cost Ac-
  counting)
  Cost Accounting for Factory Automation, Montvale NJ: Na-
  tional Association of Accountants, 1987
BERLINER, C.; BRIMSON, J. A.: (Cost Management)
  Cost Management for Today's Advanced Manufacturing, Bo-
  ston: Harvard Business School Press, 1988
BERNHARDT, R.: (CAD-Einsatz)
  CAD-Einsatz im einzelfertigenden Maschinenbau-Unter-
  nehmen, in: FB/IE, 4/1983, S. 253–257
BLANCK, D.: (Entwicklung)
  Entwicklung, Fertigung, Qualitätssicherung, Sindelfingen:
  Expert, 1985
BLECHSCHMIDT, H.: (Qualitätskosten)
  Qualitätskosten analysieren und optimieren, in: Integriertes
  Produktions- und Qualitätsmanagement, Tagungsbericht
  6. Qualitätsleiterforum, München: Gesellschaft für Manage-
  ment und Technologien-Verlags KG, 1988, S. 993–1019
BONSACK, R. A.: (Cost Accounting)
  Cost Accounting in the Factory of the Future, in: CIM Review,
  Spring/1986, S. 28–32
BRIMSON, J. A.: (Advanced)
  How advanced Manufacturing Technologies are reshaping
  Cost Management, in: Management Accounting, March 1986,
  S. 25–29
BRIMSON; J. A.; FRESCOLN, L. D.: (Technology)
  Technology Accounting – the Value-Added Approach to Ca-
  pital Asset Depreciation, in: CIM-Review, Fall/1986, S. 44–52

302

BRÖDNER, P.: (Personalentwicklung)
Personalentwicklung im Umbruch der Fabrikentwicklung, in:
BULLINGER (Produktionsforum), S. 557–580

BRÖLL, TH.: (Rechnerunterstützung)
Rechnerunterstützung in Entwicklung, Konstruktion und
Produktion – Auswirkungen auf Kostenstrukturen und Kostenrechnungssysteme, Controlling-Forschungsbericht 86/2
des Betriebswirtschaftlichen Instituts der Uni Stuttgart, Stuttgart 1986

BRUNNER, J.: (Unternehmensgewinn)
Höherer Unternehmensgewinn dank „Totalem Qualitäts-
system", in: io-Management-Zeitschrift, 1/1988, S. 41-44

BÜHNER, R.: (Arbeitsbewertung)
Arbeitsbewertung und Lohnfindung bei neuen Fertigungstechniken, in: WiSt Wirtschaftswissenschaftliches Studium,
9/1985, S. 433–438

BÜHNER, R.: (Innovation)
Technische Innovation in der Produktion durch organisatorischen Wandel, in: ZFO, 1/1985, S. 33–39

BÜHNER, R.: (Organisation)
Organisation in den 90er Jahren, in: Harvard Manager, 4/
1986, S. 7–11

BULLINGER, H.-J.: (Vorgehensweise)
Vorgehensweise zur Planung und Realisierung von Fertigungssystemen, in: Wettbewerbsfähige Arbeitssysteme, hrsg.
v. BULLINGER, H.-J. und WARNECKE, H.-J.; Vorträge der 2. IAO-
Arbeitstagung vom 22./23. 11. 1983 in Böblingen, Stuttgart:
Verein zur Förderung produktionstechnischer Forschung
e. V., 1983

BULLINGER, H.-J.; TRAUT, L.: (Fabrik)
Die Fabrik der Zukunft, in: FB/IE, 1986, S. 4–12

BÜRSTNER, H.: (Investitionsentscheidung)
Investitionsentscheidung in der rechnerintegrierten Produktion, Berlin/Heidelberg u. a.: Springer, 1988

CAMPI, J. P.: (Cost Management)
Total Cost Management at Parker Hannifin, in: Management
Accounting, January/1989, S. 51–53

CHEW, W. B.: (Produktivität)
Produktivität – was ist das eigentlich?, in: Harvard Manager,
3/1988, S. 111–118

COOPER, R.: (Activity-Based)
The Rise of Activity-Based Costing – Part Four, in: Journal of
Cost Management for the Manufacturing Industry, 1/1989,
Boston: Warren, Gorham & Lamont, Inc., S. 38–49

COOPER, R.; KAPLAN, R. S.: (Measure)
Measure Costs Right: Make the Right Decisions, in: Harvard Business Review, September-October/1988, S. 96–103

CZEGHUN, K.; FRANZEN, H.: (Integration)
Die rechnergestützte Integration betrieblicher Informationssysteme auf der Basis der Betriebsdatenerfassung, in: ZfbF, 2/1987, S. 169–181

DANERT, G.; HORVATH, P. (Hrsg.): (Fertigungstechnologie)
Veränderte Fertigungstechnologie und Unternehmensführung, Tagungsunterlagen des 5. Stuttgarter Unternehmergesprächs, Stuttgart: Förderkreis Betriebswirtschaft an der Uni Stuttgart e. V., Oktober 1985

DEGENHART, U.: (Auswirkungen)
Auswirkungen Neuer Technologien auf die indirekten Bereiche der Produktion, in: Hackstein (Einsatz), S. 136–151

DILTS, D. M.; RUSSELL, G.: (Accounting)
Accounting for the Factory of the Future, in: Management Accounting, April/1985, S. 34–40

DOLEZALEK, C. M.: (Automatisierung)
Automatisierung, Automation, ein Beitrag zur Klärung der Begriffe, in: VDI-Z, 12/1956, S. 563–564

DREXL, M.; MARSCHALEK, J.; HEUSLER, J.; PACHER-THEINBURG; F.: (Fließproduktion)
Beispiel für zusammenbauende Fließproduktion, in: Produktionswirtschaft, Band 2, hrsg. v. D. HAHN und G. LASSMANN, Heidelberg: Physica, 1989, S. 267–299

DYLLICK, Th.: (Instabilität)
Gesellschaftliche Instabilität und Unternehmensführung, Diss. der Hochschule St. Gallen, 1982

EBERLE, P.; HEIL, H. G.: (Relativkosten)
Relativkosten-Informationen für die Konstruktion, in: krp-Kostenrechnungspraxis, 2/1989, S. 53–59

EGGS, J.; ROSEMANN, F.-K.: (Informationstechnik)
Informationstechnik als Instrument der Qualitätssicherung, in: CIM Management, 2/1987, S. 26–34

EIDENMÜLLER, B.: (Auftragsabwicklung)
Auftragsabwicklung im Rahmen einer CIM-Strategie, in: Integrierte Informationsverarbeitung in Produktionsunternehmen, VDI-Berichte 705, Düsseldorf: VDI, 1988, S. 213–240)

EIDENMÜLLER; B.: (Auswirkungen)
Die Auswirkungen des technologischen Wandels auf die Fabrik, in: SPUR (PTK '83), S. 142–149

EIDENMÜLLER, B.: (Strukturwandel)
Strukturwandel: Herausforderung und Chance für neue PPS-Systeme, in: Schweizer Maschinenmarkt, 29/1985, S. 12–16

EIDENMÜLLER, B.: (Widerspruch)
CIM und Logistik – kein Widerspruch!, in: BÄCK (Just-in-time), S. 15–51

EILER, R. G.; GOELTZ, W. K.; KEEGAN, D. P.: (Kostenrechnung)
Ist die Kostenrechnung auf dem neuesten Stand?, in: Harvard Manager, IV/1983, S. 100–105

EISFELDER, H.: (Nutzenpotential)
Strategisches Nutzenpotential neuer Technologien, in: CIM-Management, 4/1988, S. 56–64

ELBRACHT, D.; WILDEMANN, H. (Hrsg.): (Flexibilität)
Flexibilität und Wirtschaftlichkeit neuer Technologien in der Produktion, Tagungsbericht, München: Gesellschaft für Management und Technologie – Verlags KG, 1987

ERKES, K.; SCHÖNHEIT, M.; WIEGERSHAUS; U.: (Fertigung)
Flexible Fertigung – Fachgebiete in Jahresübersichten, in: VDI-Z, 9/1988, S. 62–79

EVERSHEIM, W.: (Arbeitsvorbereitung)
Arbeitsvorbereitung als Bindeglied zwischen Konstruktion und Fertigung, in: SPUR (PTK '83), S. 67–73

EVERSHEIM, W.; ERKES, K.; SCHMIDT, H.: (Bewertung)
Wirtschaftliche Bewertung flexibler Fertigungsanlagen, in: Industrie-Anzeiger, Nr. 44, 31. 5. 85, S. 24–28

EVERSHEIM, W.; WECK, M.: (Computer)
Computer integriert klassische Unternehmensziele, in: VDI-Nachrichten, Nr. 52/53, 25. 12. 87, S. 15

FÄHNRICH, K.-P.; HANNE, K.-H.; RIGOLL, G.: (Sprachverarbeitung)
Maschinelle Sprachverarbeitung und Dialogprozessoren in der Produktion, in: Technische Rundschau, 36/1985, S. 106–112

FELSING, W.: (Planungssystematik)
Planungssystematik für die trennende Rohteilbearbeitung mit Industrierobotern, Band 60 der Reihe „Produktionstechnik – Berlin", München/Wien: Hanser, 1987

FISCHER, E.: (Komplexität)
Komplexität – Probleme und mögliche Optimierungsansätze, in: Handbuch Logistik und Produktionsmanagement, hrsg. v. J. Schmidt, Landsberg/Lech: Verlag moderne Industrie, 1988

FÖRDERKREIS BETRIEBSWIRTSCHAFT (Hrsg.): (Fertigungslogistik)
Wirtschaftliche Gestaltung der Fertigungslogistik, Festschrift für Prof. G. DANERT, hrsg. v. Förderkreis Betriebswirtschaft an der Universität Stuttgart, Stuttgart: Poeschel, 1988

FÖRSTER, H.-U.: (PPS)
  PPS und flexible Automatisierung – Anforderungen und Gestaltungshinweise zur Integration im CIM-Verbund, in: HACKSTEIN (Einsatz), S. 101–118

FOSTER, G.; HORNGREN, CH.: (JIT)
  JIT: Cost Accounting and Cost Management Issues, in: Management Accounting, June 1987, S. 19–25

FOTILAS; P.: (Mikroelektronik)
  Mikroelektronik im Industriebetrieb – Betriebswirtschaftlich-organisatorische Auswirkungen auf Produktentwicklung und Produktionsprozeß, Berlin: Erich Schmidt, 1983

FUCHS, E.; NEUMANN, R.: (Kostenrechnung)
  Kostenrechnung, 4. Aufl., München: Florentz, 1982

GOECKELMANN, S.: (Leistungen)
  After-Sales-Service und Logistik – Härten und Herausforderungen für die 90er Jahre, in: BVL (Logistik), Band 1, S. 77–108

GÖHREN, H.: (Werkzeugmaschinen)
  Werkzeugmaschinen in der Fabrik der Zukunft, in: Strategien der industriellen Fertigungswirtschaft, hrsg. v. G. NEIPP und W. PFEIFFER, Berlin: Erich Schmidt, 1986, S. 13–34

GOLD, B.: (Maßstäbe)
  CAM setzt neue Maßstäbe für die Produktion, in: Harvard Manager, 1/1984, S. 90–95

GOPAL, CH.: (Guidelines)
  Guidelines for Implementing Global Manufacturing Systems, in: CIM Review, Fall 1986, S. 25–32

GÖPFERT, R.; RUMMEL, K.: (Cost Management)
  Cost Management Systems – An Example of how to implement Activity Accounting, unveröffentlichter Artikel zu Händen von CAM-I, Siemens München

GRABOWSKI, H.: (CAD/CAM)
  CAD/CAM-Grundlagen und Stand der Technik, in: FB/IE, 4/1983, S. 224–233

GRABOWSKI, H.; WATTEROTT, R.: (CIM)
  CIM – Anspruch und Wirklichkeit, in: CAD/CAM-Report, 4/1987, S. 104–123

GRIESE, D.; KNOOP, J.; SIEGEL, R.: (Wirtschaftlichkeit)
  Wirtschaftlichkeit von flexiblen Fertigungssystemen, in: Produktionstechnik und Automatisierung, Kolloquium 1980, Sonderdruck der ZwF, 35–40

GRUND, K.: (Erfolgreich)

Erfolgreich CIM-Projekte managen: Voraussetzungen – Erfahrungen – Durchführungsempfehlungen, in: 2. Int. Management-Symposium „Erfolgsfaktor Information", Dokumentation, hrsg. v. Wirtschaftswoche und Diebold Deutschland GmbH, Düsseldorf/Frankfurt, 1988, S. 127–144

HACKSTEIN, R. (Hrsg): (Einsatz)

Einsatz neuer Technologien aus arbeits- und betriebsorganisatorischer Sicht, Köln: TÜV Rheinland, 1987

HALDIMANN, P.: (Lösungen)

Neue Lösungen der Produktionslogistik drängen sich auf, in: io-Management-Zeitschrift, 12/1985, S. 560–564

HAMMER, H.: (Lösungen)

Neue Lösungen für flexible Automatisierung bei der Bohr- und Fräsbearbeitung, in: Wettbewerbsfähige Arbeitssysteme, hrsg. v. BULLINGER, H.-J. und WARNECKE, H.-J.; Vorträge der 2. IAO-Arbeitstagung vom 22./23. 11. 1983 in Böblingen, Stuttgart: Verein zur Förderung produktionstechnischer Forschung e. V., 1983

HARTWICH, G.: (Automobilfertigung)

Die rechnergeführte teilautomatisierte Automobilfertigung – Entwicklungstendenzen für die neunziger Jahre, in: ELBRACHT/WILDEMANN (Flexibilität), S. 81–116

HARTWICH, G.: (CAD/CAM-Technologie)

Bedeutung der CAD/CAM-Technologie für die Automobilproduktion, in: SPUR (PTK '83), S. 58–62

HAUN, P.: (Datenbanken)

Datenbanken, Methodenbanken und Planungssprachen als Hilfsmittel für das interne Rechnungswesen, in: krp-Kostenrechnungspraxis, Sonderheft 1/1988, S. 83–92

HAUTZ, E.: (Controlling)

Controlling im Logistik-Bereich – Instrumente, Methoden und Vorgehensweisen für ein integriertes Logistik-Controlling, in: Handbuch Logistik und Produktionsmanagement, hrsg. v. J. SCHMIDT, Landsberg/Lech: Verlag moderne Industrie, 1988

HEIDE V.D., W.: (Einbindung)

Einbindung eines FFS in ein übergeordnetes CIM-System, in: Bullinger (Produktionsforum), S. 519–556

HEINEN, ED.: (Industriebetriebslehre)

Industriebetriebslehre – Entscheidungen im Industriebetrieb, 7. Aufl., Wiesbaden: Gabler, 1983

HEINEN, ED.: (Kostenlehre)
Betriebswirtschaftliche Kostenlehre – Kostentheorie und Kostenentscheidungen, 6. verb. u. erw. Auflage, Wiesbaden: Gabler, 1983 (unveränd. Nachdruck 1985)

HEINRICH, L. J.; BURGHOLZER, P.: (Informationsmanagement)
Informationsmanagement, 2. überarb. u. erg. Aufl., München/Wien: Oldenbourg, 1988

HELBERG, P.: (PPS)
PPS als CIM-Baustein, Band 8 der Reihe „Betriebliche Informations- und Kommunikationssysteme", hrsg. v. H. KRALLMANN, Berlin: Erich Schmidt, 1987

HENDRICKS, J. A.: (Applying)
Applying Cost Accounting to Factory Automation, in: Management Accounting, December/1988, S. 24–30

HENKEL, J.; JORISSEN, H. D.; SCHULTE, H.: (Werkstoffe)
Neue Werkstoffe zum Bestaunen – CIM zum Anfassen, in: VDI-Z, 15–16/1986, S. 569–576

HEROLD, H. H.: (Stand)
Stand der CIM-Realisierung im internationalen Vergleich, in: Integrierte Informationsverarbeitung in Produktionsunternehmen, VDI-Berichte 705, Düsseldorf: VDI, 1988, S. 283–312

HIROMOTO, T.: (Rechnungswesen)
Das Rechnungswesen als Innovationsmotor, Harvard Manager 1/1989, S. 129–133

HÖHN, S.: (Informationstechnik)
Der Einsatz der Informationstechnik für Planung und Kontrolle, ZfB 1985, Heft 5

HOITSCH, H.-J. (Produktionswirtschaft)
Produktionswirtschaft, WiSO-Kurzlehrbücher: Reihe Betriebswirtschaft, München: Vahlen, 1985

HORVATH, P.: (Probleme)
Aktuelle Probleme des Rechnungswesens infolge neuer Fertigungstechnologien, in: DANERT/HORVATH (Fertigungstechnologie), S. 68–88

HORVATH, P.: (Zugzwang)
Unter Zugzwang, in: Management-Wissen, 10/1988, S. 34–38

HORVATH, P.; KLEINER, F.; MAYER, R.: (Investitionsrechnung)
Dynamische Investitionsrechnung für flexibel automatisierte Werkzeugmaschinen, in: Die Betriebswirtschaft, 1/1987, S. 69–84

HORVATH, P.; KLEINER, F.; MAYER, R.: (Zweckneutrale)
Zweckneutrale Kostenerfassung in der flexiblen Montage mit Hilfe von Datenbanken, in: krp, 3/1987, S. 93–104

HORVATH, P.; PETSCH, M.; WEIHE, M.: (Anwendungssoftware)
Standard-Anwendungssoftware für das Rechnungswesen, 2. völlig neu bearb. Aufl., München: Vahlen, 1986

HOWELL, R. A.; BROWN, J. D., SOUCY, S. R.; SEED, A. H.: (Management Accounting)
Management Accounting in the New Manufacturing Environment, Montvale NJ: National Assocation of Accountants, 1987

HRONEC, S. M.: (Effects)
The Effects of Manufacturing Productivity on Cost Accounting and Management Reporting, in: NAA (Cost Accounting), S. 117–125

HUMMEL, S.; MÄNNEL, W.: (Kostenrechnung/2)
Kostenrechnung 2 – Moderne Verfahren und Systeme, 3. Aufl., Wiesbaden: Gabler, 1983

HUTTAR, E.: (CAD/CAE-System)
Ein integriertes CAD/CAE-System für den Entwurf und die Ausarbeitung von mehrstufigen Stirnrad-Standgetrieben, in: ICED 85, International Conference on Engineering Design vom 26.–28. 8. 1985 (Vortragssammlung), Hamburg, 1985, S. 671–678

INGERSOLL ENGINEERS (Hrsg.): (Fertigungssysteme)
Flexible Fertigungssysteme, Heidelberg/New York/Tokyo: Springer, 1985

JAEGER, F. K.: (Logistik-Controlling)
Logistik-Controlling als Teilsystem des Unternehmens-Gesamt-Controllings, in: SCHEER (Rechnungswesen/88), S. 279–317

JÄGERSBERG, G.: (Milliarden)
Es geht um 200 Milliarden – Gewinnreserven im Bereich der Instandhaltung, in: Wirtschaft & Produktivität, 12/1985, S. 6

JEANS, M.: (Aligning)
Aligning Product Costing Techniques with Manufacturing Realities, in: Journal of Cost Management for the Manufacturing Industry, Fall 1988, S. 49–50

JOHANNSON, H. J.; VOLLMAN, TH.; WRIGHT, V.: (Effect)
The Effect of Zero Inventories on Cost, in: NAA (Cost Accounting), S. 141–164

JOHNSON, H. TH.; KAPLAN, R. S.: (Relevance)
Relevance Lost – The Rise and Fall of Management Accounting, Boston: Harvard Business School Press, 1987

JÜNEMANN, R.: (Unternehmenslogistik)
  Unternehmenslogistik – Schlüsselfunktion für die Fabrik mit
  Zukunft, in: 5. Dortmunder Gespräche, Tagungshandbuch,
  hrsg. v. Deutsche Gesellschaft für Logistik, 1987, Seite E1–E8.

JUNGHANNS, W.: (Ausbau)
  Ausbau vorhandener Bearbeitungszentren zu flexiblen Ferti-
  gungszellen bzw. flexiblen Fertigungssystemen, hrsg. v.
  H. ALBACH und H. WILDEMANN, ZfB, Ergänzungsheft 1/86,
  S. 161–180

KAGERMANN, H.: (Perspektiven)
  Perspektiven der Weiterentwicklung integrierter Standardsoftware für die Kostenrechnung und das gesamt-innerbe-
  triebliche Rechnungswesen, in: krp, Sonderheft 1/1988,
  S. 19–30

KAPLAN, R. S.: (Cost Analysis)
  Strategic Cost Analysis, in: NAA (Cost Accounting),
  S. 129–138

KAPLAN, R. S.: (Cost System)
  One Cost System isn't enough, in: Harvard Business Review,
  January-February/1988, S. 61–66

KAPLAN, R. S.: (Evolution)
  The Evolution of Management Accounting, in: The Accounting Review, 3/1984, S. 390–418

KAPLAN, R. S.: (Measuring)
  Measuring Manufacturing Performance, in: The Accounting
  Review, 4/1983, S. 686–704

KAPLAN, R. S.: (Yesterday)
  Yesterday's Accounting undermines Production, in: The Mc
  Kinsey Quarterly, Summer/1985, S. 31–42

KEEGAN, D. P.; EILER, R. G.; ANANIA, J.: (Factory)
  The Factory of the Future, in: Management Accounting, De-
  cember/1988, S. 31–37

KERNFORSCHUNGSZENTRUM: (Einsatz)
  Bericht des Kernforschungszentrums Karlsruhe über: Der
  Einsatz flexibler Fertigungssysteme, Förderungsprogramm
  des BMFT, KfK-PFT-Bericht 41, Karlsruhe: KfK GmbH, August 1982

KIESEL, J.: (Produktions-Controlling)
  Produktions-Controlling: Führungsinstrument zur Erreichung der Unternehmensziele, in: SCHEER (Rechnungswesen
  87), S. 341–368

KILGER, W.: (Plankostenrechnung)
  Flexible Plankostenrechnung und Deckungsbeitragsrechnung, 8. völlig neu bearb. Aufl., Wiesbaden: Gabler, 1981

KILGER, W.: (Probleme)
Offene Probleme der Plankosten- und Deckungsbeitrags-
rechnung, in: Grenzplankostenrechnung, hrsg. v. A. W. SCHEER,
Wiesbaden: Gabler, 1988

KIRSCH, W.; MAYER, G.: (Handhabung)
Die Handhabung komplexer Probleme in Organisationen, in:
KIRSCH, WERNER (Hrsg.): Die Handhabung von Entscheidungs-
problemen, München 1978, S. 140–225

KLEINER, F.: (Entscheidungsunterstützung)
Entscheidungsunterstützung in der Montage mit Hilfe einer
datenbankorientierten Einzelkosten- und Deckungsbeitragsrechnung, Controlling-Forschungsbericht 86/4 des Betriebswirtschaftlichen Instituts der Universität Stuttgart, Stuttgart
1986

KLOOCK, J.; SIEBEN, G.; SCHILDBACH, TH.: (Kostenrechnung)
Kosten- und Leistungsrechnung, 2. überarb. u. erw. Aufl., Düsseldorf: Werner, 1981

KNOOP, J.: (Online-Kostenrechnung)
Online-Kostenrechnung für die CIM-Planung, Berlin:
E. Schmidt, 1986

KOCH, H. C.: (Automobilwerke)
Planung neuer Automobilwerke, in: SPUR (PTK '83), S. 49–57

KÖLLE, J.: (Möglichkeiten)
Möglichkeiten der Integration von PPS-Systemen mit CAD
und CAP, in: WILDEMANN (Planen), S. 255–268

KRALLMANN, H.: (CIM)
CIM contra CIL?, Editorial in: CIM-Management 5/1988, S. 3

KREISFELD, P.: (Kostenbestimmung)
Kostenbestimmung mit CAD-Systemen für Rotationsteile,
München/Wien: Hanser, 1985

KRIEG, W.: (Grundlagen)
Kybernetische Grundlagen der Unternehmensgestaltung,
Bern: Haupt, 1971

KREMAR, H.: (Informationsmanagement)
Informationsmanagement und Controlling, in: SCHEER (Rech-
nungswesen/88), S. 269–291

KROESEN, A.: (Instandhaltungsplanung)
Instandhaltungsplanung und Betriebsplankostenrechnung,
Wiesbaden: Gabler, 1983

KRUSE, H.-J.: (Antrieb)
Neuer Antrieb durch Computer, in: Siemens-Magazin COM,
1/1986, S. 20–25

KUNZ, B.: (Kostenplanung)
Kostenplanung und Kostenkontrolle in der Unternehmungsführung, Bern/Stuttgart, 1978

KÜPPER, H. U.: (Bedarf)
    Der Bedarf an Kosten- und Leistungsinformationen in Industrieunternehmungen, in: krp 4/1983, S. 169–181
KÜPPER, H. U.; HOFFMANN, H.: (Ansätze)
    Ansätze und Entwicklungstendenzen des Logistik-Controlling in Unternehmen der Bundesrepublik Deutschland, in: Die Betriebswirtschaft, 5/1988, S. 587–601
KURZ, G.: (Aspekte)
    Logistische Aspekte beim Anlauf eines neuen Produktes, in: WILDEMANN (Planen), S. 313–346

LÄNGLE, G.: (Industrieroboter)
    Wann lohnt sich ein Industrieroboter?, in: io-Management-Zeitschrift, 1/1986, S. 37–40
LASSMANN, G.: (Serienfertigung)
    Aktuelle Probleme der Kosten- und Erlösrechnung sowie des Jahresabschlusses bei weitgehend automatisierter Serienfertigung, in: ZfbF 11/1984, S. 959–978
LAY, G.; REMPP, H.: (Entwicklungstendenzen)
    Technische, wirtschaftliche und organisatorische Entwicklungstendenzen im industriellen Fertigungsbereich, in: FhG-Berichte 2/1982, München: FhG Fraunhofer-Gesellschaft zur Förderung der angewandten Forschung e. V.; S. 3–9
LEBENS, U.: (Diskontinuitäten)
    Diskontinuitäten bei Fertigungstechniken, Diss. der TU München, 1987
LEDERER, K. G.: (Technologie-Wandel)
    Technologie-Wandel im Karosserie-Rohbau und Auswirkungen auf die Arbeitsstruktur, in: Wettbewerbsfähige Arbeitssysteme, hrsg. v. BULLINGER, H.-J. und WARNECKE, H.-J.; Vorträge der 2. IAO-Arbeitstagung vom 22./23. 11. 1983 in Böblingen, Stuttgart: Verein zur Förderung produktionstechnischer Forschung e. V., 1983, S. 191 ff.
LEIBINGER, B.: (Entwicklungstendenzen)
    Entwicklungstendenzen im Werkzeugmaschinenbau, in: Strategien der industriellen Fertigungswirtschaft, hrsg. v. G. NEIPP und W. PFEIFFER, Berlin: Erich Schmidt, 1986, S. 95–122
LIEBE, B.: (Investitionen)
    Strategische Investitionen, in: VDI-Z, 15–16/1986, S. 577–580

MAIER, H.: (Information)

Information als Produktionsfaktor: Entwicklungstendenzen in der Fertigungsautomation und Handhabungstechnik, in: Online '86, Tagungsband der 9. Europäischen Kongreßmesse für Technische Kommunikation vom 5.–8. 2. 86 in Hamburg, S. 1–11

MAIER-ROTHE, CH.: (Wettbewerbsvorteile)

Wettbewerbsvorteile durch höhere Produktivität und Flexibilität, in: Management im Zeitalter der strategischen Führung, hrsg. v. ARTHUR D. LITTLE International, Wiesbaden: Gabler, 1985, S. 125–161

MÄNNEL, W.: (Logistik)

Kosten- und Leistungsrechnung für die Logistik, in: Fachtagung Informationssysteme in der Logistik vom 25. 4. 85 in Darmstadt, hrsg. v. Institut für Logistik, Dortmund 1985, S. 29–51ʼ

MÄNNEL, W.: (Weiterentwicklung)

Weiterentwicklung der Kosten-, Leistungs-, Erlös- und Ergebnisrechnung für die Praxis, in: krp-Sonderheft 1985, S. 33–39

MAYER, R.: (Einzelkostenplanung)

Datenbankorientierte Einzelkostenplanung in der flexiblen Montage, Controlling-Forschungsbericht 86/3 des Betriebswirtschaftlichen Instituts der Universität Stuttgart, Stuttgart 1986

MEEHAN, J. A.: (Regeln)

Vier goldene Regeln der Automatisierung, in: VDI-Z, Nr. 17, 1985, S. 637–638

MELLEROWICZ, K.: (Betriebswirtschaftslehre II)

Betriebswirtschaftslehre der Industrie, Band 2, 7. neu bearb. Aufl., Freiburg i. B.: Haufe, 1981

MERTENS, P.: (Erfahrungen)

Erfahrungen mit einem Prototyp des daten- und methodenbankgestützten Rechnungswesens, in: Rechnungswesen und EDV, hrsg. v. W. KILGER und A. W. SCHEER, Würzburg/Wien: Physica, 1986, S. 93–111

MERTINS, K.: (Steuerung)

Steuerung rechnergeführter Fertigungssysteme, Band 37 der Reihe „Produktionstechnik – Berlin", München/Wien: Hanser, 1985

MEYER, B. E.: (Logistik)

Überbetriebliche Logistik im Rahmen von CIM, in: WILDEMANN (Planen), S. 407–436

MICHEL, M.: (Kostenspaltung)
Die Kostenspaltung in fixe und variable Bestandteile sowie die Verrechnung der fixen Kosten auf die einzelnen Kostenträger, Diss. der Hochschule St. Gallen, 1984

MIESSEN, E. D.; VON LOEFFELHOLZ, F.; ROOS, E.: (Marktstudie)
Marktstudie: 76 PPS-Systeme im Vergleich, in: CIM-Management, 3/1987, S. 53–65

MILBERG, J.: (Entwicklungstendenzen)
Entwicklungstendenzen in der automatisierten Produktion, in: Technische Rundschau, 37/1985, S. 42–48

MILLER, J. G.; VOLLMANN, T. E.: (Fabrik)
Die verborgene Fabrik, in: Harvard-Manager, 1/1986, S. 84–89 (Übersetzung des Originalartikels MILLER/VOLLMANN [Factory])

MILLER, J. G.; VOLLMANN, T. E.: (Factory)
The hidden factory, in: Harvard Business Review, 5/1985

MIRANI, A.: (Kostenmanagement)
Kosten- und Investitionsmanagement für moderne Industrieanlagen, in: krp, 6/1987, S. 225–230

MOEWS, D.: (Kostenrechnung)
Kosten- und Leistungsrechnung, München/Wien: Oldenbourg, 1986

MORSE, W. J.; POSTON, K.: (Accounting)
Accounting for Quality Costs, in: CIM-Review, Fall/1986, S. 53–60

MUIR, W. T.: (Performance)
Performance measurement and Cost management, in: CIM-Review, Winter/1987, S. 56–60

MÜLLER-BAKU, R.: (Optimierung)
Optimierung der Verbund-Produktionssteuerung durch Einsatz eines rechnergestützten Fertigungs-Leitsystems, in: BLV (Logistik), Band 1, S. 110–130

NAA (NATIONAL ASSOCIATION OF ACCOUNTANTS): (Cost Accounting)
Cost Accounting for the 90's, Conference Proceedings, Montvale NJ: National Ass. of Accountants Publishing, 1986

NEIPP, G.: (Einführungsstrategien)
Einführungsstrategien für die rechnerintegrierte Produktion, in: Strategien der industriellen Fertigungswirtschaft, hrsg. v. G. NEIPP und W. PFEIFFER, Berlin: Erich Schmidt, 1986, S. 139–166

NEUKIRCHEN, K.: (Automatisierung)
Wirtschaftliche Automatisierung in Europa: Technische und organisatorische Lösungen bei SKF, in: ELBRACHT/WILDEMANN (Flexiblität), S. 172–190

NEUMANN, W. R.; JAOUEN, P. R.: (Kanban)
Kanban, Zips and Cost Accounting, in: Journal of Accountancy, August 1986, S. 132–141

NILSSON, R.: (Controller)
Der Controller als Informations-Manager, in: Controller Magazin, 3/1987, S. 115–123

NOLL, M.; FLOTTAU, V.: (Leitfaden)
Ein Leitfaden zur Auswahl von Standard-Software, in: Büroforum '86 – Informationsmanagement für die Praxis, 6. IAO-Arbeitstagung vom 11./12. 11. 1986 in Stuttgart, hrsg. v. H.-J. BULLINGER, Berlin/Heidelberg u. a.: Springer, 1986, S. 505–535

OBERHOFER, A.: (Qualitätswirtschaft)
Qualitätswirtschaft, Köln: TÜV Rheinland, 1987

PARK, C. S.: (Counting)
Counting the Costs: New Measures of Manufacturing Performance, in: Mechanical Engineering, January/1987, S. 66–71

PAUL, J.: (CAD/CAM)
CAD/CAM im mittleren Maschinenbau-Betrieb, in: FB/IE, 4/1983, S. 250–252

PAWELLEK, G.: (Logistiktrends)
Logistiktrends und Innovationsschwerpunkte, in: BÄCK (Erfolgspotential), S. 1–25

PEDELL, K. L.: (Analyse)
Analyse und Planung von Produktivitätsveränderungen, in: ZfbF, 12/1985, S. 1078–1097

PEGELS, H.: (Reaktion)
Blitzschnelle Reaktion bei Bruch und Kollision, in: Handelsblatt, 29. 1.1986/Nr. 20, S. 19

PFEIFFER, J.: (Einsatzplanung)
Einsatzplanung von Werkzeugsystemen als integrierender Bestandteil der rechnergesteuerten Produktion, in: BULLINGER (Produktionsforum), S. 211–238

PFEIFFER, W.; AMLER, R.; SCHÄFFNER, G. J.; SCHNEIDER, W.: (Portfolio)
Technologie-Portfolio-Methode des strategischen Innovationsmanagements, in: zfo, Heft 5–6/1983; 52. Jg.; S. 252–261

PFOHL, H.-CHR.: (Logistik)
Logistik und Unternehmensführung, in: Logistiktrends, Fachtagung vom 19. 3. 87, Darmstadt, hrsg. v. H.-CHR. PFOHL, Dortmund: Deutsche Gesellschaft für Logistik, 1987, S. 140–172

PICOT, A.: (Planung)

Die Planung der Unternehmensressource „Information", in: 2. Int. Management-Symposium „Erfolgsfaktor Information", Dokumentation, hrsg. v. Wirtschaftswoche und Diebold Deutschland GmbH, Düsseldorf/Frankfurt, 1988, S. 223–250

PISCHETSRIEDER, B.: (Fabrik)

Die CIM-fähige Fabrik am Beispiel des Montagewerkes Regensburg, in: BULLINGER (Produktionsforum), S. 45–86

PLAUT, G.; BONIN, A.; VIKAS, K.: (Grenzplankostenrechnung)

Grenzplankostenrechnung und Einzelkostenrechnung, in: krp 1/1988, S. 9–15

PLATT, J.: (Kostenanalyse)

Kostenanalyse bei flexibel automatisierten Fertigungssystemen, Band 11 der Reihe fmt-Report, hrsg. v. H. WILDEMANN, München: Gesellschaft für Management und Technologie, München: gfmt, 1987

PLATTNER, H.: (Wege)

Neue Wege für das Controlling in einem hochintegrierten Anwendungssystem, in: SCHEER (Rechnungswesen/87), S. 58–80

PROBST, J. B.; SCHMITZ-DRÄGER, R.: (Controlling)

Controlling und Unternehmensführung, Bern: Haupt, 1985

RAAB, H. H.: (Industrieroboter)

Handbuch Industrieroboter, 2. neub. und erw. Aufl., Braunschweig/Wiesbaden: Vieweg, 1986

REFA, Verb. für Arbeitstudien und Betriebsorganisation e. V.: (Produktionssysteme)

Planung und Gestaltung komplexer Produktionssysteme (Methodenlehre der Betriebsorganisation), München: Hanser, 1987

REICHL, M.: (Wann einsteigen)

Wann soll man mit CAD einsteigen?, in: io-Management-Zeitschrift, 4/1985, S. 187–189

REICHMANN, TH.: (Controlling)

Controlling mit Kennzahlen, München: Vahlen, 1985

REICHMANN, TH.: (Logistik-Controlling)

Logistik-Controlling, in: Controlling, 1/1989, S. 18–25

REITZLE, W.: (Abkehr)

Abkehr von der starren Automatisierung und Einsatz flexibler Industrieroboter, in: RUPPER/SCHEUCHZER Produktionslogistik, hrsg. v. R. RUPPER u. H. SCHEUCHZER, Zürich: Verlag Industrielle Organisation, 1985, S. 170–177

RENNERT, P.: (Datenbanken)
  Relationale Datenbanken und Softwarewerkzeuge der vierten Generation, in: Output, 7/1986, S. 35–39
RIEBEL, P.: (Ansätze/I)
  Ansätze und Entwicklungen des Rechnens mit relativen Einzelkosten und Deckungsbeiträgen (I), in: krp, 5/1984, S. 173–178
RIEBEL, P.: (Ansätze/II)
  Ansätze und Entwicklungen des Rechnens mit relativen Einzelkosten und Deckungsbeiträgen (II), in: krp, 6/1984, S. 215–220
RIEBEL, P.: (Einzelkostenrechnung)
  Einzelkosten- und Deckungsbeitragsrechnung, 5. verb. u. erg. Aufl.; Wiesbaden: Gabler, 1985
RIEBEL, P.: (Grundrechnung)
  Zum Konzept einer zweckneutralen Grundrechnung, in: ZfbF, 10–11/1979, S. 785–798
RIEBEL, P.: (Gestaltungsprobleme)
  Gestaltungsprobleme einer zweckneutralen Grundrechnung, in: ZfbF, 12/1979, S. 863–893
RIEDLINGER, P.: (Fertigungscontrolling)
  Fertigungscontrolling im technologischen Wandel, Vortrag an der Fachtagung „Controlling in der Fertigung", vom 25./26. 6. 85 in München, hrsg. v. Gesellschaft für Management und Technologie, München: gfmt, S. 1–59
ROSENKÖTTER, B.: (Logistik)
  Logistik in der Automobilindustrie, in: FB/IE, 1/1985, S. 15–19
RUMINSKI, L.: (Roboter)
  Roboter bei VW, in: Bild der Wissenschaft, 8/1984, S. 60–73

SAUTTER, R.: (Steuerungen)
  Numerische Steuerungen für Werkzeugmaschinen, Würzburg: Vogel, 1985
SCHACHT, H.: (Werkstattsteuerung)
  Online-Werkstattsteuerung mit integrierter Lohndatenerfassung und Fertigungsprüfung, in: WILDEMANN (Planen), S. 437–468
SCHALLER, U.: (Weg)
  Auf dem Weg zur „Fabrik der Zukunft", in: 2. Int. Management-Symposium „Erfolgsfaktor Information", Dokumentation, hrsg. v. Wirtschaftswoche und Diebold Deutschland GmbH, Düsseldorf/Frankfurt, 1988, S. 145–168
SCHEER, A.-W.: (CIM/Industriebetrieb)
  CIM – Der computergesteuerte Industriebetrieb, 3. erw. Aufl., Berlin/Heidelberg u. a.: Springer, 1988

SCHEER, A.-W.: (EDV-orientierte)
>   EDV-orientierte Betriebswirtschaftslehre, 2. Aufl., Berlin/
>   Heidelberg u. a.: Springer, 1985

SCHEER, A.-W.: (Entwurf)
>   Entwurf des konzeptionellen Schemas einer Datenbank für
>   das innerbetriebliche Rechnungswesen, in: Grenzplanko-
>   stenrechnung, hrsg. v. A.-W. SCHEER, Wiesbaden: Gabler, 1988,
>   S. 179–201

SCHEER, A.-W.: (Integrationstrends)
>   Das Rechnungswesen in den Integrationstrends der Daten-
>   verarbeitung, in: SCHEER (Rechnungswesen/88), S. 3–22

SCHEER, A.-W.: (Kalkulation)
>   Konstruktionsbegleitende Kalkulation in CIM-Systemen,
>   Heft 50 der Veröffentlichungen des Instituts für Wirtschafts-
>   informatik (IWi) an der Universität des Saarlandes (IWi), Saar-
>   brücken: IWi, 1985

SCHEER, A.-W. (Hrsg.): (Rechnungswesen/87)
>   Rechnungswesen und EDV, 8. Saarbrücker Arbeitstagung,
>   Heidelberg: Physica, 1987

SCHEER, A.-W. (Hrsg.): (Rechnungswesen/88)
>   Rechnungswesen und EDV, 9. Saarbrücker Arbeitstagung,
>   Heidelberg: Physica, 1988

SCHEER, A.-W.: (Strategie)
>   Strategie zur Entwicklung eines CIM-Konzeptes, in: Informa-
>   tion Management, 1/1986, S. 50–56

SCHERRER, G.: (Kostenrechnung)
>   Kostenrechnung, Stuttgart/New York: Fischer, 1983

SCHIELE, O. H.: (Techniken)
>   Neue Techniken – neue Arbeitsorganisation, in: Werkstatt
>   und Betrieb, 10/1987, S. 775–777

SCHIFF, J. B.; SCHIFF, A. I.: (High-Tech)
>   High-Tech Cost Accounting for the F-16, in: Management
>   Accounting, September 1988, S. 43–48

SCHOSSLEITNER, D.: (Pioniere)
>   Die Pioniere von 1990, in: VDI-Nachrichten, Nr. 16, 19. April
>   1985, S. 18

SCHRÖDER, G.: (Fabrik)
>   Die neue Fabrik, Produktionstechnik im Umbruch, Abdruck
>   des Vortrages vom 3. 12. 1986 in der Reihe „Die neuen Techno-
>   logien und ihre Konsequenzen für die Aus- und Weiterbil-
>   dung", Technische Abendkurse, Baden, 1986

SCHULTE, W.: (Instandhaltungsmanagement)
>   Instandhaltungsmanagement der neunziger Jahre (I), in: Blick
>   durch die Wirtschaft, 73/1987, S. 70

SCHULZ, H.: (Nutzung)
    Erfolgreiche Nutzung des Potentials rechnergestützter Fabrikautomatisierung, in: Werkstatt und Betrieb, 9/1985,
    S. 565–568
SEED, A. H.: (Cost Accounting)
    Cost Accounting in the Age of Robotics, in: Management
    Accounting, October 1984, S. 39–43
SEGHEZZI, H. D.: (Qualitätssicherung)
    Eine integrierte Qualitätssicherung ist Bestandteil der Unternehmungsführung, in: io-Management-Zeitschrift, 4/1982,
    S. 158–161
SEGHEZZI, H. D.: (Considerations)
    Fundamental Considerations: From where does quality originate?, in: Quality-Progress-Economics, Proceedings Annual
    Conference EOQC, Bern 1988, S. 23–28
SEILER, A.: (Bausteine)
    Zentrale Bausteine in der strategischen Planung, in: io-Management-Zeitschrift, 1/1986, S. 10–14
SEILER, A.: (Wandel)
    Kostenrechnung im Wandel der Fertigungstechnologie, in:
    Flexibilität in der Fertigung vom 11. 3. 86 der GWF und des
    IWF an der Eidgenössischen Technischen Hochschule, Zürich, S. 6–0 bis 6-10
SEVERIN, F.: (Planung)
    Planung der Flexibilität von roboterintegrierten Bearbeitungs- und Montagezellen, Band 57 der Reihe Produktionstechnik – Berlin, hrsg. v. G. SPUR, München/Wien: Hanser,
    1987
SHUNK, D.: (CIM)
    CIM in den USA, in: FB/IE, 1/1988, S. 19–25
SIEBENHORN, H.: (CIM)
    CIM – Rechnerintegrierte Fertigung, in: ZwF Zeitschrift für
    wirtschaftliche Fertigung und Automatisierung, 3/1984,
    S. 127–132
SIEGWART, H.: (Anwendungsorientierung)
    Anwendungsorientierung, Systemorientierung und Integrationsleistung einer Managementlehre, in: Integriertes Management, hrsg. v. H. SIEGWART und G. PROBST, Bern: Haupt,
    1985
SIEGWART, H. (Cash-flow)
    Der Cash-flow als finanz- und ertragswirtschaftliche Lenkungsgröße, Stuttgart: Schäffer Verlag, 1989
SIEGWART, H.: (Controller)
    Der Controller in der Unternehmung, in: Büro und Verkauf,
    7 + 8/1986, S. 12–16

SIEGWART, H.: (Controlling)
  Controlling als Führungsaufgabe und Fachfunktion, in: Jahrbuch für Betriebswirte, hrsg. v. W. KRESSE und H. J. PERNACK, Stuttgart/Wien/Zürich: Taylorix, 1984; S. 274–279

SIEGWART, H.: (Controlling-Konzepte)
  Controlling-Konzepte und Controller-Funktionen in der Schweiz, in: Controlling-Konzepte im internationalen Vergleich, hrsg. v. E. MAYER, G. V. LANDSBERG, W. THIEDE, Freiburg i. Br.: Haufe, 1987, S. 105–132

SIEGWART, H.: (Entwicklungstendenzen)
  Entwicklungstendenzen in der Kosten- und Leistungsrechnung, in: Der Schweizer Treuhänder, 10/1985, S. 313–319

SIEGWART, H.: (Kalkulationsmodelle)
  Kalkulationsmodelle auf dem Prüfstand, in: Budget – Schweizer Magazin für Finanz- u. Management-Praxis, Dezember/1985, S. 30–33

SIEGWART, H.: (Kennzahlen)
  Kennzahlen für die Unternehmungsführung, Bern/Stuttgart: Haupt, 1987

SIEGWART, H.: (Management Accounting)
  Management Accounting, in: Die Unternehmung, 1/1986, S. 55–63

SIEGWART, H.; BALMER, B.: (Vertriebskosten)
  Die differenzierte Verrechnung der Verwaltungs- und Vertriebskosten in der Industrie, Bern/Stuttgart: Haupt, 1991

SIEGWART, H.; KLOSS, U.: (Erfassung)
  Erfassung und Verrechnung von Forschungs- und Entwicklungskosten, Bern: Haupt, 1984

SIEGWART, H.; RAAS, F.: (Anpassung)
  Anpassung der Kosten- und Leistungsrechnung an moderne Fertigungstechnologien, in: krp – Kostenrechnungspraxis, 1/1989, S. 7–14

SIEGWART, H.; SEGHEZZI, H. D.: (Management)
  Management und Qualitätssicherung, in: Qualitätsmanagement – ein Erfolgspotential, hrsg. v. J. B. PROBST, Bern: Haupt, 1983, S. 9–71

SINGER, U.: (Beurteilung)
  Die Beurteilung der Wirtschaftlichkeit von Investitionen, in neue Produktionstechnologien, Diss. der Hochschule St. Gallen, Bamberg: difo-Druck, 1990

SINZIG, W.: (Rechnungswesen)
  Datenbankorientiertes Rechnungswesen, Berlin/Heidelberg u. a.: Springer, 1983

SKINNER, W.: (Lücke)
Die Fertigung – eine Lücke in der Unternehmensstrategie, in: Harvard Manager, 1/1980, S. 20–29
SOLARO, D.: (Technologietrends)
Technologietrends und Betriebswirtschaft im Großunternehmen, in: DANERT/HORVATH (Fertigungstechnologie), S. 35–50
SON, K.; PARK, C. S: (Economic)
Economic Measure of Productivity, Quality and Flexibility in Advanced Manufacturing Systems, in: Journal of Manufacturing Systems, 3/1987, S. 193–207
SPUR, G.: (Aufschwung)
Aufschwung, Krisis und Zukunft der Fabrik, in: SPUR (PTK '83), S. 3–25
SPUR, G.: (Mensch)
Der Mensch in der automatisierten Arbeitwelt, in: ZwF 1/1982, S. 1–6
SPUR, G.: (Technologie)
Neue Technologie und Arbeitsorganisation, in: REFA-Nachrichten, 3/1985, S. 10–13
SPUR, G.; (PTK '83)
PTK '83 – Vorträge des Produktionstechnischen Kolloquiums Berlin zum Thema „Die Zukunft der Fabrik", München: Carl Hanser, 1983
STEFFEN, R.: (CIM)
Computer Integrated Manufacturing (CIM) – Bausteine und (noch) fehlende Elemente der Kostenrechnung, in: krp, 1/1987, S. 8–12
STEINHILPER, R.: (Recommendations)
Recommendations for FMS Planning and Realisation, in: Flexible Manufacturing Systems, hrsg. v. H.-J. WARNECKE und R. STEINHILPER, Bedford, UK: IFS Publications, S. 87–98
STENZEL, J.: (Widerspruch)
CIM und Logistik – ein Widerspruch?, in: CIM-Management, 2/1987, S. 70–76
STOCKERT, S.: (Produktion)
Rechnerintegrierte Produktion (CIM), in: HACKSTEIN (Einsatz), S. 58–75
STUDER, K.: (Logistik-Controlling)
Logistik-Controlling zwischen Theorie und Praxis, in: PROBST/SCHMITZ-DRÄGER (Controlling), S. 136–150
SUH, N. P.: (Zukunft)
Die Zukunft der Fabrik – aus der Sicht des M.I.T., in: SPUR (PTK '83), S. 26–34

TATIKONDA, L. U.: (Production)
   Production Managers need a Course in Cost Accounting, in:
   Management Accounting, June 1987, S. 26–29
TISHLIAS, D. P.; CHALOS, P.: (High-Tech)
   High-Tech Production's Impact on Cost Accounting, in: Jour-
   nal of Accountancy, November 1986, S. 158–167
TÖNSHOFF, H. K.: (Werkzeuge)
   Technologie der Werkzeuge für moderne Fertigungssysteme,
   in: SPUR (PTK '83), S. 119–130
TREUTLEIN, K.; LOHMANN, R.: (CIM-Konzepte)
   Wie können CIM- und Logistik-Konzepte koordiniert wer-
   den?, in: CIM-Management 5/1988, S. 13–16

ULRICH, H.: (Unternehmungspolitik)
   Unternehmungspolitik, Bern/Stuttgart: Haupt, 1978

VDI (Hrsg.): (Vorrichtungskonstruktion)
   Rationelle Vorrichtungskonstruktion: Methoden und Hilfs-
   mittel, Düsseldorf: VDI-Verlag, 1983
VDI-Richtlinie 2860, Blatt 1
   Handhabungsfunktionen, Handhabungseinrichtungen. Be-
   griffe, Definitionen, Symbole. Düsseldorf: VDI-Verlag, 1982
   (Entwurf)
VELLMANN, K.: (Erfolgsfaktor)
   Erfolgsfaktor Information – Eine Kosten-Nutzen-Betrach-
   tung aus der Sicht des Controlling, in: 2. Int. Management-
   Symposium „Erfolgsfaktor Information", Dokumentation,
   hrsg. v. Wirtschaftswoche und Diebold Deutschland GmbH,
   Düsseldorf/Frankfurt, 1988, S. 353–402
VETTER, R.: (Informationsfluß)
   Integrierter Informations- und Materialfluß bei einer Mon-
   tage-Neuplanung, in: CIM-Management 5/1988, S. 44–49
VIKAS, K.: (Weiterentwicklung)
   Weiterentwicklung controlling-orientierter Plankostenrech-
   nungssysteme im Industrie- und Dienstleistungsbereich, in:
   krp, Sonderheft 1/1988, S. 35–40
VOGELEY, M.: (CAQ)
   Ist CAQ rentabel?, in: FB/IE, 4/1987, S. 174–177

WALLER, S.: (Fabrik)
   Die automatisierte Fabrik, in: VDI-Z, 20/1983, S. 838–842

WARGIN, J.: (Qualitätswesen)
Qualitätswesen in der computerintegrierten Produktion, in: Initiativen für die Fabrik mit Zukunft, hrsg. v. H.-J. WARNECKE, Internationales Symposium im Rahmen der Hannover-Messe-Industrie '86 vom 10./11. 4. 1986; Berlin/Heidelberg u.a.: Springer, 1986

WARNECKE, H.-J.: (Produktionsbetrieb)
Der Produktionsbetrieb, Berlin/Heidelberg u.a.: Springer, 1984

WARNECKE, H.-J.: (Zielkonflikte)
Zielkonflikte bei der Gestaltung marktgerechter Produktionsstrukturen, in: SPUR (PTK '83), S. 35–43

WARNECKE, H.-J.; BULLINGER, H.-J.; HICHERT, R.: (Kostenrechnung)
Kostenrechnung für Ingenieure, München/Wien: Hanser, 1978

WARNICK, B.: (Grundrechnung)
Grundrechnung und Auswertungsrechnungen, in: krp, 2/1988, S. 90–91

WASSERMANN, O.: (Informationssysteme)
Neues Informationssystem zur Planung und Steuerung einer durchgängigen Gesamtlogistik, in: BVL (Logistik), Band 1, S. 131–152

WEBER, J.: (Aufbau)
Aufbau und Gestaltung des Logistik-Controlling, in: Logistik – Wettbewerbsvorteile für die 90er Jahre, Tagungsband des Deutschen Logistik-Kongresses '88, hrsg. v. Bundesvereinigung für Logistik, München: Huss-Verlag, 1988, S. 946–968

WEBER, J.: (Logistikkostenrechnung)
Logistikkostenrechnung, Berlin/Heidelberg u.a.: Springer, 1987

WEBER, J.: (Lösungen)
Logistikkostenrechnung – Lösungen für die Praxis durch Antworten aus der Praxis, in: krp Kostenrechnungspraxis, 4/1984, S. 135–140

WECK, M.: (Produktionseinrichtungen)
Planung und Aufbau automatisierter flexibler Produktionseinrichtungen, in: SPUR (PTK '83), S. 88–95

WEGEHINGEL, F.: (CIM)
CIM – von der Planung zur Realisierung, in: CIM – eine unternehmerische Herausforderung, hrsg. v. Gesellschaft für Management und Technologie-Verlags KG, München: gfmt, 1987, S. 307–330

WERNTZE, G.: (Bearbeitungszentrum)
Vom Bearbeitungszentrum zum flexiblen Fertigungssystem, in: Handelsblatt, 29. 1. 1986, Nr. 20, S. 21

WILDEMANN, H.: (Auftragsabwicklung)
Auftragsabwicklung in einer computergestützten Fertigung (CIM), in: ZfB, 1/1987, S. 6–36

WILDEMANN, H.: (Fabrik)
Die modulare Fabrik, München: Gesellschaft für Management und Technologie, Zürich: Industrielle Organisation, 1988

WILDEMANN, H.: (Investitionsplanung)
Strategische Investitionsplanung für neue Technologien in der Produktion, in: Strategische Investitionsplanung für neue Technologien, hrsg. v. H. ALBACH und H. WILDEMANN, ZfB, Ergänzungsheft 1/86, S. 1–48

WILDEMANN, H. (Hrsg.): (Planen)
Planen und Steuern der Produktion, Fachtagung 1987, München: gfmt, 1987

WILDEMANN, H.: (Technologieplanung)
Technologieplanung als strategische Aufgabe, in: Harvard Manager, 3/86, S. 86–103

WILDEMANN, H.: (Wirtschaftlichkeitsrechnung)
Investitionsplanung und Wirtschaftlichkeitsrechnung für flexible Fertigungssysteme (FFS), Stuttgart: Schäffer, 1987

ZAHN, E.: (Mikroelektronik)
Mikroelektronik in der Informationsgesellschaft, in: Harvard Manager, 2/1983, S. 7–13

ZAHN, E.: (Unternehmensstrategie)
Unternehmensstrategie und Fertigungstechnologie, in: DANERT/HORVATH (Fertigungstechnologie). S. 3–25

ZAHN, E.; RÜTTLER; M.: (Informationsmanagement)
Informationsmanagement, in: Controlling, Heft 1/1989, S. 34–43